T0210589

Veröffentlichungen des Instituts Wiener Kreis

Series Editors

Martin Kusch, Institut für Philosophie, Universität Wien, Wien, Austria

Esther Ramharter, Ins. for Philosophy, Ins. Vienna Circle, University of Vienna, Wien, Austria

Friedrich Stadler, Institut Wiener Kreis, Universität Wien, Wien, Austria

Diese Reihe, begonnen bei Hölder-Pichler-Tempsky, wird im Springer-Verlag fortgesetzt. Der Wiener Kreis, eine Gruppe von rund drei Dutzend WissenschaftlerInnen aus den Bereichen der Philosophie, Logik, Mathematik, Natur- und Sozialwissenschaften im Wien der Zwischenkriegszeit, zählt unbestritten zu den bedeutendsten und einflußreichsten philosophischen Strömungen des 20. Jahrhunderts, speziell als Wegbereiter der (sprach) analytischen Philosophie und Wissenschaftstheorie. Die dem Wiener Kreis nahestehenden Persönlichkeiten haben bis heute nichts von ihrer Ausstrahlung und Bedeutung für die moderne Philosophie und Wissenschaft verloren: Schlick, Carnap, Neurath, Kraft, Gödel, Zilsel, Kaufmann, von Mises, Reichenbach, Wittgenstein, Popper, Gomperz - um nur einige zu nennen - zählen heute unbestritten zu den großen Denkern unseres Jahrhunderts. Gemeinsames Ziel dieses Diskussionszirkels war eine Verwissenschaftlichung der Philosophie mit Hilfe der modernen Logik auf der Basis von Alltagserfahrung und einzelwissenschaftlicher Emperie. Aber während ihre Ideen im Ausland breite Bedeutung gewannen, wurden sie in ihrer Heimat aus sogenannten „rassischen" und/oder politisch-weltanschaulichen Gründen verdrängt und blieben hier oft auch nach 1945 in Vergessenheit. Diese Reihe hat es sich zur Aufgabe gemacht, diese DenkerInnen und ihren Einfluß wieder ins öffentliche Bewußtsein des deutschsprachigen Raumes zurückzuholen und im aktuellen wissenschaftlichen Diskurs zu präsentieren.

More information about this series at http://www.springer.com/series/3410

Christian Damböck • Gereon Wolters

Editors

Der junge Carnap in historischem Kontext: 1918–1935 / Young Carnap in an Historical Context: 1918–1935

 Springer

Editors
Christian Damböck
Institute Vienna Circle
University of Vienna
Wien, Austria

Gereon Wolters
Universitat Konstanz
Konstanz, Germany

Die Open Access Publikation wurde finanziert durch den Publikationsfonds der Universität Konstanz sowie das Institut Wiener Kreis (Universität Wien) und die Wiener Kreis Gesellschaft.

ISSN 2363-5118   ISSN 2363-5126 (electronic)
Veröffentlichungen des Instituts Wiener Kreis
ISBN 978-3-030-58253-1   ISBN 978-3-030-58251-7 (eBook)
https://doi.org/10.1007/978-3-030-58251-7

Die Deutsche Nationalbibliothek verzeichnet diese Publikation in der Deutschen Nationalbibliografie; detaillierte bibliografische Daten sind im Internet über http://dnb.d-nb.de abrufbar.

Springer

This Springer imprint is published by the registered company Springer Nature Switzerland AG
The registered company address is: Gewerbestrasse 11, 6330 Cham, Switzerland

Für Dr. Brigitte Parakenings, die als Archivarin (1991–2019) des Philosophischen Archivs der Universität Konstanz Herausragendes für die Carnap-Forschung geleistet hat.

Einleitung

Im Zentrum dieses Bandes stehen die Beiträge einer Tagung, die im Oktober 2017 an der Universität Konstanz stattgefunden hat.[1] Thema der Tagung war ein den historischen Kontext einbeziehender Blick auf den frühen Rudolf Carnap, vom Ende des Ersten Weltkriegs bis zur Emigration Ende 1935. Der 1891 in Ronsdorf bei Wuppertal geborene Rudolf Carnap entschloss sich erst relativ spät zu einer Karriere als akademischer Philosoph, nämlich 1920, nachdem er sein durch den Krieg unterbrochenes Studium der Physik und Philosophie in Jena und Freiburg abgeschlossen und kurze Zeit überlegt hatte, als Lehrer in der Schulreform-Bewegung zu arbeiten. Es folgte die philosophische Promotion im Jahr 1921, bei Bruno Bauch in Jena, mit einer Doktorarbeit zum Raumproblem. 1923 organisierte Carnap, gemeinsam mit Hans Reichenbach und anderen, eine für die Entstehung des Logischen Empirismus bedeutsame kleine Tagung in Erlangen. Auf Einladung von Moritz Schlick habilitierte er sich 1926 an der Universität Wien und verbrachte die Zeit bis 1931 zumindest teilweise in Wien, als eines der Kernmitglieder des Wiener Kreises um Moritz Schlick. Seine Habilitationsschrift erschien 1928 unter dem Titel *Der logische Aufbau der Welt* (hier immer *Aufbau*). 1931 folgte Carnap einem Ruf an die Deutsche Universität Prag. In den darauffolgenden Jahren blieb aber der enge Kontakt mit Wien und dem Wiener Kreis erhalten. Carnaps hauptsächliche Arbeit in dieser Zeit war seinem zweiten großen Buchprojekt gewidmet, der 1934 publizierten *Logischen Syntax der Sprache*. Daneben verfasste Carnap in seiner Zeit in Wien und Prag auch zahlreiche Aufsätze, zu unterschiedlichen Aspekten der Logik, der Metaphysikkritik und der Wissenschaftstheorie. Er war Mitautor des Manifests *Wissenschaftliche Weltauffassung: Der Wiener Kreis* und nahm regen Anteil an den zahlreichen wissenschaftlichen Aktivitäten des Logischen Empirismus, von der Gründung der Zeitschrift *Erkenntnis* bis hin zum Projekt einer Enzyklopädie der Einheitswissenschaft. Spätestens ab 1933 musste Carnap jedoch feststellen, dass an eine weitere wissenschaftliche Karriere in dem von Faschismus und

---

[1] Hinzu kommen die Aufsätze von Thomas Mormann und Eva-Maria Engelen, die sich thematisch in den Band einfügen, jedoch nicht Teil der Tagung gewesen sind.

Nationalsozialismus geprägten politischen Klima in Kontinentaleuropa nicht zu denken war. Er strebte deshalb die Emigration ins englischsprachige Ausland an, die schließlich Ende 1935 gelang, als Carnap ein Angebot von der Universität Chicago erhielt.

Obwohl Carnap nur den kleineren Teil der in diesem Band abgedeckten eineinhalb Jahrzehnte in Wien verbracht hat, widmet sich der Großteil der hier versammelten Beiträge schwerpunktmäßig der für Carnaps philosophische Karriere zentralen Wiener Zeit. *Vor* der Wiener Zeit angesiedelt sind die Beiträge von A. W. Carus und Christian Damböck. Carus liefert eine umfassende Analyse der Entwicklung von Carnaps Wertphilosophie bis zu den werttheoretischen Kapiteln im *Aufbau*. Dabei spielen vor allem zwei frühe Manuskripte von 1911 und 1916 eine Rolle, die werttheoretische Überlegungen noch in einem theologischen Kontext abhandeln. Des Weiteren behandelt Carus einen Aufsatz über Deutschlands Niederlage von 1918 sowie die Vorstufe zum *Aufbau* von 1922 im Manuskript „Vom Chaos zur Wirklichkeit". Anhand dieser vier unveröffentlichten Texte (die zum Teil in einem ebenfalls 2021 erscheinenden Band abgedruckt werden)[2] weist Carus nach, dass (a) Carnaps späterer werttheoretischer Nonkognitivismus seine Wurzeln in der vom Pietismus seines Elternhauses geprägten frühen intellektuellen Entwicklung hat sowie (b) dass gerade beim frühen Carnap die Wertphilosophie eine wichtige Rolle spielt, noch vor seiner Hinwendung zur Wissenschaftstheorie. Damböcks Aufsatz zeichnet die Entstehung des *Aufbau* nach, von aus dem Sommer 1920 stammenden ersten Skizzen über die 1925 entstandene Habilitationsschrift bis hin zur 1928 erschienenen Druckfassung. Damböck stützt sich dabei einerseits auf veröffentlichte Texte Carnaps; andererseits verwendet er aus dem Nachlass eine Reihe von Skizzen, Vorstufen und Manuskripten zu letztlich unveröffentlicht gebliebenen Projekten sowie Hinweise zur Entstehung des *Aufbau* und den dafür relevanten biographischen und historischen Rahmen in den Tagebüchern und im privaten und wissenschaftlichen Briefwechsel.

Auch der Beitrag von Fons Dewulf befasst sich zum Teil mit der Vor-Wiener-Zeit Carnaps, indem er die im *Aufbau* zu findenden Fragmente zu einer Philosophie oder „Logik" der Geisteswissenschaften diskutiert. Diese Fragmente setzt er in Beziehung zu einschlägigen Ansätzen aus der deutschen Philosophietradition des 19. Jahrhunderts. Carnap bezieht sich hier unter anderem auf Wilhelm Windelband, Heinrich Rickert, Wilhelm Dilthey und Hans Freyer. Carnaps Ansatz wird sodann als kritische Antwort auf diese Autoren rekonstruiert. Dies erfolgt auch vor dem Hintergrund der Entwicklungen im Wiener Kreis, wo es mit Edgar Zilsel und Otto Neurath zwei Philosophen gab, die (spätestens ab Ende der 1920er-Jahre) eine eigenständige Philosophie der Geschichte und der Geistes- bzw. Sozialwissenschaften entwickelt haben, die sich in kritischer Distanz zur deutschen Philosophietradition sah.

---

[2] Christian Damböck, Günther Sandner und Meike Werner (Hrsg.): *Logischer Empirismus, Lebensreform und die deutsche Jugendbewegung/Logical Empiricism, Life Reform, and the German Youth Movement.* Veröffentlichungen des Instituts Wiener Kreis. Springer, Dordrecht.

Die Beiträge von Hans-Joachim Dahms und Peter Bernhard widmen sich einem bis heute zu wenig beachteten Kapitel der frühen Phase der Entwicklung des Logischen Empirismus im Allgemeinen und der Philosophie Carnaps im Besonderen, nämlich den Wechselbeziehungen zur Neuen Sachlichkeit und zur Bauhaus-Moderne. Anknüpfend an einen 2004 erschienenen Aufsatz zur Neuen Sachlichkeit und Bauhaus-Moderne im Logischen Empirismus sowie an ein Buchprojekt zum Thema arbeitet Dahms in seinem Aufsatz die Bezüge Carnaps zur Neuen Sachlichkeit heraus. Eine Schlüsselrolle übernimmt dabei der Kunsthistoriker Franz Roh, ein enger Freund Carnaps aus deren gemeinsamer Zeit in der Jenaer Szene der deutschen Jugendbewegung. Rohs im Entstehungsjahr von Carnaps Habilitationsschrift erschienenes Buch *Nach-Expressionismus* gilt nicht nur als Manifest der Neuen Sachlichkeit. Es skizziert darüber hinaus in den Schlusspassagen („Entwicklungen auf anderen Gebieten") direkte Bezüge zwischen Neuer Sachlichkeit und der modernen (Natur-)Wissenschaft, aber eben auch zu einer modernen Philosophie, die „Fugenschreiber der Logik" wie Carnap vorantreiben. Im theoretischen Teil seines Aufsatzes zeigt Dahms, dass das von ihm anhand einer Reihe von theoretischen Bestimmungsstücken charakterisierte Programm der Neuen Sachlichkeit präzise dem logisch-empiristischen Programm Carnaps entspricht. Carnap erscheint so als *der* Philosoph der Neuen Sachlichkeit. Die Neue Sachlichkeit steht in enger Verbindung zum Bauhaus. Diesem besonderen Kapitel widmet sich der Beitrag von Bernhard. Unter Einbeziehung einer Fülle von Archivalien und einschlägiger Literatur rekonstruiert er Carnaps Interaktionen mit dem Bauhaus. Diese reichen von schwer nachzuweisenden Bezügen zum Weimarer Bauhaus (1919–1925) über die in einer Reihe von Vorträgen Carnaps im Herbst 1929 am Dessauer Bauhaus gipfelnden Interaktionen bis hin zu einem „kurzen Nachspiel" am *New Bauhaus* in Chicago, der Stadt also, in die Carnap 1935 emigriert ist und in der er in den folgenden eineinhalb Jahrzehnten als Philosophieprofessor tätig war. Zur Illustration der Bezüge Carnaps zur Neuen Sachlichkeit verweist Bernhard vor allem auf ein wenig bekanntes Werk von Broder Christiansen, *Das Gesicht unserer Zeit* (1929). Der dem Neukantianismus nahestehende und dem engen privaten Umfeld Carnaps in seiner Freiburger Zeit zuzurechnende Philosoph Christiansen beschreibt Carnap als typisches Beispiel eines die Gegenwart (der späten 1920er-Jahre) charakterisierenden „H-Stils". Er betont dabei logisch-empiristische Elemente ebenso wie (eher ästhetische) Gesichtspunkte, die der Neuen Sachlichkeit bzw. der Bauhaus-Moderne zuzurechnen sind.

Die Beiträge von Thomas Uebel und Johannes Friedl befassen sich mit Carnaps grundlegenden Positionierungen in erkenntnis- und wissenschaftstheoretischen Fragen, in einem Spannungsfeld, das von der Entwicklung des *Aufbau* über die Wiener Zeit bis hin zu den kurz nach der Emigration erschienenen einschlägigen Arbeiten Carnaps reicht. Uebel legt dabei den Fokus auf die unterschiedlichen erkenntnistheoretischen Positionen Carnaps: von der affirmativen Aufnahme des Projekts einer Erkenntnistheorie und dem Anspruch der Entwicklung eines auf methodologischem Solipsismus basierenden erkenntnistheoretischen Programms im *Aufbau* über die im Wiener Kreis, in der Auseinandersetzung mit Otto Neurath, Heinz Neider und Moritz Schlick, erfolgte sukzessive Abkehr vom

methodologischen Solipsismus bis hin zu dem Programm der zweiten Hälfte der
1930er-Jahre, in dem der methodologische Solipsismus gänzlich verworfen wurde.
Friedl wiederum baut seine Argumentation auf einer Diskussion der Grundideen
von Carnaps Metaphysikkritik auf, wie er sie seit der Broschüre *Scheinprobleme in
der Philosophie* von 1928 verteidigt hat. Dabei stellt er die Idee der Metaphysikkritik
zunächst im Rückblick auf den *Aufbau* heraus. Dort seien bereits Elemente des
späteren antimetaphysischen Denkens zu finden. Sie gerieten aber in ein gewisses
argumentatives Spannungsfeld, da „logische Kriterien" und das Verifikationsprinzip
nicht vollständig aufeinander abgestimmt seien. Im zweiten Teil seines Aufsatzes
argumentiert Friedl, dass eine (retrospektive) antimetaphysische Lesart des *Aufbau*
Probleme mit sich bringt, und zwar wegen der dort von Carnap verteidigten
Neutralität in der Realismus-Idealismus-Debatte. Friedl hält dieser Auffassung
Carnaps entgegen, dass eine strukturalistische Sicht, die sich auf Strukturen einer
empirischen Wirklichkeit stützt, zwangsläufig eine Art von metaphysischem
Realismus voraussetzt, sodass Carnaps Neutralismus zumindest an dieser Stelle für
Friedl undurchführbar bleibt.

Carnaps an verschiedenen Stellen (sowohl im *Aufbau* als auch in einer Reihe von
Aufsätzen und Rezensionen der Wiener und Prager Zeit) entwickelter Rezeption der
modernen Psychologie sind die Aufsätze von Uljana Feest und Thomas Mormann
gewidmet, wobei beide Aufsätze zeigen, dass Carnaps Bezugnahmen auf die
moderne Psychologie den rezipierten psychologischen Theorien nicht zur Gänze
gerecht werden. Feest widmet sich in ihrem Beitrag zwei Fallstudien, die von zent-
raler Bedeutung für Carnaps Psychologierezeption sind, nämlich erstens den
Bezügen zur Gestaltpsychologie im *Aufbau* sowie zweitens der um 1932 entwickelten physikalistischen Interpretation der Sprache der Psychologie. Die
Gestaltpsychologie rezipiert Carnap insofern nur selektiv, als das im *Aufbau* zentrale Konzept der Ähnlichkeitserinnerung nicht auf Gestaltähnlichkeiten basiert,
sondern auf Gemeinsamkeit von Quasielementen. In der 1932 erfolgenden
Physikalisierung der psychologischen Sprache wiederum stellt Carnap, so Feests
Diagnose, bestimmte physikalistische Annahmen als radikale Neuerungen dar, die
jedoch seit Fechners Psychophysik dem Mainstream der psychologischen Forschung
angehören, während Carnap, diesen Umstand ignorierend, den mit seinem Ansatz
viel schlechter kompatiblen Behaviorismus als Bezugspunkt bestimmt. Diese
Diskrepanz wurde von dem Gestaltpsychologen Karl Duncker hervorgehoben –
eine Kritik, die jedoch von Carnap, so Feests Diagnose, ignoriert wurde.

Auch der Beitrag von Mormann bezieht sich auf die letztgenannten Arbeiten
Carnaps aus dem Jahr 1932, wobei Mormanns Fallstudie die in Abschn. 6 von
„Psychologie in physikalischer Sprache" zu findenden Bezüge auf die Graphologie
behandelt. Überraschenderweise fasst Carnap nämlich, unter Berufung auf Ludwig
Klages, die Graphologie als ein weit fortgeschrittenes Gebiet der Psychologie auf,
anhand dessen sich sein Programm einer Physikalisierung der Psychologie gut illus-
trieren lasse. Mormann weist einerseits darauf hin, dass entgegen dieser Einschätzung
Carnaps die Graphologie zu keinem Zeitpunkt Anerkennung in einer naturwissenschaftlich orientierten Psychologie gefunden hat; er versucht aber auch, von Carnaps
positiven Bezugnahmen auf den *Graphologen* Klages auf eine weitergehende

Übereinstimmung mit dem *Philosophen* und reaktionären Kulturtheoretiker Klages zu schließen und stellt den Marburger Neukantianer Ernst Cassirer als Antithese zu Carnap heraus.

Die letzten drei Beiträge dieses Bandes sind Fallstudien zu den Netzwerk-Aktivitäten Carnaps aus der Wiener und Prager Zeit. Anna Brożek behandelt die Vorträge, die Carnap Ende 1930 in Polen gehalten hat. Ihre durch umfangreiche Archivalien illustrierten Ausführungen schildern einerseits den Inhalt der drei Vorträge Carnaps, „Die Psychologie in physikalischer Sprache", „Überwindung der Metaphysik durch logische Analyse der Sprache" sowie „Der tautologische Charakter des Schließens". Andererseits werden die Reaktionen auf Carnaps Vorträge sowie einschlägige eigene philosophische Positionen von Vertretern der Lemberg–Warschau-Schule dargestellt. Zu diesen gehören Tadeusz Kotarbiński, Jan Łukasiewicz, Władysław Witwicki, Stanisław Leśniewski, Janina Hosiasson und Alfred Tarski, mit denen Carnap vor, während und nach seinem Warschau-Besuch in regem Austausch stand. Es zeigen sich starke Affinitäten zur Wissenschaftlichen Weltauffassung des Wiener Kreises, aber auch wichtige Punkte der Abgrenzung, zumindest bei einigen Mitgliedern dieser Schule.

Eva-Maria Engelen widmet sich in ihrem Beitrag der Dokumentation des intellektuellen Austauschs zwischen Carnap und Kurt Gödel anhand der verfügbaren Archivdokumente, einschließlich des Briefwechsels, der Tagebücher von Carnap und Gödel sowie der im Nachlass von Carnap zu findenden Gesprächsnotizen. Anknüpfend an die Sekundärliteratur untermauert Engelen die These, dass das Verhältnis zwischen Carnap und Gödel von wichtigen wechselseitigen Bezugnahmen gekennzeichnet war, wobei zunächst Gödel in hohem Maße von Carnaps Überlegungen zur modernen Logik profitiert hat, während es ab 1930 vor allem Carnap war, dessen Arbeiten von den bahnbrechenden Resultaten Gödels, aber auch von Gödels konkreten Rückmeldungen zu Manuskripten Carnaps, profitierte.

Einer bislang kaum beachteten Episode von Carnaps Prager Zeit, nämlich dem Versuch, gemeinsam mit Philipp Frank einen eigenen Donnerstagszirkel in Prag einzurichten, widmet sich der abschließende Beitrag von Adam Tamas Tuboly. Eingebettet in eine umfassende Rekonstruktion des Wegs zum Lehrstuhl in Prag sowie der sonstigen dortigen wissenschaftlichen Aktivitäten und philosophischen, sozialen und kulturellen Lebensumstände Carnaps in seiner Prager Zeit, rekonstruiert der Beitrag die Episode der Einrichtung eines Donnerstagszirkels durch Carnap und Frank im Frühjahr 1932. Der Zirkel wurde von einer kleinen, aber sehr interdisziplinären Gruppe besucht. Die Initiative verlief nach nur neun Treffen im Sande. Tuboly führt dies einerseits darauf zurück, dass der Zirkel *zu* interdisziplinär aufgestellt war – nur Carnap war an einem philosophischen Institut tätig –, andererseits auf den Umstand, dass Carnap und Frank in ihrer Prager Zeit mit zu vielen anderen Dingen beschäftigt waren: Neben den intensiven Kontakten mit Wien, der Organisation großer internationaler Veranstaltungen wie der „Prager Vorkonferenz der internationalen Kongresse für Einheit der Wissenschaft" im Jahr 1934 und der Arbeit an Buchprojekten wie der *Logischen Syntax* stand ab 1933, nach den Machtübernahmen der Nazis in Deutschland und der Austrofaschisten in Österreich, vor allem die Auslotung von Karriereperspektiven im Ausland auf der Tagesordnung:

Carnap emigrierte im Dezember 1935 in die USA; Frank folgte ihm zwei Jahre später nach.

Die oben angesprochene Tagung und der hier edierte aus ihr hervorgegangene Band verdanken viel der unermüdlichen Initiative von Brigitte Parakenings, der die Herausgeber hier vor allem zu Dank verpflichtet sind. Ermöglicht wurde die Tagung durch die finanzielle Unterstützung der Thyssen-Stiftung und des FWF-Projekts *Der frühe Carnap im Kontext* (Projekt-Nr. P27733) sowie die Konstanzer Universitätsgesellschaft e.V. Schließlich bedanken sich die Herausgeber bei Christopher von Bülow für das äußerst kompetente Lektorat.

Christian Damböck
Gereon Wolters

Contents

1
Werte beim frühen Carnap: Von den Anfängen bis zum *Aufbau*

A. W. Carus

In diesem Text[1] skizziere ich einen Vorschlag zur Interpretation der geistigen Entwicklung Carnaps zwischen seinen Anfängen und der Niederschrift des *Aufbau* Mitte der Zwanzigerjahre. Ich behaupte, dass er von Anfang an einen bestimmten philosophischen Ansatz vertrat, den ich hier, um mich gegenwärtigem Gebrauch anzupassen, als „Funktionalismus" bezeichnen werde. Ich wollte diesem hässlichen Wort aber keinen Platz in meinem Titel geben, und da es ja *auch* um Werte geht, habe ich Carnaps Auffassung der Werte stellvertretend für die anderen Sprachfunktionen in den Titel eingebracht.

„Funktionalismus" heißt also bei manchen Philosophen die Idee, dass verschiedene Sprachebenen oder Sprachteile verschiedene *Funktionen* ausüben und daher nicht aufeinander reduziert werden können. Keiner dieser Teile ist als absoluter Maßstab in irgendeiner Hinsicht (z. B. was Sinn oder Bedeutung der Sprachausdrücke betrifft) für die anderen Teile zu betrachten. Die Kriterien der Wohlgeformtheit oder Zulässigkeit, die man bei einem Ausdruck einer bestimmten Sprachfunktion anwendet, sind im Allgemeinen nicht auf andere Sprachfunktionen anwendbar.

---

[1] Es wurde kein Versuch gemacht, den Stil des mündlichen Vortrags zu glätten, da es sich hier letztendlich nicht um eine umfassend belegte These handelt, sondern nur um einen vorläufigen Vorschlag zur Diskussion. Da können die zuweilen vielleicht übertrieben zugespitzten Formulierungen nur helfen, Reaktionen hervorzurufen. Ohne die Einladung der Herausgeber, Christian Damböck und Gereon Wolters, diesen Vortrag in Konstanz zu halten im Rahmen ihrer Konferenz über den jungen Carnap, wäre der Text nie zustande gekommen. Ich bin für die Diskussionsbeiträge dort sehr dankbar, vor allem für die kritischen Bemerkungen von Christian Damböck, Thomas Mormann, und Thomas Uebel, die zur Ausarbeitung der Thesen und Verbesserung der Formulierungen viel beigetragen haben.

A. W. Carus (✉)
Munich Center for Mathematical Philosophy, University of Munich, Munich, Deutschland

© The Author(s) 2021
C. Damböck, G. Wolters (eds.), *Der junge Carnap in historischem Kontext: 1918–1935 / Young Carnap in an Historical Context: 1918–1935*, Veröffentlichungen des Instituts Wiener Kreis 30, https://doi.org/10.1007/978-3-030-58251-7_1

So allgemein dargestellt hat der Funktionalismus eine sehr lange Geschichte hinter sich, man denke etwa an Leibniz mit seiner Unterscheidung zwischen den *verités de fait* und den *verités de raison* sowie an Humes Unterscheidung zwischen „abstract reasoning concerning quantity or number" und „experimental reasoning concerning matters of fact". Aber auch bei Kant und dem Neukantianismus behalten solche Unterscheidungen, wie z. B. die Unterscheidung zwischen deskriptiven und normativen Sätzen, entweder ontologische Anklänge oder (vor allem bei Hume und seinen Nachfolgern) psychologische. Erst mit der neuen Reflexion auf Sprache im 20. Jahrhundert, also mit Frege, Russell und Moore, und dann in reinerer Form mit Wittgenstein, wird Funktionalismus zu einem *sprachphilosophischen* Zugang zu all dem, was vorher die objektive Welt, objektive Wahrheiten der Mathematik, objektive Werte usw. ausgemacht hatte. Funktionalismus ist eine Konsequenz des „linguistic turn" und bildet also, wenn man will, den Gegensatz zu allen ontologischen und platonistischen Ansichten über die objektive Existenz abstrakter (oder auch konkreter) Gegenstände, und zu jeder Art von Wertkognitivismus.

Carnaps Rolle in dieser Geschichte ist, dass er die Ansätze des späten 19. und frühen 20. Jahrhunderts bei Frege, Russell und Wittgenstein radikalisierte und von ihrer übrig gebliebenen ontologischen und platonistischen Restverschmutzung bereinigte und damit zum ersten Mal so etwas wie einen reinen und *globalen* Funktionalismus artikulierte – nicht klar genug und nicht ausführlich genug, das kann man schon zugeben. Aber dass er nicht weit genug gegangen wäre, wie Quine später monierte, und damit in die Metaphysik zurückgefallen wäre, kann man nicht behaupten. Im Gegenteil – Rick Creath (1994) hat gezeigt, dass Quine die funktionalistische Vorgehensweise Carnaps gar nicht begriff und dass seine Kritik an Carnap gerade aus diesem Missverständnis hervorgeht.

Ich möchte keineswegs behaupten, dass Carnap sein funktionalistisches Programm von Anfang an bewusst und in seiner ganzen späteren Reichweite konzipiert hätte. Nicht einmal in seiner späteren Entwicklung hat er dieses Programm, wie ich es hier definiere, ausdrücklich formuliert.[2] In den frühen Jahren, von denen hier hauptsächlich die Rede sein wird, schwebte es ihm gewiss nur als relativ vage Idee vor. In den folgenden Ausführungen zeigt sich allerdings, dass dieser noch verschwommene, unklare Proto-Funktionalismus sehr fest in ihm verankert war und dass er diese quasi-instinktive Ausgangsposition mit einer gewissen schlafwandlerischen Sicherheit konsequent immer klarer artikulierte und inhaltlich immer weiter entwickelte.

Diese Ausgangsposition muss, um sie richtig einordnen zu können, vor dem Hintergrund des damals unter Naturwissenschaftlern weit verbreiteten Positivismus gesehen werden, in dem die (später von Carnap so genannte) *kognitive* Sprachfunktion meist als einzig legitime anerkannt wurde. Mills versuchte Darstellung der Mathematik als System sehr allgemeiner empirischer Sätze wurde z. B. weithin akzeptiert, wie auch der Utilitarismus oder andere versuchte positivistische und naturalistische Reduktionen der Werte, wie etwa bei Ostwald.[3]

---

[2] Hierzu siehe meine Ausführungen in Carus (2007) sowie in Carus (2017), z. B. S. 19.

[3] Ostwalds „energetische" Ableitung der Werte aus dem Zweiten Hauptsatz der Themodynamik wird selbst im *Aufbau* (Carnap 1928, § 59) noch anerkennend erwähnt.

Die frühe analytische Philosophie zeichnete sich gleich zu Anfang dadurch aus, dass sie diese Beschränkung in zweierlei Hinsicht überwand – in der Mathematik durch Frege und in der Wertphilosophie durch Moore. Frege hatte bekanntlich schon in seinen *Grundlagen* die empiristische Assimilierung der Mathematik an den empirischen Bereich (wie bei Mill) vernichtend widerlegt. Aber erst Wittgenstein gelang es, im *Tractatus*, die platonisch-ontologische Deutung dieser Funktionsdifferenzierung loszuwerden, indem er die Logik als Nebenprodukt der bildlichen Darstellung der Welt in Sätzen umdeutete. Er war allerdings kein Logizist im selben Sinne wie Frege oder Russell, aber er sah die Mathematik in ähnlichem Sinne, und der Wiener Kreis war so glücklich, die platonischen Verwicklungen der Mathematik loszuwerden, dass er die Aufgabe gern in Kauf nahm, den *Tractatus* logizistisch umzudeuten und seine finitistischen Aspekte mit der klassischen Mathematik und der theoretischen Naturwissenschaft zu versöhnen. Dies sah Carnap jedenfalls in den ersten Wiener Jahren als seine Hauptaufgabe an.[4]

Die normative Sprachfunktion wurde im funktionalistischen Sinne von der kognitiven losgelöst bei Moore (in den *Principia Ethica*), indem er langwierig, und nie sehr klar, zu zeigen versuchte, dass „gut" kein deskriptives Prädikat im selben Sinne wie „gelb" sein kann. Jedenfalls ging die ganze Diskussion über das, was Carnap im Nachhinein „Nonkognitivismus" nannte, vor allem in England, mit Moore, los – in einer Tradition, mit der Carnap erst sehr viel später in Berührung kam. Diese Diskussion beschränkte sich nicht auf die Kreise der von Moore maßgeblich beeinflussten Ordinary-language-Philosophen, sondern fand auch Anklang auf der anderen Seite des Atlantik, vor allem bei Charles L. Stevenson, der dann wiederum in England gelesen und verwertet wurde. Richard Hare (1952), ein Schüler von John Austin wie viele andere Teilnehmer dieser Diskussion, nahm diese verschiedenen Impulse auf und artikulierte in den Fünfzigerjahren, was man wohl als klassische Ausführung des ethischen Nonkognitivismus in der Folge von Moore bezeichnen darf.

Aber schon in der nächsten Generation fand sich Hare der Kritik preisgegeben, dass er der *ordinary language* nicht treu genug geblieben war. Bernard Williams (1985) zum Beispiel, sein Nachfolger in Oxford, meinte ganz richtig, dass Hares strenge Unterscheidung von deskriptiver und normativer Sprache in der Umgangssprache selbst nicht aufzufinden war, sondern als künstliches Konstrukt in sie importiert werden müsste. Diese Kritik trifft Hare empfindlich, denn rhetorisch zumindest hatte er seine Logik der normativen Sprache in *The Language of Morals* aus umgangssprachlichen Motiven und Unterscheidungen entwickelt. Wenn man den Text genauer anschaut, fällt seine Zweideutigkeit in dieser Hinsicht ins Auge, aber Hare konnte nicht anders als – seiner akademischen Herkunft getreu – so zu

---

[4] Awodey und Carus (2001) belegen dies im Einzelnen. Carnap blieb seit 1926 hartnäckig an seinem Versuch, Wittgensteins funktionalistische Interpretation der Logik und Mathematik irgendwie mit der klassischen Mathematik und der theoretischen Physik zu vereinen, und deshalb genügte ihm Hilbert philosophisch nicht. Er versuchte, um jeden Preis Wittgenstein mit Hilbert zu *kombinieren*, vor allem in seinem bemerkenswerten Entwurf einer „Neuen Grundlegung der Logik" von 1929. Und diese Untersuchungen führten ihn, wie Awodey und Carus (2007, 2009) auch beschrieben haben, gegen Ende 1932 letztlich zum Toleranzprinzip. Hiermit ist der Weg frei zu eben einem solchen globalen und pluralistischen Funktionalismus, wie ihn Huw Price neuerdings wieder betreibt (worauf im Folgenden eingegangen wird).

tun, als berufe er sich auf eine funktionale Unterscheidung, die in der Umgangssprache selbst verwurzelt ist und somit eine objektive Komponente der „Realität" darstellt. Denn, wie Peter Strawson (1963, S. 518), Hares Kollege in Oxford und Mitzögling des Austin-Kreises, das Grundprinzip der Ordinary-language-Schule in seiner Kritik an Carnap ausdrückt: „… the actual use of linguistic expressions remains [the philosopher's] sole and essential point of contact with reality."

Carnap hat dieses Problem nicht; das Grundvorurteil der Ordinary-language-Schule hatte er nie geteilt. Im Gegenteil – ein globaler Funktionalismus *kann* sich nicht um „contact with reality" kümmern. Und er kann die Umgangssprache nicht als universellen Maßstab betrachten.[5] Denn in der Umgangssprache ist alles verwoben und schwer unterscheidbar; eine umgangssprachliche Aussage kann (empirisch gesehen) zugleich mehrere Funktionen haben, die nicht klar unterscheidbar oder begrifflich getrennt sind. Ein globaler Funktionalismus setzt also voraus, dass die einzelnen „Funktionen" der Sprache bewusst bestimmt und explizit formuliert werden – dass sie, mit anderen Worten, *gemacht* werden und nicht schon irgendwo in der sprachlichen (oder psychologischen oder neurologischen) Natur *vorzufinden* sind. (Das war ja der ganze Sinn der Kampagne gegen die „Metaphysik" – es ging nicht darum, irgendwelche Fragen auszugrenzen, sondern die Forderung abzulehnen, dass uns die Funktionen der Sprache oder die Grenzen zwischen ihnen irgendwie letztlich *vorgegeben* sind, also von uns *entdeckt* oder *aufgefunden* werden könnten.)

Nach der Kritik an Hare ging der klassische Nonkognitivismus in der Nachfolge von Moore eine Zeit lang in die Defensive, wurde dann aber unter dem neuen Namen „Expressivismus" von Simon Blackburn und Alan Gibbard wieder aufgegriffen. In jüngster Zeit hat Huw Price (1988), in Anschluss an Blackburn, diesen Expressivismus zu verallgemeinern versucht und einen „globalen Expressivismus" angestrebt. Dabei beruft er sich interessanterweise auf Carnap (Price 1997), und zwar auf Carnaps funktionalistische Deutung der Logik und Mathematik – die auch Rick Creath (1994) in seinem Funktionalismus-Aufsatz vor allem im Sinn hat, wenn er Quines Unverständnis dieses Funktionalismus anprangert.[6]

Ich möchte jetzt unter diesem allgemeineren Gesichtspunkt des minimalistischen Funktionalismus, wie er Price vorschwebt (siehe auch Carus 2017), untersuchen, ob es in Carnaps früher Entwicklung irgendwo einen Bruch gibt, eine Diskontinuität in dieser Hinsicht. Dass es einen solchen Bruch, oder mehrere solche Brüche, gegeben haben soll, wird ja bekanntlich von Thomas Mormann (2006, 2016) argumentiert – merkwürdigerweise auch (zumindest implizit) von Carnap selbst, der im Schlussteil seiner Autobiographie sagt: „I have maintained the thesis [of the non-cognitive nature of value statements] for about thirty years" (Carnap 1963, S. 82). Wenn man an-

---

[5] Carnaps Ablehnung der Ordinary-language-Schule wird in seiner Autobiographie kurz angesprochen (Carnap 1963, S. 68) und in seiner Replik auf Strawson (ebd., S. 933–940) ausführlicher begründet; siehe in diesem Zusammenhang auch Carus (2018), S. 450–454.

[6] Die Beziehungen zwischen Carnap und Price habe ich in Carus (2018) genauer darzustellen versucht – mit weitgehender Zustimmung seitens Price' (2018) selbst in seiner Replik.

nimmt, das er diesen Satz nicht revidiert hat, als sich die Veröffentlichung des Schilpp-Bandes jahrelang verzögerte, müsste man seine Aussage also auf Mitte der Fünfzigerjahre datieren, und den Zeitpunkt seiner angeblichen Bekehrung zum Nonkognitivismus auf etwa 1925.

Als Nullhypothese nehme ich aber die Annahme, dass Carnap, falls er hier auf eine erhebliche Diskontinuität hinweisen wollte, im Unrecht über seine eigene Entwicklung ist. (Was übrigens ihn selbst, der sich immer über sein äußerst schlechtes Gedächtnis beschwerte, nicht überrascht hätte.)[7] Und das Resultat – was hätten Sie anderes von mir erwartet? – ist natürlich, dass sich diese Nullhypothese auch bewährt. Um das zu zeigen, bräuchte man viel mehr Material, als ich in diesem kurzen Vortrag besprechen kann. Wir gehen aber mal der Reihe nach einige Stationen von Carnaps früher Entwicklung durch, bis zum *Aufbau*, und schauen, ob sie in der einheitlichen Weise, die ich vorschlage, gedeutet werden können.

1.1 „Religion und Kirche" (1911)

Als erstes Dokument verweise ich auf Carnaps Notizen für eine Rede, die er 1911 vor der neugegründeten Freiburger Freischar hielt.[8] „Religion und Kirche" heißt dieser Vortrag, und sein Sinn bestand vor allem darin, eine bestimmte Hauptunterscheidung klarzumachen und dann mit vielen historischen Beispielen zu veranschaulichen. Carnap beginnt mit der Aufstellung von drei Hauptbestandteilen der Religion:

1. dem *Kultus*, oder Handlungen, um eine Gesinnung gegenüber dem Höheren auszudrücken,
2. der *Ethik*, oder der Gesinnung gegenüber anderen Menschen und der Gesellschaft, die aus der Gesinnung gegenüber dem Höheren resultiert, und
3. den *Lehrsätzen*, die eine Gesinnung in Worte fassen sollen. Carnap nimmt diesen Lehrsätzen gegenüber eine sehr entschieden skeptische Haltung ein: „die Religion besteht nicht nur nicht in den Lehrsätzen, – was jeder zugeben wird, – sondern sie kann durch sie weder unterstützt noch gestürzt werden, da sie von ihnen überhaupt nicht berührt wird" (ASP 081-47-05, S. 5).

Man könnte allerdings entgegnen, sagt Carnap, dass „jede Religion doch <u>mit Hülfe des Wortes</u> von Mensch zu Mensch weitergegeben wird" (ebd.). Da muss

---

[7] Ein Beispiel: Als Carnap 1955 zum ersten Mal seine Idee der Heraustrennung des empirischen Gehalts eines theoretischen Satzes durch den Ramsey-Satz vortrug, hatte er völlig vergessen (wie er später in einem Brief an Hempel selbst amüsiert bemerkte), dass er diese Idee nicht nur vor Jahren in Ramseys Text gesehen, sondern die relevante Stelle sogar unterstrichen hatte (Psillos 2000, S. 153, Fußnote 7)!

[8] Dieser Vortrag wird demnächst in Damböck et al. (2019) veröffentlicht werden, zusammen mit meinem Vortrag in dieser Konferenz (über „Carnap und die Religion"), wo Carnaps Vortragsnotizen von 1911 ausführlicher kommentiert werden.

man jedoch, sagt er, unterscheiden zwischen zwei Arten von Lehrsätzen, und hier liefert er dann seine Hauptunterscheidung, die den ganzen übrigen Vortrag in Anspruch nimmt:

> Unter den Sätzen, die allerdings zu diesem Zwecke gesprochen werden müssen, möchte ich deshalb <u>unterscheiden</u> zwischen denen, die sich auf verstandesmäßig erfaßbare Dinge beziehen, und denen, die ethische Forderungen oder die subjektive Auffassung des Weltganzen und des Menschenlebens zum Ausdruck bringen. Die erstere Art von Behauptungen, nämlich die über ihrer Natur nach objektive, wenn auch vielleicht noch nicht erkannte oder unerkennbare, Thesen, will ich „<u>Wissenssätze</u>" nennen. Alle nur möglichen menschlichen Wissenssätze bilden in ihrer Gesamtheit das „<u>Weltbild</u>". Ihnen gegenüber stehen die Sätze über unsere Stellung zu einem Weltbild, die also beispielsweise unseren Pessimismus oder Idealismus oder Realismus zum Ausdruck bringen; sie lassen sich weder rein verstandesmäßig beweisen, noch widerlegen, also nicht diskutieren. Ich will sie „<u>Glaubenssätze</u>" nennen … (ebd.)

Der darauffolgende historische Exkurs mit den vielen Beispielen, soll zeigen, dass keine „Religion" in Carnaps Sinn (wozu auch die Weisheitslehren der antiken philosophischen Schulen usw. gehörten) von „Wissenssätzen" abhing oder von ihren Gründern und Stiftern als davon abhängig betrachtet wurde.

Es ging Carnap in diesem Vortrag also vor allem darum, jede Form von Religion oder Gesinnung, einschließlich der nicht-religiösen Ethik (wie wir gleich sehen werden), so radikal wie möglich von jeglichem propositional-deskriptiven *Wissen* abzutrennen: „die Religion besteht nicht nur nicht in den Lehrsätzen, … sondern sie kann durch sie weder unterstützt noch gestürzt werden, da sie *von ihnen überhaupt nicht berührt wird*" (meine Hervorhebung).

Außerdem macht Carnap klar, dass er unter „Religion" nicht den Glauben an etwas Außer- oder Übernatürliches versteht, sondern eine gewisse *Funktion* im Wertehaushalt; unter Religion versteht er eben dasjenige, was als übergeordneter Wert funktioniert, der alle anderen Werte im Wertehaushalt des Einzelnen (oder einer wertehomogenen Gruppe) bestimmt:

> Ich fasse hier Religion weiter, als es gewöhnlich geschieht. Ich sehe sie als etwas allgemein menschliches an, was weder von dem Glauben an einen Gott, – wie ich ja bisher überhaupt noch nicht von irgendeinem Glauben in diesem Sinne gesprochen habe, – noch etwa an ein bestimmtes Ideal abhängig wäre. So ist nach meiner Auffassung z. B. auch der Patriotismus Religion und seine Betätigung Religionsausübung, nämlich für den Menschen, dem das Vaterland auf der höchsten Stufe seiner Wertung steht. <u>Was</u> für den Menschen auf dieser Stufe steht, ist für die Frage, ob sein Verhältnis dazu Religion ist oder nicht, prinzipiell gleichgültig, wenn wir auch zuweilen an anderen Menschen <u>eine</u> solche Religion höher als eine andere werten. Während die einen auf der Stufe des höchsten Wertes ein persönlicher Gott steht, oder das Weltganze als Organismus im pantheistischen Sinne, stellt z. B. ein anderer dorthin die Kunst im allgemeinen, oder eine bestimmte Kunst, oder die Wissenschaft; wieder andere Familie, Vaterland, Rasse, Menschheit. (ebd., S. 3–4)

Schon der 19- oder 20-jährige Carnap vertrat also sehr bewusst einen betonten Funktionalismus (oder vielleicht Proto-Funktionalismus) bezüglich der Sprache der übergeordneten Werte,[9] und zwar nicht nebenbei, sondern als Hauptanliegen seines Vortrags; die Frage hat ihn offenbar in seinen frühen Jahren stark beschäftigt, und er hat viel darüber nachgedacht.

Es drängt sich natürlich die Frage auf, woher das beim jungen Carnap denn gekommen sein mag. Der Zusammenhang dieses Freischar-Vortrags legt nahe, dass die Beschäftigung mit Religion eine große Rolle, wenn nicht die Hauptrolle, dabei spielte. Wir wissen ja, dass Carnap sehr religiös erzogen wurde, dass aber theologische „Wissenssätze" bei der Religiosität der Eltern höchstens eine sehr untergeordnete Rolle spielten (Carus 2007, 1. Kapitel). Carnap beruft sich in seinem Vortrag zudem mehrfach auf die „neuere Theologie" der damals viel gelesenen Johannes Müller, Heinrich Lhotzky und Christoph Schrempf, deren Lehren auf gerade diese scharfe Trennung von „Glaubenssätzen" und „Wissenssätzen" hinausliefen. Sie gingen über Entmythologisierung hinaus und sahen den Wert der Religion vor allem in der Berührung mit dem Höheren, was das nun immer im einzelnen Fall oder für den einzelnen Menschen sein mag; die Doktrin sollte möglichst beiseite gelassen werden. Sehr ähnlich war übrigens die religiöse Einstellung von Eugen Diederichs, in dessen Sera-Kreis Carnap sich in diesen Jahren sehr aktiv beteiligte, wie man im relevanten Kapitel von Meike Werners Buch über den Sera-Kreis (Werner 2003) nachlesen kann.

Die strikte Trennung von „Wissenssätzen" und „Glaubenssätzen" erlaubte es Carnap also in diesen Jahren (bis nach dem Krieg sogar), nominell am Glauben seiner Eltern festzuhalten und sich nicht von der Kirche zu trennen, trotz wachsender Skepsis gegenüber den kirchlichen Lehren.

1.2 Brief an LeSeur (1916)

Fünf Jahre später hatte sich viel geändert. Es ist nun Krieg, Carnap sitzt im Schützengraben an der Front, wo er an einigen der blutigsten Kämpfe beteiligt ist. Religion ist immer noch im Vordergrund, aber die Haltung ist noch um einiges ablehnender geworden. Nun sind es nicht mehr nur die „Wissenssätze" der Kirche, die von Carnap abgelehnt werden, sondern auch die „Glaubenssätze", die Einstellung zum Leben, die von der Kirche gefordert wird.[10]

---

[9]Mancher wird vielleicht einwenden, man könne doch nicht den späteren „linguistic turn" des *Tractatus* schon dem frühen Carnap zuschreiben. In seiner ganzen Tragweite gewiss nicht; andererseits muss anerkannt werden, dass Carnap in seinem Vortrag selbst betont, nicht von „Glauben" oder „Wissen" sprechen zu wollen, sondern von (möglichen) Ableitungsbeziehungen zwischen Glaubens*sätzen* und Wissens*sätzen*. Insofern bezieht sich Carnap hier schon auf sprachliche Darstellung der Welt statt auf eine „Wirklichkeit" *hinter* dieser Darstellung.

[10]Carnap trat offiziell erst nach Kriegsende aus der Kirche aus, erwog aber den Austritt offenbar schon im Zusammenhang dieses offenen Briefes in Diskussionen mit seiner Mutter; siehe meine Einleitung zur Veröffentlichung des Briefes in Damböck et al. (2019). Bei seiner Heirat mit Elisabeth Schöndube 1917 zeigt auch seine Korrespondenz mit ihr und seiner Mutter, dass er lieber auf

Bei dem zweiten hier diskutierten Dokument handelt es sich um einen offenen Brief gegen einen gewissen Berliner Pastor Eduard LeSeur, der in einem Artikel (LeSeur 1916) behauptet hatte, dass, da die moderne Kultur offenbar zu schwach gewesen war, die Katastrophe des Krieges zu verhindern, sie in den Hintergrund treten sollte, zugunsten einer Erneuerung des traditionellen christlichen Glaubens.[11] Unter anderem hatte LeSeur gemeint, dass nur das Christentum dazu imstande sei, eine Lücke zu finden im drohenden Determinismus der Naturwissenschaften. Worauf Carnap entgegnet:

> Zu ihm, so glauben Sie, muß uns das erschreckende Bewußtsein des Determinismus hinführen. „Die Erkenntnis dieser unbedingten Unfreiheit führt zur Verzweiflung." „In diese gebundene Menschheit hinein stellt Gott den Christus Jesus." Aber ich stehe nur als natürliches Wesen in dem Kausalnexus. Als ethisches Wesen bin ich selbst dagegen frei entscheidendes Subjekt meiner Handlungen. „Jesus bahnt der Freiheit derer, die ihm folgen, eine Gasse." Also auch Sie sind jetzt frei und selbst entscheidendes Subjekt, wenn auch nach Ihrem Glauben durch die Hilfe eines andern Wesens. (ASP 089-74-01, S. 17–18)

Carnap hat sich also in der Zwischenzeit die Kantische Auffassung der Beziehung zwischen den sensiblen und den intelligiblen Aspekten der Welt angeeignet, d. h. die Unterscheidung zwischen dem Theoretischen und dem Praktischen. Alan Richardson (2007) sieht in dieser Unterscheidung den *Ursprung* von Carnaps eigener lebenslanger Unterscheidung zwischen theoretischen und praktischen Diskursen, also den Ursprung seines Nonkognitivismus. Nach der Lektüre des Vortrags von 1911 können wir aber definitiv sagen, dass diese Unterscheidung bei Carnap weiter zurückgeht als ihre Artikulierung in Kantischer Sprache.

Trotz dieser Einbettung in Kantische Formen blieb Carnaps Nonkognitivismus fünf Jahre nach seinem Freiburger Vortrag unvermindert bewusst und radikal. Wenn er z. B. LeSeurs religiösen Weg schroff ablehnt und sogar meint, er sei gar kein Weg, sondern nur „die Art, wie Sie und die Menschen Ihres Glaubens das innere Suchen nach einer Antwort auf jene Frage zur Ruhe gebracht haben", fügt er hinzu: „Theoretisch läßt sich hierüber ja nichts sagen" (ebd., S. 12). Es handelt sich schließlich, wie er sich 1911 ausgedrückt hatte, um „Glaubenssätze", nicht um „Wissenssätze" – es handelt sich um Gesinnung, nicht um Wissenschaft.

Das heißt aber natürlich eben *nicht*, dass Gesinnungen nicht rational diskutierbar sind. Gleich nach dem eben zitierten Satz, „Theoretisch läßt sich hierüber ja nichts sagen", geht der Text des offenen Briefes nämlich mit der folgenden Argumentation weiter:

> Aber es genügt, wenn die Allgemeingültigkeit des Weges dadurch hinfällig wird, daß er für mich nicht gangbar ist; selbst wenn es nicht all die anderen Menschen, die so sind wie ich, noch gäbe. Ja, werden Sie denken, das ist das „Eisengitter". Doch wir stehen uns nicht in so entgegengesetzten Richtungen gegenüber, wie Sie vielleicht erwarten. Ich will einmal mög-

---

die kirchliche Trauung verzichten wollte, als dass ein traditioneller Geistlicher das Amt dabei übernahm (zum Glück ließ sich in letzter Minute ein offenbar genügend aufgeklärter finden).

[11] Auch dieses Dokument wird im oben genannten Konferenzband (siehe Fußnote 10) veröffentlicht werden.

lich[st] nahe zu Ihrem Standpunkt herantreten. Dann gerade wird sich am deutlichsten die unüberwindbare Kluft zeigen, die dann noch zwischen uns bestehen bleibt. (ebd., S. 12–13)

Das ist ein wenig paradox ausgedrückt: Erstens kann man theoretisch hierzu nichts sagen, zweitens lässt sich *doch* noch was Theoretisches sagen, nämlich dass ein einziges Gegenbeispiel die Allgemeinheit des optativen Satzes von LeSeur hinfällig macht, drittens dass dies nicht zeigt, wie LeSeur daraufhin vielleicht sagen würde, dass hier eine unüberbrückbare Kluft besteht zwischen Carnaps Standpunkt und seinem eigenen, viertens dass Carnap jetzt versuchen wird, seinen Gesinnungsstandpunkt in einer Weise darzustellen, die LeSeurs Standpunkt so ähnlich wie möglich aussieht. Aber letztens, dass gerade diese Darstellung die „unüberwindbare Kluft" deutlich aufzeigen wird, „die noch zwischen uns besteht". Also lässt sich *doch*, trotz der ausdrücklichen Ablehnung, „theoretisch einiges hierüber sagen"!

Diese letzten Schritte würde ich etwa so deuten, dass Carnap hier sagen will: „Die Unterschiede zwischen uns sind nicht so radikal, wie Sie sich das vielleicht denken, und ich werde jetzt meinen Standpunkt so beschreiben, dass man ihn zu Ihrem in *Beziehung* bringen kann, also so, dass die Parallelen zwischen unseren Gesinnungen klarer hervortreten – was uns gleichzeitig auch die noch bestehenden Unterschiede klarer machen wird." So eine Vorgehensweise wäre ja sehr charakteristisch für den späteren, philosophischen Carnap, der immer zu präzisieren versuchte (oft mit mehrspaltigen Tabellen), wo nun genau der Unterschied zwischen scheinbar unüberbrückbaren Standpunkten zu lokalisieren sei. Wie aber ist eine solche Argumentation überhaupt möglich, in Hinblick auf das schroffe „Theoretisch läßt sich hierüber ja nichts sagen" und vor allem auf Carnaps Charakterisierung im Freiburger Vortrag, die Glaubenssätze brächten „unsere Stellung zu einem Weltbild … beispielsweise unseren Optimismus oder Pessimismus oder Realismus zum Ausdruck …; sie lassen sich weder rein verstandesmäßig beweisen, noch widerlegen, also nicht diskutieren"? Hat sich hier also in fünf Jahren doch etwas geändert?

Ich glaube nicht. Ich denke, man muss die Argumentation gegen LeSeur dahingehend verstehen, dass *rein auf der Ebene der Theorie selbst*, also rein verstandesmäßig, zwar nichts gesagt werden kann – aber dass man schon Argumente vorbringen kann für und gegen Glaubenssätze, und zwar nicht nur theoretische, verstandesmäßige Argumente in einer ergänzenden Aushilfefunktion, sondern vor allem normative Argumente der praktischen Vernunft, oder (wie sich Carnap vierzig Jahre später, in einem Fragment von 1958, ausdrückte) „purely valuational criteria by which to judge a value function as more or less rational than another" (Carnap 2017, S. 193).

Das mutet vielleicht wie ein großer Sprung an, über ein halbes Jahrhundert hinweg. Aber wir werden im folgenden Abschnitt sehen, wie Carnap – vermutlich in genau diesem Sinne einer praktischen Rationalität – zwei Jahre nach dem LeSeur-Brief von „objektiven Werten" spricht. Und Richardson (2007) weist darauf hin, dass die zentrale Doktrin Carnaps in seiner mittleren und späten Zeit, das Toleranzprinzip, überhaupt keinen Sinn hätte, wenn man dem Theoretiker (dem *conceptual engineer* oder der *scientific community*) nicht die praktische Freiheit der Wahl zwischen Sprachrahmen unterstellte. Richardson zitiert aus dem Aufsatz „Theoretische Fragen und Praktische Entscheidungen" (Carnap 1934), um zu zeigen, dass sich Carnap diese Wahl zwischen Sprachen auch in der extremsten *Syntax*-Zeit nicht als willkürlich oder irrational vorstellte. Er meinte bloß, damals wie in den früheren Schriften von 1911 und 1916 sowie in dem späteren Fragment von 1958, dass die Argumente für und wider bestimmte Wertsätze nicht *rein* verstandesmäßig sein konnten; logischen und empirischen Argumenten kommt in diesem Zusammenhang nur eine Hilfsfunktion zu. Argumente der praktischen Rationalität mussten also aus den „purely valuational criteria by which to judge a value function as more or less rational than another" bestehen oder wesentlich von solchen Kriterien abhängen.

1.3   „Deutschlands Niederlage" (1918)

Im folgenden Jahr, fast genau zur Zeit der deutschen Revolution und des Kriegsendes, benutzt Carnap in einer „politischen Stellungnahme", dem Aufsatz „Deutschlands Niederlage" für Karl Bittels *Politische Rundbriefe* (der aber nicht veröffentlicht wurde),[12] den Begriff der „praktischen Vernunft" auch explizit, und ich sehe keinen Grund, dieses Dokument nicht im selben Kantischen Sinne wie den zeitnahen Brief an LeSeur zu interpretieren. Keine Textstelle darin ist mit dieser Auslegung unvereinbar. Die gemeinsamen Werte der Leserschaft der *Politischen Rundbriefe*, auf die sich Carnap wiederholt ausdrücklich beruft, werden zwar als vernunftbegründet angesehen, aber begründet offenbar durch *praktische* Vernunft – und es wird klar gemacht, dass sie die Werte einer bestimmten Gruppe sind. Nirgends wird behauptet, diese „objektiven Werte" würden objektiv für alle Menschen gelten. Und nur nach einem gegebenen Maßstab (in diesem Fall dem der demokratisch gesinnten Anhänger der Vorkriegsjugendbewegung) kann von „Fortschritt" oder „Rückschritt" bei Werten gesprochen werden. Bei Kant ist ja der Begriff der Vernunft ein weiterer als der des Verstandes; der Verstand bezieht sich auf das Sensible, die Vernunft auf das Sensible *und* das Intelligible insgesamt. Dass „Vernunft" hier – wie bei Kant üblich – auf beides angewandt wird (obwohl eher beiläufig), sehe ich also im Gegensatz zu Mormann (2010) nicht als Grund, eine Abkehr von seinem vorherigen Funktionalismus in Carnaps Text hineinzulesen und ihn nun in einen Anhänger Rickerts zu verwandeln.

Obwohl in „Deutschlands Niederlage" tatsächlich von „objektiven Werten" die Rede ist – was zugegebenermaßen schon sehr nach Rickert klingt –, muss man außerdem Carnaps Wendigkeit in Bezug auf die verschiedenen philosophischen „Sprachen" in Betracht ziehen, die er angeblich mit den Anhängern verschiedener Schulen zu sprechen gewohnt war. Bei Kant selbst könnte man ja durchaus auch von „objektiven Werten" sprechen (obwohl er diese Vokabel nicht verwendet), und es

---

[12] Dieses Dokument wird eingehend besprochen von Carus (2007), Kap. 1; Mormann (2010) gibt eine stark abweichende Interpretation, ohne aber auf meine Darstellung einzugehen (oder sie auch nur zu erwähnen). Auch dieses Dokument erscheint in Damböck et al. (2019).

gibt im Artikel von 1918 keine Anhaltspunkte, etwas Weitergehendes hinter dieser
Wortwahl zu suchen.

Ich möchte natürlich nicht behaupten, dass Rickert, dessen Vorlesungen über
Goethe (und wohl andere Themen) Carnap in Freiburg begeistert besucht hatte,
ohne jeden Einfluss auf ihn geblieben ist. Im Vortrag von 1911 wird Rickert beiläufig erwähnt, aber man würde nie darauf kommen, diesen Vortrag dem Südwest-
Neukantianismus zuzuordnen. Im *Aufbau* wird Rickert tatsächlich mehrmals erwähnt, aber das dient, wie ich im 5. Abschnitt behaupten werde, vor allem der
Ablehnung seiner Philosophie. Dort werden wir auch auf „Deutschlands Niederlage" wieder zurückkommen, wo der ganzen akademischen Tendenz, der Rickert
angehörte (dem Historismus), ein guter Teil der Kriegsschuld zugewiesen wird.[13]

1.4 „Vom Chaos zur Wirklichkeit" (1922) und der Umbau von 1924

Nun kommen wir zum *Aufbau*-Projekt. Dieses geht eigentlich weiter zurück als
1922, wie verschiedene Notizen aus früheren Jahren zeigen; aber die Lektüre des
Buchs *Our Knowledge of the External World* von Russell war das große Durchbruch-
Erlebnis für Carnap. Es schlug sich dann auch innerhalb weniger Monate im Manuskript „Vom Chaos zur Wirklichkeit" nieder,[14] obwohl der Einfluss Russells in der
Einleitung zu diesem Dokument nicht zu spüren ist. Einige (wie Mormann) neigen
deshalb auch hier wieder dazu, Rickert hinter der Szene zu wittern. Ich würde zwar
wie vorher zugeben, dass das Vokabular in „Von Chaos zur Wirklichkeit" an manchen Stellen zweideutig ist, aber man sollte wirklich nicht nur aufs Atmosphärische
schauen, sondern darauf, was hier *gesagt* wird. Das Hauptanliegen dieser Einleitung
ist ganz offenbar, einen pragmatistischen Zugang zu einem sinnvollen und allgemein zumutbaren *Ausgangspunkt* des Konstitutionssystems zu bahnen; Carnap will
so wenig voraussetzen wie möglich. Er gibt also gleich zu Anfang unumwunden zu,
dass die ganze Konstruktion der Wirklichkeit aus einem Empfindungschaos eine
Fiktion darstellt (ein Wort, das er auf diesen paar Seiten so oft wiederholt, dass man
nicht umhin kann, einen Einfluss Vaihingers zu vermuten), was ja die Anklänge an
Schopenhauer und Nietzsche erklären würde (die Mormann auch nicht entgehen).
Vaihinger tendierte bekanntlich zu einem gewissen eigenartigen Pragmatismus (er
selbst räumte die Ähnlichkeit durchaus ein); ich würde also den quasi-pragmatisti-

---

[13]Über dieses Dokument wäre viel mehr zu sagen, als in diesem engen Raum möglich ist. Da
Mormanns (2010) Interpretation von meiner so grundverschieden ist, müsste man den ganzen Zusammenhang im Einzelnen erörtern. Eine solide Grundlage hierfür bildet neuerdings Werner
(2015), wo Carnaps politische Gedankenwelt von 1918 ausführlich dokumentiert wird.

[14]ASP 081-05-01; siehe hierzu Carus (2007, Kap. 5), mit längeren Zitaten aus dem Typoskript und
detaillierten Archivhinweisen. Carnap las Russells Buch im Winter 1921–22; „Vom Chaos zur
Wirklichkeit" entstand im Juni 1922.

schen Einschlag beim frühen Carnap, auch im *Aufbau*, zumindest teilweise dem
Einfluss Vaihingers zuschreiben.[15]

Festzuhalten ist, dass dieser fiktionalistisch-pragmatistische Zugang zum Ausgangspunkt des Konstitutionssystems in der ersten Phase des *Aufbau*-Projekts sich
nahtlos in die Entwicklung der funktionalistischen Perspektive einfügt, an die sich
Carnap schon 1911, 1917 und 1918 herantastet. Die Sprache, die Mathematik, die
Wissenschaften werden zunehmend als *Werkzeuge* betrachtet, die wir zu bestimmten menschlichen Zwecken so einrichten, wie es diesen Zwecken entspricht. Im Fall
des frühen *Aufbau*-Projekts betrifft es nicht die Sprache der Werte, sondern die
Sprache der empirischen Erkenntnis, die bei Carnap jetzt in den Vordergrund rückt
(und einige Jahre dort bleibt, bis ab etwa 1927 die Logik und Mathematik diese
Stellung übernehmen). Aber dieser Wechsel des Aufmerksamkeitsbrennpunkts darf
nicht von der fortschreitenden Entwicklung des funktionalistischen Grundmotivs
ablenken, das sich quer durch die wechselnden Anwendungsgebiete in diesen Jahren immer weiter verfestigt und tiefer dringt.

Zwei Jahre nach dem ersten Ansatz hat Carnap das ganze *Aufbau*-Projekt nochmals grundlegend umgebaut. Ich möchte hier nur auf drei Punkte hinweisen, die im
Wesentlichen auch von Carnap selbst, nach dem Umbau, als seine neuen Haupt thesen aufgestellt werden, bei der Vorstellung der Konstitutionstheorie in Wien im Januar 1925 (ASP 081-05-02):

1. Ablehnung der Ontologie
2. Einheit des Gegenstandsbereichs
3. Überwindung der Subjektivität

Zum ersten Punkt: Irgendwann im Laufe des Jahres 1924 warf Carnap das ursprüngliche Hauptwerkzeug für die Aufstellung der Basis seiner Konstitutionstheorie über Bord – die Phänomenologie. Vorher hatte es eine *primäre Welt* der unmittelbaren Sinneseindrücke gegeben, der Carnap durch phänomenologische Wesensschau
genügend Struktur geben konnte, dass die Methode der Quasianalyse auf sie angewandt werden konnte, um *sekundäre Welten* (oder „Wirklichkeiten") auf der fest-
stehenden, *gegebenen* primären Welt aufzubauen. Ab 1924 ist das alles weg; jetzt
wird *alles* logisch konstruiert, und es gibt keine feststehende, *fixe*, *un*konstruierte
Unmittelbarkeit mehr. Dieser radikale Richtungswechsel war durch verschiedene
Überlegungen motiviert,[16] aber die wichtigste scheint mir Carnaps bewusste Distan-

---

[15] Auf diesen Einfluss wird in Carus (2007, S. 122–127, 148–150) näher eingegangen. Vaihinger
war maßgeblich beeinflusst worden von der ersten Generation des Neukantianismus, vor allem von
Helmholtz und (wie auch Nietzsche!) von F. A. Lange – was aber nicht heißt, dass er sich ganz
unabhängig vom bekannteren amerikanischen Pragmatismus entwickelte; es scheint Berührungspunkte gegeben zu haben. Klaus Ceynowa (1993) zeigt, dass die proto-pragmatistischen Ideen des
schottischen Philosophen und Psychologen Alexander Bain (ein Freund John Stuart Mills), die
explizit von William James und Charles Peirce aufgegriffen wurden, auch über die Schriften des
deutschen Neurophysiologen und Philosophen Adolf Horwicz auf Vaihinger einen von ihm selbst
anerkannten bestimmenden Einfluss hatten.

[16] Hierzu Carus (2016), wo die oben zusammengefasste Rekonstruktion dieses Umbaus auch im
Einzelnen belegt wird.

zierung von der Ontologie zu sein, von der Forderung nach einem Endglied der sprachlichen Referenzkette. Mit anderen Worten: Für Carnap löste sich hier das Sprachliche von jeglicher Verantwortung gegenüber einer angeblichen „Realität" in einer angeblich „wirklichen" Welt. Carnap wandte die Husserlsche Einklammerungstechnik an, aber eben noch strenger als Husserl: Was eingeklammert wurde, war nicht nur die Außenwelt, auf die unsere Subjektivität transzendental hinzuweisen scheint, sondern auch die Subjektivität selbst. Nicht-eingeklammert blieb bei Carnap lediglich die Sprache selbst, eigentlich nur das Gerüst der Sprache, das reine Schema der logischen Strukturen, deren Sinn und Bedeutung wir eindeutig festlegen können, ohne uns von irrelevanten ererbten Assoziationen irreführen lassen zu müssen.

Was die drei Hauptpunkte miteinander verbindet, ist, dass sie zusammen einen weiteren Schritt in Richtung eines reineren Funktionalismus darstellen: Wenn der Unterschied zwischen Sprachbereichen aus ihren verschiedenen Funktionen entsteht, dann braucht man weder verschiedene *Seins*arten noch Ontologie überhaupt. Damit kann auch der Gegenstandsbereich (also die Basis)[17] einheitlich („monistisch") sein, denn er hat nicht mehr den Anspruch, irgendeine letztendliche „Realität" widerzuspiegeln oder zu repräsentieren. Und die Überwindung von Subjektivität heißt nicht, dass sie verneint oder trivialisiert wird, wie das damals im Behaviorismus und gegenwärtig bei Dennett und anderen manchmal getan wird, sondern bloß, dass sie völlig naturalistisch aufzufassen ist (also wieder: keine verschiedene Seinsart; dies ist genau der minimale „Subjektnaturalismus" von Huw Price).[18] Und ganz im *Gegensatz* zu Rickert oder Husserl, eher im Sinne von Helmholtz. Mit dieser zunehmenden Herauskristallisierung der funktionalistischen Gesamtansicht Carnaps verliert die Unterscheidung von Sein und Gelten (die vor 1924 durchaus eine Rolle gespielt haben mag) auch an Bedeutung.

1.5 *Aufbau* (1928)

Nun habe ich kurz – zu kurz – eine Entwicklung zwischen 1911 und 1924 skizziert, die mit Carnaps späterer Entwicklung *nach* 1928 sehr gut zusammenpasst: eine relativ geradlinige Entwicklung also zu einem globalen Funktionalismus hin, wie er zuerst im Toleranzprinzip von 1934 ganz explizit gemacht wird und erst im Spätwerk teilweise ausgeführt wurde.[19]

---

[17] Der „Bausteine" (wie sie in „Vom Chaos zur Wirklichkeit" heißen) oder der „Elementarerlebnisse" (im *Aufbau*).

[18] Siehe z. B. Price (2013), auch Carus (2018) und Price (2018).

[19] Diese relativ geradlinige Entwicklung habe ich ausführlicher in Carus (2007) dargestellt, obwohl die früheren Dokumente, die im gegenwärtigen Aufsatz herangezogen werden (vor allem die Freischar-Rede von 1911 und der offene Brief an Pastor LeSeur von 1917) dort noch nicht verwertet sind. Das im Buch aufgrund anderer Zeugnisse gezeichnete Bild wird durch diese allerdings weitgehend bestätigt.

Vor diesem Hintergrund möchte ich nun das Wertekapitel (§ 152) im *Aufbau* noch einmal anschauen, um zu sehen, ob es diese geradlinige Entwicklung unterbricht, wie Mormann glaubt, oder einigermaßen in sie eingefügt werden kann.

Die Konstitution der Werte wird im § 152 nur sehr kursorisch skizziert. Obwohl Werte als „höhere geistige Gegenstände" klassifiziert werden (die ansonsten wiederum auf die „primären geistigen Gegenstände" aufgebaut sind), nimmt die Konstitution der Werte eine ganz andere Form an; sie werden nicht aus anderen geistigen Gegenständen (auch nicht aus fremdpsychischen, psychischen oder physischen Gegenständen) konstituiert. Vielmehr greift ihre Konstitution auf eine viel niedrigere Stufe des Systems zurück, und zwar auf die Elementarerlebnisse selbst. Denn es heißt im § 152, dass die Werte aus „Werterlebnissen" konstituiert werden. Diese aber sind im Text des Buches vor § 152 kein einziges Mal erwähnt worden; man muss also annehmen, dass sie in den Elementarerlebnissen holistisch enthalten sind, wie die übrigen Erlebnisse (und Dinge usw.), die aus den Elementarerlebnissen konstituiert worden sind, und erst noch durch Quasi-Analyse konstruiert werden müssten.

Es heißt ja im *Aufbau* (§ 64): „Für die Basis wird kein Unterschied gemacht zwischen den Erlebnissen, die auf Grund späterer Konstitution als Wahrnehmung, Halluzination, Traum, usw. unterschieden werden" (S. 86). Es wird hier nicht ausdrücklich gesagt, aber ich sehe keinen Grund dagegen anzunehmen, dass auch kein Unterschied gemacht wird zwischen Erkenntnissen, Gefühlen, Neigungen und Abneigungen, usw. In „Vom Chaos zur Wirklichkeit" wird von den „Bausteinen" (den späteren „Elementarerlebnissen" des *Aufbau*) gesagt: „Auch hier stehen wir noch *vor* der Lostrennung der Gefühlsbetonungen und Willensregungen" (ASP 081-05-01, S. 2) – was wohl auch im *Aufbau* hätte stehen können. Als „Werterlebnisse" könnte man also alle Aspekte der Elementarerlebnisse betrachten, die zum Treffen einer (praktischen) Entscheidung relevant sein könnten, aber nicht im Konstitutionssystem der *Erkenntnis* konstituiert sind (also nicht wahr oder falsch sein können).

Als Resultate der Quasianalyse sind Werte somit natürlich intersubjektiv (d. h. „objektiv"), wie auch alles andere, das innerhalb des Systems konstituiert wird. Es braucht also nicht unbedingt als Anklang an den südwestdeutschen Neukantianismus ausgelegt zu werden, dass Carnap von einer Objektivität der Werte spricht. Und ohne diese Einstufung als Symptom des Südwest-Neukantianismus heißt Objektivität von Werten vor allem noch keineswegs, dass Carnap seinen bisherigen Funktionalismus aufgegeben hätte. Man kann durchaus an die Objektivität der Werte in diesem Sinne glauben, ohne dass man sie als „kognitiv" betrachtet, also ohne dass man sie der Wahrheit oder Falschheit für fähig hält. (Wie das z. B. bei Hare (1952) und beim späteren Carnap (1963, 2017) – unter vielen anderen – der Fall ist.)

Auch wenn Carnap bei seiner skizzierten Konstitution der Werte absichtlich auf Rickert anspielt, was ich nicht ausschließen möchte, würde ich eine solche Anspielung anders bewerten als Mormann, der aus der bloßen Tatsache der Anspielung einen eindeutigen Einfluss ableitet. Es ist klar, dass Carnap im *Aufbau* zeigen will, dass sein logisch-strukturelles Konstitutionssystem nicht nur viel Neues kann, sondern außerdem vielen potenziell noch wertvollen Aspekten der philosophischen

Tradition gerecht wird. Zu diesen Aspekten rechnete Carnap auch manches, was er selbst zu dem Zeitpunkt nicht mehr besonders wertvoll fand, aber von manchem Leser vielleicht noch für wichtig gehalten werden mochte. Genau dies ist ja der Sinn der drei „Sprachen" neben der symbolischen – dass nämlich der realistisch oder fiktionalistisch sympathisierende Leser möglichst nicht zu sehr am symbolischen Schriftbild Anstoß nimmt und empfänglich für die Gesamtperspektive bleibt, die das Buch eröffnen will.

Dass es Anspielungen auf Rickert gibt – wie auf Kant, Vaihinger, den Positivismus und die Phänomenologie – überrascht also nicht weiter. Carnap will eben zeigen, dass er mit seinem System alles kann, was die konnten (und noch viel mehr dazu). Im Falle von Rickert ist es aber schwer, der Versuchung zu widerstehen, über die Behauptung des Ebensogutseins hinaus eine (nur leicht verschleierte) Kritik zu vermuten – denn Rickert war, mehr als diese anderen Autoren, mit dem deutschen Historismus identifiziert, und das war ja genau die „Art der Geschichtsbetrachtung ... [die] noch bis heute starken Einfluß ausübt", die unkritisch das Bestehende verherrlicht, wie Carnap in „Deutschlands Niederlage" sagt. „Dass diese Auffassung nicht nur von Staatsmännern, sondern auch von einflussreichen Vertretern der Geisteswissenschaften verkündet worden ist und zum Teil noch heute verkündet wird, bedeutet eine besonders schwere Belastung unserer, der Geistigen, Schuldrechnung und unserer Verantwortung für die Zukunft" (S. 16 f.). Denn Carnap sieht diese Auffassung der Gelehrten als mitursächlich für den Krieg. „Die Geistesverfassung Europas, die den Weltkrieg unvermeidbar und dann seine Beendigung bisher unmöglich machte, hat ihren Hauptnährboden in Deutschland" (S. 15). Wer sollte mit diesen harten Worten gemeint sein, wenn nicht die Vertreter des deutschen Historismus? – und Rickert befand sich ja unter den philosophischen Hauptvertretern dieser Schule![20]

Der Nachkriegs-Carnap ist eben nicht mehr der begeisterte Rickert-Hörer von 1911; der Krieg hat ihn verändert. Er tendiert jetzt immer mehr zur politischen und geistigen Ernüchterung, zur „Neuen Sachlichkeit", wie es vor allem Hans-Joachim Dahms (2004) überzeugend dargestellt hat. Man sollte diese Anspielungen auf Rickert also meiner Meinung nach so lesen, dass Carnap hier sagt: „Alles, was man an Rickert noch gut finden mag, kann ich in meinem System auch, und zwar ohne den ganzen reaktionären, kriegstreibenden deutschen Kram."

Carnaps Aneignung der neuen, ernüchterten Nachkriegskultur geschah nicht mit einem Ruck, sofort nach seinem Eintritt in die USPD oder nach Versailles, sondern ging graduell, etappenweise vor sich. Den Umbau des ganzen *Aufbau*-Systems im Jahre 1924 sollte man bestimmt mit diesem graduellen Prozess in Verbindung bringen. Leider wissen wir nicht aus früheren Notizen und Konzepten, wie Carnap vor 1925 die Werte konstituieren wollte. Es gibt aber einen Anhaltspunkt dafür, dass im früheren System diese Taktik des § 152, auf die Elementarerlebnisse zurückzugreifen, auch in anderen Fällen angewandt wurde. Und zwar gibt es in „Vom Chaos zur Wirklichkeit" einen kurzen Abschnitt über die Konstitution der Psychologie, in dem

---

[20] Siehe z. B. Beiser (2011), Kap. 10.

Carnap genau dasselbe tut. Das Zurückschrecken vor der Integration der Psychologie in die Naturwissenschaft, das sich hier ausdrückt, ist schon von Interesse. In Carnaps Argumenten dafür (nämlich dass bei dem gegenwärtigen Stand der psychologischen Wissenschaft eine solche Integration keineswegs gewährleistet ist) kann man, glaube ich, ein Echo auf Husserls „Philosophie als strenge Wissenschaft" hören. Und die Trennung der psychologischen Konstitution von der Konstitution der verschiedenen „Wirklichkeiten" deutet auch in die Richtung der „Doppelaspekt"-Auffassungen von Mach und Avenarius (Sommer 1985). So sieht man, dass der frühe Carnap trotz seines Russellschen Ausgangspunktes keineswegs so radikal von seiner Tradition (seinen Traditionen, sollte man besser sagen) loszulösen ist, wie das oft getan wird.

Was man bestimmt sagen kann, ist, dass der publizierte *Aufbau* aus verschiedenen Schichten besteht. In einer ersten und gröbsten Unterscheidung sollte man all das aussortieren, was aus der Zeit vor 1924 stammt. In diesen Topf würde ich werfen, was als „überschlagbar" bezeichnet ist, und dann noch einiges dazu, z. B. den Abschnitt § 152. Carnap brauchte diese Teile, weil sie offene Themen des Buches behandelten; sie kennzeichneten den *Anspruch* des Buches in verschiedene Richtungen. Carnap wollte zeigen, dass Antworten auf bestimmte unumgehbare Fragen, die sein Ansatz aufwarf, zumindest denkbar seien, auch wenn sie nur sehr vorläufige Antworten waren, die er selbst nicht mehr so ernst nahm.

Bei der Psychologie hatte sich Carnap eine andere Strategie einfallen lassen als die radikale Zuflucht ganz hinunter zu den Elementarerlebnissen. Über Psychologie hatte er ja auch als Student Vorlesungen besucht und selbst an experimentellen Studien teilgenommen; er hatte damit den einschlägigen Erfahrungs- und Bildungshintergrund, um selbstständig zu denken. Bei den Werten fühlte er sich vielleicht nicht so sicher; dort hat er die alte Taktik (Zuflucht zu den Elementarerlebnissen) offenbar stehen lassen. Warum? Es scheint auf jeden Fall gegen das neue Prinzip der Einheit des Gegenstandsbereichs zu verstoßen, oder folgt ihm höchstens der Form nach, nicht ohne Schummelei. Aber: Wir wissen nicht, was in der Niederschrift von 1925 alles stand. Die Strategie des § 152 ist vielleicht nur die Spitze eines Eisberges; nicht nur die Psychologie, auch andere Gebiete könnten wohl so konstituiert worden sein in der Zeit vor 1924, und hatten die Wende aus Zeitmangel überlebt. Die Alltagswelt der Dinge und Eigenschaften wurde in der ersten Fassung (1922) *separat* von der Welt der Physik konstituiert, nicht Physik aus Alltagswelt, wie im fertigen *Aufbau* (Carus 2016, S. 144). Wir können annehmen, dass die Fassung von 1925 sich zumindest in *dieser* Hinsicht dem publizierten Buch annäherte. Aber bei anderen Gebieten, z. B. der Psychologie, könnte ich mir vorstellen, dass erst Neurath sie beanstandete, als Carnap nach Wien gezogen war. Wir wissen eben noch zu wenig.

1.6 Archivalien

Unveröffentlichte Manuskripte aus Carnaps Nachlass werden zitiert nach ihren Siglen in den Carnap Papers der Archives of Scientific Philosophy (abgekürzt ASP), wobei jeweils die erste Zahl vor dem Bindestrich die Kartonnummer, die zweite (zwischen den Bindestrichen) die Mappe innerhalb des Kartons, und die dritte die Seitenzahl innerhalb der Mappe bezeichnet.

Literatur

Awodey, S., und A. W. Carus. 2001. Carnap, completeness, and categoricity: The *Gabelbarkeitssatz* of 1928. *Erkenntnis* 54:145–572.
———. 2007. Carnap's dream: Wittgenstein, Gödel, and *Logical Syntax*. *Synthese* 159:23–45.
———. 2009. From Wittgenstein's prison to the boundless ocean: Carnap's dream of logical syntax. In *Carnap's Logical syntax of language*, Hrsg. P. Wagner, 79–106. Basingstoke: Palgrave Macmillan.
Beiser, F. C. 2011. *The German historicist tradition*. Oxford: Oxford University Press.
Carnap, R. 1928. *Der logische Aufbau der Welt*. Berlin: Weltkreis.
———. 1934. Theoretische Fragen und praktische Entscheidungen. *Natur und Geist* 2:257–260.
———. 1963. Intellectual autobiography und Replies and systematic expositions. In Schilpp 1963, S. 1–84 und 859–1013.
———. 2017. Value concepts. *Synthese* 194:185–194.
Carus, A. W. 2007. *Carnap and twentieth-century thought: Explication as enlightenment*. Cambridge: Cambridge University Press.
———. 2016. Carnap and phenomenology: What happened in 1924? In *Influences on the Aufbau*, Hrsg. C. Damböck, 137–162. Wien: Springer.
———. 2017. Carnapian rationality. *Synthese* 194:163–184.
———. 2018. Going global: Carnap's voluntarism and Price's expressivism. *Monist* 101:441–467.
Ceynowa, K. 1993. *Zwischen Pragmatismus und Fiktionalismus: Hans Vaihingers „Philosophie des Als Ob"*. Würzburg: Königshausen & Neumann.
Creath, R. 1994. Functionalist theories of meaning and the defense of analyticity. In *Logic, language, and the structure of scientific theories*, Hrsg. W. Salmon und G. Wolters, 287–304. Pittsburgh: University of Pittsburgh Press.
Dahms, H.-J. 2004. *Neue Sachlichkeit* in the architecture and philosophy of the 1920s. In *Carnap brought home: The view from Jena*, Hrsg. S. Awodey und C. Klein, 353–372. LaSalle: Open Court.
Damböck, C., G. Sandner, und M. Werner, Hrsg. 2019. *Logical empiricism, life reform, and the German youth movement/Logischer Empirismus, Lebensreform und die deutsche Jugendbewegung. Veröffentlichungen des Instituts Wiener Kreis*. Dordrecht: Springer.
Hare, R. H. 1952. The Language of Morals (Oxford: Oxford Univerity Press).
Mormann, T. 2006. Werte bei Carnap. *Z philos Forsch* 60:169–189.
———. 2010. *Germany's defeat* as a program: Carnap's philosophical and political beginnings. Unveröffentlicht, zugänglich über PhilPapers.
———. 2016. Carnap's *Aufbau* in the Weimar context. In *Influences on the Aufbau. Vienna Circle Institute Yearbook 18*, Hrsg. C. Damböck, 115–136. Wien: Springer.
Price, H. 1988. *Facts and the function of truth*. Oxford: Blackwell.
———. 1997. Naturalism and the fate of the M-worlds. *Price 2011:132–147*.
———. 2011. *Naturalism without mirrors*. Oxford: Oxford University Press.
Price, H., et al. 2013. *Expressivism, pragmatism, and representationalism*. Cambridge: Cambridge University Press.

Price, H. 2018. Carnapian voluntarism and global expressivism: Reply to Carus. *Monist* 101: 468–475.

Psillos, S. 2000. Rudolf Carnap's ‚Theoretical concepts in science'. *Studies in History and Philosophy of Science* 31:151–172.

Richardson, A. 2007. Carnapian pragmatism. In *The Cambridge companion to Carnap*, Hrsg. M. Friedman und R. Creath, 295–315. Cambridge: Cambridge University Press.

Schilpp, P., Hrsg. 1963. *The philosophy of Rudolf Carnap*. LaSalle: Open Court.

Sommer, M. 1985. *Husserl und der frühe Positivismus*. Frankfurt a. M.: Klostermann.

Strawson, P. 1963. Carnap's views on constructed systems vs. natural languages in analytic philosophy. Schilpp 1963:503–518.

Werner, M. G. 2003. *Moderne in der Provinz: Kulturelle Experimente im Fin de Siècle Jena*. Göttingen: Wallstein.

———. 2015. Freideutsche Jugend und Politik: Rudolf Carnaps *Politische Rundbriefe* 1918. In *Geschichte intellektuell: Theoriegeschichtliche Perspektiven*, Hrsg. F. W. Graf, E. Hanke und B. Picht, 465–486. Tübingen: Mohr Siebeck.

Williams, B. 1985. *Ethics and the limits of philosophy*. London: Fontana.

2

Die Entwicklung von Carnaps *Aufbau* 1920–1928

Christian Damböck

Der logische Aufbau der Welt (Carnap 1998, kurz: *Aufbau*) wurde 1928 publiziert,[1] zwei Jahre nachdem Carnap sich in Wien mit dem Manuskript des (danach in gekürzter und bearbeiteter Form publizierten) Buches habilitiert hatte. Das Buch wurde, neben Wittgensteins *Tractatus*, zum Ausgangspunkt der Debatten des Wiener Kreises (Stadler 1997, S. 229–251). Entstanden ist Carnaps Buch jedoch in einer Zeit, in der dieser noch nicht in Wien tätig war. Die Niederschrift erfolgte im Jahr 1925 in Buchenbach bei Freiburg; die Vorgeschichte reicht zurück bis ins Jahr 1920. Umgekehrt ist Carnap zwar erst 1926 nach Wien übersiedelt, hatte jedoch

Die Arbeit an diesem Aufsatz wurde unterstützt vom Österreichischen Wissenschaftsfonds (FWF Projekte P27733, P31716). Ich bedanke mich bei Brigitte Parakenings und Brigitta Arden für die Erstellung zahlreicher Transkriptionen der hier zitierten Nachlass-Fragmente zur Entstehung des *Aufbau* sowie bei Gereon Wolters, Johannes Friedl, Christoph Limbeck-Lilienau und Verena Mayer für hilfreiche Kommentare zu diesem Manuskript. Für wertvolle Diskussionen bedanke ich mich auch bei den Teilnehmern der Tagung in Konstanz sowie HOPOS 2018 in Groningen, wo Teile dieses Manuskripts präsentiert wurden.

[1] Wie üblich zitiere ich den *Aufbau* nicht nach Seitenzahl, sondern anhand der Paragraphen. Die hier auf einer eher biographischen Ebene gezeichneten Zusammenhänge konvergieren in vielen Punkten mit den philosophiehistorischen Interpretationen bei (Friedman 1999, S. 89–162; Richardson 1998), wobei ich die Dilthey-Tradition und damit die Hermeneutik des 19. Jahrhunderts als Hintergrund für Carnaps Buch stärker gewichten würde (vgl. (Damböck im Erscheinen); siehe auch (Damböck 2017, Kap. 5) und die dort zu findenden weiteren Hinweise sowie (Mormann 2000, S. 83–105; Uebel 2007, S. 33–62)). Diese Arbeit verdankt außerdem sehr viel dem ersten großangelegten Ansatz einer intellektuellen Biographie Carnaps (Carus 2007).

C. Damböck (✉)
Institute Vienna Circle, University of Vienna, Wien, Österreich
E-Mail: christian.damboeck@univie.ac.at

© The Author(s) 2021
C. Damböck, G. Wolters (eds.), *Der junge Carnap in historischem Kontext: 1918–1935 / Young Carnap in an Historical Context: 1918–1935*,
Veröffentlichungen des Instituts Wiener Kreis 30,
https://doi.org/10.1007/978-3-030-58251-7_2

bereits 1922 und 1923 Kontakte zu späteren Logischen Empiristen wie Hans Reichenbach, Moritz Schlick und Otto Neurath aufgenommen. Carnaps Buch ist teilweise unter dem Eindruck dieser Begegnungen entstanden, und es wurde, auf Anregung von Moritz Schlick, zum Zweck der Habilitation in Wien geschrieben. Wie viel Wien oder Wiener Kreis steckt also eigentlich im *Aufbau*? Wie sehr spiegelt der *Aufbau* umgekehrt die philosophische Situation in Carnaps frühem Umfeld in Jena und Freiburg wieder? Ist der *Aufbau* ein Stück österreichische oder ein Stück deutsche Philosophie oder beides? Um diese Fragen auf einer soliden empirischen Grundlage beantworten zu können, wird hier das vorhandene Material ausgewertet, das die Entstehung von Carnaps Buch dokumentiert. Dabei handelt es sich, neben (a) den publizierten Texten Carnaps aus dieser Zeit, um folgende Quellen: (b) Carnaps Tagebücher und Leselisten, (c) verschiedene Briefwechsel, (d) Manuskripte und Fragmente aus den Nachlässen von Carnap, Hans Reichenbach, Moritz Schlick, Franz Roh und anderen.

In Abschn. 2.1 wird zunächst gezeigt, wie sich der *Aufbau* als Projekt einer „angewandten Ordnungstheorie" gegenüber einem (eher in der von Carnap so genannten „Wissenschaftslehre" angesiedelten) Projekt der Axiomatik physikalischer Theorien durchgesetzt hat: Carnaps lebenslanger philosophischer Standpunkt hat sich so, unter starker Mithilfe des Wiener Kreises, herauskristallisiert. Abschn. 2.2 thematisiert diese Formierungsphase erneut, diesmal unter Fokussierung auf die biographischen Hintergründe und die Frage, wann genau welche Teile des *Aufbau* entstanden sind, bis zur Fertigstellung der Habilitationsschrift Ende 1925. In Abschn. 2.3 wird versucht, den *Aufbau* inhaltlich zu rekonstruieren, auf der Grundlage der relevanten wissenschaftlichen Interaktionen und Carnaps philosophischer Lektüre, wobei der Bogen hier bis in Carnaps Studienzeit zurück gespannt werden muss. Abschn. 2.4 schließlich rekonstruiert die weitere Entwicklung des *Aufbau*-Manuskripts, von der Einreichung der Habilitationsschrift Ende 1925 bis zur Drucklegung im Jahr 1928.

2.1 Von der „Wissenschaftslehre" zur „Ordnungslehre"

Bis zur Fertigstellung des Manuskripts des *Aufbau*[2] hatte Carnap folgende Texte publiziert: die 1921 bzw. 1922 publizierte Dissertation *Der Raum: Ein Beitrag zur Wissenschaftslehre* (Carnap 1922)[3] sowie drei Aufsätze über Themen der Philosophie der Physik (Carnap 1923, 1924, 1925).[4] In welchem Zusammenhang stehen diese bis 1925 publizierten Schriften aber zum *Aufbau*? In einem Brief an Heinrich

---

[2] Für eine Gesamtübersicht über Carnaps Publikationen siehe die Bibliographie (Schilpp 1963, S. 1017–1070).

[3] Die Dissertation wurde Ende Jänner 1921 eingereicht und ist 1922 als Sonderheft der *Kant-Studien* erschienen.

[4] Nimmt man die Zeit bis zum Erscheinen des Buches (1928) und nicht bloß bis zur Fertigstellung des Manuskripts (1925), so sind außerdem noch folgende Publikationen Carnaps zu nennen:

Scholz vom November 1922 grenzt Carnap sein Betätigungsfeld zunächst vom traditionellen Fach der Philosophie („Ethik, Aesthetik, Religionsphilosophie, Metaphysik") ab und beschreibt es als „nach traditioneller Benennung: Logik und Erkenntnistheorie". Nach Carnaps Meinung

> sollte der Name Philosophie dem ersten Teil [also Ethik, Ästhetik, Religionsphilosophie, Metaphysik, C.D.] allein vorbehalten bleiben, während die einzelnen Gebiete des zweiten Teils [also Logik und Erkenntnistheorie, C.D.] sich als *Fach*wissenschaften loslösen müssten. Wie sich vor nicht langer Zeit die Psychologie selbständig gemacht hat, so müsste jetzt folgen: die *Wissenschaftslehre* (als Beispiele nenne ich die Abhandlungen „Der Raum" und „Die Aufgabe der Physik") und die *Ordnungslehre* (Beispiele: „Leitfaden der Beziehungslehre", „Dreidimensionalität des Raumes und Kausalität", „Vom Chaos zur Wirklichkeit"). Besonders die letztere steht als Formwissenschaft der Mathematik viel näher als der Philosophie, zumal jetzt, nachdem die Mathematik einzusehen beginnt, dass ihr Gegenstand nicht die Quantität und der Raum ist, sondern bestimmte Ordnungsgefüge, die unter anderem auf Quantitäts- und Raumverhältnisse angewandt werden können. (RC 102-72-10, Rudolf Carnap an Heinrich Scholz, 11.10.1922)

Der *Aufbau* fällt nun, in Carnaps Einteilung, erstens nicht in die „Wissenschaftslehre", sondern in die zweite Kategorie einer „Ordnungslehre" (das im Brief erwähnte Manuskript „Vom Chaos zur Wirklichkeit" ist eine Frühfassung dieses Buchs, auf die ich unten noch näher eingehe). Das ist nicht ganz einfach einzusehen, weil die Ordnungslehre ja zunächst das gesamte Fach der mathematischen Logik und der Relationstheorie umfasst: Mit dem „Leitfaden der Beziehungslehre" meint Carnap einen Teil des 1929 publizierten Buches *Abriss der Logistik* (Carnap 1929). Es geht aber in der „Ordnungslehre" in dem von Carnap hier intendierten Sinn um mehr bzw. um etwas anderes als eine rein mathematische Disziplin aus formaler Logik und Algebra. In einem ein paar Monate früher, kurz vor der Niederschrift des Manuskripts „Vom Chaos zur Wirklichkeit", verfassten Brief an Bertrand Russell fasst Carnap diesen Umstand so zusammen:

> Ich glaube, die Logistik, besonders die Beziehungslehre, auch auf dem Gebiete der Erkenntnislehre (genauer: Strukturtheorie des Erkenntnisgegenstandes) fruchtbar machen zu können, auf dem ich augenblicklich arbeite (jedoch in etwas anderer Richtung als Ihr Buch „Our Knowledge …" das ich besitze und schätze). (RC 102-68-33, Rudolf Carnap an Bertrand Russell, 13.06.1922)

Tatsächlich umfasst also das, was Carnap „Ordnungslehre" nennt, sowohl die im *Abriss der Logistik* behandelten Probleme der mathematischen Logik und Ordnungs*theorie* als auch bestimmte philosophische *Anwendungen* dieser mathematischen Theorie.[5] Im *Aufbau* geht es *ausschließlich* um diese Anwendung der mathematischen Ordnungstheorie, wodurch diese zu einer „Strukturtheorie des Erkenntnisgegenstandes" wird.

(Carnap 1926, 1927, 1928) sowie (Carnap 1929), ein Text, an dem Carnap, parallel zum *Aufbau*, seit 1922 gearbeitet hatte.

[5] In (Carnap 1929) unterscheidet Carnap zwischen dem rein mathematischen „System der Logistik" und der „Angewandten Logistik", die folgende Themen umfasst: „A. Mengenlehre und Arithmetik", „B. Geometrie", „C. Physik", „D. Verwandtschaftslehre", „E. Erkenntnisanalyse", „F. Sprachanalyse". Der *Aufbau* fällt in dieser Einteilung unter E.

Zweitens ist zur inhaltlichen Bestimmung des *Aufbau* die in dem Scholz-Brief vorgenommene Abgrenzung der Ordnungstheorie von der „Wissenschaftslehre" bedeutsam. Carnap plante schon im Herbst 1920, gleichzeitig mit seiner (in der Tendenz, wie später der *Aufbau*, eher in die Richtung der „Erkenntnislehre" gehenden) Dissertation bei Bruno Bauch,[6] eine ganz im Bereich der „Wissenschaftslehre" angesiedelte zweite Dissertation bei Hugo Dingler.[7] Dieser auf Entwürfe vom Juni 1920 zurückgehende Plan wurde dann in das Projekt einer gemeinsamen Publikation mit Dingler transformiert, ebenfalls auf dem Gebiet der „Wissenschaftslehre", inklusive „umständlicher mathematisch-physikalische[r] Berechnungen". Auch der zweite Plan wurde jedoch aufgegeben, als Carnap und Dingler „[bei] einer ausführlichen Aussprache (Sept. [1921] in Jena) merkten, dass unsre Standpunkte trotz der Uebereinstimmung in wichtigen grundlegenden Fragen doch zu weit auseinander liegen".[8] Später, 1923 und 1924, hat Carnap zwar ein ähnliches Projekt mit Reichenbach angedacht – es ging dann um eine eng an Reichenbach angelehnte Axiomatik von Zeit und Kausalität –,[9] aber auch dieses Projekt blieb weitgehend unpubliziert.[10] Einen Ansatz zur Begründung dieses am Ende nur minimalen Fokus Carnaps auf die „Wissenschaftslehre" liefert der zuvor bereits zitierte Brief an Carnaps engen Freund, den Pädagogen Wilhelm Flitner, aus dem Jahr 1921. Der

---

[6] Eine erste Fassung der Dissertation hat Carnap Ende Dezember 1920 vorgelegt (RC 028-03-02), die Endfassung hat er Ende Jänner 1921 eingereicht (TB 28.01.1921): „Dissertation nach Jena geschickt." Die Dissertation ist nur teilweise der „Erkenntnislehre" zuzurechnen. Zwar gibt es darin das erkenntniskritische Problem des Zusammenhangs zwischen Anschauungsraum und physikalischem Raum, aber im Zentrum steht doch die Diskussion physikalischer Probleme, also die „Wissenschaftslehre", wenn auch nicht in der von Carnap intendierten technischen Form einer an den *Principia Mathematica* orientierten Axiomatik.

[7] Vgl. (RC 018-12-11), Rudolf Carnap an Hugo Dingler, 20.09.1920: „Nun glaube ich, daß es für eine spätere Tätigkeit auf dem Grenzgebiet zwischen Philosophie und den mathematischen Wissenschaften gut sein kann, die Befähigung in einer exakten Fachwissenschaft nachgewiesen zu haben. Deshalb würde ich gern noch mit Physik als Hauptfach den Dr. Phil. Nat. erlangen." Zu Dinglers Bedeutung für Carnap siehe (Wolters 1985).

[8] (RC 081-48-04), Rudolf Carnap an Wilhelm Flitner, 10.12.1921, S. 6.

[9] Vgl. (HR 016-28-11), Rudolf Carnap an Hans Reichenbach, 20.06.1923: „Es handelt sich um eine Strukturlehre der Weltlinien, oder in Ihrer Sprache: Axiomatik der Topologie der Zeit. [...] Damit will ich [...] die logische Analyse Ihrer und anderer von vornherein schon physikalischer Sätze leisten"; (HR 016-28-07), Rudolf Carnap an Hans Reichenbach, 02.04.1924: „[Der] Unterschied in unserer Aufgabenstellung [besteht] hauptsächlich darin, daß Sie von einigen Axiomen aus ‚aufwärts' ins Physikalische gehen, ich dagegen abwärts in Logische, um zu noch primitiveren Begriffen und Axiomen zu kommen, aus denen sich Ihre deduktiv ergeben."

[10] Den umfangreichen Nachlassmanuskripten zur „Topologie der Raum-Zeit-Welt" (UCLA 05 – CM21 und RC 081-02 und -06 umfassen ein 103-seitiges Typoskript des ersten Teils und etwa 100 Seiten kurzschriftliche Entwürfe zum zweiten Teil dieses Projekts, entstanden 1923 und 1924) und zur „Axiomatik der Kausalität – Determination" (UCLA 03 – CM07 und CM08, ca. 80 Seiten Kurzschriftmanuskript, entstanden 1923 bis 1927) steht als einzige Publikation (Carnap 1925) gegenüber. Dieser Aufsatz enthält allerdings nur eine informelle Skizze und war als Vorbereitung einer Publikation des gesamten Axiomensystems gedacht, zu der es aber, nach Ablehnungen des Manuskripts durch den Springer Verlag, am Ende nicht gekommen ist.

„Wechsel des Arbeitsgebiets", weg von der „Wissenschaftslehre", hin zur „Strukturtheorie des Erkenntnisgegenstandes", ist, so Carnap,

> zum Teil auch einer Einwirkung von Roh zuzuschreiben, der mir neulich (Du merkst: ich war in München) meine Auffassung auszureden versuchte, dass man bei der Beschäftigung mit den grundsätzlichen Fragen der Logik und Wissenschaftslehre nicht versäumen dürfe, auch mit einer Fachwissenschaft aktive Fühlung zu halten; natürlich ists ihm nicht ganz gelungen. (RC 081-48-04, Rudolf Carnap an Wilhelm Flitner, 10.12.1921, S. 6)

Auch wenn es Roh im Herbst 1921 nicht *ganz* gelungen ist, Carnap von einer expliziten Auseinandersetzung mit der Physik abzubringen – dieser sollte sich wie angedeutet in den folgenden Jahren (vor allem 1923 und 1924) weiter mit diversen Axiomatiken beschäftigen: Es scheint so, als habe Roh hier einen Vorschlag gemacht, dem eine besonders gute Kenntnis der intellektuellen Persönlichkeit seines Freundes Carnap zugrunde lag. Im Dezember 1925 schreibt Carnap, unmittelbar nach der Fertigstellung des Manuskripts des *Aufbau*, an Roh folgende offenbar an die früheren Diskussionen anknüpfenden, erleichterten Zeilen:

> Vor kurzem habe ich das [Habilitations-]Gesuch [nach Wien] hin geschickt, mit dem halben MS, das ganze wird in den nächsten Tagen fertig. Ich bin froh. Bisher war noch keine Arbeit so aus meinem Herzen geschrieben wie diese (verzeih den in der Logik Dir deplaciert erscheinenden Ausdruck), wenn ich auch manche mit Freude geschrieben habe, z. B. diese, die ich mitschicke, oder noch mehr die in ihr angekündigte, noch nicht fertige Topologie (das ist die, von der die franzeske [gemeint ist wohl Franz Roh, C.D.] Legende erzählt, sie sei auf dem Krater des Vulkans geschrieben). (FRG Box 4, F2 Peters, Rudolf Carnap an Franz Roh, 18.12.1925)[11]

Auch hier wieder die Frontstellung zwischen der nun eindeutig als „aus dem Herzen geschrieben" charakterisierten Theorie des *Aufbau* und der zwar gelegentlich „mit Freude geschriebenen", aber eben nicht aus dem Herzen kommenden Arbeit an der „Wissenschaftslehre". Trotz dieser schließlich eingesehenen Präferenz für die „Erkenntnislehre" – Carnap sollte später kaum mehr zu Problemen der „Wissenschaftslehre" zurückfinden[12] – war der hier zu einem Ende gekommene Prozess der Erkenntnis eigener Prioritäten durchaus langwierig. Tatsächlich hat Carnap in der Zeit der Entstehung des *Aufbau* wesentlich mehr Zeit der „Wissenschaftslehre" gewidmet als dem Projekt des *Aufbau*; die „Strukturtheorie des Erkenntnisgegenstandes" war zunächst nur in kurzen fragmentarischen Skizzen präsent. Diese Skizzen umfassen, für die Zeit vor der Niederschrift des *Aufbau* (also 1920 bis 1924), folgende bisher bekannten Texte, die sich, mit Ausnahme der Dissertation und des Aufsatzes „Dreidimensionalität", allesamt als unpublizierte Fragmente in Carnaps Nachlass finden – ich erwähne diese Texte hier vollständig, weil sie auch die (raren)

---

[11] Der von Carnap mitgeschickte Aufsatz ist wohl (Carnap 1925). Die „noch nicht fertige Topologie" ist das sogenannte K-Z-System (RC 081-02).

[12] Zwei wichtige Ausnahmen stellen die beiden posthum von Abner Shimony veröffentlichten Arbeiten über Entropie aus den 1950er-Jahren dar (Carnap 1977) sowie die von Martin Gardner edierte Ausgabe einer Vorlesung Carnaps über Wissenschaftstheorie von 1958 (Carnap 1966). Vgl. auch die Hinweise auf die „Topologie der Raum-Zeit-Welt" und die „Axiomatik der Kausalität" in Fußnote 11.

Zeiten markieren, in denen sich Carnap zwischen 1920 und Ende 1924 mit dem *Aufbau*-Projekt befasst hat:

(1) Im August 1920: Buchenbacher Treffen (Dahms 2016) und das daraus resultierende „Skelett der Erkenntnistheorie", einseitiges Kurzschrift-MS (RC 081-05-04). Diese Skizze enthält wichtige Überlegungen zum Übergang vom Eigen- zum Fremdpsychischen und verweist in dem Zusammenhang auf den einschlägigen, im *Aufbau* jedoch nicht mehr erwähnten, Text (Sokal 1904).[13]

(2) Die Teilbereiche der Dissertation, die in das Thema fallen (1920/1921).[14]

(3) Die Skizze „Analyse des Weltbildes", zweiseitiges Kurzschrift-MS, 27.04.1921 (RC 081-05-06), und das zweiseitige Kurzschrift-MS „Über die Analyse von Erlebnissen" vom 11.09.1921 (RC 081-05-05). Im ersten dieser Fragmente taucht erneut das Problem des Sphärenübergangs auf sowie erstmals das später zentrale Motiv einer „Ordnung des Chaos der Empfindungen" – ein „Stufengang des Ordnens" wird skizziert. Das zweite Fragment liefert eine erste Skizze der später in Erlangen präsentierten und für den *Aufbau* grundlegend wichtigen Strukturtheorie (hier noch unter dem Titel „Beziehungslehre").

(4) Die Resultate eines „Seminars", das bei Carnaps Cousin Wilhelm von Rohden an zwei Montagen (8. und 15.) im Mai 1922 in Freiburg stattgefunden hat: Manuskript „Erkenntnistheorie", 3 Seiten (RC 110-07-54). Dieses bislang in der Sekundärliteratur unberücksichtigte Manuskript ist aus zwei Gründen wichtig. Erstens weil es den ersten Entwurf eines ziemlich komplexen „Stufensystems" enthält, wie es für den *Aufbau* charakteristisch ist, und weil es zweitens offenbar Anleihen am in dessen *Einführung in die Erkenntnistheorie* formulierten „kritischen Realismus" von August Messer nimmt (Messer 1909), einem weiteren bislang unberücksichtigten möglichen Einfluss auf Carnaps *Aufbau*.

(5) Der in der ersten Jahreshälfte 1922 entstandene, aber erst 1924 publizierte Aufsatz „Dreidimensionalität des Raumes und Kausalität" (Carnap 1924).[15]

(6) Als Hauptvortrag der gemeinsam mit Karl Gerhards (Richardson 2016) organisierten Erlanger Tagung:[16] „Vom Chaos zur Wirklichkeit", Typoskript, 14 Sei-

---

[13] Sokals Text beschreibt im Detail den für die Geisteswissenschaft und die Hermeneutik des 19. Jahrhunderts charakteristischen Gedanken einer Erschließung fremden Bewusstseins anhand von Verhalten und Analogieschlüssen. Zu der hier relevanten Problematik des Verstehens im *Aufbau* vgl. (Damböck im Erscheinen).

[14] Siehe (Carnap 1922), vor allem Kap. V, aber, damit im Zusammenhang stehend, auch Kap. II und IV.

[15] Erste Entwürfe zu dem Aufsatz sind offenbar schon im April 1922 entstanden (vgl. TB, 4. IV.1922: „Plan zur Arbeit über ‚Kausalität und Dimensionszahlen'"), die Erstellung des Typoskripts ist im Mai erfolgt (TB, 25.–27.V.1922). Allerdings konnte Carnap erst 1923 eine Zeitschrift finden, die bereit war, den Aufsatz zu drucken, nämlich die von Raymund Schmidt herausgegebenen *Annalen der Philosophie und philosophischen Kritik* (aus denen später *Erkenntnis* hervorging), im Rahmen einer Sondernummer der Zeitschrift zu Kant, die dann erst 1924 erschienen ist.

[16] Die Tagung fand vom 06. bis zum 13.02.1923 statt, teilgenommen haben, neben Carnap und Reichenbach (aber nicht Gerhards), noch Heinrich Behmann, Friedrich Heider, Kurt Lewin, Bernhard Merten und Paul Hertz. Zur Bedeutung der Erlanger Tagung für die Geschichte des Logischen Empirismus siehe (Limbeck-Lilienau im Erscheinen).

ten, Juli 1922 (RC 081-05-01).[17] Dieses Manuskript integriert die zuvor nur informell angestellten Überlegungen in eine erste Skizze sowohl der philosophischeren Aspekte einer „Ordnung aus dem Chaos der Empfindungen" als auch der formaleren Details der „Konstituierung".

(7) Ebenfalls für Erlangen: „Die Quasizerlegung" (= Vorstufe der „Quasianalyse" im *Aufbau*), Typoskript, 21 Seiten, 27.12.1922–23.01.1923 (RC 081-04-02), steht in enger Beziehung zu (6).[18]

(8) Die zweiseitige Inhaltsübersicht „Entwurf einer Konstitutionstheorie der Erkenntnisgegenstände", entstanden 17.12.1924 und 28.01.1925, als Vorbereitung für die mit Schlick besprochene Habilitationsschrift in Wien und den ebenfalls damit im Zusammenhang stehenden Vortrag im Wiener Kreis am 22.01.1925.

(9) Als unmittelbare Vorbereitung des zuvor erwähnten Vortrages das einseitige Kurzschrift-MS „Gedanken zum Kategorien Problem. Prolegomena zu einer Konstitutionstheorie" (RC 081-05-03).

Carnap hat, wie aus dem Tagebuch indirekt hervorgeht, bis Ende 1924 kaum mehr Zeit einer expliziten Arbeit an der „Konstitutionstheorie" gewidmet als die aus der obigen Aufstellung heraus zu identifizierenden Perioden: eine Woche im August 1920, einige Tage zwischen Herbst 1920 und Sommer 1921, im Juli 1922, im Dezember 1922 sowie im Jänner und Februar 1923. Auch in den hier angegebenen Phasen war Carnap mit vielen anderen Dingen beschäftigt, hauptsächlich mit diversen Freizeitaktivitäten.[19] Hat sich Carnap zwischen August 1920 und Februar 1923 zwar sporadisch, aber doch insgesamt einige Wochen mit dem Problem der von ihm später so genannten Konstitutionstheorie befasst, so fällt eine Lücke in der Beschäftigung nach der Erlanger Tagung ins Auge, die, wie es scheint, bis August 1924 dauert. Man kann diese Lücke zum Teil dadurch erklären, dass Carnap mit seiner Konstitutionstheorie bei der Erlanger Tagung nicht das Echo ausgelöst hat, das er sich erhofft hatte. Sein „Hauptreferat: Aufbau der Wirklichkeit" hat zu einem „heftigen Kampf" geführt, „über die ‚Bestandteile' des Momentanerlebnisses und die verknüpfende Beziehung Q" (TB 09.02.1923). So hat man in Erlangen Carnaps Enthusiasmus in Sachen *Aufbau*-Projekt eher gebremst. Schließlich waren die Teilnehmer der Tagung mit Ausnahme Reichenbachs keine Philosophen und haben das an der Physik orientierte Projekt einer Axiomatik augenscheinlich überzeugender gefunden als den grandiosen Entwurf einer Erkenntniskritik im *Aufbau*. Und namentlich Reichenbach konnte mit dem Generalismus von Carnaps *Aufbau* und seinen späteren Schriften nie viel anfangen und hat wohl schon 1923 eher versucht, ihn

---

[17] Vgl. (Carus 2007, 148–151) für eine Interpretation dieses Manuskripts. Carus ist jedenfalls darin zuzustimmen, dass Carnap noch 1922, wie in seiner Dissertation, stärker von Husserl und Kant beeinflusst war als in der unmittelbaren Phase der Entstehung des *Aufbau*-Manuskripts.

[18] Vgl. (Mormann 2003) für eine Interpretation dieses Textes als Vorstufe der „Quasianalyse" des *Aufbau*.

[19] Im Juli 1922 etwa enthält das Tagebuch über den Einträgen zum 3. und 4. eine Klammer: „Fleißig geschrieben an ‚Chaos und Wirklichkeit' (angeregt durch die Gespräche mit Christiansen)." Der Rest des Monats ist offenbar vor allem dem Urlaub gewidmet (unter anderem einer „Silvretta Alpenfahrt").

vom *Aufbau* weg und zur Axiomatik hin zu bringen. Bei der Erlanger Tagung hat man Carnap – einschließlich einer gewissen Demotivation in Sachen *Aufbau* – vorgeschlagen, so vorzugehen, wie er dies in einem vier Monate nach der Tagung an Heinrich Scholz geschriebenen Brief andeutet:

> Die These, dass die angewandte Strukturlehre für alle rationalen Wissenschaften eine grundlegende Bedeutung hat, ja sogar eine jede solche, wenn sie eine gewisse Stufe der Entwicklung erreicht hat, ganz umfasst, ist mir sehr wichtig. Ich glaube aber, diese These erst dann in ausführlicher Behandlung und mit Aussicht auf Verständnis darstellen zu können (bisher habe ich sie nur in meinem Erlanger Referat besprochen und noch nicht schriftlich dargestellt), wenn ein Beispiel vorliegt, das zeigt, wie die Anwendung der Struktur-(oder Beziehungs-)Lehre auf ein Gebiet einer empirischen Einzelwissenschaft aussieht. (RC 102-72-09, Rudolf Carnap an Heinrich Scholz, 13.08.1923)

Die Axiomatiken von Zeit und Kausalität, mit denen Carnap einen großen Teil seiner Arbeitszeit der Jahre 1923 und 1924 zugebracht hat, waren, wie er in dem Brief an Scholz weiter ausführt, „die erste Durchführung einer solchen Anwendung". Carnap musste also erst den Mut finden, die Vorlagerung dieses Anwendungsbeispiels, das sich seinerseits am Ende offenbar als unrealisierbar erwiesen hat, zu verwerfen, um den Kopf erneut für die eigentliche Herzensangelegenheit frei zu bekommen. Noch im Dezember 1924 schreibt er an Schlick ausgesprochen defensiv:

> Das Thema der Arbeit [einer Konstitutionstheorie der Erkenntnisgegenstände] steht seit längerer Zeit im Zentrum meines Interesses. Sie geht zurück auf einen (unveröffentlichten) Aufsatz „Vom Chaos zur Wirklichkeit", den ich im Sommer 1922 geschrieben habe. Mein Hauptreferat im März 1923 in Erlangen war auf denselben Gegenstand gerichtet. *Doch ist mir das Problem immer noch nicht genügend ausgereift. Und wenn ich es jetzt auch für die Hab.-Schrift ausarbeite, so möchte ich es doch, wenn möglich, noch nicht veröffentlichen, bis die Lösung eine besser durchgeklärte Gestalt angenommen hat.* (RC 029-32-46, Rudolf Carnap an Moritz Schlick, 19.12.1924)

Für Carnaps Wien-Aufenthalt im Jänner 1925 war zunächst nur ein Vortrag über die „Raum-Zeit-Topologie", also das Projekt einer Axiomatik der Physik, geplant. Erst aufgrund des Erfolges dieses am 15. Jänner gehaltenen Vortrags wurde beschlossen, eine Woche später einen weiteren Vortrag „einzulegen", wie Carnap später an Reichenbach schreibt, „und ich musste noch über die ‚Konstitutionstheorie' etwas berichten, was freilich schwierig war, weil ich selbst noch nicht recht damit fertig bin". Quasi wider Erwarten „[begegneten] auch diese Gedanken [...] größerem Interesse und vor allem Verständnis, als man es sonst in philosophischen Zirkeln erwarten kann. Die Wiener Tradition einer exakter fundierten Philosophie (Mach – Boltzmann – Schlick) tut da wohl ihre Wirkung."[20] Im Tagebuch schreibt Carnap: „Abends Vortrag: Prolegomena zu einer Konstitutionstheorie. Schwierig und lang (½ 9 bis 10; Diskussion bis ½ 12), anregende Diskussion." (TB 22.01.1925) Am 27.01. notiert Carnap weitere Diskussionen mit Schlick, Waismann und Feigl (über Konstitutionstheorie) sowie Neurath („über gegenseitige Abhängigkeit der Lebensgebiete", TB 27.01.1925).

---

[20] (HR 016-03-12), Rudolf Carnap an Hans Reichenbach, 10.03.1925.

Man kann also vermuten, dass Carnap sich bis Anfang 1925 an einer offensiven Fortführung seines Herzensprojekts dadurch gehindert sah, dass ihm die Gedanken zu unausgegoren erschienen, vor allem aber dadurch, dass er mit diesem Projekt (anders als mit der Arbeit an den rein formalen Aspekten der Logistik und Ordnungslehre sowie der Erstellung von Axiomatiken der Physik, im Sinne einer Ausdehnung der *Principia Mathematica* auf die Physik) keine Perspektive sah, bei seinen Zeitgenossen auf Verständnis und Interesse zu stoßen. Die Erlanger Tagung muss den Eindruck verfestigt haben. Durch die Initiative Schlicks und die überaus freundliche Aufnahme im Wiener Kreis, einschließlich einer weitgehendes Verständnis demonstrierenden Diskussion, kam dann für Carnap die Wende, und es eröffnete sich die Möglichkeit, sein Herzensprojekt über das Stadium der bloßen Vision hinaus zu entwickeln: Zur großen Überraschung und Freude Carnaps waren Schlick, Feigl, Waismann und Neurath gerade an dem Projekt des *Aufbau* interessiert, das ihm Reichenbach in Erlangen noch eher auszureden versucht hatte, und sie stellten mit diesem offensiven Interesse die Weichen für Carnaps weitere philosophische Entwicklung. Er verwarf letztlich die Idee, die *Principia Mathematica* auf die Physik auszudehnen (auch wenn er an diesem Projekt bis in die 1930er-Jahre immer wieder gebastelt hat: Es blieb am Ende unrealisiert) und wandte sich stattdessen einem davon grundlegend verschiedenen Programm der „Erkenntnislehre" zu. Diese Wende verdankt Carnap dem Einfluss der philosophischen Avantgarde des Wiener Kreises, der, anders als die wissenschaftlich progressive, aber philosophisch eher konservative Gruppe der Erlanger Tagung, das Potenzial der „Erkenntnislehre" Carnaps erkannt und es ihm so ermöglicht hat, sich diesem Projekt mit ganzer Kraft zu widmen.

2.2 Der Weg zur Habilitation in Wien, oder: Carnaps Weg in die Philosophie

Bevor ich auf die dem Wien-Besuch folgenden entscheidenden Monate – zu Jahresende 1925 lag das Manuskript ja fertig vor – näher eingehe, noch einige weitere, auch externe biographische Faktoren berücksichtigende Überlegungen zur Frühphase des *Aufbau*-Projekts, von August 1920 bis Jänner 1925. Carnap war bis in die frühen 1920er-Jahre finanziell unabhängig und nicht auf Einkommen durch eigene Arbeit angewiesen. Er stammte aus einem wohlhabenden Elternhaus und heiratete 1917 Elisabeth Schöndube, Tochter eines reichen aus Deutschland ausgewanderten mexikanischen Farmers, mit der er drei gemeinsame Kinder hatte (geboren 1918, 1920 und 1922).[21] Noch im März 1923 behauptete Carnap in einem Brief an Scholz, dass

---

[21] Vgl. (Carnap 1993). Carnaps Vater war Textilfabrikant. Nach dessen Tod im Jahr 1898 musste die Familie zwar (vermutlich aus familiären Gründen: im Haus in Barmen lebten die Halbgeschwister Carnaps, die nach dem Tod des Vaters die Weberei weiterbetrieben) von der repräsentativen Villa in Barmen nach Ronsdorf bei Wuppertal umziehen, sie übersiedelte aber 1909 nach Jena in ein für Carnaps Mutter erbautes großbürgerliches Haus. Bis in die 1920er-Jahre scheint Carnap von müt-

es „nicht das Problem der materiellen Existenz" sei, das ihn von der Idee einer Hochschulkarriere fernhalte, sondern nur die Aussicht, in den von ihm wenig geschätzten traditionellen Feldern der Philosophie „stecken bleiben zu müssen". Wenn es sich ausginge, eine Stelle zu erlangen, in der er nur das von ihm intendierte Feld beackern könnte – „Geld und Titel brauchen nicht dabei zu sein" –, „so würde ichs mir ernstlich überlegen".[22] Die hier angedeutete finanzielle Unabhängigkeit ging jedoch bald darauf verloren. Ein Aspekt dürften Erbstreitigkeiten mit Carnaps Schwiegervater gewesen sein, der auf einer extrem ungleichen Aufteilung seines Besitzes beharrte, zugunsten der Söhne und zuungunsten der Töchter.[23] Zu bedenken ist vor allem aber, dass der zitierte Brief Carnaps zu einem Zeitpunkt unmittelbar vor der Hyperinflation in Deutschland verfasst wurde.[24] Carnap reiste von Mitte April bis Anfang Oktober 1923 nach Nordamerika und Mexiko. Von Mexiko schrieb er im August 1923 erneut an Scholz, nun in einem ganz anderen Sinn argumentierend. Bezugnehmend auf eine mündliche Aussprache, die im April, unmittelbar vor der Abreise in Kiel, stattgefunden hatte, bekannte Carnap nun, sich doch für die Universitätslaufbahn entschieden zu haben, „nicht nur" wegen der „dort objektiv vorliegende[n] Aufgabe der Mitarbeit an einer geistigen Institution", sondern auch aus prosaischeren Erwägungen:

> Nun kommen für den Entschluss noch die äußeren Vorbedingungen in Betracht. Ich muss mir nach meiner Rückkehr eine Vorstellung von der wirtschaftlichen Lage in Deutschland und besonders ihrer wahrscheinlichen weiteren Entwicklung zu machen suchen, da von ihr teilweise meine wirtschaftlichen Möglichkeiten abhängen. (RC 102-72-08, Rudolf Carnap an Heinrich Scholz, 02.03.1923)

Anders als sein sehr pessimistisch eingestellter Schwiegervater glaubte Carnap „an die Lebenskraft des Geistigen im deutschen Volke und daher auch an den Willen und die Kraft zur Unterhaltung kultureller Institutionen, selbst in argen wirtschaftlichen Notzeiten" (Ebd.). Carnap verwarf 1923 explizit die Optionen, in die USA (diesen Ratschlägen „möchte ich vorläufig nicht folgen") oder nach Mexiko („gewiss nicht der rechte Boden") auszuwandern, und sah eine Perspektive, die eigene vor der Tür stehende wirtschaftliche Notlage durch eine wissenschaftliche Karriere

---

terlicher Seite her finanziell gut abgesichert gewesen zu sein. Vonseiten des Schwiegervaters erhielt Carnap die Wohnmöglichkeit in dem Anwesen Wiesneck der Familie Schöndube in Buchenbach bei Freiburg sowie, zumindest bis 1923, auch ausreichende finanzielle Zuwendungen.

[22] (RC 102-72-08), Rudolf Carnap an Heinrich Scholz, 02.03.1923.

[23] Vgl. (TB 11.09.1923): Die fünf Schwestern sollten zusammen nur Anspruch auf ein Viertel des Familienvermögens haben. Das Verhältnis Carnaps zu seinem Schwiegervater war spannungsgeladen. So zwang ihn dieser etwa immer wieder, tagelang für ihn Schreiberdienste auszuüben, bzw. band generell finanzielle Zuwendungen an emotionale Zuwendungen als Gegenleistung. Vgl. (TB 28.12.1923, 31.12.1923, 04.01.1924, 04.02.1924, 05.02.1924, 09.09.1924, 16.–19.09.1924, 28.–30.09.1924).

[24] Vgl. (Knortz 2010, S. 45). Von Anfang 1920 bis Jänner 1923 hatte sich der Dollarkurs der Mark vertausendfacht. Von Ende Jänner bis Ende November 1923 hatte er sich dann nochmals um den Faktor 10^8 vervielfacht. Diese Entwicklung war für Carnap zum Zeitpunkt der Abfassung des Briefes an Scholz noch nicht absehbar, wohl aber zum Zeitpunkt des später zitierten Briefes vom August 1923.

abzufangen. Dieser Aspekt (wie realistisch er auch immer gewesen sein mag) ist von nicht zu unterschätzender Bedeutung für die Entstehung des *Aufbau*. War Carnaps Selbstbildnis noch vor der Mexiko-Reise, Anfang 1923, eher das eines (nach eigener Aussage „einsiedlerischen") Privatgelehrten, der nur zum Vergnügen mit Akademikern interagiert, so änderte die nun entstandene wirtschaftliche Lage die Rahmenbedingungen grundlegend und zwang ihn, die wissenschaftliche Beschäftigung von der bloßen Liebhaberei zum Beruf zu machen. Der konkrete Plan einer Habilitation hatte so vor allem wirtschaftliche Gründe, die nach Carnaps Rückkehr von der Mexiko-Reise zwingend wurden und blieben. Dass die prekärer werdende wirtschaftliche Lage *direkt* für Carnaps Projekt einer Habilitation und damit indirekt auch für die Niederschrift des *Aufbau* verantwortlich war, illustriert eine aus den Tagebüchern rekonstruierbare und offenbar für die gesamte Carnap-Familie eher fatale Fehlspekulation in Anlagen der Berliner Immobiliengesellschaft Mühlenau Boden-AG. Offenbar wurde sehr viel Geld in diese Anlagen gesteckt, die sich dann aber als unverkäuflich erwiesen – eine Affäre, die sich über Jahre hinzog und noch 1930 gerichtliche Nachwirkungen hatte.[25] Die Affäre hatte insofern mit Carnaps beruflicher Entwicklung zu tun, als Aussichten auf hohe Gewinne, tatsächlich aber letztlich hohe finanzielle Verluste damit verknüpft waren, die er unmittelbar in wissenschaftliche Pläne umlegte. So schrieb er im Mai 1924, als kurzfristig ein spektakuläres Angebot zum Verkauf der Aktien vorlag (das sich später als Schwindel entpuppte), sofort an Reichenbach, er habe Aussichten auf „einen Haufen Geld", mit dem er sofort einen eigenen Verlag und eine Zeitschrift zu finanzieren gedachte.[26] Im Juli 1924 schließlich verband Carnap die Aussicht auf den bevorstehenden Verkauf der Mühlenau-Anteile (wohl zu extrem ungünstigen Bedingungen) mit der Entscheidung, nach Wien zu gehen![27] Hätte Carnap aus der Mühlenau-Spekulation viel Geld abgeschöpft, wäre er vielleicht zum Verleger mit philosophischen Liebhabereien geworden; das Scheitern der Spekulation zwang ihn dagegen, sein Einsiedlerdasein aufzugeben und mit Habilitation und Buchprojekt ernst zu machen.

Blenden wir kurz noch ein paar Monate zurück. Carnap sah sich im Oktober 1923 erstmals in seinem Leben gezwungen, Ausschau nach einem Brotberuf zu halten, auch wenn vorläufig noch genügend Geld für das tägliche Leben vorhanden war. Da er seinen Lebensmittelpunkt auch in Zukunft in dem ideale Arbeitsbedingungen ermöglichenden Gut Wiesneck der Familie Schöndube in Buchenbach bei Freiburg sah, versuchte er zunächst die Perspektive einer Habilitation in Freiburg auszuloten, obwohl dies Carnaps früherer Lehrer Jonas Cohn bereits im Herbst 1921 als „so gut wie ausgeschlossen" bezeichnet hatte.[28] Carnap machte dennoch einen zweiten Versuch und probierte es nach der Mexiko-Reise bei dem ungleich berühmteren und einflussreicheren Edmund Husserl, nachdem ihm auch Scholz

---

[25] Vgl. etwa die Tagebucheinträge (TB 7.XI.1923, 13.I.1924, 30.IV.–5.V.1924, 29.VII.1924, 13. XI.1930).

[26] (HR 016-28-06), Rudolf Carnap an Hans Reichenbach, 10.05.1924.

[27] (TB 29.VII.1924): „Brief von Fritz über bevorstehenden Mühlenauverkauf; darauf Wien beschlossen!" Die Passage wurde nachträglich von Carnap farbig unterstrichen.

[28] (RC 081-48-04), Rudolf Carnap an Wilhelm Flitner, 10.12.1921, S. 5.

dringend von der Trennung von der Familie abgeraten und ihm empfohlen hatte, es (nicht bei ihm in Kiel, sondern) „bei Husserl [zu] versuchen".[29] Im Wintersemester 1923–1924 besuchte Carnap daher zunächst, mit wenig Begeisterung, Husserls Vorlesung über „Erste Philosophie",[30] dann, vermutlich mit vermittelnder Hilfe seines Freundes, des Husserl-Schülers Bernhard Merten, ein Seminar Husserls.[31] Es stellte sich aber heraus, dass die Haltung Husserls Carnap gegenüber ablehnend war und sich auch auf dieser Seite jede Perspektive auf Habilitation als aussichtslos erwies.[32] Ebenfalls zu keinem positiven Ergebnis kamen in die Richtung einer Habilitation in Freiburg tastende erneute Gespräche Carnaps mit Cohn im Oktober 1924 (TB 01.10.1924 und 06.10.1924) sowie eine Nachfrage bei Bauch im November 1923 in Sachen einer Habilitationsmöglichkeit in Jena (TB 02.11.1923). Carnap zögerte sehr lange, Pläne einer Habilitation an einer anderen Universität als Freiburg konkreter werden zu lassen. Noch im September 1925, als er bereits intensiv an der Fertigstellung seiner Wiener Habilitationsschrift arbeitete und mit den Wienern alles in trockenen Tüchern schien, wandte sich Carnap erneut an Cohn. Trotz der „günstigen Wirkungsbedingungen", die Carnap in Wien finden zu können glaubte (siehe unten), „würde ich Freiburg vorziehen, wenn sich hier die Möglichkeit ergäbe".[33]

Carnap sah sich also im Sommer und Herbst 1924 in der Situation, von allen Seiten Abfuhren für seine Habilitationspläne zu bekommen. In dieser Lage deutete er gegenüber Reichenbach an, dass ihm eine mögliche Habilitation in Wien sehr

---

[29] (TB 25.10.1923). Zur Bedeutung Husserls für den *Aufbau* siehe (Carus 2016; Damböck 2019a) sowie, mit den unten formulierten Vorbehalten, (Mayer 2016). Die im Folgenden zusammengestellten Belege finden sich teilweise auch bei Carus und Mayer.

[30] (TB 13.11.1923): „mit Merten ins Kolleg von Husserl, nicht sehr gefallen".

[31] Husserl prüft Carnap am 21.11.1923 offenbar über seine *Ideen*, die Carnap in den Tagen davor zu diesem Zweck liest. (TB 21.11.1923): Husserl „erlaubt die Teilnahme am Seminar, spricht nur kurz mit mir in der Etagentür! [Rufzeichen von Carnap später eingefügt.] Als ich Wunsch nach weiteren Gesprächen andeute (über meine Arbeiten), sagt er, dass er alles in seinen Vorlesungen bringe!" Das Kolleg hat Carnap viermal besucht: 13.11.1923, 24.01.1924, 31.01.1924, 14.02.1924, das Seminar zehnmal: 25.11.1923, 28.11.1923, 05.12.1923, 12.12.1923, 19.12.1923, 16.01.1924, 23.01.1924, 30.01.1924, 13.02.1924, 27.02.1924. Außerdem gab es drei Treffen mit Husserl außerhalb von Lehrveranstaltungen: 21.11.1923, 29.12.1923, 06.02.1924. Am 19.12.1923 referiert Carnap „über vorige Stunde, sehr kurz; Husserl meint, einige Punkte, die er gesagt habe, nehme ich zu starr als schon erledigt, sie seien aber noch problematisch. Wohl nur Missverständnis durch meine Kürze." Am 23.01.1924 referiert Carnap über Quasizerlegung, wie er kommentarlos im Tagebuch notiert, was man so interpretieren könnte, dass Husserl dazu wenig zu sagen hatte. Allerdings werden in den folgenden Wochen nach Husserls Kolleg Besprechungen über „Erkenntnistheorie" organisiert, an denen Merten und Landgrebe, nicht aber Husserl, teilnehmen. Über Rückmeldungen Husserls findet sich zum letzten Mal am 29.12.1923 Folgendes: „Besuch bei Husserl; er sieht sich in Galileis Rolle als Begründer der wissenschaftlichen Philosophie."

[32] Husserl hat sich über Carnap offenbar mehrfach sehr kritisch geäußert. Vgl. (Rosado Haddock 2008, S. 33).

[33] Rudolf Carnap an Jonas Cohn, 26.09.1925, Cohn Nachlass. Es ist nichts über eine Antwort Cohns bekannt, und Cohn wird auch im Tagebuch in dieser Zeit nicht erwähnt, weshalb anzunehmen ist, dass die Antwort Cohns erneut abschlägig erfolgt ist.

gelegen käme.[34] Die Reaktion war geradezu spektakulär. Hatten Husserl, Cohn, Scholz und Bauch ihn in Freiburg, Münster bzw. Jena nur abgewimmelt und Carnap auf andere Städte verwiesen, griff Schlick, seit 1922 Ordinarius für Naturphilosophie in Wien, Carnaps ihm durch Reichenbach vermitteltes Ansinnen überaus positiv auf und war sich nicht zu schade, selber brieflich den Kontakt zu Carnap in Sachen Habilitation anzuknüpfen. Dass Carnap, der ja seit 1922 mit Schlick in brieflichem Kontakt gewesen war, nicht selber mit dem Ansinnen an Schlick herantrat, sondern es durch Reichenbach übermitteln ließ, lässt beinahe den Schluss zu, er habe der Idee zunächst nicht allzu viel Hoffnung gegeben. Jedenfalls meldete sich Schlick im August 1924 brieflich bei Carnap, nachdem dieser ihn bei seiner Reise zum Wiener Esperantokongress nicht angetroffen hatte (Schlick war zu der Zeit in Längenfeld in Tirol auf Urlaub):

> Herr Reichenbach teilte mir mit, dass Sie die Absicht hätten, mich aufzusuchen, und ich habe ihm daraufhin meine Adresse angegeben (es ist die obige, die bis Mitte Sept. gültig bleibt). Ich hatte aber doch das Bedürfnis, Ihnen auch direkt zu schreiben. Herr R. hat mich wissen lassen, dass Sie die Absicht haben, sich in Wien um die Habilitation zu bewerben. Ich glaube selbst, dass Sie dort einen geeigneten Boden finden würden, und eine Atmosphäre, in der Sie gern atmen. (RC 029-32-50, Moritz Schlick an Rudolf Carnap, 09.08.1924)[35]

Carnap reagierte auf diese bemerkenswerte Intervention des hoch angesehenen Wiener Professors positiv (leider ist der darauffolgende Briefwechsel zwischen Carnap und Schlick nicht erhalten), brauchte aber weitere vier Monate, um ein erstes Konzept der Habilitationsschrift anzufertigen. Die zweiseitige Gliederung, die er am 19.12.1924 an Schlick sandte, war nur ein erster Entwurf: „Fertig geschrieben ist noch nichts davon. In einer nur ganz vorläufigen Form niedergeschrieben sind auch nur Teile, nämlich bis jetzt: I, 1–3, 5, II, III, IV A–D 1." Dass er sich hier selbst mit der vagen Formulierung „in einer nur ganz vorläufigen Form niedergeschrieben" sehr weit aus dem Fenster lehnte, wird aus einem Brief Carnaps an Flitner deutlich: „Ich fahre etwa am 9. Jan. nach Wien, und habe vorher noch allerhand zu tun, besonders auch für den Entwurf einer neuen Arbeit, die ich wahrsch. als Hab. schrift verwenden werde, von der aber noch nicht viel auf dem Papier ist."[36] Man muss dieses „nicht viel" wohl so interpretieren, dass das vorhandene (leider, mit Ausnahme der Gliederung, nicht erhaltene) Material vielleicht ein paar Seiten kurzschriftlicher Stichworte umfasst hat, kaum aber ein längeres Manuskript. Carnaps Plan war zunächst offenbar, in Wien einen Text einzureichen, der an Umfang kaum viel länger als das 1922er Manuskript „Vom Chaos zur Wirklichkeit" sein sollte.

---

[34] Und zwar offenbar im Rahmen eines Treffens mit Reichenbach in Stuttgart am 05. und 06.07.1924. Vgl. (TB 06.07.1924): „Vormittags mit Reichenbach im Park spazieren […] Habilitation bei Schlick?".

[35] Wenige Tage später fand ein persönliches Treffen Carnaps mit Schlick und Reichenbach in Längenfeld (Tirol) statt (siehe TB 15.08.1924), von dem ein kurzschriftliches Protokoll Carnaps existiert (RC 029-32-51): „Er [Schlick] hält meine Arbeiten für sehr bedeutsam und möchte mich gerne habilitieren."

[36] (RC 115-03-33), Rudolf Carnap an Wilhelm Flitner, 25.12.1924.

Nur so kann man erklären, dass Carnap am 10. März 1925 an Flitner und Reichenbach beinahe gleichlautend schrieb, er wolle jetzt „Prolegomena zu einer Konstitutionstheorie" schreiben und diese bis zum Beginn des Sommersemesters (das war in Wien Ende April) als Habilitationsschrift einreichen.[37]

Leider sind die Briefe Schlicks an Carnap aus dieser Zeit nicht erhalten; es ist also nicht mehr zu entscheiden, ob Schlick etwa den Plan, lediglich eine kurze Broschüre („Prolegomena") einzureichen, mit Skepsis aufgenommen hat oder ob Carnap die Latte für sich selbst ohne äußeren Anlass höher gelegt hat. Fest steht, dass Carnap selbst nach dem 10. März 1925 zunächst nur sporadisch an die Arbeit am Manuskript der Konstitutionstheorie gegangen ist. So schrieb er etwa am 28. März im Tagebuch: „Konstitutionstheorie gearbeitet. (Eigentlich heute im März erst wieder richtig angefangen.)"; am 21. April an Schlick:

> Die Habilitationsschrift macht mir doch mehr Arbeit, als ich geglaubt habe, und ich werde noch einige Wochen damit zu tun haben. […] Ich hoffe, dass die Arbeit dann nicht nur dem Umfang nach, der etwa 300 Seiten betragen wird, sondern auch qualitativ sich über den ersten Entwurf hinausheben wird. (Schlick Nachlass, Rudolf Carnap an Moritz Schlick, 21.04.1925)

Am 31. Mai schrieb Carnap: „Die Fertigstellung meiner Arbeit zieht sich nun immer länger hin", am 12. Juli kündigte er an, die Arbeit „noch während der Ferien […] an Sie und zwei andere Professoren [zu] schicken, und dann zu Beginn des WS das Gesuch ein[zu]reichen".[38] Mit der Arbeit am später eingereichten Manuskript hat Carnap jedenfalls erst im Juli 1925 begonnen. Die entsprechenden Arbeitsschritte hat er minutiös auf einem frappierenden Dokument aus Millimeterpapier dokumentiert, auf dem die täglichen Arbeitsfortschritte abzulesen sind (RC 081-05-08). Carnap hat zunächst immer die einzelnen Paragraphen in Kurzschrift formuliert und dann im Schnitt 5 bis 10 Tage später mit der Maschine ins Reine geschrieben. Das Dokument liefert außerdem folgende wichtige Informationen (in Klammer sind eventuell vorhandene Belege aus den Tagebüchern hinzugefügt):

- Das 1925 verfasste Manuskript hat 226 Paragraphen umfasst, während die gedruckte Fassung nur aus 183 Paragraphen besteht, also offenbar um etwa ein Fünftel gekürzt worden ist (dazu Näheres weiter unten).
- Die Arbeit an der Kurzschriftfassung wurde am 18. Juli (in Lübeck) begonnen (an diesem Tag steht im Tagebuch: „Ganzen Tag gearbeitet") und am 23. Dezember beendet (Tagebuch: „Konstitutionstheorie fertig geschrieben").
- Mit Ausnahme der ersten beiden Tage in Lübeck hat Carnap ausschließlich am Anwesen der Schöndubes in Wiesneck am Manuskript und Typoskript gearbeitet.
- Die Arbeit an der Maschinenschriftfassung wurde am 22. August begonnen (Tagebuch: „Angefangen, Arbeit zu tippen (MS ist aber noch nicht fertig)") und am 27. Dezember fertiggestellt (Tagebuch: „Konstitutionstheorie fertig getippt").

---

[37] (RC 115-03-34), Rudolf Carnap an Wilhelm Flitner, 10.03.1925, sowie (HR 016-03-12), Rudolf Carnap an Hans Reichenbach, 10.03.1925.

[38] (RC 029-32-43), Rudolf Carnap an Moritz Schlick, 31.05.1925, und Schlick Nachlass, Rudolf Carnap an Moritz Schlick, 12.07.1925.

- Längere Pausen in der Arbeit am Manuskript gab es nur vier, die von Carnap im Dokument auch eigens kommentiert sind: (1) gleich zu Beginn, vom 20. Juli bis zum 11. August, für Reisen nach Kiel, Flensburg und zum Esperanto-Kongress in Genf; (2) vom 13. bis zum 25. September, für die Hochzeitsfeierlichkeiten von Carnaps Schwägerin Grete Schöndube; (3) vom 14. bis zum 19. November, für eine Reise nach Leipzig und Berlin; (4) vom 26. November bis zum 5. Dezember, wegen Einreichung des Habilitationsgesuchs und „Kälte" (Tagebuch: „Skijöring"[39]).
- An den stärksten Tagen hat Carnap bis zu acht Paragraphen verfasst (die in der Druckfassung jeweils meist knapp unter zwei Seiten umfassen). Im Schnitt hat er, rechnet man die ausgewiesenen Pausen-Tage weg, fast genau zwei Paragraphen pro Tag verfasst.

Was hat Carnap aber, wenn das Manuskript erst danach entstanden ist, in der Zeit vom März bis zum 18. Juli 1925 getan, in einer Zeit, in der er immerhin zweimal vertröstende Briefe an Schlick geschrieben hat, offenbar ohne überhaupt bereits mit dem Manuskript begonnen zu haben? In die Zeit zwischen Anfang März und Mitte Juli fällt eine längere Reise nach Leipzig und Jena (30. April bis 18. Mai). Diese Reise hatte zum Teil privaten Charakter, wurde aber auch zur Arbeit an der Konstitutionstheorie genützt sowie zu Gesprächen mit Hans Freyer, vor allem aber für einen Vortrag am Philosophischen Institut, „im Kreise von Raymund Schmidt", bei dem Hans Driesch zugegen war, mit dem sich Carnap im Anschluss zweimal getroffen hat.[40] Vom 12. März bis zum 4. Juni, also in 85 Tagen, findet sich an 16 Tagen im Tagebuch der Eintrag „Konstitutionstheorie", davon einmal (am 22. April) pauschal „Täglich fleißig Konstitutionstheorie"; manchmal werden konkrete Abschnitte der Gliederung des Inhalts angegeben. Carnap hat also in dieser Zeit viele Tage darauf verwendet, eine Art Vorversion zu erstellen, die er dann ab dem 18. Juli zur Ausarbeitung des endgültigen Manuskripts herangezogen hat. Dennoch war das Erstellen einer Vorversion nicht der einzige Aspekt der Arbeit dieser knapp drei Monate, wie folgende Stelle aus einem Brief an Flitner vom August 1925 nahelegt:

> Unterschätzt Du beim Schreiben auch immer so die Zeit bis zur Fertigstellung wie ich? [...] Ich hab jetzt noch viel Zeit mit Literaturstudium verbraucht u. bin deshalb immer noch nicht fertig mit der Hab.-schrift. Ich hab an den verschiedensten Stellen Lit.-Hinweise eingeschoben, zuweilen kritische, häufiger jedoch Hinweise auf gleiche oder ähnliche Gedanken. Ich hoffe, damit den Leser, dem das Ganze sicher fremdartig u. stellenweise unsinnig vorkommt, etwas zu besänftigen, indem er bemerkt, daß alle einzelnen Gedanken eigentlich längst schon da sind. Meine historische Abhängigkeit aufzuweisen, ist nicht der Grund; das

---

[39] Im Winter war Carnap in seiner Wiesnecker Zeit sehr häufig zu diversen Wintersportaktivitäten unterwegs, wie Schifahren am Feldberg oder eben auch Skijöring, wo sich der Skifahrer von einem Auto ziehen lässt.

[40] Raymund Schmidt war der Herausgeber der wichtigen Reihe *Philosophie der Gegenwart in Selbstdarstellungen*, in der viele der von Carnap zitierten und heute esoterisch erscheinenden Autoren erfasst sind. Ob Carnap die Bände der Reihe gekannt hat, konnte leider nicht festgestellt werden. Carnap hat seit Ende 1920 Driesch gelesen und war offensichtlich von dessen „Ordnungstheorie" beeinflusst. Vgl. dazu (Ziche 2016).

scheint mir unwichtig. Viele meiner „Vorgänger" hab ich auch jetzt erst, nach meiner Arbeit, kennen gelernt. (RC 115-03-35, Rudolf Carnap an Wilhelm Flitner, 18.08.1925)

In seiner Zeit in Buchenbach hat Carnap alle paar Tage Freiburg besucht, aus
unterschiedlichsten Gründen. Ob er dabei auch Bibliotheken oder Buchhandlungen
aufgesucht hat, bleibt oft unklar. Jedoch weist Carnap im Juli 1925 im Tagebuch
siebenmal explizit auf Bibliotheksbesuche in Freiburg hin. Er hat sich da wohl mit
der Literatur eingedeckt, von der in der obigen Nachricht die Rede ist. Die Zeit davor (März bis Juli) hat Carnap mit der Erstellung eines ersten Manuskriptes zugebracht, im Zuge dessen die Gesamtkonzeption auch sehr stark angewachsen ist, von
den ursprünglich intendierten etwa 30 Seiten auf die am 21. April gegenüber Schlick
angekündigten 300 Seiten und die in der endgültigen Fassung erreichten 566
Seiten.[41]

2.3   Interaktionen und Einflüsse (1909–1925)

Mit welchen sozialen Interaktionen war Carnap in der Zeit der Entstehung des *Aufbau* befasst? Welche Literatur hat die Entstehung dieses philosophischen Projektes
in der Frühphase geprägt? Zur Beantwortung dieser Fragen muss man zeitlich erneut weit ausholen und jedenfalls bis 1920 zurückgehen, eigentlich aber bis in Carnaps Studienzeit in Jena und Freiburg, in den Jahren vor dem Ersten Weltkrieg.
Dieser Punkt kann hier deshalb nur sehr summarisch behandelt werden, im Sinne
des Versuchs einer Gewichtung unterschiedlicher Einflüsse, zumal gerade dieses
Thema in der Literatur bereits intensiv behandelt worden ist.[42] Ich greife dabei auf
teilweise bis heute wenig berücksichtigte Quellen zurück, insbesondere Carnaps
Tagebücher und Leselisten.

Carnaps Weg zur akademischen Karriere verlief, wie bereits angedeutet, alles
andere als geradlinig. Die Zeit seines Studiums der Physik und Philosophie
(1910–1914 sowie 1918–1919)[43] in Jena und Freiburg war geprägt von diversen
Aktivitäten im Umfeld der deutschen Jugendbewegung (Jenaer Serakreis und Freistudentenschaft).[44] Carnap besuchte zwar in Jena (als einer von wenigen) die Vorlesungen Freges und pilgerte in Freiburg zu Rickert – „einer unserer bedeutendsten
jetzigen Philosophen in Deutschland", wie er altklug einer Freundin mitteilte.[45]

---

[41] Diese Seitenangabe findet sich in einem Brief von Rudolf Carnap an Hans Driesch vom
29.08.1926, Driesch Nachlass.

[42] Für einen Überblick und die entsprechenden Literaturhinweise siehe (Damböck 2017,
S. 172–190) sowie, zu ausgewählten Einflüssen, (Damböck 2016).

[43] Vgl. (RC 091-17-01), wo die von Carnap besuchten Lehrveranstaltungen aufgelistet sind.

[44] Vgl. (Carus 2007, S. 41–64) sowie (Damböck 2019b; Damböck et al. 2019; Werner 2003, 2013,
2014, 2015).

[45] Dass Carnap über die Faszination der Berühmtheit Rickerts hinaus von dessen Philosophie sehr
begeistert gewesen sein könnte, scheint alleine deshalb wenig naheliegend, als er bis 1920 offenbar
nur einen einzigen Text Rickerts gelesen hatte, nämlich 1912 den Aufsatz „Psychophysische Cau-

Seine Interessen lagen aber in dieser Zeit nur am Rande im universitären Leben. Der Krieg löste bei Carnap, wie bei vielen Zeitgenossen, eine Politisierung aus: Zunächst empfand er ihn naiv als „Abenteuer", wurde gegen Kriegsende aber zum Pazifisten und Sozialdemokraten, engagierte sich vor allem 1918 und 1919 politisch. Danach erwog Carnap zunächst eine Karriere als Mittelschul- bzw. Volkshochschullehrer in der alternativen Erziehungsszene um Gustav Wyneken und absolvierte im Mai 1920 die Prüfung für das Lehramt an Höheren Schulen, für Physik, Mathematik und philosophische Propädeutik (RC 091-17-01). Erst danach fasste er eine akademische Karriere ins Auge. Im November 1920 rekapitulierte er die Entwicklungen seines Lebens seit der Heirat mit Elisabeth Schöndube im August 1917 so:

> Nachdem ich zeitweise an Unterrichtstätigkeit an freien Schulen, Volkshochschulen u. dergl. gedacht hatte, mich auch in Jena praktisch darin (VHS) versucht hatte, habe ich jetzt mein Interesse der reinen Wissenschaft zugewandt und halte sie für mein eigentliches Arbeitsfeld. Mein besonderes Arbeitsgebiet ist die Philosophie der exakten Wissenschaften [...] (RC 081-47-01)[46]

Bis Herbst 1919 verzeichnet Carnaps im April 1909 begonnene und bis 1924 offenbar fast lückenlos geführte Liste der von ihm gelesenen Bücher mehr als 1400 Einträge, von denen nur ein verschwindend kleiner Anteil philosophische Lektüre umfasst.[47] Das meiste ist klassische und moderne Literatur sowie Schriften zu Kriegswesen, Politik, Sexualkultur, Sozialreform, Politik, Sozialismus, Pädagogik und (nicht in großem Umfang) Mathematik und Physik. Erst im September 1919 beginnt die Literaturliste (zunächst im Zuge der Vorbereitung auf die Lehramtsprüfung und die damit im Zusammenhang stehenden Abschlussarbeiten) in größerem Umfang wissenschaftsphilosophische, mathematische und physikalische Schriften zu beinhalten. Ist im August 1920 der erste Entwurf zum *Aufbau* entstanden, so ist dies das unmittelbare Resultat der im vorangegangenen Jahr (zunächst zur Vorbereitung auf die Lehramtsprüfung) erfolgten Lektüre Carnaps. Erst in dieser Zeit hat sich Carnap der Wissenschaftsphilosophie genähert und Schlüsseltexte von Natorp, Cassirer, Rickert, Bauch, vor allem aber von Ostwald und Poincaré sowie, im Juni 1920, Russell (RC 081-39-03) gelesen: Die Begegnung mit den *Principia Mathematica* war von entscheidender Bedeutung für Carnaps Hinwendung zur Wissenschaftsphilosophie im Allgemeinen und für die Entwicklung des Projekts des *Auf-*

---

salität und psycho-physischer Parallelismus". Zu Carnaps Lektüre siehe auch die Bemerkungen weiter unten.

[46] Dieses wichtige Dokument wird ausführlich zitiert und diskutiert in (Carus 2007, S. 91–94).

[47] Bis Mitte 1919 sind, neben wenigen Texten von Frege, vor allem folgende Ausnahmen zu vermerken: gelegentlich gelesene Texte der Klassiker Platon, Kant, Herder, Fichte; der Neukantianer Otto Liebmann, Heinrich Rickert, Paul Natorp, Bruno Bauch, Leonhard Nelson; der Naturwissenschaftler-Philosophen Emil Du Bois-Reymond, Wilhelm Ostwald, Ernst Mach, Gustav Theodor Fechner, Henri Poincaré, Wilhelm Wundt, Hermann Helmholtz; der sogenannten Dichterphilosophen Nietzsche, Schopenhauer, Kierkegaard. Insgesamt geht dies aber kaum über den Rahmen einer Lektüre im Rahmen philosophisch fundierter Allgemeinbildung hinaus.

bau im Besonderen.[48] Dass Carnaps Konzeption dennoch in wesentlichen Punkten von derjenigen Russells abweicht, ist bekannt (Pincock 2002, 2007; Richardson 1990). Anstelle eines Sinnesdatenempirismus entwirft Carnap eine Theorie, die sich auf rein strukturelle Kennzeichnungen von Begriffen stützt (Damböck 2017, S. 165–169; Friedman 1999, S. 95–101), sowie eine Rückführung von Begriffen aufeinander, die nicht den gesamten semantischen Gehalt, den „Erkenntniswert", sondern nur den „logischen Wert" von Begriffen umfassen soll (§ 50).[49] Ziel dieser Rückführung ist nicht die vollständige Charakterisierung eines Begriffs, sondern die Sicherstellung intersubjektiver Kommunizierbarkeit (Damböck 2017, S. 169–172; Richardson 1998, S. 186 f.). Auch ist es nicht zwingend so, dass ein „Konstitutionssystem" im Stil des *Aufbau* in einer „phänomenalistischen" Basis gründen muss: Physische Gegenstände als Grundlage wären etwa auch eine mögliche Herangehensweise (§ 59).

Für die Entwicklung dieser Konzeption haben Lektüreerfahrungen, aber auch persönliche Interaktionen, eine wichtige Rolle gespielt. So hat die Vernetzung mit den Freunden aus der Dilthey-Schule Carnap stark beeinflusst, obwohl diese Freunde – der Philosoph und Pädagoge Herman Nohl, der Pädagoge Wilhelm Flitner, der Kunsthistoriker Franz Roh und der Soziologe Hans Freyer – nicht im Gebiet der Wissenschaftsphilosophie tätig waren. Die Bedeutung von Freyer und Roh wurde in der Literatur bereits mehrfach betont (Dahms 2004; Damböck 2017, S. 209–214; 2019b; Tuboly 2019). Hier ein paar ergänzende Hinweise zum Einfluss Wilhelm Flitners (Werner 2014, 2015). Zwar waren die philosophischen Wege von Carnap und Flitner bereits um 1920 herum erkennbar auseinandergegangen: Flitner bekannte sich immer zu einer metaphysischen Weltsicht. Dennoch spielte Flitner bis Ende der 1920er-Jahre eine wichtige Rolle für Carnap als Vertrauensperson, mit der er grundlegende strategische Überlegungen zur Entwicklung seiner Philosophie ausgetauscht hat. Namentlich bei Gesprächen über Religion, von der sich Carnap im Frühjahr 1920 im Zuge seiner Hinwendung zur Wissenschaftsphilosophie abgewandt hatte (RC 081-47-01, RC 091-18-02), spielte Flitner eine wichtige Rolle als Diskussionspartner. Das ist für den *Aufbau* deshalb relevant, weil in dem 1925 entstandenen Manuskript offenbar Fragen der Philosophie der Religion eine weitaus wichtigere Rolle gespielt haben als in der publizierten Fassung (Näheres über die Unterschiede zwischen 1925er Manuskript und publizierter Fassung weiter unten). In einem Brief an Flitner vom Dezember 1921, auf dessen Bedeutung für die Entwicklung der Philosophie des *Aufbau* schon André Carus verwiesen hat (Carus

---

[48] Die bei Bruno Bauch im März 1920 eingereichte Examensarbeit „Welche philosophische Bedeutung hat das Problem der Grundlegung der Geometrie?" (UCLA 03, CM12) konnte noch nicht auf Russell zurückgreifen. Im Juni 1920, unmittelbar nach bzw. während der Lektüre der *Principia Mathematica*, hat Carnap einen ersten Entwurf des späteren K-Z-Systems verfasst, der direkt auf den *Principia Mathematica* aufbaut (RC 081-06-01).

[49] Vgl. (Leitgeb 2011), wo auf einer systematischen Ebene die heutige Möglichkeit einer solchen den „logischen Wert" von Begriffen erhaltenden Theorie verteidigt wird. Leitgeb stützt sich teilweise auf die klassische Carnap-Bezugnahme in (Lewis 1970) und versucht, aufbauend auf der Argumentation Michael Friedmans, die Carnap-Kritik bei (Goodman 1951) und (Quine 1951) zu entkräften.

2007, S. 95–97), kritisiert Carnap die „dialektische Theologie" von Friedrich Gogarten, derzufolge religiöse Erfahrung nur „einigen Auserwählten" zugänglich sei, die sich darin einen völlig neuen, mit den gängigen Erfahrungen „auseinanderklaffenden" Wirklichkeitsbereich erschließen können. Demgegenüber fordert Carnap, dass „eine vorgegebene neue Wirklichkeit […] ihr Vorhandensein durch irgend einen Zusammenhang mit der uns als wirklich geltenden Welt erweist".

> Es ist […] für mich eine Art von Postulat oder Glaubenssache, dass alles, was in irgend einem Sinne wirklich genannt werden soll, im Grunde in einem festen Zusammenhang mit meiner (einzigen) Wirklichkeit stehen muss. Ich glaube nicht an die Wirklichkeit eines Geschehens, das nicht in der Geschichte nach oben und unten in Fäden hinge […]. (RC 081-48-04, Rudolf Carnap an Wilhelm Flitner, 10.12.1921, S. 4)

Carnap stellt sich mit diesem – für den *Aufbau* fundamental wichtigen – „Glaubensbekenntnis"[50] auf den Boden aufgeklärter historistischer Theologen und Geisteswissenschaftler des 19. Jahrhunderts, die, von Schleiermacher und Boeckh bis Dilthey,[51] religiöse Erfahrungen als geistige Tatsachen wie alle anderen auch verstanden haben und für die, im Gegensatz zur Sichtweise Gogartens, eben kein „Auseinanderklaffen von Kulturgeschehen und Gottgeschehen" (ebd.) existiert hätte, einfach weil religiöse Visionen Kulturtatsachen wie alle anderen sind. Genau in diesem an den Historismus anschließenden Sinn fasst Carnap Religion auch im *Aufbau* auf – oder er müsste sie jedenfalls so auffassen. In der gedruckten Fassung ist nurmehr eine Passage über „Glauben und Wissen" zu finden, in der Carnap „Glauben und Intuition (im irrationalen Sinne)" als „Lebensgebiete, nicht anders als etwa Lyrik und Erotik" charakterisiert, über die im Rahmen der Wissenschaft kein Urteil gefällt werden kann (§ 181). In den fragmentarisch erhaltenen später gestrichenen Passagen wird jedoch klar, dass Carnap Religion auch als „geistigen Gegenstand" aufgefasst hätte, während in der Druckfassung des *Aufbau* nurmehr die „Sitte des Hutabnehmens" als wenig illustratives Beispiel für einen „geistigen Gegenstand" zu finden ist (§ 24).[52] Das Beispiel Religion ist wichtig, weil es zeigt, dass selbst angeblich übersinnliche Erfahrungen von einem wissenschaftlichen Standpunkt nicht anders verstanden werden können als anhand der sie konkret sichtbar machenden psychischen und physischen „Manifestationen" und deren physischen „Dokumentationen", in der Gestalt von einschlägigen Texten und Kunstwerken etwa. So heißt es in einer der gestrichenen Passagen:

---

[50] Vgl. dazu das Vorwort zum *Aufbau* (S. XV): „Auch wir haben ‚Bedürfnisse des Gemütes' in der Philosophie; aber die gehen auf Klarheit der Begriffe, Sauberkeit der Methoden, Verantwortlichkeit der Thesen, Leistung durch Zusammenarbeit, in die das Individuum sich einordnet." Zur Interpretation der Wissenschaftlichen Weltauffassung als politische Weltanschauung siehe auch (Damböck 2018; Uebel 2012) sowie (Damböck 2019b), wo die historischen Wurzeln dieser Weltanschauung in der deutschen Jugendbewegung, am Beispiel von Carnap und Reichenbach, herausgearbeitet werden.

[51] Zur ‚empiristischen' Tradition der Hermeneutik im 19. Jahrhundert vgl. (Damböck 2017, 22–30, 54–57, 92–106).

[52] Zur Geisteswissenschaft im *Aufbau* generell vgl. (Dewulf 2017) sowie Dewulfs Beitrag zu diesem Band.

Denn es gibt keine anderen Kennzeichen geistiger Gegenstände. Wenn in gewissen Theorien die Existenz von Gegenständen (etwa Gottes) behauptet wird, über deren Beschaffen-
heit sich aber grundsätzlich nichts aussage lasse, so sind solche Gegenstände nicht Erkenntnisgegenstände und gehören daher nicht in die Wissenschaft. (RC 110-07-16)

Dieses Fragment, das offenbar thematisch zu § 24 der publizierten Fassung
(„Manifestationen und Dokumentationen des Geistigen") gehört, ist auch insofern
aufschlussreich, als es den Zusammenhang der von Carnap geforderten empirischen
Auffassung geistiger Gegenstände mit einer nicht weniger empirischen Auffassung
von Verstehen (ganz in der Dilthey-Tradition: Damböck 2012, 2017, S. 181–190;
Gabriel 2004, 2016) einfordert:

Die Geisteswissenschaften erkennen ihre Gegenstände […] zwar vorwiegend nicht durch
diskursives Schließen, sondern durch „Einfühlung" oder besser „Verstehen". Aber dieses
intuitive Verfahren nimmt ausnahmslos psychische oder Manifestationen oder Dokumentationen physischer Gegenstände zum Ausgangsmaterial; ein nicht durch psychische oder
physische Gegenstände vermitteltes Verstehen kommt in der Praxis der Geisteswissenschaften nicht vor. (RC 110-07-16)

„Objektivität" bedeutet im *Aufbau*, dass etwas in das intersubjektive Netz von
aufeinander bezogenen physikalischen Tatsachen, Bewusstseinstatsachen und kulturellen Tatsachen eingegliedert werden kann. Der *Aufbau* liefert eine Strategie,
diese Eingliederung anhand von „strukturellen Kennzeichnungen" systematisch
möglich zu machen. Dabei geht es am Ende aber immer darum, Erfahrung auf das
einzuschränken, was, wie es in dem zitierten Brief an Flitner heißt, „in der Geschichte nach oben und unten in Fäden [hängt]". Als Gegenentwurf zu dem im *Aufbau* verworfenen Glaubensszenario ist die Religion in ihrer irrationalistischen Lesart durch Gogarten für den *Aufbau* eine wichtige Kontrastfläche. Dies gilt umso
mehr, als die Theologie Gogartens aus demselben irrationalistischen Umfeld der
1920er-Jahre hervorgegangen ist wie die Metaphysik Heideggers.[53] Auch Carnaps
spätere Antimetaphysik wendet sich gegen die Idee, in einer metaphysischen Philosophie zusätzliche Wirklichkeitsaspekte zugänglich zu machen, die der rationalen
Wissenschaft verborgen bleiben (Damböck 2018).

Diese für den *Aufbau* zentrale Tendenz, Bezüge auf eine mögliche Wirklichkeit
außerhalb derjenigen, die der Alltagserfahrung zugänglich ist, auszuklammern, ist
von entscheidender Wichtigkeit für die richtige Einordnung von Carnaps Verhältnis
zu dem um 1921 herum von ihm stark rezipierten Edmund Husserl.[54] Die Phänomenologie zeichnet sich, jenseits einer Reihe von wichtigen Parallelen mit Carnaps

---

[53] Die „dialektische Theologie" Gogartens hat ihrerseits Heidegger beeinflusst. Vgl. (Ott 1992,
123). Heideggers Metaphysik ist umgekehrt ein Produkt des Irrationalismus der „Eigentlichkeit"
der 1920er-Jahre, der sich zunächst auf verschiedenen Ebenen in der protestantischen und jüdi-
schen Theologie geäußert hatte, etwa bei Friedrich Gogarten, Rudolf Bultmann, Franz Rosen-
zweig, Eugen Rosenstock-Huessy und Hermann Herrigel. Vgl. (Beck und Coomann 2015).

[54] Zur Bedeutung Husserls für Carnaps Dissertation und andere Entwürfe zum *Aufbau* bis 1924 vgl.
(Rosado Haddock 2008; Ryckman 2007; Sarkar 2003; Stone 2009) sowie (Carus 2007, S. 127–135,
148–153). Ryckman und Carus geben außerdem auch Einschätzungen der Rolle, die Husserl im
Aufbau selber spielt.

„Strukturalismus",[55] dadurch aus, dass sie, als *säkulare Theologie*, in der Gestalt der „Wesensschau" einen Erfahrungsraum behauptet, der nicht nur grundlegend verschieden ist von der Alltagserfahrung, sondern der der wissenschaftlichen (im Unterschied zur philosophischen) Erfahrung unzugänglich ist.[56] Nur wer in der philosophischen Methode der „Wesensschau" trainiert ist, bekommt das Wesen der Dinge überhaupt zu Gesicht, ähnlich wie bei Gogarten nur der auserwählte Gott-Schauer Gott zu Gesicht bekommt. So kann Carnaps Absage an Gogartens elitistische Theologie auch als Absage an Husserls elitistische Phänomenologie gelesen werden bzw. impliziert eine solche, obwohl Husserl von Carnap in diesem Zusammenhang nicht erwähnt wird. Der *Aufbau* basiert so auf einer dem Husserlschen Zugang entgegengesetzten *Glaubensdoktrin*: Er thematisiert nur diejenige Wirklichkeit, die wir in einem grundsätzlich jedem Bewusstsein zugänglichen Netz von allen Arten von kulturellen Erfahrungen (des Alltags, der Wissenschaft) festmachen können, ohne dabei einen zusätzlichen Raum für exklusiv philosophische (oder theologische) Erfahrungen postulieren zu müssen oder nur zu dürfen.

Die Treffen mit Husserl im Wintersemester 1923/1924 sind für Carnap karrieretechnisch ernüchternd gewesen – die Unmöglichkeit einer Habilitation im unmittelbaren geographischen Umfeld des Buchenbacher Familienanwesens wurde deutlich. Philosophisch war diese Episode für Carnap aber dahingehend ergiebig, dass er offenbar auf den Gedanken gekommen ist, seine eigene, in den Jahren davor als „Strukturtheorie der Erkenntnis" entwickelte Konzeption auf Husserls gerade in Entwicklung befindliches (aber erst posthum als *Ideen II* veröffentlichtes: Husserl 1952) Projekt einer „Konstitutionstheorie" anzuwenden. Möglicherweise hat Carnap in den von ihm im Wintersemester 1923/1924 besuchten Seminaren Husserls von diesem Projekt gehört; vielleicht hat er sogar einen Blick in das von Husserls Assistent Ludwig Landgrebe erstellte Manuskript werfen können (Mayer 1991; Rosado Haddock 2008, S. 47 f.). Wie *Ideen II*, und wie zahlreiche in der Bibliographie des *Aufbau* zu findende zeitgenössische Bücher,[57] unternimmt der *Aufbau* den Entwurf einer Art von umfassendem Begriffssystem, das Bezüge herstellt, zwischen

---

[55] Die Phänomenologie ist, wie die Philosophie des *Aufbau*, mit Spielarten des strukturellen Gehalts von Gegenständen bzw. Begriffen befasst. Spielen Husserl und Carnap hier in der selben Liga, so ist dennoch der Unterschied zwischen den beiden strukturalistischen Zugängen nicht zu übersehen. Und der liegt eben im Fehlen jeder Art von intuitiver Wesensschau, im Fall Carnaps. Vgl. (Ryckman 2007, S. 98): „By effectively assuming logic as a priori (as analytic or stipulational), the method of rational reconstruction can reject all appeals to intuition (as evidence) while retaining an autopsychological subject as the *fons et origo* of all evidential meaning in science."

[56] Vgl. die Diskussion (Damböck 2017, S. 16–22) sowie, als Beispiel für die radikale Haltung Husserls, (Husserl 2009, S. 18): „Ist nun alle eidetische Wissenschaft [= Phänomenologie] prinzipiell von aller Tatsachenwissenschaft unabhängig, so gilt andererseits das Umgekehrte hinsichtlich der *Tatsachenwissenschaft*. Es gibt *keine*, die *als Wissenschaft voll entwickelt*, rein sein könnte von eidetischen Erkenntnissen und somit *unabhängig sein könnte von den, sei es formalen oder materialen eidetischen Wissenschaften*."

[57] Neben den Arbeiten von Neukantianern wie Bauch, Cassirer, Rickert könnten hier insbesondere die einschlägigen Texte der folgenden von Carnap zitierten Autoren angeführt werden: Avenarius, Becher, Burkamp, Busse, Cornelius, Driesch, Frischeisen-Köhler, Gätschenberger, Hartmann, Jacoby, Kauffmann, Külpe, Ostwald, Petzold, Rehmke, Schlick, Schubert-Soldern, Schuppe, Vaihin-

unterschiedlichen „Sphären": eigen- und fremdpsychisch, physisch, geistig, intersubjektiv. Den *Aufbau*, wie dies jüngst von Verena Mayer getan wurde (Mayer
2016),[58] deshalb als „Plagiat" Husserls zu bezeichnen, ist aber aus mindestens zwei
zuvor bereits angedeuteten Gründen unzulässig: Erstens konnte Carnap die Grundideen eines derartigen Begriffssystems in einer ganzen Reihe von Schriften finden,
die er lange vor einer möglichen (aber nicht erwiesenen) Bekanntschaft mit dem
Manuskript von *Ideen II* gelesen hatte; diese Grundideen standen schon lange vor
der Zeit einer mutmaßlichen Konfrontation Carnaps mit Husserls *Ideen II* fest.
Zweitens ist Carnaps Theorie nicht nur dadurch von der Husserls verschieden, dass
sie die moderne formale Logik, respektive die Methode der *Principia Mathematica*,
verwendet, sondern auch dadurch, dass sie einen dem Husserlschen entgegengesetzten erkenntnistheoretischen Standpunkt einnimmt. Carnaps „Konstitutionstheorie" ist aus den beiden letztgenannten Gründen viel eher ein Gegenentwurf zu als
eine Kopie von Husserl.[59]

Demgegenüber scheint naheliegend, dass Carnap den Terminus „Konstitutions-
theorie" von Husserl entlehnt hat,[60] auch wenn er die Termini „konstituieren" und
„Konstituierung" bereits 1922 in „Vom Chaos zur Wirklichkeit", also noch vor der
Begegnung mit Husserl, verwendet. Im Tagebuch ist der Terminus „Konstitution"
erstmals zu Pfingsten 1924, gut drei Monate nach dem Ende der Interaktionen mit
Husserl, zu finden: „Vormittags mit Flitners auf den Kernberg. [...] Über meine
Arbeit und das Grundproblem der Konstitution gesprochen." (TB 08.06.1924) Gespräche mit Flitner, Roh und Jonas Cohn über Konstitution sind im Tagebuch bis
Oktober 1924 weitere vier Mal verzeichnet (TB 09.06.1924, 18.08.1924, 03.10.1924,
06.10.1924). Ab November 1924 spricht Carnap dann regelmäßig davon, an der
„Konstitutionsarbeit", ab Dezember 1924 an der „Konstitutionstheorie", zu arbeiten
bzw. darüber vorzutragen oder diese zu diskutieren (TB 10.–12.11.1924, 28.12.1924,
31.12.1924, 02.01.1925, 03.01.1925, 08.01.1925, 10.01.1925, 22.01.1925,
25.–27.01.1925). „Konstitutionstheorie" bleibt der Titel des Buches, bis Schlick im

---

ger, Volkelt, Wundt, Ziehen. Sie alle konstruieren oder „konstituieren" Systeme nach einem mehr
oder weniger ähnlichen Muster wie Husserls *Ideen II*.

[58] Die folgende Argumentation wird von mir detaillierter ausgearbeitet in der als Anhang zu dem
vorliegenden Aufsatz zu verstehenden Arbeit (Damböck 2019a).

[59] Mayers Interpretation stützt sich auch auf die These, dass Carnap noch nach dem Wintersemester
1923/24 regelmäßige Treffen mit Husserl gehabt hätte. Die in der fraglichen Zeit 1924/1925 akri-
bisch geführten Tagebücher Carnaps schließen dies jedoch mit an Sicherheit grenzender Wahr-
scheinlichkeit aus: Husserl kommt dort einfach nicht mehr vor (mit Ausnahme von zwei Erwähnungen von Gesprächen, die sich auch mit Husserl befasst haben: mit Schlick am 13.01.1925, mit
Waismann, Feigl, Menger am 26.01.1925). Hinzu treten die überpointierten Behauptungen Mayers
über inhaltliche Parallelen, die als Beweise betrachtet werden, dass Carnap die entsprechenden
Anregungen nur von Husserl gehabt haben konnte, ungeachtet der Tatsache, dass dieselben Ideen
in zig anderen von Carnap gelesenen und zitierten Büchern zu finden waren. Gerade weil es sich
hier um Ideen handelt, die *jedes* erkenntniskritische Buch dieser Zeit transportierte, sind diese
Parallelen nicht nur keine Grundlage für eine Plagiatsbehauptung, sie sind schlicht ohne jede Aus-
sagekraft. Diese beiden Argumente werden detaillierter präsentiert in (Damböck 2019a).

[60] Das behaupten auch Mayer und Rosado Haddock in den oben zitierten Arbeiten.

April 1926 „Der logische Aufbau der Welt" vorschlägt, „da auch ein chemisches oder medizinisches Werk ,Konstitutionstheorie' heißen könnte".[61] Carnap fügt diesem von ihm akzeptierten Titel jedoch den Untertitel „Versuch einer Konstitutionstheorie der Begriffe" hinzu. Bei der Drucklegung wird dieser Untertitel des von Carnap privat weiterhin nur „Konstitutionstheorie" genannten Buchs aber ungeplanterweise vom Verleger weggelassen. Carnap bemerkt nur lapidar: „[...] ich weiss nicht, ob mit Absicht oder aus Versehen. Merkwürdigerweise hab ichs bei der Korrektur des Titelblattes gar nicht bemerkt, sondern erst nachher, als es zu spät war. Vielleicht schadet es aber nicht viel."[62]

Bevor ich noch kurz auf die Entwicklung von Carnaps Manuskript nach 1925 eingehe, eine letzte Bemerkung in Sachen wichtiger Einflüsse auf Carnaps Buch. Die Schlüsselbedeutung Russells, trotz nur teilweiser Übernahme von dessen erkenntnistheoretischer Strategie, habe ich schon betont. Bleibt noch zu bemerken, dass, aufgrund der oben angesprochenen späten Berufung Carnaps zur Wissenschaftsphilosophie, dessen frühe Begegnungen mit Frege, Bauch und Rickert mit Bedacht zu gewichten sind. Die gelegentlich von Thomas Mormann behauptete intensive, über ein Jahrzehnt dauernde Rickert-Lektüre Carnaps hat, das zeigen die Leselisten und die Tagebücher, nie stattgefunden (Mormann 2010). Rickert war in Carnaps intellektueller Entwicklung eine Randfigur, wichtig allenfalls als Kontrastfolie, von der sich Carnap, ähnlich wie im Fall Husserls, durch Umdeutung einschlägiger Schlüsselbegriffe implizit distanziert.[63] Im Fall von Bauch ist zu sagen, dass dieser von Carnap offensichtlich nur deshalb als Dissertationsgutachter ausgewählt wurde, weil er der einzige Professor war, den Carnap kannte (er hatte vor dem Krieg bei ihm Vorlesungen gehört) und der in der Lage war, einen mit anspruchsvollen Bezügen auf physikalische und mathematische Theorien gespickten philosophischen Text zu begutachten. So wandte sich Carnap, der seinen Lebensmittelpunkt zu dem Zeitpunkt längst nicht mehr in Jena hatte, an Bauch. Anders gelagert ist natürlich die Situation mit Frege, obwohl auch hier anzunehmen ist, dass der unmittelbare Einfluss Freges auf die Entwicklung des *Aufbau*, durch die von Carnap besuchten Vorlesungen, eher gering gewesen ist. Carnap konnte in Freges Vorlesungen die authentische Luft der formalen Logik atmen, die für ihn jedoch erst in der Begegnung mit den *Principia Mathematica* im Mai 1920 die für seine Philosophie später charakteristische Schlüsselrolle erlangt hat. Trotz der somit nicht allzu großen Bedeutung Freges für den *Aufbau* ist klar, dass dieser für Carnaps in-

---

[61] Schlick Nachlass, Moritz Schlick an Rudolf Carnap, 14.03.1926.

[62] (RC 029-30-27), Rudolf Carnap an Moritz Schlick, 06.08.1928.

[63] Vgl. (Damböck 2017, S. 174 f.) und (Carus 2007, S. 105–108). Aufbauend auf der Interpretation Mormanns spannt hingegen (Leinonen 2016) den Bogen in die extreme Gegenrichtung und interpretiert Rickert geradezu als den wichtigsten Einfluss im *Aufbau*, merkwürdigerweise anhand von Rickerts *System der Philosophie*, einem Buch, das Carnap, allen vorliegenden Befunden (Leselisten!) zufolge, gar nicht gelesen hat. Leinonens Argumentation verläuft ganz ähnlich wie die von Mayer hinsichtlich Husserls. Er listet eine Vielzahl von inhaltlichen Parallelen zwischen dem *Aufbau* und Rickerts *System* auf, übersieht aber völlig, dass man dieselben Parallelen für Dutzende andere Bücher festmachen kann, die Carnap noch dazu alle im *Aufbau* zitiert.

tellektuelle Entwicklung insgesamt eine sehr wichtige Rolle gespielt hat, als Vorbild in Sachen einer mathematisch-rationalen Weltanschauung (Carnap 1993, S. 7–10; Flitner 1986, S. 125–128). Dass schließlich die Marburger Schule und die Dilthey-Schule, aber auch der Wiener Kreis und der frühe Logische Empirismus, für Carnaps intellektuelle Entwicklung im Allgemeinen und für die erkenntnistheoretische Perspektive des *Aufbau* im Besonderen von entscheidender Bedeutung gewesen sind, hat (wie ich an anderer Stelle, in Anknüpfung an die Arbeiten von Meike Werner, zu argumentieren versucht habe: Damböck 2017, S. 183; Werner 2014, 2015) folgenden Grund. Für Carnap waren Zeit seines Lebens distanzierte Kollegen- bzw. Lehrer-Schüler-Verhältnisse intellektuell weniger wichtig als von persönlichem Vertrauen getragene intellektuelle Freundschaften. So ist der *Aufbau* ein Produkt der intellektuellen Netzwerke Carnaps: In mindestens ebenso großem Ausmaß wie um Resultate der Lektüre von Büchern und Aufsätzen geht es um Resultate mündlicher Diskussionen. Zu diesen intellektuellen Netzwerken gehörte zunächst der aus dem Serakreis hervorgegangene intellektuelle Zirkel um Flitner, Roh, Freyer, in dessen Umfeld das Buchenbacher Treffen stattgefunden hat, aber auch viele weitere Diskussionen und Interaktionen, die für die Entwicklung des *Aufbau* wichtig gewesen sind. Hinzu trat ab 1922 der Kontakt mit Reichenbach und Schlick sowie, ein Jahr später auf Vermittlung Rohs, mit Neurath. Die Bedeutung der einschlägigen Interaktionen, per Brief, aber auch bei den persönlichen Treffen anlässlich der Erlanger Tagung 1923 (mit Reichenbach), des Esperantokongresses in Wien im August 1924 und der Vorträge im Schlick-Zirkel im Jänner 1925 (mit Schlick und Neurath), kann nicht überschätzt werden. Zumindest Schlick, Reichenbach und Neurath sind logische Empiristen, die den *Aufbau*, trotz des relativ späten Kontakts, beeinflusst haben.[64] Der dritte intellektuelle Zirkel, der hier erwähnt werden muss, ist die Szene des Bauhauses und der Neuen Sachlichkeit, in der Carnaps Freund Roh eine Schlüsselrolle eingenommen hat.[65] Roh war es auch, der ab Anfang 1925 Carnap in den Freundeskreis um den Architekturhistoriker Sigfried Giedion und den Künstler und Fotografen László Moholy-Nagy eingeführt hat. Diese bis Ende der 1920er-Jahre intensiven und regelmäßigen Interaktionen sind, neben den Interaktionen mit Neurath, mitverantwortlich dafür, dass der *Aufbau* mit gutem Recht als Manifest der Neuen Sachlichkeit in der Philosophie gesehen werden kann.[66]

Mit den so gewichteten Einflüssen von Russell, Frege, Rickert, Bauch und Husserl sowie Repräsentanten der Dilthey-Schule, des Marburger Neukantianismus, des Wiener Kreises und des frühen Logischen Empirismus, der Bauhaus-Szene und der Neuen Sachlichkeit sind immer noch nicht alle wesentlichen Einflüsse auf den *Aufbau* abgedeckt. Zwar sind die von Carnap im Literaturverzeichnis des *Aufbau*

---

[64] Vgl. (Neuber 2016; Uebel 2016) für die Beispiele Schlick und Neurath.

[65] Vgl. (Dahms 2004; Damböck 2017, S. 203–214) und den mittlerweile klassischen Text (Galison 1990).

[66] So die Kernthese eines seit vielen Jahren im Entstehen befindlichen Buches von Hans-Joachim Dahms über die Neue Sachlichkeit, das, von (Roh 1925) ausgehend, Carnaps unmittelbar danach entstandenen *Aufbau* als philosophisches Zentrum dieser Strömung interpretiert. Kernaspekte dieses Buches werden in dem Beitrag von Dahms zu diesem Band abgedeckt.

angeführten Schriften nur mit Vorbehalt als „Einflüsse" zu rezipieren, weil viele davon nach Carnaps eigener Aussage erst in der Spätphase der Manuskriptentstehung berücksichtigt wurden (vgl. das Zitat aus dem Flitner-Brief am Ende des vorigen Abschnitts). Auch sind bestimmte Einflüsse von heute fast völlig unbekannten Denkern wie Richard Gätschenberger letztlich schwer einzuordnen (Tatievskaya 2014). Jedenfalls sind außer den oben genannten Einflüssen zunächst ein paar weitere wichtige Einzelfiguren zu nennen, die sich nicht direkt in die genannten Netzwerke einfügen. Dazu gehören Alfred North Whitehead, Hans Vaihinger (Carus 2007), Hans Driesch, Broder Christiansen, Hugo Dingler, Kurt Lewin, Oswald Külpe, Hans Cornelius und Franz Brentano.[67] Vor allem aber ist hier die *positivistische* Tradition zu nennen. Von den relevanten nicht-deutschsprachigen Philosophen hat, neben Russell, vor allem Poincaré Carnap stark beeinflusst. Es waren (zumindest quantitativ) überwiegend deutschsprachige Denker, die für Carnaps frühe intellektuelle Entwicklung wichtig gewesen sind. Hervorzuheben ist vor allem Carnaps jahrelange intensive Lektüre von Wilhelm Ostwald (Dahms 2016); aber auch Ernst Mach, Richard Avenarius, Erich Becher, Karl Gerhards, Heinrich Gomperz, Heinrich Hertz, Max Kauffmann, Josef Petzold, Johannes Rehmke, Richard von Schubert-Soldern, Wilhelm Schuppe und Theodor Ziehen (Mormann 2016; Ziche 2016) sind im weitesten Sinn der positivistischen Tradition zuzurechnende Philosophen, die Carnap studiert hat und die für die Entstehung des *Aufbau* wichtig gewesen sind, auch wenn diese Bedeutung im Einzelnen zum Teil noch wenig erforscht ist (Carus 2007, S. 65–69). Dass Carnaps Buch ein Dokument eben dieser positivistischen Tradition sein kann und gleichzeitig in die oben genannten Traditionslinien, einschließlich Dilthey-Schule und Marburger Neukantianismus, passt, hängt am Ende wohl einfach damit zusammen, dass all diese Traditionen Spielarten einer „wissenschaftlichen Philosophie" darstellen, die, jenseits von späteren Entwicklungen im 20. Jahrhundert, in ihren Grundanlagen weitgehende Übereinstimmungen aufgewiesen haben.[68]

2.4 Die Entwicklung des *Aufbau* von Anfang 1926 bis zur Drucklegung

Wie ging die Entwicklung von Carnaps Manuskript nach 1925 weiter, bis zur Publikation des Buches im Jahr 1928? Ich kann diese Periode hier nur skizzenhaft schildern und beschränke mich dabei weitgehend auf die Frage, in welcher Beziehung sich die publizierte Fassung von 1928 von der Manuskriptfassung von 1925 unterscheiden könnte. Da die Manuskriptfassung leider bis heute nicht gefunden worden ist, sind wir hier letztlich auf Spekulationen angewiesen. Fest steht, aufgrund der

---

[67] Zur Bedeutung von Driesch und Külpe, aber auch Ziehen, vgl. (Ziche 2016). Auf Christiansen geht Peter Bernhard in seinem Beitrag zu diesem Band ein.

[68] Dies die zentrale These meiner Habilitationsschrift (Damböck 2017).

oben teilweise bereits zitierten überlieferten Dokumente, dass zumindest folgende Manuskriptvarianten des *Aufbau*, bis hin zur Druckfassung, existieren:

(1) Auf der Grundlage der oben erwähnten zwischen 1920 und 1925 entstandenen Manuskripte und Gliederungsentwürfe, in deren Zentrum „Vom Chaos zur Wirklichkeit" steht, hat Carnap zunächst, vielleicht schon im Herbst, wahrscheinlich aber erst im Dezember 1924, mit einem ersten Entwurf der Habilitationsschrift begonnen, den er (im Anschluss an Reisen nach Wien, München und Davos) ab März 1925 weiterbearbeitet hat. Resultat dieses Entwurfs war vermutlich eine bis Ende Juni 1925 erstellte erste Kurzschriftfassung KS0.

(2) Von Juli bis Dezember 1925 hat Carnap auf dieser Grundlage die finale Kurzschriftfassung der Habilitationsschrift KS1 verfasst, wobei diese letztlich nur eine redigierte und (um Literaturangaben u. dgl.) erweiterte Fassung von KS0 gewesen sein mag.

(3) Diese Kurzschriftfassung hat Carnap von August bis Dezember 1925 auf der Schreibmaschine ins Reine geschrieben. Das Typoskript TS1 bestand aus zwei Bänden, mit insgesamt 566 Seiten, von denen der erste in Wien zur Habilitation eingereicht wurde. TS1 existierte in mehreren Kopien bzw. Durchschlägen, die Carnap nicht nur der Habilitationskommission, sondern einer Reihe von Kollegen (unter anderem Broder Christiansen, Hans Reichenbach, Walter Dubislav, Otto Neurath) zur Lektüre übermittelt hat.[69]

(4) Das Typoskript TS1 hat Carnap später, zwischen Dezember 1926 und April 1927 (in Wien), stark gekürzt und teilweise ergänzt und hat auf der Grundlage dieser Bearbeitungen zwischen November 1927 und Jänner 1928 (in Davos)[70] ein weiteres Typoskript TS2 erstellt, das die Grundlage der Druckfassung bildet. Diesem Typoskript wurden im Februar und März 1928 noch eine Zusammenfassung und ein Sachregister hinzugefügt,[71] im Mai 1928 ein Vorwort.[72] Die Druckfassung ist im August 1928 im randständigen Weltkreis Verlag in Berlin erschienen, nachdem Versuche, das Buch bei renommierteren Verlagen wie Springer oder Meiner unterzubringen, gescheitert waren.[73]

Leider sind, im Unterschied zu den weiter oben aufgelisteten Vorstufen und Gliederungsentwürfen, die Manuskripte und Typoskripte KS0, KS1, TS1 und TS2 offenbar nicht überliefert. Es könnte dies mit einer vermutlichen Praxis Carnaps zu tun haben, im Fall von erschienenen und damit autorisierten Büchern die Vorstufen

---

[69] Vgl. (RC 028-10-08, 028-13-06 u. -07, HR 015-03-12) sowie (TB 21.11.1926) und (RC 029-19-04).

[70] (TB 15.11.1927): „Konstitutionstheorie gearbeitet", in den folgenden Wochen gibt es, völlig untypisch für Carnap, kaum Einträge im Tagebuch, dann (TB 26.01.1928): „MS fertiggemacht (Konstitutionstheorie)."

[71] (TB 06.02.1928): „Zusammenfassung der Konstitutionstheorie fertig", 05.03.1928: „Wenig gearbeitet, nur Sachregister Konstitutionstheorie."

[72] (TB 25.05.1928): „Vorwort geschrieben."

[73] Schlick an Carnap, 31.07.1926, Carnap an Schlick, 28.10.1926.

und Manuskripte zu vernichten.[74] Allerdings sind in den letzten Jahren einige kurzschriftliche Fragmente im Nachlass Carnaps gefunden worden, die eindeutig als
Teile von Vorstufen oder Manuskripten der Druckfassung des *Aufbau* zu identifizieren sind, deren genaue Auswertung jedoch noch aussteht.[75]

Zwischen Einreichung der Habilitationsschrift und Erscheinen der Druckfassung
lagen gut zweieinhalb Jahre. Was ist in dieser Zeit geschehen? Zunächst ging die
Habilitation Carnaps problemlos über die Bühne. Die Kommission, der unter anderem Karl Bühler, Heinrich Gomperz, Hans Hahn, Robert Reininger, Moritz Schlick
und Walter Thirring angehörten, tagte am 6. Mai 1926 und nahm Carnaps Gesuch,
obwohl „die Meinungen der Kommissionsmitglieder über die bleibende philosophische Bedeutung der Untersuchungen des Habilitationswerbers naturgemäß geteilt
waren", einstimmig an.[76] Carnap übersiedelte bereits Anfang Mai 1926 nach Wien;
allerdings verlief die Ankunft in dieser Stadt für Carnap emotional nicht reibungs-
los.[77] Zum Einen bedeutete die Übersiedlung nach Wien den Anfang vom Ende der
Beziehung zu seiner ersten Frau Elisabeth. Diese Trennung zog sich aber über weitere drei Jahre hin; erst 1929 kam es zur Scheidung (obwohl Carnap zwischenzeit-
lich zwei Kinder mit seiner zeitweiligen Lebenspartnerin Maue Gramm gezeugt
hatte, die auch mehrmals länger in Wien anwesend gewesen ist und dort durchwegs
als Carnaps Ehefrau wahrgenommen wurde). Carnap fühlte sich in Wien zunächst
alles andere als wohl, wegen depressiver Verstimmung aufgrund der Trennung von
der Familie, aber auch wegen schwierigeren Sozialkontakten im neuen Umfeld.
Außerdem wurde bei Carnap, nach vermuteten „asthmatischen Beschwerden" im
September 1926, ein Pneumothorax bzw. Tuberkulose diagnostiziert. Die Lungen-
beschwerden begleiteten ihn die folgenden Jahre und erforderten mehrere längere
Kuraufenthalte. Von den 24 Monaten bis Mai 1928 verbrachte Carnap so nur 10
Monate in Wien; Lehrveranstaltungen bot er nur im Wintersemester 1926/1927
(Übungen Logistik) und im Sommersemester 1927 (Übungen Logistik, Vorlesun-
gen Konstitutionstheorie) an. Was die Entwicklung des *Aufbau* in dieser Zeit anlangt, so hat Carnap, zwischen etwa Dezember 1926 und April 1927, offenbar vorwiegend *Kürzungen* von TS1 vorgenommen und nur eine sehr geringe Zahl von

---

[74]Dafür spricht, dass sich im Nachlass zu keinem der von Carnap publizierten Bücher Manuskripte finden.

[75]Es sind dies die an folgenden Nachlassstellen zu findenden Dokumente: (RC 028-26-12,
029-19-04, 081-05-08, 110-05-44, 110-05-46 bis 110-05-49, 110-07-16A, 110-07-42, 110-09-06)
sowie (UCLA 02, CM04) und (UCLA 03, CM09). Dass sich Fragmente der Kurzschriftfassung
des *Aufbau* im Nachlass finden, hat zunächst Thomas Uebel festgestellt. Viele dieser Fragmente
hat dann Brigitte Parakenings identifiziert. Es ist zu erwarten, dass zukünftige Recherchen noch
weitere Fragmente der Kurzschriftfassung des *Aufbau* zutagefördern werden. Eine Publikation
dieser Fragmente muss daher auf später verschoben werden, da ihr noch weitere umfangreiche
Recherchen vorangehen müssen. Zum Teil werden diese Fragmente jedoch hier bereits zitiert. Auf
zwei wichtige Passagen, die spätere, nach 1925 vorgenommene Änderungen unter dem Eindruck
der Diskussionen im Wiener Kreis betreffen, wird in den folgenden Absätzen eingegangen.

[76]Habilitationsprotokoll Carnap, Universitätsarchiv Wien.

[77]Die im Folgenden geschilderten Episoden sind im Tagebuch dokumentiert. Detailnachweise
werden aus Raumgründen weggelassen.

(teilweise allerdings wichtigen) neuen Textstellen formuliert. Was diese neu formulierten Textstellen betrifft, so lassen sich aus den verfügbaren Dokumenten bislang im Grunde nur zwei Passagen rekonstruieren. Das eine ist eine ziemlich vollständige Kurzschriftfassung des späteren § 179, „Die Aufgabe der Wissenschaft". Dieser Paragraph ist offensichtlich im Juni 1926 entstanden (UCLA 02, CM04).[78] Ob die in der Druckfassung darauf folgenden (und das Buch abschließenden) Paragraphen 180–183 ebenfalls in dieser Zeit entstanden sind, lässt sich aus diesem Dokument nicht erschließen; es liegt aber nahe, befinden sich doch in diesem gesamten Teil E der Druckfassung die einzigen Bezüge auf Wittgensteins Philosophie im *Aufbau*: dessen Verifikationismus, die Idee der Entscheidbarkeit aller Fragen usw. Die zweite in Wien hinzugekommene Passage basiert auf Diskussionen mit Neurath im November 1926 (Uebel 2016), die zunächst durch folgenden Tagebucheintrag dokumentiert sind:

> Abends bei Neurath, auch Frau Reidemeister da. Neurath sagt, dass mein Buch leider in der ethischen Einstellung nicht richtig auf die wirke, für die es eigentlich geschrieben sei, weil es dem Materialismus und Realismus schärfer gegenübertritt als dem Idealismus, der doch der schlimmere Feind sei. Er spricht davon, wie die Weltanschauung der neuen Zeit aussehen wird. Der Kollektivismus müsse in meinem Buch stärker hervorkommen, der „methodische Solipsismus" gefällt ihm nicht. (TB 21.11.1926)

Zwei Wochen später schreibt Carnap lapidar: „Angefangen mit radikaler Kürzung der Konstitutionstheorie." Neurath scheint insbesondere die phänomenalistische Basis sowie die mangelnde Metaphysikkritik bzw. die mangelnde Distanz zu überlieferten Philosophietraditionen kritisiert zu haben, ganz konkret aber auch die aus seiner Sicht mangelnde Hervorhebung der *objektivistischen* Natur des *Aufbau*. Hier zeigt ein Nachlassdokument eine ganz konkrete Änderung im Text, auf der Grundlage der Diskussion mit Neurath im November 1926. Neurath kritisiert dort, dass sich Carnap „leider mehr gegen Realismus als gegen Idealismus" wendet. „Zu starke Betonung des methodischen Solipsismus." Auf demselben Zettel fügt Carnap eine Passage ein, die in der Druckfassung den § 176 ergänzt und mit folgender Formulierung beginnt: „Der *Realismus des Physikers bleibt bestehen*, nur wird er korrigiert zu einem Objektivismus." (RC 029-19-04)

Ohne Zweifel war Neurath ein wichtiger Einfluss für die Überarbeitung des *Aufbau*. Aber auch die Rückmeldungen von Schlick, Reichenbach, Dubislav, Christiansen, Feigl, Waismann, Hahn, Marcel Natkin und Felix Kaufmann, die alle entweder Carnaps Manuskript gelesen und kommentiert oder seine Vorlesung im Sommersemester 1927 besucht haben, waren für Carnap von Bedeutung, wenngleich sie sich im Manuskript wohl vorwiegend durch *Kürzungen* und kaum durch Hinzufügung neuer Inhalte niedergeschlagen haben.

---

[78] Dieses mit „23.6.", ohne Jahresangabe, datierte Manuskript lässt sich ziemlich eindeutig dem Jahr 1926 zuordnen, weil nicht nur der 23.VI.1926 die Tagebuchbemerkung „gearbeitet" enthält: Am Donnerstag davor (17.VI.1926) wurde im Schlick-Zirkel Wittgenstein diskutiert. Die für den Rest des *Aufbau* keineswegs charakteristischen Bezüge auf Wittgensteins Verifikationismus, die sich in § 174 finden, sind also wohl in dieser Phase im Juni 1926, unter dem Eindruck der Diskussionen im Wiener Kreis, entstanden.

Wie radikal die von Carnap bis April 1927 vorgenommenen Änderungen bzw. Kürzungen gewesen sind, lässt sich nur quantitativ abschätzen. Während TS1 226 Paragraphen umfasst hat, besteht die Druckfassung aus 183 Paragraphen. Geht man davon aus, dass Carnap viele Paragraphen unverändert gelassen, manche bearbeitet und einige gestrichen hat, dann muss man annehmen, dass durch bloße Streichung von Paragraphen etwa ein Fünftel des ursprünglichen Umfangs gestrichen worden ist. Es ist aber nicht auszuschließen, dass die Streichungen noch umfangreicher ausgefallen sind, sollte Carnap bei einigen Paragraphen Teile weggelassen haben. Eine grobe Berechnung des vermutlichen Umfangs von TS1 in Zeichen ergibt im Vergleich mit der Druckfassung die Schätzung, dass ungefähr 25 Prozent des ursprünglichen Umfangs gestrichen worden sind, was bedeuten würde, dass zusätzlich zu den ganz gestrichenen Paragraphen etwa 5 Prozent des verbleibenden Textes gekürzt worden sind.[79]

Die „radikalen Kürzungen" sind zumindest teilweise auf Wünsche der angesprochenen Verlage zurückgegangen, das Manuskript kürzer zu halten.[80] Wie viel von den ursprünglich in TS1 formulierten philosophischen Positionen Carnap für die Druckfassung inhaltlich modifiziert hat, lässt sich am Ende schwer sagen. Die oben angeführten Kritikpunkte Neuraths – alle von ihm kritisierten Aspekte sind auch in der Druckfassung zu finden – legen nahe, dass Carnap wenig an der Substanz von TS1 verändert und eher nur einen Teil der dort enthaltenen Beispiele weggelassen bzw. formale Teile gekürzt hat, mit Ausnahme der oben erwähnten Zusätze über Realismus (als Reaktion auf Neurath) und Wittgensteinschen Verifikationismus (als Resultat der Debatten im Schlick-Zirkel). Interessant ist in diesem Zusammenhang folgende im Tagebuch dokumentierte Episode aus dem März 1927, also der ersten Phase der Überarbeitung:

> Letzte Übung Logistik. Mit Waismann und Feigl und Natkin essen. Sie fragen nach verschiedenen Abschnitten der Konstitutionstheorie und bei beinahe allen sage ich, dass gerade diese gestrichen werden sollen; sie sind entsetzt. Waismann meint, ich soll mehr den Text überall kürzen und dafür solche Abschnitte retten. (TB 04.03.1927)
> Nachmittags kommt Schlick. Wir überlegen wegen Konstitutionstheorie; die Kürzung vieler wichtiger Abschnitte scheint sehr schade. Wir wollen versuchen, das MS doch ungekürzt irgendwo unterzubringen, vielleicht mit Geldbeihilfe. Schlick glaubt sicher, dass das irgendwie gelingt. (TB 06.03.1927)

Leider ist es nicht gelungen, das Buch ungekürzt zu publizieren. Der 1927 begonnene Kürzungsprozess wurde in den Wintermonaten 1928 in Davos finalisiert, als Carnap einen Kuraufenthalt wegen seiner erneut akut gewordenen Tuberkuloseerkrankung zur Fertigstellung des Druckmanuskripts TS2 nutzen konnte. Er schrieb darüber an Flitner:

---

[79] Die Berechnung basiert auf der Annahme, dass Carnap mit eineinhalbfachem Zeilenabstand geschrieben hat, auf Blättern wie denen, die er 1925 im Briefwechsel verwendet. Das würde einen Satzspiegel ergeben, der Platz für etwa 1700 Zeichen lässt, während im Satzspiegel der Druckfassung ca. 2700 Zeichen Platz finden. Multipliziert man die Seitenzahlen, so ergibt sich ein Sinken des Umfanges von ca. 25 Prozent.

[80] Vgl. Schlick an Carnap, 31.07.1926.

Also ich bin jetzt hier oben [in Davos], für das ganze Semester. Schlecht geht's mir aber nicht. Doch riet der Arzt, lieber jetzt die Sache gründlich auszukurieren, als mit halber Besserung nach Wien zu gehen. Zum Glück kann ich hier arbeiten, sodass für mich keine Gefahr besteht, von der Zauberberg-Atmosphäre betäubt und verschlungen zu werden. Ich habe jetzt die (vor 2 J. geschriebene) Konstitutionstheorie überarbeitet und gekürzt (auf 20 Bogen). Nächste Woche wird sie hoffentlich ganz fertig sein und an den Verleger zum Druck abgehen. (RC 115-03-43, Carnap an Flitner, 10. Jänner 1928)[81]

Es ist nicht anzunehmen, dass zwischen dem verlorenen Typoskript TS1 und der Druckfassung (mit Ausnahme der erwähnten kleineren Ergänzungen) grundlegende philosophische Unterschiede bestehen. Eine wichtige Änderung gegenüber TS1 ist dennoch zu konstatieren. Sie betrifft das im Mai 1928 hinzugefügte Vorwort. Einen Tag nach der Niederschrift dieses Vorwortes schreibt Carnap im Tagebuch:

Abends mit Waismann bei Neurath. Ich lese das Vorwort zum „Logischen Aufbau" vor. Neurath ist erstaunt und höchst erfreut über mein offenes Bekenntnis. Er meint, dass das auf junge Menschen sehr anziehend wirkend muss. Ich sage, dass ich Schlick noch fragen will, ob es zu radikal und exponierend ist. (TB 26.05.1928)

Tatsächlich rät Schlick vier Tage später, „das Vorwort zu mildern" (TB 30.05.1928). Ob Carnap aufgrunddessen Änderungen am Vorwort vorgenommen hat, lässt sich nicht mehr sagen. Fest steht aber, dass das Vorwort – deshalb Neuraths erfreute Reaktion – neben der 1929 erschienenen Programmschrift und Carnaps antimetaphysischen Schriften[82] der wichtigste Ausdruck der im Kern politischen „Wissenschaftlichen Weltauffassung" des „linken Flügels" des Wiener Kreises (Uebel 2004) ist. Umso bemerkenswerter ist daher, dass das Vorwort nicht nur aus Diskussionen Carnaps mit Neurath hervorgegangen ist, sondern das unmittelbare Resultat des Austauschs mit der Bauhaus-Szene ist. Nach einem Treffen mit Sigfried Giedion und Carola Giedion-Welcker in Frauenkirch bemerkt Carnap im Februar 1928: „Mit S[igfried] G[iedion] über Parallelität unsrer Philosophie mit der neuen Architektur usw. gesprochen (Zurückgehen auf die Elemente, Betonen des Handwerksmäßigen, Objektivität, Solidität)." (TB 24.02.1928)[83] Diese Feststellung reiteriert Carnap im letzten Absatz des drei Monate später geschriebenen Vorworts (S. XVf.).

2.5   Resümee

Der *Aufbau* ist ein Buch, das mit sehr konkreten philosophischen Zielsetzungen verfasst wurde. Eine Strukturtheorie der Begriffe, deren Zweck darin besteht, die *eine* empirische Wirklichkeit zugänglich und intersubjektiv kommunizierbar zu machen,

---

[81] Im Tagebuch vermerkt Carnap am 26.I.: „MS fertiggemacht (Konstitutionstheorie)", am Tag darauf: „MS zum Druck abgeschickt."

[82] Vgl. (Carnap 1928, 1932, 1934, 1937; Mach 1929) sowie (Damböck 2018).

[83] Auf den Zusammenhang zwischen diesem Zitat und dem Vorwort des *Aufbau* hat Hans-Joachim Dahms verschiedentlich in Vorträgen und Diskussionen hingewiesen.

um damit gleichzeitig alle Konstruktionen auszuscheiden, die Wirklichkeitsbereiche behaupten, die jenseits dessen liegen, was die Alltagserfahrung als „in der Geschichte nach oben und unten in Fäden [hängend]" erweisen kann. Mit dieser erkenntnistheoretischen Theorie dient der *Aufbau* den politischen Zielen der „Wissenschaftlichen Weltauffassung" des linken Flügels des Wiener Kreises und stellt gleichzeitig eine (vielleicht die wichtigste) Spielart der Neuen Sachlichkeit in der Philosophie dar. Die Erkenntnistheorie des *Aufbau* wurzelt also in politischen, ethischen und ästhetischen Ideen, die für die jeweiligen Reformbewegungen dieser Zeit charakteristisch sind. Historisch sind diese Bezüge eingebettet in eine Reihe von Anknüpfungen an die empiristische Philosophie Russells, den Marburger Neukantianismus, die Dilthey-Schule, die Phänomenologie Husserls und die positivistische Tradition in Deutschland. Diese sehr weit gestreuten Bezüge sollten jedoch nicht dazu verleiten, den *Aufbau*, wie es manchmal geschieht, als ein rein eklektisches Buch zu identifizieren. Viele der Bezüge, die im Literaturverzeichnis des *Aufbau* hergestellt werden, sind, wie Carnap dies in dem oben zitierten Brief an Flitner vom August 1925 offen bekennt, erst nachträglich von ihm entdeckt und dem Buch einverleibt worden, um „den Leser, dem das Ganze sicher fremdartig u. stellenweise unsinnig vorkommt, etwas zu besänftigen, indem er bemerkt, daß alle einzelnen Gedanken eigentlich längst schon da sind". Die Grenzen zwischen dem, was den *Aufbau* wirklich beeinflusst hat, und dem, was nachträglich als Beleg für historische Erdung hinzugetreten ist, sind fließend. Wo sie genau zu ziehen sind, kann dieser Aufsatz nicht im Detail angeben. Sein Ziel war nicht eine genaue Grenzbestimmung in allen systematischen und historischen Richtungen, sondern das Zeichnen einer groben Skizze der hier relevanten Zusammenhänge, unter Einschluss des ganzen Spektrums vom biographischen Hintergrund bis zur inhaltlichen Charakterisierung des *Aufbau*.

2.6   Nachlassdokumente

Die im Text zitierten Nachlassdokumente stammen aus folgenden Nachlässen und werden, wenn möglich, anhand der entsprechenden Kürzel plus Signatur zitiert:

(1) *Archives of Scientific Philosophy, Hillman Library, University of Pittsburgh:*

    (a) *Carnap Papers* – Signatur (RC Box-Mappe-Dokument)
    (b) *Reichenbach Papers* – Signatur (HR Box-Mappe-Dokument)

(2) *Rudolf Carnap Papers (Collection 1029). UCLA Library Special Collections, Charles E. Young Research Library* – Signatur (UCLA Box, Mappe)

(3) *Franz Roh Papers. Getty Research Library. Los Angeles* – Signatur (FRG Box X, FY)

(4) *Nachlass von Moritz Schlick. Wiener Kreis Archiv, Noord-Hollands Archief, Haarlem/NL.*

(5) *Nachlass Jonas Cohn. Salomon Ludwig Steinheim Institut für Deutsch-Jüdische Geschichte. Universität Duisburg-Essen.*
(6) *Nachlass Hans Driesch. Universitätsbibliothek Leipzig.*

Die *Tagebücher* und *Leselisten* Carnaps zitiere ich auf der Grundlage der gerade im Entstehen befindlichen Edition (Carnap im Erscheinen) – Signatur (TB Datum).

Literatur

Beck, M., und N. Coomann. 2015. Adorno, Kracauer und die Ursprünge der Jargonkritik. In *Sprachkritik als Ideologiekritik: Studien zu Adornos Jargon der Eigentlichkeit*, Hrsg. M. Beck und N. Coomann, 7–27. Würzburg: Königshausen & Neumann.

Carnap, R. 1922. *Der Raum: Ein Beitrag zur Wissenschaftslehre*. Berlin: Von Reuther & Reichard.

———. 1923. Über die Aufgabe der Physik und die Anwendung des Grundsatzes der Einfachstheit. *Kant-Stud* 28:90–107.

———. 1924. Dreidimensionalität des Raumes und Kausalität: Eine Untersuchung über den logischen Zusammenhang zweier Fiktionen. *Ann Philos philos Kritik* 4:105–130.

———. 1925. Über die Abhängigkeit der Eigenschaften des Raumes von denen der Zeit. *Kant-Stud* 30:331–345.

———. 1926. *Physikalische Begriffsbildung*. Darmstadt: Wissenschaftliche Buchgesellschaft.

———. 1927. Eigentliche und uneigentliche Begriffe. *Symposion: Philos Z Forsch Aussprache* 1: 355–374.

———. 1928. *Scheinprobleme in der Philosophie: Das Fremdpsychische und der Realismusstreit*. Berlin-Schlachtensee: Weltkreis.

———. 1929. *Abriss der Logistik: Mit besonderer Berücksichtigung der Relationstheorie und ihrer Anwendungen*. Wien: Julius Springer.

———. 1932. Überwindung der Metaphysik durch logische Analyse der Sprache. *Erkenntnis* 2: 219–241.

———. 1934. Theoretische Fragen und praktische Entscheidungen. *Natur und Geist* 2:257–260.

———. 1937. Logic. In *Factors determining human behavior*, Hrsg. E. Douglas et al., 107–118. Cambridge MA: Harvard University Press.

———. 1966. *An introduction to the philosophy of science*, Hrsg. v. M. Gardner. New York: Basic Books.

———. 1977. *Two essays on entropy*, Hrsg. m. Einl. v. A. Shimony. Berkeley: University of California Press.

———. 1993. *Mein Weg in die Philosophie*. Stuttgart: Philipp Reclam jun.

———. 1998 [1928]. *Der logische Aufbau der Welt*. Hamburg: Felix Meiner.

———. im Erscheinen. *Tagebücher 1908–1935*, Hrsg. v. C. Damböck. Unter der Mitarbeit v. B. Arden, B. Parakenings, R. Jordan und L.M. Rendl. Hamburg: Felix Meiner.

Carus, A.W. 2007. *Carnap and twentieth-century thought: Explication as enlightenment*. Cambridge: Cambridge University Press.

———. 2016. Carnap and phenomenology: What happened in 1924? *Damböck* 2016:137–162.

Dahms, H.-J. 2004. Neue Sachlichkeit in the architecture and philosophy of the 1920s. In *Carnap brought home: The view from Jena*, Hrsg. S. Awodey und C. Klein, 357–376. Chicago: Open Court.

———. 2016. Carnap's early conception of a „system of the sciences": The importance of Wilhelm Ostwald. *Damböck* 2016:163–185.

Damböck, C. 2012. Rudolf Carnap and Wilhelm Dilthey: „German" empiricism in the *Aufbau*. In *Carnap and the legacy of logical empiricism*, Vienna Circle Institute Yearbook, Hrsg. R. Creath, 75–96. Dordrecht: Springer.

————., Hrsg. 2016. *Influences on the Aufbau*, Vienna Circle Institute Yearbook. Dordrecht: Springer.

————. 2017. *(Deutscher Empirismus:) Studien zur Philosophie im deutschsprachigen Raum 1830–1930*. Dordrecht: Springer.

————. 2018a. Die Entwicklung von Carnaps Antimetaphysik, vor und nach der Emigration. In *Deutschsprachige Philosophie im amerikanischen Exil 1933–1945: Historische Erfahrung und begriffliche Transformation*, Hrsg. M. Beck und N. Coomann, 37–60. Wien: LIT Verl.

————. 2018b. Carnap's *Aufbau*: A case of plagiarism? Hungar Philos Rev 62, 66–80.

————. im Erscheinen a Carnap, Reichenbach, Freyer: Non-cognitivist ethics and politics in the spirit of the German youth-movement. In: Damböck, Sandner & Werner im Erscheinen.

————. im Erscheinen b. Dilthey and historicism. In *Routledge handbook of logical empiricism*, Hrsg. T. Uebel. London: Routledge.

Damböck, C., G. Sandner, und M.G. Werner, Hrsg. im Erscheinen. *Logical empiricism, life reform, and the German youth movement/Logischer Empirismus, Lebensreform und die deutsche Jugendbewegung*. Dordrecht: Springer.

Dewulf, F. 2017. Rudolf Carnap's incorporation of the Geisteswissenschaften in the *Aufbau*. *Hopos: The Journal of the International Society for the History of Philosophy of Science* 7 (2): 199–225.

Flitner, W. 1986. *Erinnerungen 1889–1945*. Paderborn: Schöningh.

Friedman, M. 1999. *Reconsidering logical positivism*. Cambridge: Cambridge University Press.

Gabriel, G. 2004. Introduction: Carnap brought home. In *Carnap brought home: The view from Jena*, Hrsg. S. Awodey und C. Klein, 3–24. Chicago: Open Court.

————. 2016. Dilthey, Carnap, Metaphysikkritik und das Problem der Außenwelt. In *Dilthey als Wissenschaftsphilosoph*, Hrsg. C. Damböck und H.-U. Lessing, 119–142. Freiburg: Karl Alber.

Galison, P. 1990. Aufbau/Bauhaus: Logical positivism and architectural modernism. *Critical Inquiry* 16:709–752.

Goodman, N. 1951. *The structure of appearance*. Cambridge: Harvard University Press.

Husserl, E. 1952. *Ideen zu einer reinen Phänomenologie und phänomenologischen Philosophie. Zweites Buch: Phänomenologische Untersuchungen zur Konstitution*. Hrsg. v. M. Biemel. Den Haag: Martinus Nijhoff

————. 2009 [1913]. *Ideen zu einer reinen Phänomenologie und phänomenologischen Philosophie*. Hamburg: Felix Meiner.

Knortz, H. 2010. *Wirtschaftsgeschichte der Weimarer Republik*. Göttingen: Vandenhoeck & Ruprecht.

Leinonen, M. 2016. Assessing Rickert's influence on Carnap. *Damböck* 2016:213–232.

Leitgeb, H. 2011. New life for Carnap's *Aufbau*? *Synthese* 180:265–299.

Lewis, D. 1970. How to define theoretical terms. *Journal of Philosophy* 67:427–446. (zitiert nach: D. Lewis, Philosophical papers, Bd I, Oxford University Press, Oxford 1963, S. 78–95).

Limbeck-Lilienau, C. im Erscheinen. The first Vienna Circle and the Erlangen conference. In *Routledge handbook of logical empiricism*, Hrsg. T. Uebel. London: Routledge.

Mayer, V. 1991. Die Konstruktion der Erfahrungswelt: Carnap und Husserl. *Erkenntnis* 35: 287–303.

————. 2016. Der *Logische Aufbau* als Plagiat. In *Husserl and analytic philosophy*, Hrsg. G.E. Rosado Haddock, 175–260. Berlin: de Gruyter.

Messer, A. 1909. *Einführung in die Erkenntnistheorie*. Leipzig: Verl Dürr'sche Buchhandlung.

Mormann, T. 2000. *Rudolf Carnap*. München: C. H. Beck.

————. 2003. Synthetic Geometry and *Aufbau*. In *Language, truth and knowledge: Contributions to the philosophy of Rudolf Carnap*, Hrsg. T. Bonk, 45–64. Dordrecht: Kluwer.

————. 2010. Wertphilosophische Abschweifungen eines Logischen Empiristen: Der Fall Carnap. In *Logischer Empirismus, Werte und Moral: Eine Neubewertung*, Hrsg. A. Siegetsleitner, 81–102. Wien: Springer.

————. 2016. Carnap's *Aufbau* in the Weimar context. *Damböck* 2016:115–136.

Neuber, M. 2016. Carnap's *Aufbau* and the early Schlick. *Damböck* 2016:99–114.

Ott, H. 1992 [1988]. *Martin Heidegger: Unterwegs zu seiner Biographie*. Frankfurt a. M.: Campus.

Pincock, C. 2002. Russell's influence on Carnap's *Aufbau*. *Synthese* 131:1–37.

———. 2007. Carnap, Russell, and the external world. In *The Cambridge companion to Carnap*, Hrsg. M. Friedman und R. Creath, 106–128. Cambridge: Cambridge University Press.

Quine, W.V.O. 1951. Two dogmas of empiricism. *Philosophical Review* 60:20–43.

Richardson, A. 1990. How not to Russell Carnap's *Aufbau*. In *Proceedings of the Philosophy of Science Association Meetings 1990*, Hrsg. A. Fine, M. Forbes und L. Wessels, Bd. 1, 3–14. East Lansing: Philosophy of Science Association.

———. 1998. *Carnap's construction of the world: The Aufbau and the emergence of logical empiricism*. Cambridge: Cambridge University Press.

———. 2016. External world problems: The logical construction of the world and the ‚mathematical core of the external world hypothesis'. *Damböck* 2016:1–14.

Roh, F. 1925. *Nach-Expressionismus: Magischer Realismus: Probleme der neuesten europäischen Malerei*. Leipzig: Klinkhardt & Biermann.

Rosado Haddock, G.E. 2008. *The young Carnap's unknown master: Husserl's influence on Der Raum and Der logische Aufbau der Welt*. Hampshire: Ashgate.

Ryckman, T. 2007. Carnap and Husserl. In *The Cambridge companion to Carnap*, Hrsg. M. Friedman und R. Creath, 81–105. Cambridge: Cambridge University Press.

Sarkar, S. 2003. Husserl's role in Carnap's *Der Raum*. In *Language, truth and knowledge: Contributions to the philosophy of Rudolf Carnap*, Hrsg. T. Bonk, 179–190. Dordrecht: Kluwer.

Schilpp, P.A., Hrsg. 1963. *The philosophy of Rudolf Carnap*. Chicago: Open Court.

Sokal, E. 1904. Das Salto-Mortale des Gedankens. *Ann Naturphilos* 3:96–110.

Stadler, F. 1997. *Studien zum Wiener Kreis: Ursprung, Entwicklung und Wirkung des Logischen Empirismus im Kontext*. Frankfurt a. M.: Suhrkamp.

Stone, A.D. 2009. On the sources and implications of Carnap's *Der Raum*. *Studies in History and Philosophy of Science* 41:65–74.

Tatievskaya, E. 2014. Gätschenberger über das „Gegebene" und Carnaps *Aufbau*. *Z Semiotik* 36: 113–140.

Tuboly, A.T. 2019. The constitution of *geistige Gegenstände* in Carnap's *Aufbau* and the importance of Hans Freyer. In: Damböck, Sandner & Werner, im Erscheinen.

Uebel, T. 2004. Carnap, the left Vienna Circle, and neopositivist antimetaphysics. In *Carnap brought home: The view from Jena*, Hrsg. S. Awodey und C. Klein, 247–278. Chicago: Open Court.

———. 2007. *Empiricism at the crossroads: The Vienna Circle's protocol-sentence debate revisited*. Chicago: Open Court.

———. 2012. Carnap, philosophy and "politics in the broadest sense". In *Carnap and the legacy of logical empiricism*, Vienna Circle Institute Yearbook, Hrsg. R. Creath, 133–148. Dordrecht: Springer.

———. 2016. Neurath's influence on Carnap's *Aufbau*. *Damböck* 2016:51–76.

Verein Ernst Mach, Hrsg. 1929. *Wissenschaftliche Weltauffassung: Der Wiener Kreis*. Wien: Artur Wolf.

Werner, M.G. 2003. *Moderne in der Provinz: Kulturelle Experimente im Fin de Siècle Jena*. Göttingen: Wallstein.

———. 2013. „Bilder zukünftiger Vollendung": Der freistudentische Serakreis 1913 in den Tagebüchern und Briefen von und an Wilhelm Flitner. *Internat Jahrb Sozialgesch deut Literatur* 38: 479–513.

———. 2014. Freundschaft | Briefe | Sera-Kreis: Rudolf Carnap und Wilhelm Flitner: Die Geschichte einer Freundschaft in Briefen. In *Die Jugendbewegung und ihre Wirkungen: Prägungen, Vernetzungen, gesellschaftliche Einflussnahmen*, Hrsg. B. Stambolis, 105–131. Göttingen: V & R unipress.

———. 2015. Freideutsche Jugend und Politik: Rudolf Carnaps Politische Rundbriefe 1918. In *Geschichte intellektuell: Theoriegeschichtliche Perspektiven*, Hrsg. F.W. Graf et al., 465–486. Tübingen: Mohr Siebeck.

Wolters, G. 1985. ‚The first man who almost wholly understands me': Carnap, Dingler, and conventionalism. In *The heritage of logical empiricism*, Hrsg. N. Rescher, 93–108. Lanham: University Press of America.

Ziche, P. 2016. Theories of order in Carnap's *Aufbau*. *Damböck* 2016:77–97.

3
Carnap's Opposition to Logic of the *Geisteswissenschaften*

Fons Dewulf

Logical empiricist philosophers in general, and Rudolf Carnap in particular, are not well known for their views on the humanities.[1] On the contrary, their philosophy of science has often been conceived as hostile toward a proper understanding of what the humanities are and why we should value them.[2] In our own age, philosophers and humanists still struggle with the question of what the humanities are, and what their relation is to undisputed domains of knowledge like the natural sciences. I think that, given a proper contextualization, Rudolf Carnap's views on these matters, although they might seem unilluminating at first, can provide us with new insights regarding these questions. In this paper, I argue that Carnap consistently throughout his career accepted the scientific validity and autonomy of the humanities, but denied any validity to philosophies or theories of the humanities. In that sense, Carnap's account of the humanities should be considered as an anti-philosophy which therapeutically dissolves all philosophical confusions over the alleged distinction between the humanities and the natural sciences. Carnap's position shows how one can maintain the validity of the humanities without epistemo-

This Research was funded by the Research Foundation–Flanders (FWO).

[1] Throughout this text, I will use the contemporary term 'humanities' to denote such domains of knowledge as historiography, art sciences, literature science and linguistics. Whenever I discuss the views of philosophers, I will use the terminology that they use to denote these domains of knowledge. This will sometimes be 'Geisteswissenschaften' or 'cultural sciences' [*Kulturwissenschaften*].

[2] Classical criticisms of this kind are Horkheimer (1937), Cassirer (2011 [1942]), Taylor (1971).

F. Dewulf (✉)
Department of Philosophy and Moral Sciences, Ghent University, Ghent, Belgium
E-Mail: fons.dewulf@ugent.be

© The Author(s) 2021
C. Damböck, G. Wolters (eds.), *Der junge Carnap in historischem Kontext: 1918–1935 / Young Carnap in an Historical Context: 1918–1935*,
Veröffentlichungen des Instituts Wiener Kreis 30,
https://doi.org/10.1007/978-3-030-58251-7_3

logically or metaphysically defining their nature in opposition to the natural sciences. Such a position might prima facie seem impossible. How can one maintain the validity of a domain of knowledge that one cannot theoretically delineate, except on some blind faith? In the end, Carnap's position may turn out to be contradictory; and well-known criticisms on Carnap's position may turn out to be valid, e.g., Cassirer's argument that Carnap's view ultimately denies what is valuable about the humanities as a field of knowledge.[3] However, this tension is exactly what makes Carnap's views on the humanities interesting and worthwhile to engage with. How can one conceive the humanities as a valuable domain of knowledge while denying that there is anything epistemologically or metaphysically particular about it?

3.1   Zilsel's Conundrum

Before I continue to discuss Carnap's position on the humanities, I first want to introduce an illuminating interaction between Hans Reichenbach and Edgar Zilsel. My presentation of this interaction serves two purposes. First, it reveals that the *Geisteswissenschaften* were a concern within the logical empiricist movement in general. Carnap's discussion of the *Geisteswissenschaften* in his writings was certainly not an exception within the movement.[4] Second, it will introduce us to the spectrum of positions that a German-speaking philosopher could take on the *Geisteswissenschaften* during the 1920s and 1930s. In order to understand what makes Carnap's position different and interesting, one needs to position it properly within this spectrum.

In April 1930, Reichenbach, as Chief Editor of the new journal *Erkenntnis*, sent out a letter to Zilsel, asking Zilsel to contribute a manuscript to his new journal.[5] Zilsel replied that he was working on a book about the application of a physicalist method to historical and social events. Consequently, Zilsel preferred to send a manuscript that was related to this topic.[6] Reichenbach was very happy with the proposal: it fit well with the intention of the journal to perform philosophy in continuity with the sciences. Reichenbach also wrote back that he did not want the journal to focus solely on the natural sciences. In his editorial introduction to the first volume of *Erkenntnis*, Reichenbach stated that contributions like the one proposed by Zilsel were welcome:

---

[3] For further discussion of the Carnap–Cassirer relationship concerning the humanities, see Friedman (2000, Chap. 7), Mormann (2012) and Ikonen (2011).

[4] For two additional examples, see also Neurath (1931) and Schlick (1934). For a discussion of the problem of the Geisteswissenschaften in the broad logical empiricist movement, see Dewulf (2020).

[5] Reichenbach to Zilsel, 29 April 1930, HR 013-38-32, Archives of Scientific Philosophy (ASP), Special Collections Department, University of Pittsburgh. For more information on the origins of *Erkenntnis* as a journal, edited by Reichenbach and Carnap, see Hegselmann and Siegwart (1991) and Stadler (2015, pp. 56–57).

[6] Zilsel to Reichenbach, 2 May 1930, HR 013-38-31 ASP.

As long as the natural sciences contribute the most to knowledge in philosophy, as they have done up until now, they will remain the chief focus of the journal. However, philosophy could be fertilized, as it appears to us, in a similar way by the *Geisteswissenschaften*, which we would only separate from the sciences in terms of a division of labor. We hope to present such philosophy of the *Geisteswissenschaften* in this journal as well.[7]

Because Reichenbach wanted to have a manuscript within 4 weeks, Zilsel decided to send a different text than initially proposed, namely "History and Biology", a chapter from the book that he was working on. That manuscript was thought to fulfil Reichenbach's wish "to have a contribution from philosophy of history and sociology".[8] After some back-and-forth correspondence, Reichenbach advised Zilsel to make the text shorter and remove the examples that were "sprinkled into the text". According to Reichenbach, "a philosophical journal is only concerned with the principal ideas".[9] Zilsel refused to comply with Reichenbach's advice, because his examples were not accidental features of the paper. Zilsel's motivation highlights how Zilsel understood the position of his own writing within contemporary philosophy of *Geisteswissenschaften*:

I do not consider your proposal to cut in my manuscript *History and Biology* as expedient.
...

These days there is a large amount of work in philosophy of history that uses a metaphysical strategy of argumentation. Next to this, there is not a small amount of programmatic proposals about history oriented towards the natural sciences. These, however, show that the researchers are not familiar with historical facts. Consequently, these proposals appear dilettantish to experts. If my work is to have scientific value, then it has to show how one could apply a natural scientific method to history in a non-dilettantish, fruitful way.
...

If I were to remove all examples, then only a formal program remains that would most likely appear congenial to readers with a pure interest in the natural sciences. Such a contribution would, however, lack any scientific fruitfulness and remain unconvincing to any expert.[10]

---

[7] "Solange die Naturwissenschaften wie bisher den weitaus größten Teil an Erkenntnissen in die Philosophie hineintragen, solange werden sie deshalb den Schwerpunkt der Zeitschrift bestimmen; aber an sich scheint uns eine Befruchtung der Philosophie durch die Geisteswissenschaften, die wir überhaupt nur in arbeitstechnischem Sinne von den Wissenschaften abtrennen möchten, in gleicher Weise möglich, und wir hoffen, von solcher Philosophie der Geisteswissenschaften ebenfalls Zeugnisse bringen zu können" (Reichenbach 1930, pp. 1–2).

[8] "In dem Fall, daß es Ihnen angenehm ist, schon in den nächsten Wochen einen geschichtsphilosophisch-soziologischen Aufsatz mit Sicherheit zu erhalten ..." (Zilsel to Reichenbach, 8 May 1930, HR 013-38-29 ASP).

[9] "... für unsere philosophische Zeitschrift kommt es ja nur auf die prinzipiellen Gedanken an" (Reichenbach to Zilsel, 16 October 1930, HR 013-38-23 ASP).

[10] "Ihr Kürzungsvorschlag zu meinem Ms. Geschichte u. Biologie erscheint mir nicht zweckmäßig. ... Es gibt heute eine große Zahl ,geschichtsphilosophischer' Arbeiten, die metaphysische Redensarten aneinanderreihen; daneben gibt es nicht selten naturwissenschaftlich gerichtete programmatische Äußerungen zur Geschichte, die aber zeigen, daß dem Verfasser die konkreten historischen Tatsachen unbekannt sind, und die daher jeden Sachkenner dilettantisch anmuten.Wenn meine Arbeit wissenschaftlichen Wert besitzt, so könnte das nur dem Umstand entspringen, daß sie zeigt, wie man naturwissenschaftliche Methoden nicht-dilettantisch und fruchtbar auf die Geschichte anwendet. ... Wollte ich die Beispiele weglassen, so bliebe wieder nur ein formales Pro-

Zilsel aimed to find a novel way to theoretically approach the historical sciences. On the one hand, he did not want to produce a "metaphysical" or philosophical perspective on historical knowledge. Unlike many contemporary German philosophers, Zilsel was not interested in laying bare the logical groundwork of these sciences at an abstract level. On the other hand, he did not want to simply state that the historical sciences are similar to the natural sciences. He considered such programmatic statements equally meaningless. According to Zilsel, whatever could be said about the historical sciences in general needed to be related to the actual practice of these sciences. His examples were crucial to achieve this aim. Consequently, he refused to cut them out. Reichenbach was, however, not convinced by Zilsel's request and ultimately rejected the paper.[11] This small episode in the history of *Erkenntnis* illuminates an intellectual challenge, with which all logical empiricist philosophy was faced: Given the apparent institutional, methodological and conceptual difference between the natural sciences and the historical sciences, how should one conceive of the historical sciences within the Unity of Science? Simply stating that there is no difference between the historical and natural sciences was, at face value, equally meaningless as finding a metaphysical or logical reason to separate them. Consequently, one had to overcome both the metaphysical separation and the empty programmatic statements of unity. How Rudolf Carnap faced this challenge throughout his career is particularly interesting: at an early stage, in *Der logische Aufbau der Welt*, Carnap discusses the problem of the *Geisteswissenschaften* to some degree, while at the end of his career Carnap remained mostly silent on the topic. I argue that this is the result of Carnap's accumulating insight into the boundaries of what one could legitimately say about the *Geisteswissenschaften* from a philosophical point of view. At the end of this paper, I claim that Carnap, just like Zilsel, neither wanted to make empty programmatic statements about the *Geisteswissenschaften*, nor wanted to produce a philosophy or logic regarding these sciences. This position separates Carnap from many of his contemporaries in German philosophy.

3.2   In Search of a Logic of the Historical Sciences

At the beginning of the twentieth century German philosophers were faced with the task of incorporating the newly-found historical disciplines of the nineteenth century into philosophy. This was the conclusion of Wilhelm Windelband's 1904 reflection on the state of philosophy 100 years after Kant's death.[12] Certainly not all philosophers in Germany agreed with Windelband's specific description of this problem, but many German philosophers accepted that there was something at stake

---

gramm übrig, das vielleicht manchen rein naturwissenschaftlich interessierten Leser sympathisch anmuten mag, aber wissenschaftlich ganz unfruchtbar ist und keinen Sachkenner überzeugen wird" (Zilsel to Reichenbach, 18 October 1930, HR 013-18-22 ASP).

[11] Reichenbach to Zilsel, 20 October 1930, HR 013-18-21 ASP.

[12] Windelband (1904, pp. 5–20).

for philosophy surrounding the historical sciences. This idea was aptly articulated by Windelband in his 1904 reflection: "The great, new fact of the existence of the historical sciences demands, as a first task, that critical philosophy expands the Kantian notion of knowledge."[13] This novel task for epistemology had already been an important problem for nineteenth-century German philosophy and became a central epistemological question for many German philosophers after the turn of the century.[14] Windelband was not the only, or even the most prominent philosopher to engage with the philosophical problems associated with historiography as a science. In his 1904 text, however, he understands these problems as central to the agenda of future philosophy in the twentieth century. This renders it a good starting point to understand what was at stake in German academic philosophy at the turn of the century. On Windelband's account, critical philosophy had to be updated given historical developments in the sciences during the nineteenth century. "Kant's understanding of 'science' is – historically understandably – restricted to the methodical identity of the theoretical inquiry into nature, which is determined by the Newtonian principle."[15]

According to Windelband, the outdated Newtonian principle that Kant had upheld claims that science aims to produce natural laws. These laws abstract from experience whatever remains the same throughout all of them. Science, consequently, produces classificatory concepts [*Gattungsbegriffe*], which order experience in kinds.[16] Even though this goal of science and the related logical structure of its concepts was appropriate to the scientific method of Kant's time, it could no longer (according to Windelband) be tolerated in twentieth-century philosophy of science as the unique conceptual structure of scientific reasoning. Historiography had joined the ranks of the sciences. Windelband called this event one of the "most significant appearances of 19th-century mental life [Geistiges Leben]".[17] Windelband immediately conceptualized this appearance on an abstract, epistemological level: the historical sciences are, contrary to the natural sciences, interested in the individual moments of the past. Therefore the *logical* order of classification that abstracts from the individual properties of facts in experience cannot be understood as the conceptual order of historiography: unlike the natural sciences, the historical sciences aim at the singular. Thus a different kind of conceptual order, an expansion of the contemporary logic of scientific concepts, needed to be developed in order to understand the historical sciences. In this new kind of logic, a concept would have

---

[13] Windelband (1904, p. 11).

[14] The most well-known example is perhaps Wilhelm Dilthey, who had already put an epistemology of the historical sciences on the philosophical agenda during the last quarter of the nineteenth century. But many other German philosophers had also engaged this question; for an overview of this tradition, see Iggers (1983) and Beiser (2012).

[15] "Kants Begriff der ‚Wissenschaft' ist – historisch sehr begreiflich – eingeengt auf den methodischen Charakter der theoretischen Naturforschung, bestimmt durch das Newtonsche Prinzip" (Windelband 1904, p. 10).

[16] Windelband (1904, p. 12).

[17] Windelband (1904, p. 10).

to relate individual facts to each other without abstractions.[18] According to Windelband, this expansion of logic was "best developed and formulated" by his former student Heinrich Rickert.[19]

Rickert's work *The Limits of Concept Formation in Natural Science* [*Die Grenzen der naturwissenschaftlichen Begriffsbildung*] is intended to present a philosophical *logic* of concepts that can incorporate the historical sciences. The work has a two-fold structure. First, Rickert argues that the conceptual order of the natural sciences has certain limits [*Grenzen*]. Second, Rickert argues that the historical sciences operate with a different conceptual order than the natural sciences: they objectify those aspects of reality that lie beyond the limits of natural scientific concepts. Taken together, both conceptual orders (the historical and the natural) form the totality of possibilities to make reality accessible to conceptual knowledge; they exhaust the ultimate, logical space in which concepts operate. The following quote perfectly represents this argumentative structure:

> We can now state that the limit of concept formation in the natural sciences is the beginning of the interest of historiography. In this way, both types of science delimit each other logically and entail everything that empirical reality can offer to scientific aims.[20]

Rickert presents his work as an investigation in the *logic* of science. The investigation is entirely independent of practical work in the sciences themselves. Rickert explicitly does not aim to show how scientists have performed or have to perform their work, even though he believes this might be an additional beneficial result of his logical inquiry.[21] Rickert's logic is intended as a purely transcendental investigation: it lays bare how it is philosophically possible that science can investigate empirical reality through the conceptual ordering of the elements of our intuition [*Anschauung*]. For Rickert, there are only two possible, mutually exclusive conceptual orders that objectivize reality: the concept as an abstraction, which aims to produce general laws, and the concept as value-relation, which aims to identify an individual. Rickert's logic shows how these two conceptual orders together form the complete spectrum of conceptual understanding: "in the sciences, we can have no understanding of a third way to process the given".[22]

Rickert's meticulous argument for the logical distinction between the natural and the historical sciences revolves around the logical distinction that he draws between natural laws and value-relations. While both conceptual structures ultimately aim to show how objects are necessarily related to one another, their logical structure is mutually exclusive. Natural laws abstract from the individual properties, while value-rela-

---

[18] Windelband (1904, pp. 12–13).

[19] Windelband (1904, p. 13).

[20] "Hier dürfen wir nur sagen, daß dort, wo die Begriffsbildung der Naturwissenschaft ihre Grenze findet, meist das Interesse der Geschichte erst beginnt. So ergänzen die beiden Arten von Wissenschaften einander logisch und umfassen zugleich alles, was die empirische Wirklichkeit an wissenschaftlichen Aufgaben stellt" (Rickert 1929, p. 267).

[21] Rickert (1929, p. 303).

[22] Rickert (1929, p. 267).

tions determine which properties are unique to objects. Around the time of the publication of Carnap's *Aufbau*, Rickert's logical distinction was one of the most advanced attempts to articulate a logical split between the natural and the historical sciences.

3.3 *Geisteswissenschaften* in the *Aufbau*

In *Der logische Aufbau der Welt*, Carnap explicitly aims to position himself within these contemporary debates regarding the epistemic status of the historical sciences.[23] Carnap's concern for the *Geisteswissenschaften* in the *Aufbau* is related to the aim of the book, which is to show how a limited set of basic concepts and a logical theory of relations can be used to constitute all the concepts of the different sciences within one constitutional system. Carnap intends to show that despite the differences in objects, methods and concepts, the various branches of the sciences can be united in "a unified system of concepts to overcome the separation of unified science into unrelated special sciences".[24] Given this aim, Carnap incorporates not only the natural sciences, but also psychology and what he calls the *Geisteswissenschaften* in his discussion. These sciences study cultural [kulturelle], historical and sociological objects.[25] Carnap gives a wide range of examples of these objects: courtesy as a social custom (Sect. 24), expressionism as an art form (Sect. 31), a state as a political organization (Sects. 4, 30, 151), religion as a group custom (Sect. 55) and the Trojan War as a historical event (Sect. 175). These kinds of objects are discussed as possible objects of scientific knowledge in a considerable number of sections (Sects. 12, 23, 24, 55, 56, 150, 151). Carnap introduces the concern for these objects of science in Sect. 12 of the *Aufbau*:

> Recently (in connection with ideas of Dilthey, Windelband, Rickert), a "logic of individuality" has repeatedly been demanded; what is desired here is a method which allows a conceptual comprehension of, and does justice to, the peculiarity of individual entities, and which does not attempt to grasp this peculiarity through inclusion in narrower and narrower classes [*Gattungsbegriffe*]. Such a method would be of great importance for individual psychology and for all cultural sciences, especially history. (Cf., for example, Freyer [Obj. Geist] 108) I merely wish to mention in passing that the concept of structure as it occurs in the theory of relations would form a suitable basis for such a method. The method would have to be developed through adaptation of the tools of relation theory to the specific area in question. Cf. also Cassirer's theory of relational concepts [Substanzbegr.], esp. 299, and the application of the theory of relations (but not yet to cultural objects) in Carnap [Logistik] Part 11.[26]

---

[23] Translations of Carnap's *Aufbau* are taken from Carnap (2003 [1928]).

[24] Carnap (2003 [1928], Sect. 2). Recently, Creath (2017) has argued that Carnap's arguments for the Unity of Science should be interpreted as arguments against what Creath called the Dyadic Tradition of Windelband and Rickert.

[25] Carnap (2003 [1928], Sect. 23).

[26] Carnap (2003 [1928], Sect. 12). This passage has already often been quoted, even though it is only part of Carnap's reference to the literature. The passage has especially been used to show how

In this passage, Carnap seems to claim two things. First, Rickert's demand for a logic that focuses on an individuating conceptual understanding is a valid demand. Second, the structural understanding of scientific concepts that Carnap himself presents in the *Aufbau* is capable of fulfilling Rickert's demands. These claims seem incompatible: Carnap's structuralist notion of concepts is meant to be applicable across the various domains of science, and it should not endorse Rickert's logical theory of the cultural sciences, which logically separates historical and natural scientific concept formation. Does Carnap imply that a *logic* of individuality is a valid philosophical concern if one wants to understand the historical sciences? By understanding the apparent contradiction entailed by this passage, one understands the position about the cultural sciences that Carnap holds in the *Aufbau*, and how it is in fact distinguished from Rickert's own logical project.

To see this, it is crucial to understand how Carnap thinks about the particular historical contribution that philosophers like Dilthey, Windelband and Rickert made to the scientific status of the historical sciences. Carnap often lauds these philosophers for their particular historical importance in raising the consciousness that historiography forms a domain of science:

> The philosophy of the nineteenth century did not pay sufficient attention to the fact that the cultural objects form an autonomous type. The reason for this is that epistemological and logical investigations tended to confine their attention predominantly to physics and psychology as paradigmatic subject matter areas. Only the more recent philosophy of history (since Dilthey) has called attention to the methodological and object-theoretical peculiarity [*Eigenart*] of the area of the *Geisteswissenschaften*.[27]
>
> In the meantime [since the 19th century], other objects (especially the cultural objects, the biological objects, and the values) have been recognized as independent, even though the equality of their status with that of the physical and the psychological objects is at the moment still debated.[28]

Carnap agrees with Windelband's assessment that scientific developments in the nineteenth century have shown that historical and cultural subject matters are part of scientific inquiry and, consequently, that these subject matters should also be discussed if one investigates scientific concepts in general. Historical or cultural subject matters have a certain peculiarity [*Eigenart*]. They cannot simply be reduced to the objects of physics or psychology but should be recognized as "autonomous". Carnap has no epistemological motivation for this position. According to him, this is a given historical development of science that came out of the nineteenth century.

In those sections of the *Aufbau* that discuss the constitution of concepts in the *Geisteswissenschaften*, the autonomy and peculiarity of the cultural object spheres are repeatedly taken as a starting point. In Sect. 56 Carnap states that cultural objects "are not composed out of psychological states", rather they belong to a com-

---

Carnap's constitutional theory of the *Aufbau* is related to a Neokantian philosophical project; see Friedman (2000) and Richardson (1998, pp. 38–39).

[27] Carnap (2003 [1928], Sect. 23).

[28] Carnap (2003 [1928], Sect. 162).

pletely different object sphere within the constitutional system. This is repeated in Sect. 151: "the cultural objects are of a completely different object level than the psychological or physical". This implies that propositions containing cultural objects cannot be meaningfully [*mit Sinn*] transformed into propositions containing other kinds of objects (Carnap 1998 [1928], Sect. 23). Thanks to philosophers like Dilthey, Windelband and Rickert, the autonomy and peculiarity of these object levels are now finally recognized. These philosophers have had this particular historical importance. However, according to Carnap, this does not imply that Rickert's peculiar *logical* theory of individualizing concepts should be taken over as well. On the contrary, Carnap believed that Rickert's philosophical worries about concepts that individuate had engendered much of the unnecessary philosophical controversy regarding the *Geisteswissenschaften*. Rickert's philosophical questions about individuating concepts should not be answered but rather dissolved. In the *Aufbau*, and in the remainder of his career, Carnap would consistently deny that a logic specific to the *Geisteswissenschaften* could be given. Contrary to Rickert's or Windelband's explicit belief, there was nothing interesting to say about cultural concepts specifically from a *logical* point of view. At the same time, Carnap also consistently upheld the idea that the cultural sciences should be incorporated in the Unity of Science, and consequently, that their concepts required some level of attention, though only from a *practical* point of view. In the *Aufbau*, however, Carnap remained somewhat ambiguous about this distinction between logical and practical concerns over the *Geisteswissenschaften*.

3.4 Constitution Theory and "Logic of the *Geisteswissenschaften*"

As we have seen above, Carnap agrees with Rickert in Sect. 12 that concepts in the cultural sciences should not logically be analyzed as generic classes [*Gattungsbegriffe*]. As a reference to a similar position, he points to a specific passage in Hans Freyer's *Theorie des objektiven Geistes*. Freyer was an influential interwar sociologist who was inspired by Dilthey's works. He held positions in Kiel and Leipzig and he became a representative of the right-wing socialist reform and a supporter of the national socialist movement. Carnap personally knew Freyer from the Dilthey school around Herman Nohl in Jena, and he was certainly acquainted with Freyer's work, as his specific reference in Sect. 12 testifies.[29] In the paragraph that Carnap refers to, called "Towards a logic of individual unities" [*Zur Logik individueller Einheiten*], Freyer laments the lack of a non-Aristotelian logical understanding of the concepts of the *Geisteswissenschaften*: "In German idealism, romanticism and in contemporary German philosophy one can find many attempts at this new logic,

---

[29] Tuboly (2018), Damböck (2012, pp. 75–76, 2017, pp. 181–183).

but the actual Aristotelian act has not ended yet. Its demise is, however, necessary."[30] Such a request for a new logic naturally appealed to Carnap, who was at the fore-front of the development of the new symbolic logic himself, and specifically of its application to the analysis of science.[31]

However, this reference to Freyer did not imply that Carnap believed, like Rickert, that a logic should be developed to account for the uniqueness of an object. In Sect. 12 Carnap says that Rickert's logical problem dissolves once one introduces "the concept of structure as it occurs in the theory of relations" and subsequently he refers to a specific passage in Cassirer's *Substance and Function* (henceforth *S&F*). In this passage, Cassirer criticizes Rickert's theory of the concept in the natural sciences.[32] It also contains a page-long footnote reflecting on the nature of the purely individual historical concept and the problem of individuality (it is the only passage in *S&F* where Cassirer makes claims about concepts in the cultural sciences):

> An essential task of the historical concept is the insertion of the individual into an inclusive systematic connection, such as has constantly established itself more distinctly as the real goal of the scientific construction of concepts. This "insertion" can occur under different points of view and according to different motives; nevertheless it has common logical features, which can be defined and isolated as the essence of "the concept".[33]

Cassirer's point in this footnote, which Carnap endorses in Sect. 12, is a critique of any strong conceptual differentiation between the natural and the cultural sciences, directed against the proposals of Windelband and Rickert. Cassirer aims to understand concepts in the natural sciences as definite laws of relations that unite the various individuals in a functional relation, and argues that an individual object can only be recognized as an individual if it has a place within the structure of relations.[34] Logically, Cassirer believes concepts from the natural and historical sciences are similar, even though there may be different 'motives'.[35] Carnap understands his project in the *Aufbau* as a way to spell out such a unificatory theory of the scientific concept with the aid of the modern logic of relations. For Carnap, this should also include an analysis of concepts of the *Geisteswissenschaften*, but, as we will come to see below, such an analysis entails nothing in particular for the *logical* understanding of cultural concepts.

---

[30] Freyer (1923, p. 108).

[31] Damböck (2017, p. 189).

[32] This was also noted in Creath (2017, p. 10).

[33] Cassirer (2004 [1910], p. 228).

[34] Cassirer (2004 [1910], p. 225).

[35] In *S&F* Cassirer never explained what he meant by this. For a thorough discussion of Cassirer's early criticism of Windelband and Rickert, and the later developments of his views, see Birkeland and Nilsen (2002, pp. 98–118).

3.5   Practical Concerns About the *Geisteswissenschaften*

In the *Aufbau*, a constitutional system constitutes a variety of concepts from a limited set of basic concepts.[36] In order to construct this system, Carnap introduces a constitutional theory that should be applicable to any constitutional system. Using this theory, Carnap proposes a specific constitutional system that should be capable of yielding all scientific concepts and that resembles the constitution of the world by a traditional epistemic subject. This system has elementary experiences as basic objects and one basic relation that holds over these objects (recollection of similarity). Carnap does not exclude the possibility of constructing systems that have a different starting point, e.g., with a physical basis,[37] or even a cultural basis.[38] In the end, the system proposed by Carnap is only of secondary importance. It is mainly intended to capture the potential strength of constitution theory.

From the logical perspective of his constitution theory, Carnap cannot say much about the objects in the cultural sciences, other than that these objects will form object spheres in a constitutional system. However, because the *Aufbau* also initiates an investigation into a possible constitutional system that can incorporate all scientific concepts, Carnap gives an outline of what he takes to be a credible constitution of cultural objects in such a system. Their constitution is not performed in a logical-symbolic form. Carnap is solely concerned with establishing that one can incorporate cultural objects in a constitution system.[39] To that end Carnap assumes that he can use the already available psychological and physical objects from lower levels of the constitutional system to constitute the cultural objects. In order to constitute a new object in the system, one has to define which sentences containing the new object can be transformed into sentences containing already-constituted objects with the preservation of the truth value of the sentence. For the transformation of sentences containing cultural objects into propositions containing already-constituted psychological objects, Carnap postulates a relation of manifestation [*Manifestationsbeziehung*]. This is the relation between a cultural object and the psychological process in which the cultural object appears or manifests itself.[40] Carnap uses the example of greeting (twice) as an illustration for this relation: the cultural custom of taking your hat off when you see someone you know can be constituted using those psychological processes that 'manifest' that custom.[41] Certain psychological dispositions manifest a cultural object, like a custom, while others do not. A relation of manifestation stipulates which dispositions, volitions, etc. manifest the cultural.

Carnap also offers a second route of constitution of the cultural domain, namely the relation of documentation [*Dokumentationsbeziehung*]. This is the relation be-

---

[36] Carnap (1998 [1928], Sect. 1).
[37] Carnap (1998 [1928], Sect. 62).
[38] Carnap (1998 [1928], Sect. 56).
[39] Carnap (1998 [1928], Sect. 139).
[40] Carnap (1998 [1928], Sect. 24).
[41] Carnap (1998 [1928], Sects. 24 & 150).

tween a cultural object (e.g., an art movement) and its document, an enduring physical object in which the cultural life is petrified (e.g., the physical aspects of a painting).[42] Documents are the material witnesses [*dingliche Zeugen*] of the cultural. For instance, the documents of an art style can be physical paintings or sculptures.

The central notion of manifestation in Carnap's proposal stemmed from a dominant tradition of thinking about the cultural [das Geistige] in nineteenth-century German philosophy. Manifestation is a relation between an expression [*Ausdruck*] and the cultural thing [*ein Geistiges*] that it manifests or expresses. The idea of a document as a bearer of the expression of something cultural originates in Hegel's philosophy of the objective spirit: certain documents are the material patterns of human interaction in which the spirit [*Geist*] objectifies itself. This vocabulary is explicitly taken over by Dilthey in his epistemology of the *Geisteswissenschaften*, but without its Hegelian metaphysical aspects.[43] Dilthey describes the objectifications as "manifestations of life" [*Manifestationen des Lebens*]. They are the realizations of the cultural in the empirical world. Every gesture, form of courtesy or work of art is related to a common structure that binds them, namely the cultural structure.

Although later in life Carnap denied that he had ever read anything by Dilthey,[44] he mentions Dilthey's *Einleitung in die Geisteswissenschaften* in the bibliography of the *Aufbau*. If Carnap did not get the notion of manifestation from Dilthey directly, one might expect he got it from Dilthey-inspired philosophers like Herman Nohl or Hans Freyer, whom he knew personally. Manifestation, however, is not discussed in Freyer's *Theorie des objektiven Geistes*. Whether or not he actually read Dilthey, the first version of the *Aufbau* was written in an intellectual climate in which Dilthey was widely discussed.[45] Consequently it is not strange that Carnap relies heavily on the Dilthey tradition in his discussion of the constitution of concepts in the *Geisteswissenschaften*.

This influence from Dilthey can also be seen in Carnap's other ideas regarding the constitution of cultural objects. The range of possible cultural objects in the cultural domain of the *Aufbau* is extensive: engineering, economy, law, politics, language, art, science, religion, etc.[46] In order to cope with the huge amount of possible cultural objects in the proposed constitutional system, Carnap makes a distinction between primary and secondary cultural objects. Whereas the primary objects are constituted through the available physical and psychological object spheres, using only relations of documentation or manifestation, the secondary objects are constructed from primary cultural objects. Carnap links the constitution of the primary and secondary cultural objects to two separate practical programs. On the one hand, the "*logic* [*Logik*] of the *Geisteswissenschaften*" has to investigate which objects of the different fields can be constituted as primary and which as secondary.

---

[42] Carnap (1998 [1928], Sect. 24).

[43] Dilthey (1927, pp. 148–150).

[44] Gabriel (2004, pp. 16–17).

[45] Damböck (2012, p. 76).

[46] Carnap (1998 [1928], Sect. 151).

On the other hand, 'the *phenomenology* [*Phänomenologie*] of the *Geisteswissenschaften*' has to investigate how and which psychological objects are manifestations of primary cultural objects.[47]

Carnap's use of this terminology appears to suggest a philosophical program of investigation. Dilthey had already argued that the difference between the natural sciences and the *Geisteswissenschaften* should be understood phenomenologically, because each type of science starts from a different kind of experience. While knowledge of nature should be grounded in sense perception, the knowledge of the socio-historical is grounded in lived experience [*Erlebnis*].[48] A later manifestation of the same idea is present in the second study of Cassirer's *Zur Logik der Kulturwissenschaften*.[49] In this study, Cassirer argues that the true difference between the two forms of science can only be understood by a phenomenology of perception [*Phänomenologie der Wahrnehmung*], which yields two different branches of perception: *Dingwahrnehmung*, the perception of objects in space and time, that is, the world of things, and *Ausdruckswahrnehmung*, the perception of physical objects as expressions of a person.[50] Constituting the physical as a bearer of expression is exactly what a relation of documentation is supposed to do in Carnap's *Aufbau*. It is important to stress that Cassirer's and Dilthey's specific uses of "phenomenology" is different from Carnap's. In the end, Carnap only refers to a program for a constitution of cultural objects within the boundaries of his constitution theory: Carnap's phenomenology of the *Geisteswissenschaften* merely decides which constituted psychological objects can be used to define the cultural manifestations within the purely formal constitutional system. No philosophical investigation of two strands of perception occurs in this program – as Dilthey and Cassirer would want it. Similarly, Carnap only refers to a logic of the *Geisteswissenschaften* to denote the practical decisions that have to be made by researchers in the field on how to constitute the secondary cultural objects in a formal system. Although Carnap's terminology appears to concur with Dilthey's, he is only philosophically committed to the idea that one could construct cultural objects within a constitutional system. This is a very weak position that entails no logical or epistemological commitments concerning concepts in the *Geisteswissenschaften*.

In several passages of the *Aufbau* the methodology of *Verstehen* is also discussed, which was typically understood at the time as a central method for the *Geisteswissenschaften*. Introduced by Dilthey, *Verstehen* was considered a procedure for understanding the meaning of actions, texts or objects from the past. In the *Aufbau*, Carnap links the procedure to the constitutional definition for the cultural objects.[51] Carnap first mentions the method in Sect. 49 of the *Aufbau*:

---

[47] Carnap (1998 [1928], Sect. 150).

[48] Beiser (2012, p. 328).

[49] Cassirer (2011 [1942], pp. 37–59).

[50] Cassirer (2011 [1942], p. 42).

[51] For a more thorough discussion of the position to *Verstehen* by a number of logical empiricists, see Uebel (2010, pp. 291–308).

In many cases, especially in the *Geisteswissenschaften*, when we are concerned, for example, with the stylistic character of a work of art, etc., the indicators [*Kennzeichnungen*] are given either very vaguely or not at all. In such a case the decision as to whether a certain state of affairs obtains is not made on the basis of rational criteria but by empathy. Such empathy decisions are justly considered scientific decisions. The justification for this rests upon the fact that either it is already possible, even though very complicated in the individual case, to produce indicators whose application does not require empathy or else that the task of finding such indicators has been recognized as a scientific task and is considered as solvable in principle.[52]

The method of empathy (later equated with *Verstehen*, cf. Sect. 55) is scientific because it should always be possible to make the criteria explicit when, for example, the stylistic characters of a work of art are obtained. The indicators [*Kennzeichnungen*] are the constitutional definitions of the cultural objects. These definitions state which physical states or psychological objects document or manifest cultural content. So, while the initial recognition of a painting as an expressionist painting can be based on intuition, one should (in principle) always be able to rationally reconstruct this intuitive recognition. Finding a path for the constitution of the object based on the relation of manifestation or documentation is the discursive aspect of *Verstehen*, e.g., grasping [*Erfassung*] a marble sculpture as an aesthetic art object is not independent from the constitutional definition of that art object.[53] The constitutional definition stipulates which physical and psychological objects are manifestations of an art object. The non-intuitive discursive act of *Verstehen* determines which physical and psychological objects manifest aesthetic content. According to Carnap, the implicit intuitive aspect of *Verstehen* always relies on the possibility to make the relationship between a cultural object and its physical or psychological expression explicit.

Within the framework of the *Aufbau*, the method of *Verstehen* is a methodological aspect of what Carnap calls the 'first' task of science: the logical construction of a constitutional system. This task has priority in the logical sense: it gives a full logical determination of the objects of scientific investigation within a constitutional system.[54] The necessity of this logical investigation, however, should in no way keep science from engaging with higher-level objects that have not yet been fully constituted, such as cultural objects, "if at least science does not want to abstain from those important fields which are meaningful for their practical application".[55] In real scientific processes, scientists are justified in using a merely intuitive constitution of their object, as long as they also have the task of giving a full logical characterization. Carnap's call for a phenomenology of the *Geisteswissenschaften* is specifically directed toward this last practical task.

Concerning *Verstehen*, we again see a convergence between Dilthey's and Carnap's positions; Carnap uses ideas from Dilthey to articulate possible constitutional

---

[52] Carnap (2003 [1928], Sect. 49).

[53] Carnap (1998 [1928], Sect. 55).

[54] Carnap (1998 [1928], Sect. 179).

[55] Carnap (2003 [1928], Sect. 179).

rules for cultural objects within the boundaries of the constitution theory that he has set out. This articulation, however, is only an indication to researchers in the cultural sciences. It should prove to them that Carnap's constitution theory does not exclude their subject matters from science. Carnap accepts Dilthey's and Windelband's starting point that cultural objects form a valid domain of scientific knowledge. How to actually constitute specific cultural objects, and relate these constructions to one another and to physical or psychological objects, is not answered by Carnap – this is an open question for researchers in the field. Carnap has no philosophical position about these sciences, in particular: manifestation and documentation are merely indications of how one could think about the constitution of cultural objects. Carnap does not state that cultural objects need to be constituted as manifestations or a documentations. Carnap was not philosophically committed to Dilthey's terminology, or its philosophical background. He only produced practical indications of how one could plausibly incorporate cultural objects in a constitutional system.

3.6 Neurath's Criticism of *"Geisteswissenschaften"*

That the relations of manifestation and documentation are merely indications is also revealed in Carnap's discussion of the *Geisteswissenschaften* during the rest of his career. After the publication of the *Aufbau*, Carnap was addressed by Otto Neurath regarding his account of cultural objects in the *Aufbau*. In Carnap's diary entry on the 19th of December 1929, he reports the following:[56]

> With Feigl to Neurath. Neurath rants at my discussion of the *"Geisteswissenschaften"* in the Aufbau. It is too idealistic for him; he had points of attack: Dilthey was mentioned: "custom", "state", "manifestation". Back in the house at one o'clock.[57]

Neurath was not pleased that Carnap had used the theoretical terminology of Dilthey for his incorporation of the cultural sciences in the constitutional system. Carnap's terminology, like the confusing German word "Geist" and the suspiciously metaphysical term "Manifestation", could easily be replaced with terminology that stemmed from an empiricist tradition of ideas. Since Carnap had no philosophical constraints on how one could constitute cultural objects, it was easy for him to comply with Neurath's remarks. Carnap completely discarded Dilthey's terminology

---

[56] In his *Abriss der Logistik*, Carnap is still committed to incorporate the Geisteswissenschaften into a constitutional system that can represent the sciences. However, Carnap no longer mentions anything like a logic or phenomenology of the Geisteswissenschaften. See Carnap (1929, pp. 88–90).

[57] "Mit Feigl zu Neurath. Neurath schimpft über meine Darstellung der ‚Geisteswissenschaften' im ‚Aufbau'. Ist ihm zu idealistisch; hat Angriffspunkte: Dilthey wird genannt: ‚Sitte', ‚Staat', ‚Manifestation'. 1 Uhr zu Hause" (diary entry of December 19, 1929, RC 025-73-03 ASP). I accessed the diaries via the website of Christian Damböck's project "Early Carnap in Context: Three Case Studies and the Diaries", at https://homepage.univie.ac.at/christian.damboeck/carnap_diaries_2015-2018/index.html. This diary entry was already noted by Thomas Uebel (2007, p. 137).

after the *Aufbau*. In his 1930 paper "Die alte und die neue Logik", Carnap abandoned the use of the terms "Logik der Geisteswissenschaften" and "Phänomenologie der Geisteswissenschaften" to describe specific tasks within the formation of a constitutional system. Instead, he openly attacks the use of this terminology:

> In the implacable judgement of the new logic, "Geisteswissenschaftliche Philosophie" proves itself to be, not just directly false, but actually logically untenable and therefore meaningless.[58]

One year later, in his paper "Die physikalische Sprache als Universalsprache der Wissenschaft", Carnap aimed to counter any possible philosophical distinction between the natural sciences and the *Geisteswissenschaften* based on a distinction between their objects of study, their methods or their sources of knowledge. The only division between the sciences that Carnap accepts is a practical division of labour.[59] In the *Aufbau*, Carnap was still inclined to give the task of constituting cultural objects a name of its own, like "phenomenology of the *Geisteswissenschaften*". This terminological integration, along with the tradition from Dilthey, disappeared thereafter. "Geist", a word that was featured heavily in the *Aufbau*, was considered dangerous terminology that could not be integrated into the physicalist language:

> The sciences mentioned ("Geisteswissenschaft" or "cultural sciences") often in their present form contain pseudo-concepts [*Scheinbegriffe*], viz. such as have no correct definition, and whose employment is based on no empirical criteria; such words stand in no inferential relation to the protocol language and are therefore formally incorrect. Examples: 'objective spirit' [*objektiver Geist*], 'the meaning of history' [*Sinn der Geschichte*], etc.[60]

Similarly, *Verstehen* is now (only) understood as a harmful intuitive procedure that is unrelated to the constitution of cultural objects.[61] Instead of Dilthey's terminology, Carnap uses Neurath's terminology to incorporate these sciences:

> By (empirical) sociology is intended the aggregate of the sciences in these regions in a form free from such metaphysical contaminations. It is clear that Sociology in this form deals only with situations, events, behaviour of individuals or groups (human beings or other animals), action and reaction on environmental events, etc.[62]

Incorporating sociological or cultural objects into the physicalist conception of science, remains, however, for Carnap an important task in the logic of science.[63] In 1938, when Carnap wrote an article in English on the "Logical Unity of Science", he used the term "social sciences and the so-called humanities". As in the *Aufbau*, he maintained that concepts in these sciences could be constituted out of already constituted concepts in a given language system, but Carnap refrained from incor-

---

[58] ",Geisteswissenschaftliche Philosophie' erweist sich vor dem unerbittlichen Urteil der neuen Logik nicht etwa nur als inhaltlich falsch, sondern als logisch unhaltbar, daher sinnlos" (Carnap 1930, p. 13).

[59] Carnap (1931, p. 432).

[60] Carnap (2011 [1931], pp. 72–73).

[61] Carnap (1931, p. 434).

[62] Carnap (2011 [1931], p. 73).

[63] Carnap (1934a, p. 17, 1934b, p. 253).

porating any terminology that could be linked to the German historical philosophy from Dilthey, Windelband or Rickert.[64] Ten years after the publication of the *Aufbau*, nothing remained of Carnap's incorporation of terminology from Dilthey, Rickert or Windelband. He would never again talk about overcoming the problem of individuality through relational logic, defending the autonomy of the *Geisteswissenschaften*, incorporating the method of *Verstehen* or a phenomenology of the *Geisteswissenschaften* into constitutional theory. Nonetheless, Carnap maintained that contemporary concepts in the social sciences could be incorporated into a physicalist language in some form or another. Whatever form this might be, it could only be determined by the researchers themselves, not by philosophers.

Thus, throughout his career, Carnap upheld the historical insight which he had ascribed to Dilthey, Windelband and Rickert in the *Aufbau*: Social, historical and cultural objects are valid subject matters of the sciences. This motivates Carnap's consistent incorporation of the "*Geisteswissenschaften*" and later "the social sciences" into the program of the Unity of Science: determining how social terms/concepts can be defined in a proper language system always remained part of that program. One aspect of Windelband's challenge, how to account for the *Geisteswissenschaften* as sciences, is consistently taken over by Carnap. However, unlike most earlier German attempts to answer Windelband's challenge, Carnap denied that there is anything philosophically interesting to say regarding these sciences. This makes his position interesting in comparison to those of his contemporaries: according to Carnap, the concepts of the *Geisteswissenschaften* are, from a logical point of view, similar to those in any other science. One only needs to incorporate these concepts on a practical level within a constitutional system or what Carnap would later call a properly defined language system, for which the logicians determine the rules. Carnap always took the possibility of such an incorporation of cultural concepts for granted, and he left the practical execution to specialists in the relevant fields. This assumption is not self-evident. Possibly a proper engagement with conceptual problems in historiography and sociology could have shown Carnap that his assumption was untenable, but Carnap decided to leave such a proper engagement to people who were more familiar with the relevant social and historical fields, like Otto Neurath.

3.7 Conclusion

In the writings of Rudolf Carnap there is little of interest for scholars who want to know what makes the humanities, as domains of knowledge, different from the natural sciences, or why one should value them in particular. Unlike Dilthey, Windelband or Rickert, one cannot read Carnap to illuminate these questions. One can, however, read Carnap to dissolve the philosophical puzzles that Dilthey, Windel-

---

[64] Carnap (1991, p. 402).

band and Rickert bequeathed to us. Carnap is not sceptical about the possibility of ascertaining knowledge about the cultural world, or its past. In the *Aufbau* and in his later writings Carnap consistently conceives the humanities and the social sciences as domains of knowledge that are equal to the natural sciences. However, Carnap is sceptical about the philosophical questions that one can pose about the humanities: (epistemo)logically, there is no distinction which one can make between the humanities and the natural sciences. Although Carnap in the *Aufbau* integrates some terminology from Dilthey, Windelband and Rickert, he never accepted their philosophical questions about the humanities as legitimate. In his later writings, following Otto Neurath, he openly distanced himself from terminology that could be associated with such questions, and he never again spoke in a programmatic fashion about cultural concepts, like he had done in the *Aufbau*. Just like Zilsel, Carnap eventually decided to avoid both a philosophical and a programmatic attitude towards the humanities. Both attitudes are still common today: what distinguishes the humanities from the natural sciences and why we should value this different domain of knowledge remains a concern in the twenty-first century. Here, Carnap's position can serve as an inspiration for asking if these are the right questions to pose about the humanities.

References

Beiser, F.C. 2012. *The German historicist tradition*. Oxford: Oxford University Press.

Birkeland, A., and H. Nilsen. 2002. Thinking in forms: Ernst Cassirer and his critique of the idiographic–nomothetic distinction. In *Forms of knowledge and sensibility: Ernst Cassirer and the human sciences*, ed. G. Foss and E. Kasa, 98–118. Kristiansand: Norwegian Academic Press.

Carnap, R. 1929. *Abriß der Logistik*. Vienna: Springer.

———. 1930. Die alte und die neue Logik. *Erkenntnis* 1:12–26.

———. 1931. Die physikalische Sprache als Universalsprache der Wissenschaft. *Erkenntnis* 2: 432–465.

———. 1934a. *Die Aufgabe der Wissenschaftslogik*. Vienna: Gerold & Co.

———. 1934b. *Logische Syntax der Sprache*. Vienna: Julius Springer.

———. 1991 [1938]. Logical foundations of the unity of science. In *The philosophy of science*, ed. R. Boyd, P. Gasper, and J.D. Trout, 393–404. Cambridge MA/London: MIT Press.

———. 1998 [1928]. *Der logische Aufbau der Welt*. Hamburg: Felix Meiner.

———. 2003 [1928]. *The logical structure of the world and Pseudoproblems in philosophy*. Trans. R.A. George. Chicago: Open Court.

———. 2011 [1931]. *The unity of science*. London: Routledge.

Cassirer, E. 2004 [1910]. *Substance and function and Einstein's theory of relativity*. Mineola: Dover.

———. 2011 [1942]. *Zur Logik der Kulturwissenschaften: Fünf Studien*. Hamburg: Meiner.

Creath, R. 2017. Metaphysics and the unity of science: Two hundred years of controversy. In *Integrated history and philosophy of science: Problems, perspectives, and case studies*, ed. F. Stadler, 3–15. Cham: Springer.

Damböck, C. 2012. Rudolf Carnap and Wilhelm Dilthey: "German" empiricism in the *Aufbau*. In *Rudolf Carnap and the legacy of logical empiricism*, ed. R. Creath, 67–88. Dordrecht: Springer.

———. 2017. *(Deutscher Empirismus:) Studien zur Philosophie im deutschsprachigen Raum 1830–1930*. Dordrecht: Springer.

Dewulf, F. 2020. The place of historiography in the network of logical empiricism. *Intellectual History Review* 30:321.

Dilthey, W. 1927. *Der Aufbau der geschichtlichen Welt in den Geisteswissenschaften*, Wilhelm Diltheys gesammelte Schriften. Vol. 7. Leipzig: B. G. Teubner.

Freyer, H. 1923. *Theorie des objektiven Geistes*. Leipzig/Berlin: B. G. Teubner.

Friedman, M. 2000. *A parting of the ways: Carnap, Cassirer, and Heidegger*. Chicago: Open Court.

Gabriel, G. 2004. Introduction: Carnap brought home. In *Carnap brought home: The view from Jena*, ed. S. Awodey and C. Klein, 3–23. Chicago/LaSalle: Open Court.

Hegselmann, R., and G. Siegwart. 1991. Zur Geschichte der "Erkenntnis". *Erkenntnis* 35: 461–471.

Horkheimer, M. 1937. Der neueste Angriff auf die Metaphysik. *Z Sozialforsch* 6:4–53.

Iggers, G. 1983. *The German conception of history: The national tradition of historical thought from Herder to the present*. Middletown: Wesleyan University Press.

Ikonen, S. 2011. Cassirer's critique of culture. *Synthese* 179(1):187–202.

Mormann, T. 2012. A virtual debate in exile: Cassirer and the Vienna Circle after 1933. In *Rudolf Carnap and the legacy of logical empiricism*, ed. R. Creath, 149–167. Dordrecht: Springer.

Neurath, O. 1931. *Empirische Soziologie*. Vienna: Springer.

Reichenbach, H. 1930. Zur Einführung. *Erkenntnis* 1:1–3.

Richardson, A.W. 1998. *Carnap's construction of the world: The Aufbau and the emergence of logical empiricism*. Cambridge: Cambridge University Press.

Rickert, H. 1929. *Die Grenzen der naturwissenschaftlichen Begriffsbildung: Eine logische Einleitung in die historischen Wissenschaften*. Tübingen: J. C. B. Mohr (Paul Siebeck).

Schlick, M. 1934. Philosophie und Naturwissenschaft. *Erkenntnis* 4:379–396.

Stadler, F. 2015. *The Vienna circle: Studies in the origins, development, and influence of logical empiricism*. Dordrecht: Springer.

Taylor, C. 1971. Interpretation and the sciences of man. *The Review of Metaphysics* 25(1): 3–51.

Tuboly, A. 2018. The constitution of *geistige Gegenstände* in Carnap's *Aufbau* and the importance of Hans Freyer. In *Logischer Empirismus und die deutsche Jugendbewegung*, ed. C. Damböck, G. Sandner, and M. Werner. Dordrecht: Springer.

Uebel, T. 2007. *Empiricism at the crossroads: The Vienna Circle's protocol-sentence debate*. Chicago: Open Court.

———. 2010. Opposition to *Verstehen* in orthodox logical empiricism. In *Historical perspectives on Erklären and Verstehen*, ed. U. Feest, 291–308. Dordrecht: Springer.

Windelband, W. 1904. Nach hundert Jahren. *Kant-Stud* 9(1–3): 5–20.

4

Rudolf Carnap: Philosoph der Neuen Sachlichkeit

Hans-Joachim Dahms

4.1 Einleitung

Der Wiener Kreis war – neben der Frankfurter Schule – diejenige deutschsprachige philosophische Gruppierung in der ersten Hälfte des 20. Jahrhunderts, die im engsten Kontakt zu den wichtigsten zeitgenössischen Kultur- und Kunstströmungen stand. Diese These habe ich, bezogen auf den Wiener Kreis und das Bauhaus in der Zeit des zweiten Bauhausdirektors Hannes Meyer – nicht unter seinem Vorgänger Walter Gropius und erst recht nicht in der Ära seines Nachfolgers Mies van der Rohe –, einmal vertreten (Dahms 2004).[1] Hier nun möchte ich die Frage an Rudolf Carnap exemplifizieren. Dabei fasse ich das Thema etwas weiter, weil jetzt sein Verhältnis nicht nur zum Bauhaus, sondern zu der gesamten Bewegung der Neuen Sachlichkeit zur Debatte steht. Wenn man seine komplizierten und schwierigen, mit logischen Formeln übersäten Texte liest, wird man nicht leicht auf die Idee kommen, dass dieser „Fugenschreiber der Logik" (ein Ausdruck von Franz Roh (1925, S. 16),[2] dem wichtigsten Theoretiker der Neuen Sachlichkeit) großes Interesse an

---

Für Hinweise, Anregungen und Kritik danke ich Christian Damböck, Christoph Limbeck-Lilienau und Brigitte Parakenings.
Rechtschreibung und Zeichensetzung in Zitaten wurden heutigen Gepflogenheiten angeglichen.

---

[1] Zur Diskussion der These siehe Abschnitt 4.4.

[2] Dort wird der Ausdruck zwar ohne namentliche Nennung eines Trägers verwandt. Aber wenn man an Rohs Freundschaft mit Carnap denkt und auch an den Umstand, dass er sonst keinen namhaften Logiker gekannt hat, dürfte klar sein, wer gemeint war.

H.-J. Dahms (✉)
Institute Vienna Circle, University of Vienna, Vienna, Österreich
E-Mail: hans-joachim.dahms@univie.ac.at

© The Author(s) 2021
C. Damböck, G. Wolters (eds.), *Der junge Carnap in historischem Kontext:
1918–1935 / Young Carnap in an Historical Context: 1918–1935,*
Veröffentlichungen des Instituts Wiener Kreis 30,
https://doi.org/10.1007/978-3-030-58251-7_4

zeitgenössischer Kunst und Kultur gehabt haben könnte und im intensiven Austausch mit Kunst- und Architekturtheoretikern und -kritikern stand.

Mein Beitrag hat folgenden Aufbau:

- Im ersten Teil werde ich beschreiben, wann und wo in seiner Vita als Schüler, Student und junger Wissenschaftler schon Beziehungen zu diesen Bereichen zu finden sind;
- im zweiten Teil wende ich mich der Frage zu, welche persönlichen Berührungspunkte er mit der Bewegung der Neuen Sachlichkeit der 1920er-Jahre und ihren Exponenten hatte;
- im dritten Teil schließlich wird besprochen, was seine Philosophie inhaltlich mit der Neuen Sachlichkeit zu tun hat.

4.2 Carnaps Vita und sein Verhältnis zu Kultur und Kunst

4.2.1 Während der Schulzeit

Carnap wuchs in einer pietistischen Textilfabrikantenfamilie im heutigen Wuppertal auf, die sich in dieser Gegend bis in das Jahr 1550 zurückverfolgen lässt.[3] Spätestens 1742 entschloss sich die Familie, das Sündenbabel Barmen (aus dem übrigens auch der Textilfabrikantensohn Friedrich Engels stammt) zu verlassen, um sich auf den Höhen der nahe gelegenen Siedlung Ronsdorf sozusagen ein neues Zion zu errichten (Goebel 1970, S. 9 ff.). Dort wurde 1826 Rudolf Carnaps Vater Johann Sebulon geboren.[4] Er musste wegen der damals noch weit verbreiteten Kinderarbeit die Elementarschule als Zehnjähriger verlassen, nahm aber abends nach der Arbeit Stunden in Schreiben, Geometrie und Zeichnen, und später sogar in Französisch. Er gründete eine Bandfabrik und arbeitete sich im Laufe der Zeit zu erheblichem Reichtum und auch zu großem Ansehen in seiner Heimatgemeinde und deren reformierter Kirche empor, in denen er jeweils jahrelang viele Ehrenämter versah.

Johann Sebulon war dreimal verheiratet und hatte aus diesen Ehen insgesamt 14 Kinder. In dritter Ehe hatte er Carnaps spätere Mutter Anna, geb. Dörpfeld, geheiratet, die nach dem Tod Johann Sebulons ihre beiden Kinder aufzog. Wie in vielen dieser Familien spielte neben einer soliden humanistischen Schulausbildung Hausmusik eine große Rolle; Carnap spielte ausweislich seines Tagebuchs noch in seiner Zeit in Buchenbach in den 1920er-Jahren Cello.[5] Er wurde auch sonst bei Besuchen

---

[3] Siehe dazu und zur Familiengeschichte Carnaps Goebel (1970, S. 9 ff.).

[4] Carnap hat ihn in Carnap (1963, S. 3) zu „Johann S." abgekürzt. Sebulon war einer der Söhne des biblischen Jakob und der Name eines der Stämme Israels. Die genannten Orte wurden (wie etwa auch Elberfeld, Vohwinkel, Cronenberg und Beyenburg) erst 1929 im Zuge der preußischen Gebietsreform zur Stadt Wuppertal vereinigt.

[5] Siehe dazu seine zahlreichen Tagebucheintragungen zwischen 1920 und 1926. Ich weiß nicht, ob und gegebenenfalls wann er das aufgegeben hat.

im Theater und Konzerthaus mit der Hochkultur vertraut. Sein Gesichtskreis erweiterte sich immer mehr durch eine erstaunliche Reiseaktivität und das Erlernen mehrerer Fremdsprachen.

Anna Carnap war Tochter eines bekannten Schulpädagogen (siehe Beeck 1975) und – das ist hier wichtiger – Schwester von Wilhelm Dörpfeld. Der war von der Ausbildung her eigentlich Architekt. Von dieser Expertise zeugte noch der Umstand, dass er nach dem Tode Johann Sebulons im Jahre 1898 und dem späteren Umzug der Familie nach Jena für seine Schwester dort eine Villa baute.[6] Berühmt wurde Dörpfeld aber als Archäologe. Als solcher half er Heinrich Schliemann bei der Ausgrabung von Troja, indem er wissenschaftliche und vor allem schonende Ausgrabungstechniken durchsetzte. Danach betätigte er sich bei den Ausgrabungen von Olympia und grub unter eigener Regie Mykene und Tiryns aus. Er wirkte dann viele Jahre als Leiter des Deutschen Archäologischen Instituts in Athen. Auf diese Sachverhalte hat schon André W. Carus (2007, S. 46) hingewiesen.[7] In seinen späten Jahren widmete sich Dörpfeld zunehmend der Aufgabe, die westgriechische Insel Levkas als das homerische Troja zu erweisen. Voraussetzung für diese These war natürlich, dass er die Dichtungen Homers nicht für bloße Mythen hielt, sondern für dichterisch überhöhte Berichte, die einen historischen Kern hätten. Für weitere Forschungen zu seiner – umstritten gebliebenen – Lieblingsidee legte er auch den Lehrauftrag an der Universität Jena nieder, den er als Honorarprofessor nach dem Ende des Ersten Weltkriegs erhalten hatte. Wegen seiner Verdienste erhielt Dörpfeld ein Dutzend Ehrendoktorhüte im In- und Ausland. Das humanistische Gymnasium in Wuppertal (das ich von 1957 bis 1966 besucht habe) ist wie die Deutsche Schule in Athen nach ihm benannt.

Warum erzähle ich das? Der junge Carnap wuchs in diesem Milieu zwischen Pietismus und Wissenschaft, humanistischer Bildung und aufsehenerregenden archäologischen Ausgrabungsresultaten auf. Schon als Schüler wurde er zweimal von „Onkel Wilhelm" nach Griechenland eingeladen, nämlich zuerst als 14-Jähriger nach seiner Konfirmation 1905 und dann noch einmal fünf Jahre später nach seinem Abitur. Damals gab es natürlich noch keine Flugzeugverbindungen. Man musste jeweils eine zweitägige Zugreise mit dem Orient-Express machen oder mit dem Zug nach Venedig oder ins italienische Brindisi fahren und von dort mit der Fähre nach Korfu, Igumenitsa, Patras und weiter nach Athen.[8] Beim ersten Mal scheint Carnap von einer größeren Delegation seiner Familie begleitet worden zu sein (Carus 2007, S. 46),[9] beim zweiten dann nicht mehr. Carnap hielt sich jeweils nicht nur in Athen auf, sondern besuchte auch die klassischen Stätten. Er stand Dörpfeld, der

---

[6] Sie ist auf der Frontseite des Bandes *Carnap Brought Home* (Awodey und Klein 2004) im Hintergrund hinter den Mitgliedern der Tagung zu sehen.

[7] Dort wird aber nicht erwähnt, dass es sich um zwei verschiedene Reisen handelte.

[8] Ich gehöre zu den Glücklichen, die als Schüler von der Wilhelm-Dörpfeld-Stiftung eine mehrwöchige Studienreise zu Dörpfelds Grab auf der Insel Levkas und dann weiter zu den klassischen Städten des griechischen Altertums wie Olympia, Sparta, Mykene, Tiryns, Korinth, Delphi, Athen und am Ende nach Kreta spendiert bekamen.

[9] Mit von der Partie war jedenfalls Carnaps ältere Schwester Agnes (siehe Göebel 1970, S. 14).

ihm höchstpersönlich die Höhepunkte Athens gezeigt hatte, sogar bei der Ausgrabung von Tiryns durch Mithilfe bei Vermessungsarbeiten zur Seite.[10] Zeitgenössische Fotos zeigen den jungen Carnap mit einer Meßlatte.[11]

Carnaps Freunde aus Studentenzeiten, Wilhelm Flitner und Franz Roh, schrieben ihm in den 1960er-Jahren eine Ansichtskarte, als sie zum ersten Mal in Athen waren, und erinnerten an Carnaps mehr als 50 Jahre früheren Aufenthalt.

4.2.2 Studentenjahre

Flitner und Roh kannten sich schon seit der Schulzeit in Weimar und begannen 1909 gemeinsam ihr Studium in München (Flitner 1986, S. 82, 99). Danach zog Flitner nach Jena und Roh nach Leipzig. Carnap kam 1909 zum Studium der Philosophie, Mathematik und Physik nach Jena. Zusammen wirkte er mit Flitner dann im Jenaer Sera-Kreis,[12] zu dem Roh häufiger aus Leipzig herüberkam. Der Kreis veranstaltete – oft im großen Haus der Familie Carnap – Lesungen, Diskussionen und Tanzabende. Darüber hinaus betrieb man extramurale Aktivitäten, wie alljährliche Sonnwendfeiern auf den Bergen oberhalb Jenas und Vorführungen von Theaterstücken in den Dörfern der Umgebung. Carnap übernahm bei solchen Gelegenheiten auch Hauptrollen wie etwa den Faust in einer volkstümlichen Fassung des Stoffes.[13]

Eine der prägenden Erfahrungen dürfte das gemeinsam vom Sera-Kreis und vom Deutschen Werkbund veranstaltete „Künstlerfest" am 7. Juni 1913 gewesen sein, das die Jahrestagung des Werkbunds in Leipzig begleitete (Werner 2003, S. 126–129). Es fand ca. 30 Kilometer nördlich von Jena auf den Wiesen unterhalb der Rudelsburg bei Bad Kösen statt.[14] Der Anstoß zu dieser gemeinsamen Veranstaltung ging offenbar auf den Jenaer Verleger Eugen Diederichs zurück. Dieser hatte 1907 zu den zwölf Unternehmern gehört, die zusammen mit zwölf Künstlern den Deutschen Werkbund gründeten. Es handelte sich um eine Vereinigung von Designern, Architekten, Industriellen und Verlegern, die sich einer Modernisierung der Architektur, des Designs und der Gebrauchskunst verschrieben hatte und bereits die

---

[10] Da Carnap erst 1908 Tagebücher geschrieben hat, liegt für die erste Reise kein Bericht vor. Siehe für die zweite Reise das Carnap-Tagebuch vom 24. März bis zum 3. Mai 1910; die Vermessungsarbeiten in Tiryns fanden vom 19. bis zum 21. April 1910 statt. Offenbar gibt es von dieser Reise auch einen noch nicht transkribierten ausführlicheren Text Carnaps.

[11] Abgedruckt z. B. in der Wiener-Kreis-Dokumentation von Christoph Limbeck-Lilienau (2015, S. 73).

[12] Siehe zur Heranbildung dieser Kerngruppe des Sera-Kreises Flitner (1986, S. 125 ff.), zu Carnap dort S. 126 f.

[13] Siehe dazu die Aufzeichnungen von Martha Hörmann, 15 und 18 in der Sera-Sammlung (ohne Signatur) im Carnap-Nachlass. Sie beziehen sich auf eine Aufführung in der zweiten Juni-Hälfte 1913. Das Tagebuch hat zwischen dem 5. Juni und dem 1. August 1913 eine Lücke.

[14] Siehe zum Ablauf dieser Veranstaltung das Diederichs-Zitat in Werner (2003, S. 127 f.).

„Sachlichkeit" der Formgebung und einen entsprechenden Funktionalismus propagierte. Diederichs betätigte sich auch als Ideengeber und Sponsor des Sera-Kreises.

Carnaps Tagebuch weist für diese Zeit im Jahre 1913 eine größere Lücke auf, so dass wir nicht über seine Aktionen und Eindrücke bei dem Fest unterrichtet sind. Aber in seinem Nachlass finden sich Aufzeichnungen anderer Teilnehmer, die sowohl einen guten Einblick in den Ablauf der Ereignisse gestatten als auch einen Eindruck von der Begeisterung, mit der die Teilnehmer sie begleiteten. Diesen Augenzeugenberichten zufolge begann das Künstlerfest mit einer Art Sternmarsch, bei dem aus verschiedenen Himmelsrichtungen Wandergruppen zum Festplatz zogen. Es folgten Vorführungen, von denen besonders der künstlerische Tanz von Clotilde van Derp hervorgehoben wurde. Als es schon Abend wurde, fuhren die Teilnehmer auf Flößen Saale-abwärts davon, wobei die verschiedenen Gruppen sich in einem Sängerwettstreit zu überbieten trachteten. Nur wenige beschlossen den Tag mit einer gemeinsamen Übernachtung auf der Rudelsburg, darunter aber Carnap und etwa ein Dutzend Sera-Kreis-Mitglieder beiderlei Geschlechts.[15] An dem Fest nahmen auch Studenten und Mitglieder des Lehrpersonals der Kunstgewerbeschule in Weimar teil, der Vorgängerinstitution des Bauhauses. Obwohl der Sera-Kreis offenbar eine unsichtbare Mauer um sich zog, dürfte seinen Mitgliedern klar geworden sein, dass man durchaus eines Geistes war. Das Ereignis wird Carnap und seinen Freunden deswegen schon die geistige Nähe der aktuellen Tendenzen in Philosophie und Wissenschaft mit denen im Neuen Bauen und im Design gezeigt haben und etwaige spätere Berührungsängste gar nicht erst aufkommen lassen haben.

Der Organisator des Festes, Eugen Diederichs, blickte nach dem Ende des Ersten Weltkriegs auf der ersten Friedens-Sonnenwendfeier des Kreises auf die Erlebnisse des Vorkriegsjahres 1913 zurück, die wohl die Höhepunkte des gesamten Vereinslebens markieren:

> Und zuletzt als Krone unserer Feste 1913 das gemeinsame Fest mit der Weimarer Kunstschule, das große Werkbundfest unterhalb der Rudelsburg mit seinen 1200 Teilnehmern und der Tanzkönigin, der göttlichen Clotilde. [...] Sera hatte sich entwickelt zu einem „Jena und Weimar", es war ein Bund der Jenaer Universität und der Weimarer Kunstschule durch gemeinsame Erlebnisse junger Menschen geworden.[16]

Carnaps Freund Franz Roh, übrigens ebenfalls aus einer Textilfabrikanten-Familie (in diesem Fall aus dem thüringischen Apolda) stammend, hatte ursprünglich Germanistik (und Philosophie) studieren wollen. Er hat sich offenbar vor allem unter dem Einfluss von Herman Nohl, einem in Jena tätigen Philosophie-Dozenten, Dilthey-Schüler und geistigen Anführer des Sera-Kreises (Carnap 1963; Flitner 1986), später Pädagogik-Professor in Göttingen (Ratzke 1987), dazu entschlossen,

---

[15] wie Anm. 14.

[16] Eugen Diederichs: „Gedächtnisrede", in: „Friedenssonnenwende ..." (1919). Zum Zug auf den Hohen Meißner, dem anderen prägenden Ereignis des Kreises in diesem Jahr, setzte er fort:

> Herbst 1913 zogen wir mit unserer soeben fertig gewordenen Fahne zum Hohen Meißner und weihten sie damit ein. So gehörte Sera mit zu dem gründenden Kreis der großen freideutschen Jugendbewegung.

sich der Kunstgeschichte zuzuwenden (Flitner 1986, S. 126 f.; Werner 2003, S. 297). So studierte er zunächst in Basel bei Ernst Heidrich. Nach dessen Soldatentod schon in den ersten Kriegstagen im November 1914 setzte Roh seine Ausbildung in München bei Heinrich Wölfflin fort. Nach seiner Promotion entwickelte sich Roh schnell zu einem engagiertesten Verfechter der modernen Kunst in der Weimarer Republik.

Die Verbindung zwischen Carnap und den Freunden, insbesondere mit Roh, blieb in der Zeit des Krieges bestehen und wurde danach mit vielen gegenseitigen Besuchen bis zur Emigration Carnaps in der Mitte der 1930er-Jahre in die USA immer wieder erneuert. Bei der ersten Reise Carnaps in sein früheres Heimatland 1964 trafen sie sich ein letztes Mal im österreichischen Alpbach, nicht lange vor dem Tod Rohs am 30. Dezember 1965.

4.3 Carnap und die Neue Sachlichkeit

Während die Kontakte zwischen Carnap, Flitner und Roh in den Jahren des Ersten Weltkriegs nur durch Feldpostbriefe – und gelegentliche Treffen zwischen Carnap und Flitner hinter der Westfront – aufrechterhalten werden konnten,[17] intensivierten sie sich danach wieder. Carnap lud nach seinem Umzug in sein neues Domizil in Buchenbach bei Freiburg mehr als einmal zu Diskussionen ein, etwa über Themen wie das System der Wissenschaften (Dahms 2016). Das scheint ein Ausgangspunkt zu seinem *Logischen Aufbau der Welt* gewesen zu sein, bei dem er die Freunde nicht ganz uneigennützig als intellektuelle Sparringspartner benutzte. Offenbar scheint er aber mit deren mangelndem Hintergrund in Logik und Erkenntnistheorie auf die Dauer nicht zufrieden gewesen zu sein. Deswegen suchte er sich – beginnend mit der Erlanger Konferenz von 1923 (Thiel 1993) – neue Gesprächspartner, die – wie Hans Reichenbach und Kurt Lewin – übrigens meistens ebenfalls aus dem Umkreis der Jugendbewegung vor dem Ersten Weltkrieg stammten.

Währenddessen profilierte sich Roh, der inzwischen bei Wölfflin über holländische Landschaftsmalerei promoviert worden war (Roh 1921), zum anfänglichen Missbehagen seines Doktorvaters als Kritiker und Chronist der aktuellen Malerei-Szene (und zwar nicht nur der Weimarer Republik, sondern auch des Auslands). In München hielt er engen Kontakt zu den Ausstellungshäusern, die sich für moderne Kunst interessierten (Roh 1962, S. 95), nämlich Caspari, Goltz und Thannhauser, und lernte auf deren Veranstaltungen und Ausstellungen auch eine Vielzahl von modernen Künstlern persönlich kennen. Daraus gingen oft Besprechungen hervor, die in Zeitschriften wie dem *Cicerone* oder dem *Kunstblatt* gut nachzuverfolgen sind.

---

[17] Carnap-Tagebücher vom Mai bis August 1916, passim; zu den zahlreichen Themen, die die beiden bei ihren Treffen in der Nähe von Verdun diskutierten, gehörte insbesondere die Goethesche Farbenlehre, die sich Carnap hatte zusenden lassen. Siehe zu diesen Kontakten auch Flitner (1986, S. 206).

4.3.1 Die Mannheimer Ausstellung „Die Neue Sachlichkeit" von 1925

Eine dieser Ausstellungen ist besonders erwähnenswert, weil dort eine Münchener Künstlergruppe vorgestellt werden sollte, die aus Georg Schrimpf, Alexander Kanoldt, Carlo Mense und anderen Künstlern des später so genannten rechten Flügels der Neuen Sachlichkeit bestand (Georg Grosz vom später so genannten linken Flügel war allerdings auch bereits vertreten). Die Werke dieser Münchener Künstler zeigen häufig Landschaften, Architektur, Stillleben, Porträts etc., vermeiden aber meist die Schattenseiten des täglichen Lebens, vor allem in der Großstadt mit dem ganzen Elend der Nachkriegszeit des Ersten Weltkriegs – mit Kriegskrüppeln, Bettlern, Prostituierten etc. einerseits und einer herrschenden Klasse aus Kapitalisten, Juristen und Pfaffen andererseits –, ein Szenario, das vom so genannten linken Flügel der Neuen Sachlichkeit in seinen Gemälden sehr wohl beschrieben und angeprangert wurde.

Angesichts von Rohs Expertise ist es nicht weiter verwunderlich, dass der Mannheimer Museumsdirektor Gustav Hartlaub 1925 Roh kontaktierte, als er daran ging, die von ihm schon seit 1923 geplante, aber wegen der Nachkriegswirren verschobene, Ausstellung „Neue Sachlichkeit" nun endlich in die Tat umzusetzen. Diese Zusammenarbeit hatte sich schon vorher bei einer Ausstellung von Bildern des Münchener Malers Ernst Haider in Mannheim bewährt. Wie der Briefwechsel zwischen Hartlaub und Roh zeigt, half Roh nicht nur mit einer Liste von neusachlichen Künstlern, wie er bescheiden schrieb,[18] sondern auch mit Fotos von deren Werken und mit der Anbahnung von Kontakten zu den Künstlern, von denen Hartlaub nur wenige kannte.

Hartlaub schrieb u. a. an Roh:

Sehr geehrter Herr Dr. Roh!

Im Begriffe eine lange Auslandsreise anzutreten, möchte ich Ihnen noch schnell sagen, dass ich bei meinem letzten Aufenthalt im München – Sie waren leider noch abwesend – die Ausstellung nachexpressionistischer Malerei mit verschiedenen Künstlern, die schon durch Sie unterrichtet waren, besprochen habe. Es wurde vereinbart, die Ausstellung in diesem Sommer und zwar mit dem Eröffnungstermin 7. Juni zu veranstalten. Entsprechende Rundschreiben versende ich jetzt und werde nach meiner Rückkehr noch durch einige Reisen persönlich auswählen. Sie möchte ich noch herzlich bitten, uns in München bei der Zusammenstellung des Materials durch Beratung der Künstler etc. behilflich zu sein. Ich werde selbstverständlich im Katalogvorwort darauf hinweisen, dass die Idee dieser Ausstellung von uns gemeinsam gefasst worden ist und dass Sie uns bei der Zusammenstellung der Münchner Materials entscheidende Dienste geleistet haben.

Hoffentlich geht es Ihnen gesundheitlich wieder normal

Mit freundlichen Grüßen bin ich

---

[18] Siehe seine Erinnerung an diesen Sachverhalt in Roh (1925, S. 134). Sein Anteil an der Vorbereitung der Ausstellung wird dort heruntergespielt.

Ihr ergebener

H.[19]

Hartlaub hat nur einen kurzen Einladungstext zur Ausstellung verfasst, in dem er das Auftauchen einer neuen Strömung gegenständlicher Kunst (nach Impressionismus und Expressionismus) thematisierte und auch deren verschiedene Unterarten unterschied, wie die eher neoklassizistische und von italienischen Vorbildern (wie den Valori Plastici um Carrá und de Chirico) und häufigen Aufenthalten dort geprägte Richtung der Münchener (von ihm der „rechte Flügel" genannt) und die Veristen um Grosz, Dix, Scholz und Hubbuch (von Hartlaub der „linke Flügel" genannt).

In seinen Einladungsbriefen an die Künstler und Museumsleute liest sich das so:

Sehr geehrter Herr Rössing!

Schon lange plant die städtische Kunsthalle, in einer umfassenden Ausstellung diejenigen deutschen Maler zusammenzufassen, die nach Überwindung der expressionistischen Art zu einer kompositionell gebundenen, zugleich aber doch wieder gegenständlichen Darstellungsweise streben. Dabei kommen sowohl die mehr „veristisch" gerichteten, als auch die mehr im idealen Sinne gestaltenden Künstler in Frage. Nach Rücksprache mit einer Reihe von Malern ist beschlossen worden, die Ausstellung im Sommer ds. Js. stattfinden zu lassen. Die Eröffnung soll am 7. Juni stattfinden, die Ausstellung soll bis Mitte September dauern. Letzter Einsendungstermin ist der 25. Mai.[20]

4.3.2   Rohs Buch Nach-Expressionismus und die Folgen

Roh ging die Sache etwas anders und auch grundsätzlicher an: Er publizierte – wegen verzögert eingetroffener Fotos von Bildern einiger Maler leider erst nach dem Ende der Ausstellung – im Dezember 1925 sein Buch Nach-Expressionismus. Dieses Werk wurde sozusagen die Bibel der neuen Kunstrichtung. Zu seiner Verbreitung in dieser Funktion trug bei, dass es bei den weiteren Stationen der Ausstellung in Dresden, Chemnitz und schließlich in Dessau mit einer Binde versehen zum Verkauf auslag, auf der der einprägsame Titel der Mannheimer Ausstellung prangte: „Neue Sachlichkeit".

Der Text fasste die neueste Kunstentwicklung zunächst weiter, wenn Roh – seinem Selbstverständnis eines Chronisten und Begleiters der neuen Kunst entsprechend – auch die Abstrakten und Konstruktivisten sowie etwa Max Beckmann als einen nicht eindeutig einem Flügel der Neuen Sachlichkeit zuordenbaren Künstler einbezog. Die französischen und spanischen Surrealisten werden dort im laufenden Text zwar immer wieder erwähnt, aber nicht in einem eigenen Kapitel thematisiert.

---

[19] Hartlaub an Roh, 27. März 1925 (Durchschlag), in: Archiv der Kunsthalle Mannheim.

[20] Hartlaub an Karl Rössing (Kunstgewerbeschule Essen), o. D., in: Archiv der Kunsthalle Mannheim.

Das liegt allerdings nicht daran, dass Roh sie wegen eines auf die eigene Nation eingeschränkten Blickwinkels hätte links liegen lassen. Im Gegenteil wies er in seinem Buch immer wieder auf parallele Entwicklungen in Europa hin: Viele der von ihm aufgelisteten Maler sind aus Ländern außerhalb des europäischen Auslands.

Von besonderem Interesse ist das letzte Kapitel von Rohs Buch, in dem er auf im Gange befindliche „Umstellungen auf anderen Gebieten" (wie der Architektur, der Literatur, der Musik etc.) hinwies bzw. diese mit seinen Bemerkungen manchmal sogar erst anstieß. Er erwähnte dort das Bauhaus für die Architektur, Franz Werfel, Carl Sternheim und Heinrich Mann für die Literatur, Arnold Schönberg (in seiner nachexpressionistischen Phase) und Igor Strawinsky in der ernsten sowie den Jazz in der populären Musik.

Am Ende des Kapitels findet sich ein – allerdings weniger detailliert ausgearbeiteter – Abschnitt über Wissenschaft und Philosophie. Roh beginnt diesen Abschnitt mit der ja ganz unbestreitbaren Feststellung: „Mit dem Expressionismus war auch Wissenschaftsverachtung verbunden gewesen", und setzt etwas mysteriös fort: „Oder man hatte – gerade unter der Jugend – einer Scholastik oder einer Mystik im scheinwissenschaftlichen Sinne angehangen" (Roh 1925, S. 114). Hier zeichne sich nun ein Wandel ab:

> Auf eine geschlossene Reihe von Schriften gegen die Wissenschaft beginnen sich – unter der gleichen Jugend – wieder Verteidiger hervorzuwagen […] Man kann hier beinah eine neue „Aufklärung" konstatieren. Ebenso hat der gesamte Maschinenkult, wie er gerade unter den Künstlern herrscht, mindestens eine rationale Seite, so sehr er auch anders verstanden werden kann. (Roh 1925, S. 114)

Es fällt auf, dass Roh nicht nur eine Spaltung der Jugend konstatiert, sondern auch eine Spaltung zwischen der älteren Generation und eben dieser Jugend, wenn es um die Bewertung maßgeblicher Tendenzen des nicht lange zurückliegenden 19. Jahrhunderts geht:

> [während] die Älteren beim 19. Jahrhundert dessen Rationalismus und Technizismus bekämpfen, die Jungen im 19. Jahrhundert aber gerade die Romantik, die Sentimentalität, den Triebirrationalismus samt seiner „Lebensphilosophie", das unutopistische oder unkonstruktive Empfinden hassen. (Roh 1925, S. 115)

Roh nennt hier, anders als in den oben genannten Abschnitten, nicht Ross und Reiter. Ohne Kenntnis des geistigen und organisatorischen Zusammenhanges, in dem er selbst in der Jugendbewegung gestanden hatte, sind seine Bemerkungen kaum zu entschlüsseln. Wenn man diesen Kontext einbezieht, lässt eine Absage an die Lebensphilosophie hier jedenfalls aufhorchen. Denn diese hatte in Rohs geistiger Umgebung (wie dem Jenaer Sera-Kreis) wegen des großen Einflusses von Herman Nohl eine besondere Rolle gespielt. Wie Rohs Schriftwechsel mit Wilhelm Flitner zeigt, der nach wie vor im Banne der Lebensphilosophie stand, wird sein Bestreben deutlich, ihn von dieser Weltanschauung abzubringen und zur rationaleren Weltauffassung Rudolf Carnaps hinzuführen.

Eine wichtige Stelle in Rohs Abschnitt über Wissenschaft und Philosophie ist einerseits auf den ersten Blick etwas rätselhaft, andererseits bei Einbeziehung des Hintergrundes doch wieder bezeichnend:

> Es ist möglich, daß die neue Kunst sogar in unterirdischem Zusammenhange mit der neuesten Physik steht, nämlich mit ihrer Grundlage der „starren Vierdimensionalität", mit der diese neue Physik alles Dynamische ausrottet und alle Geschehen in Zustände zerlegen will. (Roh 1925, S. 116)

Wahrscheinlich verdankt sich diese Bemerkung Diskussionen, die Roh mit Rudolf Carnap während der Abfassung von *Nach-Expressionismus* in Carnaps Haus in Buchenbach bei Freiburg hatte. Carnap kannte sich ja nicht nur gut in der neuesten Physik aus, sondern hatte in seiner 1921 in Jena eingereichten Dissertation „Der Raum" (Carnap 1922) auch Probleme der Relativitätstheorie behandelt.

Es ist insofern nicht erstaunlich, dass Carnap aufgefordert wurde, zur Klärung beizutragen, als Rohs erst wenige Tage vorher erschienenes Buch im Kreise von Freunden und Bekannten bei einem Skiurlaub in der Nähe von Davos beim Jahreswechsel 1925/226 auszugsweise vorgelesen und diskutiert wurde.[21] Zu dieser Runde gehörte Siegfried Giedion, der Architekturhistoriker, -theoretiker und -organisator, und László Moholy-Nagy, der konstruktivistische Maler und Kunsttheoretiker, der 1923 am Bauhaus die Durchführung des obligatorischen Vorkurses übernommen hatte. Davon schreibt Carnap, als er sich bei Roh nach der Rückkehr aus diesen Ferien für die Übersendung des Buchs bedankt:

> Lieber Franz!

> Endlich soll Dir für dein Buch Dank gesagt werden. Oft hab ich mir schon die Bilder angesehen, auch verschiedene Kapitel gelesen, freilich sehr mit Auswahl, immerhin in einem größeren Bruchteil, als Du später meiner „Konstitutionstheorie" die Ehre geben wirst. In Glaris haben wir auch mal zusammen ein Kapitel vorgelesen; da kam der Vergleich mit Einstein vor; darüber sollte ich dann immer mal referieren, wir kamen aber nicht mehr dazu.[22]

Die erwähnte angebliche Analogie zwischen der neuesten Physik und der neusachlichen *Malerei* konnte damals also nicht geklärt werden. Sie hat die Anwesenden aber später noch ausführlich beschäftigt. Die Diskussion dürfte einer der Gründe gewesen sein, warum Giedion sein erst viel später erschienenes, aber wesentlich früher begonnenes berühmtes *architektur*theoretisches Hauptwerk *Space, Time and Architecture* (Giedion 1941) schon im Titel in den Zusammenhang der neuen Physik gestellt hat.

---

[21] Auch im folgenden Jahr traf sich Carnap mit Moholy-Nagy und dessen Frau Lucia, der bekannten Fotografin, zum Skifahren und zu ausführlichen abendlichen Gesprächen; siehe das Carnap-Tagebuch vom 30. Januar 1927 ff.

[22] Carnap (Buchenbach) an Roh, 2. Februar 1926. Mit „Konstitutionstheorie" ist übrigens Carnaps in Wien eingereichte Habilitationsschrift gemeint, die dann 1928 als *Der logische Aufbau der Welt* erschien. Moritz Schlick, der Gründer des Wiener Kreises, hatte Carnap von dem zu akademisch klingenden und zudem eventuell zu Verwechslungen mit Konstitutionstheorien in der Psychologie führenden Titel abgeraten.

Darauf von Erich Mendelsohn angeschrieben, den Giedion stets nach Kräften aus der internationalen Gemeinde moderner Architekten herausgehalten hatte, hat Albert Einstein übrigens nur mit einem Spottgedicht geantwortet:

Lieber Herr Mendelsohn:

Die mir eingesandte Stelle aus dem Buch über Space, Time and Architecture hat mich zu folgender Antwort angeregt:

Nicht schwer ist's Neues auszusagen

Wenn jeden Blödsinn man will wagen.

Doch selt'ner füget sich dabei

Dass Neues auch vernünftig sei![23]

Ich erwähne diese Geschichte hier nicht wegen ihres anekdotischen Wertes, sondern weil sich dahinter ein grundsätzlicheres Problem verbirgt. Sobald sich nämlich Kulturschaffende aus ganz anderen Gebieten für (gelegentlich auch nur imaginierte) Parallelen ihres Schaffens mit komplizierten wissenschaftlichen und philosophischen Theorien zu interessieren beginnen, kommt es unweigerlich zu Verkürzungen, Übertreibungen und auch Verdrehungen und Missverständnissen.

Ich finde es erstaunlich, wie sich trotzdem immer wieder schöpferische Impulse aus solchen Begegnungen ergeben. Man denke etwa an den am 5. Dezember 2012 (im Alter von 104 Jahren!) gestorbenen brasilianischen Architekten Oscar Niemeyer, der öfters an prominenten Stellen seiner Veröffentlichungen die Parallelen zwischen den Kurven seiner heimatlichen Umgebung in Rio de Janeiro und dem gekrümmten Universum Einsteins betont hat:

Es ist nicht der rechte Winkel, der mich anzieht, noch die gerade Linie, hart, unflexibel, durch den Menschen geschaffen. Was mich anzieht, ist die freie und sinnliche Kurve, die Kurve, der ich in den Bergen meines Landes begegne, dem gewundenen Lauf seiner Flüsse, den Wellen des Meeres, dem Körper der geliebten Frau. Aus Kurven besteht das ganze Universum, das gekrümmte Universum Einsteins. (Niemeyer 1998, S. 9 und 2005, S. 339; meine Übersetzung)

Mit diesen Ideen im Hintergrund ist Niemeyer ja tatsächlich zu einer mehr geschwungenen architektonischen Formensprache aufgebrochen, die den Architekturkubismus des internationalen Neuen Bauens hinter sich ließ; man denke an die Bauten seiner Parkanlage in Pampulha, danach in größerem Maßstab in Brasília, in Niterói und in São Paulo und zuletzt noch im Jahre 2011 in Avilés (Asturien).[24]

---

[23] Siehe auch den Abdruck des Gedichts in Georgiadis (1989, S. 139).

[24] Es handelt sich dabei allerdings durchweg um einzeln stehende Erholungs-, Repräsentations- und Regierungsgebäude. Auffällig ist, dass die Bürobauten für die meisten Ministerien in Brasília dem rechten Winkel und der geraden Linie folgen. Die Hunderte von Schulen, die Niemeyer konzipiert hat, sind – wegen der angestrebten Erweiterbarkeit – nicht nur Beispiele des rechtwinkligen Baukubismus, sondern sogar für den Plattenbau.

Gehen wir wieder zu Carnap und seinem Interesse für moderne Kunst und besonders Architektur zurück! Er behielt dieses Interesse nach der Begegnung mit Giedion und Moholy-Nagy nicht nur bei, sondern intensivierte es noch. So besuchte er etwa die Internationale Ausstellung für Gesundheit, soziale Fürsorge und Leibesübungen („Gesolei") im Sommer 1926 in Düsseldorf.[25] Die Ausstellung im österreichischen Pavillon hatte dabei Otto Neurath ausgestattet. An deren Rand hatte er den Maler und Graphiker Gerd Arntz kennengelernt, der bei der Erfindung der Neurathschen Bildstatistik nach Wiener Methode eine entscheidende Rolle spielen sollte. Im folgenden Jahr besuchte Carnap die Stuttgarter Weißenhofsiedlung des Deutschen Werkbundes von 1927. Bei dieser bahnbrechenden Ausstellung moderner Wohnbau-Architektur war alles zugegen, was in Europa im Neuen Bauen Rang und Namen hatte.[26] Carnap schrieb an Roh, dass er nach Stuttgart kommen wolle, „sowohl um Euch zu treffen, als um der Ausstellung willen, die mir sehr am Herzen liegt",[27] hat dann aber offenbar nur eine Woche vor Schluss der Ausstellung (am 23. Oktober) zusammen mit seiner Frau Elisabeth die Häuserkolonie besuchen können, ohne dort aber die Rohs zu treffen,[28] die schon früher dorthin gefahren waren. Carnaps Tagebuch enthält den folgenden Eintrag:

> Sa 15 [1927, Verf.] Zur Siedlung „Weißenhof", die Bauten der Werkbundausstellung. Das große Haus von Mies van der Rohe mit vielen Einzelwohnungen gefällt uns gut. Corbusier entsetzt Elisabeth wegen der Form und der trüben Farben.[29]

Im Jahr danach machte er in einer Passage des Vorworts zum *Logischen Aufbau der Welt* sein Interesse am Neuen Bauen auch öffentlich, als er Parallelen zur wissenschaftlichen Weltauffassung zog. Damit outete er sich damit in den Augen der Gegner solch progressiver Tendenzen als „Kulturbolschewist". Sein Engagement zeigte sich dann weiter bei seinen Vorträgen am Bauhaus im Oktober 1929 in der Ära des (mittleren – nach Gropius und vor van der Rohe) Schweizer Bauhaus-Direktors Hannes Meyer, über die ich – nach einer ersten Veröffentlichung von Peter Galison zu diesem Thema – an anderer Stelle berichtet habe.[30] Dabei habe ich die These vertreten, dass der Wiener Kreis in der Ära Meyer der wichtigste Bezugspunkt der Bauhäusler in der Philosophie gewesen ist. Da diese These neuerdings von Peter Bernhard (2015) bestritten worden ist, sind hier ein paar Klarstellungen am Platze. Bernhard deutet etwa die Abwesenheit Meyers bei den ersten Vorträgen Carnaps als ein Zeichen von Desinteresse, wenn er schreibt: „Es lässt sich noch

---

[25] Carnap-Tagebuch vom 24. September 1926.

[26] Siehe dazu Kirsch (1987).

[27] Carnap an Roh, 6. September 1927.

[28] Das Bedauern darüber kommt zum Ausdruck in: Carnap an Roh, 20. Oktober und 08. November 1927.

[29] Aus dieser Bemerkung wird nicht deutlich, welches der beiden Häuser Corbusiers auf der Ausstellung gemeint war. Siehe für eine ausführliche Beschreibung Kirsch (1987, S. 112–130).

[30] Siehe Dahms (2004) mit einer vollständigen Liste der von Wiener-Kreis-Mitgliedern in der Ära Meyer am Bauhaus gehaltenen Vorträge und der Kommentierung einiger davon. Vgl. davor Galison (1990) und ausführlicher Bernhard (2021) in diesem Band.

nicht einmal eine besondere Präferenz für diese Richtung [den Neopositivismus, Verf.] ausmachen" (Bernhard, 167). Das ist irreführend: Meyer war in diesen Tagen beim ersten öffentlichen Kongress der CIAM in Frankfurt am Main, bei dem das Thema „Die Wohnung für das Existenzminimum" verhandelt wurde, das ihm sehr am Herzen lag.[31] Der Umstand, dass in der Ära Meyer auch einige wenige andere Philosophen am Bauhaus vorgetragen haben, kann die These ebenfalls nicht entkräften: Aus Meyers Briefen an Josef Frank (und Otto Neurath) einerseits und an den Leipziger Karlfried von Dürckheim andererseits wird klar, dass er sich dem Wiener Kreis geistig näher stehend fühlte als etwa den Angehörigen der Leipziger Schule um Felix Krüger und Hans Freyer,[32] die dann anschließend unter der Direktorenschaft Mies van der Rohes das wissenschaftlich-philosophische Begleitprogramm mehrheitlich bestimmten.[33]

Später in den USA hielt Carnaps Begeisterung für die Kulturmoderne und die Abneigung gegen rückwärts gewandte geistige und vor allem auch architektonische Strömungen an. Zwar kam es im Herbst 1935 aus finanziellen Gründen nicht zu einer von Carnap angeregten Vortragsreise in die USA, wo er offenbar auch Vorlesungen über „contemporary philosophy and culture" hatte anbieten wollen. Die Informationen, die Ernest Nagel bei Sidney Hook darüber eingezogen hatte und an Carnap weiterleitete, sind bezeichnend, weil sie eine ähnliche politische und kulturelle Situation in den USA schildern, wie Carnap sie schon seit dem Ende der 1920er-Jahre in Mitteleuropa vorgefunden hatte:

> Tell Carnap that universities throughout the U. S. are becoming politically more reactionary daily and to exclude from his prospectus anything which some dumb conservative – who ,feel' these things – might regard as cultural Bolshevism.

Deshalb riet Nagel ihm:

> IN THE LIGHT OF THESE REMARKS. PERHAPS IT WOULD BE WISER IF YOU REPLACED THE LECTURE ON THE RELATION BETWEEN CONTEMPORARY PHILOSOPHY AND CULTURE BY SOMETHING LESS FULL OF DYNAMITE.[34]

Schließlich dann ein Jahr später doch glücklich in seinem Exilland angekommen, machte er sich in seiner „Intellectual Autobiography" (Carnap 1963) über die neogotische Architektur auf dem Campus der University of Chicago lustig, die ihm zur metaphysischen Denkungsart seiner philosophischen Widersacher dort zu passen schien.[35] Andererseits trug er zur Etablierung von Moholy-Nagys „New Bauhaus" in Chicago bei.[36] Carnap mobilisierte auch Charles Morris, den Experten der Semiotik und Mitherausgeber bei der *International Encyclopedia of Unified Sci-*

---

[31] Siehe zu diesem CIAM-Kongress Dahms (2003, S. 86–106).

[32] Vgl. die Briefe an Graf Dürckheim und Josef Frank in Meyer (1980, S. 75–77).

[33] Siehe dazu Dahms (2002).

[34] Nagel an Carnap, 05.01.1935 (RC 029-05-16); siehe dazu auch Limbeck-Lilienau (2010), S. 130 f.

[35] Carnap (1963, S. 42).

[36] Siehe Findeli (1995).

ence, sowie weitere Kollegen von der University of Chicago wie Ralph Gerard und Carl Eckardt für eine Zusammenarbeit mit Moholy-Nagys „New Bauhaus" (Findeli 1995, S. 49). Er selbst beteiligte sich an der Serie von Abendveranstaltungen im Frühjahrssemester und hielt in diesem Rahmen einen Vortrag mit dem Titel „The Task of Science", in dem er die Thesen aus seinem Vortrag „Wissenschaft und Leben" am Dessauer Bauhaus im Oktober 1929 variierte und mit Beispielen aus seiner neuen Umgebung anreicherte (Findeli 1995, S. 64).[37]

Carnap traf sich 1939 in Harvard auch mit Giedion, der ein Angebot Moholy-Nagys zur Mitarbeit in Chicago abgelehnt hatte, um dessen Pläne für ein Institut für vergleichende Kulturforschung zu besprechen. Aufgabe des Instituts sollte es sein, die von Giedion so genannte „Methodengleiche" zu untersuchen, also bewusste und vor allem unbewusste synchrone Parallelen zwischen auseinanderliegenden Kultur- und eben auch Wissenschafts- und Philosophiebereichen.[38] Aus diesen Plänen ist, nicht zuletzt wegen des Ausbruchs des Zweiten Weltkriegs, nichts mehr geworden. Und danach zog es Giedion vor, wieder nach Europa zurück zu kehren. Das Projekt war inzwischen begraben.

Die Frage, die sich hier stellt, ist in der Tat die, wie Carnaps Philosophie sich in den Kontext der Kunst und Kultur seiner Zeit einordnet, ob und gegebenenfalls welche „Methodengleiche" etwa zwischen Malerei, Architektur, Literatur, Musik einerseits und der Carnapschen Philosophie andererseits besteht. Denn mögen die geschilderten persönlichen Kontakte und Bezugspunkte zu wichtigen Repräsentanten der Neuen Sachlichkeit so eng gewesen sein, wie sie wollen: Gibt es auch inhaltliche Parallelen? Meine These ist die, dass, während Roh einer der „Erfinder" der Neuen Sachlichkeit und ihr wichtigster Theoretiker ist und Giedion deren geistiger Sachwalter in der Architektur, Carnap die entsprechende Rolle in der Philosophie einnimmt.

4.4 Carnap und die Neue Sachlichkeit

Im oben erwähnten Vorwort zum *Logischen Aufbau der Welt* heißt es ja immerhin:

> Wir spüren eine innere Verwandtschaft der Haltung, die unserer philosophischen Arbeit zu Grunde liegt, mit der geistigen Haltung, die sich gegenwärtig auf ganz anderen Lebensgebieten auswirkt; wir spüren diese Haltung in Strömungen der Kunst, besonders der Architektur, und in den Bewegungen, die sich um eine sinnvolle Gestaltung des menschlichen Lebens bemühen: des persönlichen und gemeinschaftlichen Lebens, der Erziehung, der äußeren Ordnungen im Großen. Hier überall spüren wir dieselbe Grundhaltung, denselben Stil des Denkens und Schaffens. Es ist die Gesinnung, die überall auf Klarheit geht und doch dabei die nie ganz durchschaubare Verflechtung des Lebens anerkennt, die auf Sorgfalt in der Einzelgestaltung geht und zugleich auf Großlinigkeit im ganzen, auf Verbunden-

---

[37] Zum 4-seitigen Manuskript des Chicagoer Vortrags siehe RC-110-08-21.

[38] Giedion-Nachlass: Institute for Contemporary History, Project o. D. (1941?) Archiv-Nr. 43-S-8-6.

heit der Menschen und zugleich auf freie Entfaltung des Einzelnen. Der Glaube, dass dieser Gesinnung die Zukunft gehört, trägt unsere Arbeit. (Carnap 1928, Vorwort XX)

Von dieser Passage und anderen Äußerungen des Wiener Kreises ausgehend soll versucht werden, einmal die wichtigsten Merkmale der Neuen Sachlichkeit zusammenzustellen.

4.4.1 Charakteristiken der Neuen Sachlichkeit

Herbert Feigl hat schon nach seinen Vorträgen am Bauhaus im Sommer 1929 – also noch vor Carnaps Vorträgen im Oktober des Jahres – einen ersten Versuch unternommen, einige Charakteristika der neuen Denkweise anzugeben. In einem enthusiastischen Brief an seinen Doktorvater Moritz Schlick werden die Gemeinsamkeiten zwischen der Lehre des Wiener Kreises und der Haltung des Bauhauses auf einen folgenden Nenner gebracht:

> Der neue Geist der Architektur ist ja, wie schon Carnap oft hervorhob, dem der neuen Philosophie sehr verwandt: der Kampf gegen die überflüssigen Wesenheiten (sentimental-kitschige Zieraten), die Nüchternheit, Sachlichkeit, Geradlinigkeit, Zweckangepaßtheit des neuen Bauens ist ja ausgesprochen positivistisch. Charakteristisch übrigens, dass Wittgensteins Bauideen im idealen Programm wenigstens mit den neuen Dessauer Prinzipien übereinstimmen. – Auch will man dort den Künstler-Individualismus zugunsten der Kollektivarbeit am sozial-Notwendigen nach Möglichkeit weitgehend überwinden. (So wie es auch in unserem philosophischen Kreis Kollektivarbeit gibt!). Und so wie bei uns jeder eine Einzelwissenschaft beherrscht, muss dort jeder Architekt ein Handwerk können. (Feigl an Schlick, 29.07.1929)

Diese Zusammenstellung kann man um einige Merkmale erweitern. Dann erhält man etwa folgende Liste von Charakteristika am Schnittpunkt von Wiener Kreis und Neuer Sachlichkeit:

- Konzentration auf Funktion und Struktur,
- Vermeidung des Beiläufigen, Ornamentalen,
- Reduzierung bzw. Ausschaltung des Emotionalen: Antipsychologismus,
- Zurückdrängung des Individuellen, Betonung des Kollektivs,
- Anti-Traditionalismus und forcierter Gegenwartsbezug,
- Internationalismus.

Diese Prinzipien sind hier sozusagen in absteigendem Grade der Verbindlichkeit angeordnet. Außerdem ist daran zu denken, dass nicht alle diese Charakteristika jeweils gleichzeitig auf allen hier diskutierten Gebieten (Malerei, Architektur, Philosophie) auftreten, bzw. nicht in gleicher Intensität. Insofern bezeichnet der Terminus „Neue Sachlichkeit" ein Gebilde, das man sich nicht durch *genus proximum* und *differentia specifica* (wie in der traditionellen Definitionslehre) abgegrenzt denken muss, sondern eher durch den Wittgensteinschen Begriff der Familienähnlichkeit.

Funktionalismus und Kampf gegen das Ornament

Die beiden erstgenannten und wichtigsten Prinzipien sind schon älteren Datums. Man denke an Louis Sullivans Dictum „Form follows function" und Adoph Loos' Ausspruch vom „Ornament als Verbrechen". Es handelt sich also bei ihrem Auftauchen in den 1920er-Jahren nicht um neue Prinzipien, sondern um ihre Anwendung auf die Umstände dieser Jahre sowie um ihre Kombination, die das Profil der Neuen Sachlichkeit ausmachen. Inhaltlich sind sie sozusagen korrelativ: Was keine Funktion hat, steht als bloßes Ornament dem Zweck der Sache entgegen und ist deswegen zu vermeiden bzw. abzuschaffen. Es ist nützlich, sich noch einmal die klassischen Formulierungen zu vergegenwärtigen.

Zunächst die positive Seite: In dieser Hinsicht wird die Neue Sachlichkeit durch die Verpflichtung auf den *Funktionalismus* ausgezeichnet. Dabei ist zu beachten, dass damit mehr gemeint ist als nur die Ansicht, ein Artefakt wie z. B. ein Werk der Architektur müsse *auch* funktionellen Ansprüchen genügen. Das ist bei Bauten nämlich schon mehr oder weniger so durchweg der Fall, dass es geradezu schwerfällt, in der Architekturgeschichte Bauten nachzuweisen, bei denen darauf verzichtet bzw. sogar bewusst dagegen verstoßen wurde, irgendeine Funktion zu ermöglichen.[39] Insofern ist es auch kein Zufall, wenn schon die erste überlieferte architekturtheoretische Schrift, Vitruvs *De Architectura*, die Funktion (*utilitas*) als eines von mehreren Kriterien bzw. Zielen des Bauens – neben der Haltbarkeit (*firmitas*) und der Schönheit (*venustas*) – hinstellt.[40]

Vom selbstverständlichen Imperativ, man müsse *auch* funktionelle Aspekte berücksichtigen, und zwar im ausgewogenen Verhältnis zu den beiden anderen Prinzipien, unterscheidet sich der Funktionalismus nun aber durch seinen viel weiter gehenden Anspruch, dass es entweder auf andere Ziele (wie z. B. die Schönheit) nicht ankomme bzw. dass diese schon per se erreicht seien, wenn nur die Funktion optimal erfüllt würde. Als erste klassische Formulierung eines Standpunkts aus dem 20sten Jahrhundert, der die Funktion in den Mittelpunkt der architekturtheoretischen Debatte gerückt hat, gilt die Devise „Form follows function", die 1901 von dem amerikanischen Architekten Louis H. Sullivan, dem Lehrer des berühmteren Frank L. Wright, publiziert wurde. Sullivan schreibt zur Begründung:

> Ob wir an den im Flug gleitenden Adler, die geöffnete Apfelblüte, das schwer sich abmühende Zugpferd, den majestätischen Schwan, die weit ihre Äste breitende Eiche, den Grund des sich windenden Stroms, die ziehenden Wolken oder die über allem strahlende Sonne denken: Immer folgt die Form der Funktion – und das ist das Gesetz. Wo die Funktion sich nicht ändert, ändert sich auch die Form nicht. Die Granitfelsen und die träumenden Hügel bleiben immer dieselben: der Blitz springt ins Leben, nimmt Gestalt an und stirbt in einem Augenblick. Es ist das Gesetz aller organischen und anorganischen, aller physischen und metaphysischen, aller menschlichen und übermenschlichen Dinge, aller echten Manifesta-

---

[39] Die *casa pendente* („schiefes Haus") aus der Renaissance im Parco dei Mostri von Bomarzo nördlich von Rom ist ein schönes und seltenes Beispiel dafür.

[40] Siehe dazu Kruft (1995, Kap. 1, und dort besonders S. 24 ff.).

tionen des Kopfes, des Herzens und der Seele, dass das Leben in seinem Ausdruck erkennbar ist, dass die Form immer der Funktion folgt. Das ist Gesetz [...][41]

An dieser Äußerung ist – außer ihrem für den Autor charakteristischen poetischen Überschwang – eine Schwäche auffällig: Sullivan fasst den Funktionsbegriff so weit, dass darunter außer *Teilen* der belebten Natur (wie z. B. einzelnen Körperteilen und -organen) und Artefakten (wie den verschiedensten Gebrauchsgegenständen und insbesondere Werkzeugen und Maschinen), denen wir normalerweise eine Funktion zuerkennen, nicht nur belebte *Ganzheiten* (wie Adler, Zugpferd etc.) fallen, sondern sogar Teile der unbelebten Natur (wie Granitfelsen und träumende Hügel), bei denen wir üblicherweise nicht von einer Funktion sprechen würden.

Von dem viel zitierten funktionalistischen Prinzip Sullivans kann man spätere, aggressivere Formulierungen aus den 1920er-Jahren abheben, wie sie etwa in Hannes Meyers (des zweiten Bauhausdirektors) Devise „Funktion mal Ökonomie" verkündet werden:

> Unbelastet von klassischen Allüren, künstlerischer Begriffsverwirrung oder kunstgewerblichem Einschlag erstehen [...] die Zeugen einer neuen Zeit. Muster-Messe, Getreide-Silo, Music-Hall, Flug-Platz, Bureau-Stuhl, Standardware. Alle diese Dinge sind ein Produkt der Formel: Funktion mal Ökonomie. Sie sind keine Kunstwerke. Kunst ist Komposition, Zweck ist Funktion. (Meyer 1989 [1926], S. 71)

Die Formel „Funktion mal Ökonomie" ist hier vielleicht erläuterungsbedürftig. Man fragt sich, warum zur Funktion anders als bei Sullivan noch Ökonomie tritt. Die Idee dahinter ist offenbar zunächst einmal, dass Funktion allein nicht ausreicht. Wäre es so, könnte man einen optimal funktionierenden Gegenstand beliebig teuer machen. Die Kosten setzen dem Nutzen des Gegenstandes jedoch Grenzen. – So viel zum „Funktionalismus" als *positivem Kernpunkt* der Neuen Sachlichkeit.

Als Großvater der „Neuen Sachlichkeit" in der Architektur Europas wird gern der Wiener Adolf Loos genannt. Von ihm kann man besonders gut den *negativen* Kernpunkt in der Programmatik der Neuen Sachlichkeit herleiten, in den ebenfalls ökonomisches Denken hineinspielt. Ich meine seine wohlbekannte Losung vom „Ornament als Verbrechen". Ich zitiere seine Äußerungen im Kontext etwas ausführlicher, weil er merkwürdigerweise sowohl für Anhänger als auch für Kritiker der Sachlichkeit eine entscheidende Bezugsperson gewesen ist.

Loos schreibt also im Jahre 1908 folgende Philippika: [42]

> Der ungeheure Schaden und die Verwüstungen, die die Neuerweckung des Ornamentes in der ästhetischen Entwicklung anrichtet, könnten leicht verschmerzt werden, denn niemand, auch keine Staatsgewalt, kann die Evolution der Menschheit aufhalten. Man kann sie nur verzögern. Wir können warten. Aber es ist ein Verbrechen an der Volkswirtschaft, dass dadurch menschliche Arbeit, Geld und Material zugrunde gerichtet werden. Diesen Schaden kann die Zeit nicht ausgleichen.

---

[41] Zitiert nach der deutschen Übersetzung in Albert (1968, **???**); siehe dazu auch Kruft (1995, S. 410 ff.).

[42] Zu Loos und seiner Haltung zum Ornament siehe Kruft (1995, S. 419–422 und die dort 634 angegebene Literatur).

> Die Nachzügler verlangsamen die kulturelle Entwicklung der Völker und der Menschheit, denn das Ornament wird nicht nur von Verbrechern erzeugt, es begeht ein Verbrechen dadurch, dass es den Menschen schwer an der Gesundheit, am Nationalvermögen und also in seiner kulturellen Entwicklung schädigt. (Loos 1982 [1908])

Loos argumentiert hier, ganz anders als noch Sullivan, der das Vorbild der unverbildeten Natur für seine Ansicht ins Feld führte, hauptsächlich mit ökonomischen Notwendigkeiten, aus denen seiner Ansicht nach offenbar kulturelle Entwicklungen folgen sollen. Sowohl historisch als auch systematisch gesehen ist diese Berufung auf Sachzwänge aber problematisch. Die größten Kunstwerke und architektonischen Meisterwerke der Geschichte hätte es bei einem Beharren auf einer ökonomistischen Perspektive nicht gegeben. Auch hinsichtlich gegenwärtiger Architektur ist die ökonomische Perspektive nicht immer die beste Lösung. Denn ökonomische Sparsamkeit generiert nicht immer das unter Funktionsgesichtspunkten sozusagen kulturell Optimale. Außerdem ist Loos – man könnte sagen: zu seinem Glück – nicht immer konsequent gewesen: Er hat in seinen eigenen Schöpfungen durchaus Elemente verwendet, die jedenfalls nicht funktional bedingt sind und insofern selbst aus heutiger Sicht als ornamental bezeichnet werden könnten (wie etwa sein berühmtes Haus am Michaelerplatz gegenüber der Wiener Hofburg von 1911[43] oder erst recht sein späterer – dann aber nicht realisierter – Entwurf für den Neubau der „Chicago Sun"[44]).

Diese beiden Charakteristika, der Funktionalismus einerseits und die Kritik am „Ornament" andererseits, machen also den Kern der Neuen Sachlichkeit aus.

Wie die obigen Zitate zeigen, entstammt der Funktionalismus aus theoretischen Diskussionen und deren Anwendungen in der *Architektur*. Das ist kein Wunder, weil es sich bei dieser Disziplin um eine angewandte Kunst handelt, wo der Bezug auf den Gebrauch durch die Nutzer besonders naheliegt. In der Malerei und erst recht in der Philosophie mag es dagegen schwerer sein, funktionalistische Denkmuster zu entdecken.

Wie steht es damit *in der Malerei*? Hier hat Sigfried Giedion, der ja zusammen mit Roh Kunstgeschichte studiert hatte und sich noch bis in die 1930er-Jahre auch als Ausstellungsmacher am Züricher Kunsthaus engagierte, in einem Vortrag bei den Davoser Hochschulwochen im Jahre 1931 – zwei Jahre nach Martin Heideggers berühmtem Auftritt dort! – eine Ortsbestimmung versucht:

> Dieses Besinnen auf die eigentlichen Aufgaben vollzieht sich auf den meisten Gebieten und findet wohl immer statt, wenn auf lange Sicht hinaus Grundsteine für ein neues Weltbild gelegt werden müssen. In der Literatur, in der Philosophie, in der Architektur wie in der Malerei, überall wird nach den Grundelementen gefragt, die jeder Disziplin eigen sind. (Giedion 1931, S. 21)

Dabei sei es „die Pflicht eines jeden, auf seinem Gebiet Ordnung zu schaffen" und zu dem nötigen „Reinigungsprozeß" beizutragen (Giedion 1931, S. 20). Dann

---

[43] Siehe dazu Czech und Mistelbauer (1984).
[44] Siehe dazu Loos (1983, linke Umschlagseite innen und S. 194 ff.).

kommt Giedion unter der Überschrift „Die Funktion heutiger Malerei" auf die bevorstehenden Aufgaben in dieser Kunstsparte zu sprechen:

> Die Malerei, die beschreibend mit den in den letzten Jahrhunderten geschaffenen Mitteln und sicher mit äußerster Geschicklichkeit die Welt und die persönlichen Erlebnisse des Malers zur Abbildung bringt, befriedigt uns nicht mehr. Es interessiert uns nicht, darüber informiert zu werden, wie der Maler sein Haus, seine Welt, seinen Blumenstrauß, seine Maske oder seine Dämonie sieht. Die Mittel, mit denen dies geschieht, erscheinen verbraucht und im Widerspruch mit unserem inneren Aufbau. (Giedion 1931, S. 21)

Er schildert auch, wie er sich die Funktion der Malerei stattdessen vorstellt:

> Die Malerei, von der wir reden wollen, will heute gar nicht mehr „peinture" sein, wie auf anderen Gebieten will sie über ihr rein ästhetisches Dasein hinaus wirksam werden. Die psychologische Wiedergabe der Welt interessiert sie im Grund nicht. Sie schafft eine neue Realität, indem sie auf die Urelemente der Malerei selbst zurückgreift. Nur dadurch erscheint ein Reinigungsprozeß möglich. (Giedion 1931, S. 21)

Der Maler würde auf diese Weise zum „Seismographen kommender Entwicklung". Zwar sei es weiterhin möglich und erwünscht, sich traditionellen Sujets wie der Landschaftsmalerei zu widmen. Dabei sei jedoch keine romantische Stimmungsmalerei mehr gefragt, sondern ganz neue Blickwinkel und Perspektiven seien gefordert, nämlich einerseits der weitere, zusammenfassende „Flugzeugblick", andererseits der schärfere, ins winzige Detail gehende mikroskopische Blick.

Wie sieht es nun mit dem Funktionalismus und dem Kampf gegen das Ornamentale und Überflüssige *in der Philosophie Carnaps* aus, den Giedion in seinem Davoser Vortrag zusammen mit dem Wiener Kreis als Vorbild für die neue Entwicklung in der Philosophie nennt? Die Kritik am überflüssigen „Ornament" und die Verwendung eines funktionalistischen Sprach- und Wissenschaftsverständnisses bei Carnap werden im Folgenden wegen ihrer argumentativen Interaktion in einem Atemzug beschrieben. Ein erster Beleg für ein funktionalistisches Philosophieverständnis zeigt sich bei Carnap in seinem Vortrag „Der Mißbrauch der Sprache" am Dessauer Bauhaus von Oktober 1929. Dort bringt er eine *funktionalistische Sprachtheorie* zur Anwendung, die zwischen der deskriptiven, der appellativen und der emotiven Funktion der Sprache unterscheidet. Sie ist von dem Wiener Philosophen und Psychologen Karl Bühler entlehnt, in dessen Buch *Die Axiomatik der Sprachwissenschaften* sie dann 1933 erschien.[45] Carnaps Anwendung dieser Theorie konzentriert sich im Dessauer Vortrag auf eine Kritik an Vermischungen solcher Sprachfunktionen, wenn also etwa deskriptive und emotive Funktion durcheinandergeraten. Dabei kommt er zu folgendem Resultat: Die Metaphysiker tun so, als würden sie (deskriptiv) etwas Sachhaltiges behaupten. In Wahrheit drücken sie aber (emotiv) nur Gefühle aus. Und das in einer schlechten Weise. Denn das solle man in der Kunst tun.

Ein berühmtes Beispiel für diese angebliche Funktionsverwirrung ist Carnaps Besprechung der Heideggerschen Metaphysik, wie sie nicht schon im Dessauer Vortrag,[46] sondern erst in dem späteren – Elemente des Dessauer Vortrags nutzen-

---

[45] Siehe dazu auch Graumann und Herrmann 1984.

[46] Carnap „Mißbrauch der Sprache" (RC 110-07-43:1)

den – publizierten Aufsatz „Überwindung der Metaphysik durch logische Analyse der Sprache" (Carnap 1932) vorgeführt wird. Der immer wieder gern zitierte Heideggersche Satz ist natürlich „Das Nichts selbst nichtet" (Heidegger 1929, S. 34; dort werden auch solch hübsche Wortschöpfungen wie die „Nichtung" [S. 34] und das [nicht: die] „Nichten" [S. 35] vorgeführt) ist nach Carnaps Ansicht nicht einmal zur Evokation von Emotionen zu gebrauchen, sondern lediglich multipler syntaktischer Unsinn. Wenn man den Satz – sozusagen als Werkzeug – in die Alltagswelt mit ihren vielfältigen Gebrauchsgegenständen rückübertragen wollte, handelte es sich bei diesem Missbrauch des geistigen Werkzeugs Sprache sozusagen um so etwas wie den untauglichen Versuch, mit einem Gummischwamm einen Nagel in die Wand zu treiben.

Carnap greift also in *negativer* Hinsicht bei seiner Polemik gegen die Metaphysik auf eine funktionalistische Sprachtheorie zurück. Er benutzt sie aber auch in *positiver*, konstruktiver Weise, wenn er empfiehlt, Ethik und Ästhetik nicht deskriptiv – und deshalb mit einem Wahrheitsanspruch verbunden – zu verstehen, sondern emotivistisch aufzufassen, also ethische Wertungen und Normen als Ausdrücke von Emotionen. Diese von Carnap nur sehr skizzenhaft proklamierten Ideen sind dann in der Ethik von Alfred Ayer und L. E. Stevenson aufgegriffen und weiterentwickelt worden.

Weiterhin hat Carnap ein *funktionalistisches Wissenschaftsverständnis*, demzufolge wissenschaftliche Theorien Werkzeuge (und zwar in diesem Fall:) der Prognose sind. Das ist natürlich nichts ganz Neues; man findet ähnliche Ideen spätestens bei Auguste Comte (wenn nicht schon bei Francis Bacon), dann später bei den Pragmatisten, Wilhelm Ostwald und anderen.

Dieses Verständnis von Sprache und Wissenschaft war im Wiener Kreis nicht unumstritten. Es wurde von Carnaps Kollegen *im linken Flügel des Wiener Kreises* wie Otto Neurath und Philipp Frank geteilt. Neurath etwa hielt wissenschaftliche Theorien für intellektuelle Werkzeuge und nannte als deren Zweck die Vorhersage,[47] geradezu „das Um und Auf der Wissenschaft" (Neurath 1931a/1981, S. 418). Diese Sicht wurde dagegen von Moritz Schlick als Vertreter des rechten Flügels für das Verständnis abstrakter Theorien wie etwa solcher der theoretischen Physik zurückgewiesen. Er stritt nicht ab, dass Theorien aus praktischen Beweggründen entstanden sein mochten. Aber sie hätten sich von extrinsischen Zwecken (wie eben der Vorhersage) emanzipiert und seien seitdem intrinsischen Zwecken (wie der Wahrheitsfindung) verpflichtet.

So viel zu den Kernprinzipien der Neuen Sachlichkeit und ihrer Bedeutung in Malerei, Architektur und Philosophie.

Anti-Psychologismus

Das Thema wird in diesem Band ausführlicher schon in den Beiträgen von Uljana Feest und Thomas Uebel behandelt. Es geht um Carnaps Wendung vom Phänomenalismus zum Physikalismus, einer damals von Carnap und Neurath propagierten sozusagen aktualisierten Version des Materialismus. Dabei bleibt umstritten, ob

---

[47] So in Neurath (1931b/1981), S. 426, 514).

Carnap auch jene von Otto Neurath behavioristische Wendung mitvollzogen hat, nach der in der Psychologie menschliche Handlungen auf äußerlich wahrnehmbare Körperbewegungen reduziert werden. Nicht der Beobachtung zugängliche metaphysikverdächtige Entitäten wie Gedanken und Emotionen werden demnach aus dem wissenschaftlichen Repertoire ausgeschlossen. Dinge wie „Einfühlung", wie sie etwa in der Lebensphilosophie noch eine Rolle spielten, um Zugang zu den Emotionen von Personen zu erhalten, werden allenfalls als Behelfe angesehen. Sie dienen dem Forscher – nach einem Bonmot von Otto Neurath – bei seiner Arbeit nicht mehr und nicht weniger als „ein guter Kaffee" (Neurath 1931b/1981, S. 463).

Gegen Individualismus, für Kollektivismus

Bei allen hier genannten Anhängern der Neuen Sachlichkeit (also Carnap, Giedion und Roh) fällt zunächst einmal auf, dass sie sich während ihres Berufslebens fast ständig im Rahmen von Gruppen bewegt haben, seien es nun der Kreis der Münchener Maler im Falle Rohs, die Internationale der modernen Architektur im Falle Giedions oder der Wiener Kreis und später in der Emigration in den USA die weitere Bewegung des Logischen Empirismus im Falle Carnap.

Aber wie weit geht der „Kollektivismus" bei Carnap? Im Vorwort zu seinem *Logischen Aufbau* – wie auch in Feigls oben zitiertem Brief an Schlick – finden wir ein plakatives Bekenntnis zur kollektiven Zusammenarbeit:

> Die Grundeinstellung und die Gedankengänge dieses Buches sind nicht Eigentum und Sache des Verfassers allein, sondern gehören einer bestimmten wissenschaftlichen Atmosphäre an, die ein Einzelner weder erzeugt hat, noch umfassen kann. Die hier niedergeschriebenen Gedanken fühlen sich getragen von einer Schicht von tätig oder aufnehmend Mitarbeitenden. Gemeinsam ist dieser Schicht vor allem eine gewisse wissenschaftliche Grundeinstellung (Carnap 1928, XVIII).

Viele philosophische Probleme wurden in der Tat bei regelmäßigen Treffen im Wiener Kreis oder an dessen Rande gemeinsam ausführlich, oft auch kontrovers, diskutiert, um erst dann publiziert zu werden. Es gab auch gemeinsame Publikationsanstrengungen wie die Zeitschrift *Erkenntnis* sowie die beiden Publikationsreihen des Kreises: die „Schriften zur wissenschaftlichen Weltauffassung" und die Reihe „Einheitswissenschaft". Für die Zeit der Emigration bzw. des Exils seit 1933/34 wäre noch die *International Encyclopedia of Unified Science* zu erwähnen. Jedoch: Außer bei der Programmschrift des Wiener Kreises ging der „Kollektivismus" nicht so weit, dass eine gemeinsame Autorenschaft propagiert oder praktiziert worden wäre.

Diesen gemeinsamen Anstrengungen wäre in negativer Hinsicht die Ablehnung der gegenteiligen Haltung gegenüberzustellen, d. h. eines Individualismus, wie er etwa in der Verherrlichung der großen Einzelnen zum Ausdruck kommt, also jener Herrschaften, die vermeintlich die politische, die kulturelle wie auch die wissenschaftliche Geschichte exklusiv bestimmt hätten. Dieses Konstrukt hat Edgar Zilsel (1990 [1918]) „Geniereligion" genannt und entsprechend kritisiert.

Antitraditionalismus und forcierter Gegenwartsbezug

Hier nehme ich als Einstieg eine Passage aus dem Manifest des Wiener Kreises:

> Die Vertreter der wissenschaftlichen Weltauffassung stehen entschlossen auf dem Boden der einfachen menschlichen Erfahrung. Sie machen sich mit Vertrauen an die Arbeit, den metaphysischen und theologischen Schutt der Jahrtausende aus dem Weg zu räumen. (Verein Ernst Mach 1929/1981, S. 314)

Von verschiedenen Kritikern des Wiener Kreises ist nach Lektüre von Stellen wie dieser behauptet worden, dass dieser ein geradezu nihilistisches Verhältnis zur philosophischen *Tradition* gehabt habe. Man denke für ein besonders radikales Statement einer solchen Kritik nur an folgende Stelle aus Max Horkheimers Polemik gegen den Logischen Positivismus in seinem Aufsatz „Der neueste Angriff auf die Metaphysik" von 1937:

> Aristoteles und Kant und Hegel [gelten ihnen, Verf.] als die größten Wirrköpfe, ihre Philosophie als ein wissenschaftliches Nichts, bloß weil sie nicht zur Logistik passt und die Beziehung zu den „Wurzelbegriffen" und „Elementarerlebnissen" des Empirismus problematisch ist. In der Oberflächlichkeit und Anmaßung, mit der hier über geistige Leistungen geurteilt wird, kündigt sich ein Verhältnis zum kulturellen Erbe an, das sich praktisch zuweilen bei nationalen Erhebungen und ihren Freudenfeuern zu betätigen pflegt, mögen diesen jenen Autoren persönlich noch so zuwider sein. (Horkheimer 1937, S. 41)

Wenn man das Reden von „nationalen Erhebungen und ihren Freudenfeuern" hier einmal in Klartext übersetzt, so wird den Positivisten in diesem Text aus dem Jahre 1937 also geradezu ein Verhältnis zur philosophischen Tradition vorgeworfen, wie es sich vier Jahre zuvor bei den nationalsozialistischen Bücherverbrennungen vom 10. Mai 1933 ausgetobt hatte.

Mir scheint Horkheimers Kritik – von der angeblichen Parallele zu den Nazi-Aktivisten einmal abgesehen – für die 1920er und frühen 1930er-Jahre – man denke an die Rede vom „Schutt der Jahrtausende" in der Programmschrift des Wiener Kreises – teilweise berechtigt. Der Wiener Kreis hat mit seiner internationalen Ausbreitung in der Mitte der dreißiger Jahre dann aber auch intensivere Anstrengungen unternommen, sich eine geistesgeschichtliche Genealogie zuzulegen. Man vergleiche dazu die entsprechenden – freilich zu recht unterschiedlichen Resultaten gelangenden – Bemühungen Neuraths, aber auch Schlicks, im Vorfeld des Pariser Internationalen Kongresses für Philosophie von 1937. Während Schlick die Essenz der wissenschaftlichen Philosophie, das Klären von Begriffen und Gedanken, schon auf die sokratische Technik in den platonischen Dialogen zurückführen wollte, legte Neurath Wert auf die Anknüpfung an die Tradition der Französischen Aufklärung, insbesondere an die Enzyklopädisten um Diderot und d'Alembert.[48]

Wie stand es mit dieser Thematik eines bewussten oder eben auch bewusst verweigerten Traditionsbezugs bei den Protagonisten der Neuen Sachlichkeit Franz Roh, Sigfried Giedion und Rudolf Carnap?

Bei den beiden Erstgenannten ist zunächst daran zu erinnern, dass es sich bei ihnen um Kunsthistoriker gehandelt hat, die bei ihrem Doktorvater Heinrich Wölfflin in München eine solide Ausbildung erhalten hatten und sich in den von ihm be-

---

[48] Siehe dazu Näheres in Dahms 1996.

treuen Dissertationen noch mit ganz traditionellen historischen Themen beschäftigt hatten.[49] Das wurde anders, als sie in ihren folgenden Büchern dann die Zeitgeschichte der Malerei und Architektur der unmittelbaren Gegenwart in den Blick nahmen. Diesen plötzlichen Wandel haben sie in ihren Büchern *Nach-Expressionismus* und *Bauen in Frankreich* auch explizit zur Sprache gebracht. So schreibt Roh direkt nach seiner Einleitung in dem kurzen Kapitel „Gegenwartsgeschichte überhaupt":

> Aller geschichtlichen Befassung mit Gegenwartsproblemen haften Sonderschwierigkeiten an. Man pflegt aber den Historiker der „Gegenwart" (d. h. hier immer nur der jüngsten Vergangenheit) mindestens von seiten der Zunft mit falschem Mißtrauen zu begrüßen: so nahen Verhältnisse könne man nur subjektiv gegenüberstehen.
>
> Wohl wollen wir zugeben, dass die Verhältnisse aus Nahsicht heraus sich leicht verschieben, auch Haupt- und Nebenlinien schwerer aus dem Gewirr des Ganzen auseinandertreten. Dafür aber hat man bei der Gegenwart das volle Bild vor sich. Es steht lückenloser ausgebreitet da, als etwa eine entsprechende Generation des Mittelalters, wo erstens schon furchtbarster Materialausfall das Bild verzeichnet, zweitens die Unmöglichkeit hervortritt, sich restlos in den Geist entschwundener Zeitläufte zu versetzen. (Roh 1925, S. 5)

Roh betont auch, dass „zu fordernde methodische Strenge" auch gegenüber Objekten der Gegenwart eingehalten werden könne. Denn

> wenn der Betrachter nämlich wirklich geschichtliche Bildung erwarb, ja historischen Instinkt besitzt, so hat er den auch gegenüber seiner eigenen Zeit. (Roh 1925, S. 6)

Wie er im folgenden Kapitel „Verachtung unserer Zeit" ausbreitet, fühlt er sich aber nicht nur als unparteiischer, sondern auch als positiv gestimmter Begleiter der Kunst der Gegenwart. Denn er erklärt dort, dass er für „das Gewimmer vom künstlerischen Untergange Europas und der Zerrissenheit der Zeit" nichts übrig habe, wie es etwa in Oswald Spenglers *Untergang des Abendlandes* angestimmt wurde (Roh 1925, S. 7).[50]

Sigfried Giedion hat ebenfalls gleich auf der ersten Seite seines Buchs *Bauen in Frankreich* in den zwei Seiten „Zur Einleitung" den Zeitbezug angesprochen: „Auch der Historiker steht in der Zeit, nicht über ihr. Das Ewigkeitspostament hat er verloren" (Giedion 1928/2000, S. 1). Noch auf derselben Seite äußert er sich über die neue Rolle des Zeitgeschichtlers so:

> Aufgabe des Historikers ist es, vorab die Keime zu erkennen, und – über alle Verschüttungen hinweg – die Kontinuität der Entwicklung aufzuzeigen. Leider benützte der Historiker den Überblick, den seine Beschäftigung mit sich brachte, um die ewige Berechtigung des Vergangenen zu verkünden, und die Zukunft damit totzuschlagen. Zumindest aber, um hemmend die Entwicklung aufzuhalten.

---

[49] Es handelt sich um Roh (1921) und Giedion (1922).

[50] Spengler wird an dieser Stelle allerdings nicht genannt. Er war ihm aber gewiss schon länger bekannt, nicht zuletzt aus Diskussionen mit Otto Neurath, der 1921 seinen *Anti-Spengler* publizierte (Neurath (1921)).

> Die Aufgabe des Historikers scheint uns heute die entgegengesetzte zu sein: Aus dem un-
> geheuren Komplex einer vergangenen Zeit jene Elemente herauszuschälen, die zum Aus-
> gangspunkt der Zukunft werden. (Giedion 1928/2000, S. 1)

Wie steht es bei Carnap mit der Einschätzung des Verhältnisses von Geschichte und Gegenwart in der Philosophie? Wie schon eingangs erwähnt, hat bei ihm die Begegnung mit dem klassischen griechischen Bildungsgut schon früh während der Schulzeit und besonders durch die Reisen in der Obhut seines Onkels Wilhelm Dörpfeld eingesetzt.[51] Danach hat er sich während seines Studiums dann schon eher als Roh und Giedion mit der Gegenwart seines Studienfachs auseinandergesetzt, insbesondere mit der mathematischen Logik Gottlob Freges und Bertrand Russells. Es ist insofern auch kein Wunder, dass er seine Dissertation *Der Raum* von 1921 keinem historischen Thema mehr gewidmet hat, sondern dem Versuch, die kantische Behandlung des Raumbegriffs den neuen Erkenntnissen der Physik, insbesondere der Einstein'schen Relativitätstheorie, gegenüberzustellen. Seine Habilitationsschrift *Der logische Aufbau der Welt* ist ganz der Aufgabe gewidmet, durch Anwendung der neuen mathematischen Logik eine neue Grundlage für die Erkenntnistheorie zu gewinnen.

Dabei hat Carnap – ebenso wie Roh und Giedion hinsichtlich der Malerei und Architektur – Anlass, sich vom traditionellen Rollenbild des Gelehrten in seiner Disziplin, der Philosophie, abzuwenden. Während er den Naturwissenschaften *und auch den Historikern* attestiert, ihre Arbeit als Teil einer arbeitsteilig betriebenen Gesamtwissenschaft aufzufassen (Carnap 1928, XIX f.), sei das bei den Philosophen anders: Sie seien bislang oft darauf aus gewesen, „ein ganzes Gebäude der Philosophie in kühner Tat zu errichten". Dabei habe ihr Zugang oft genug „mehr der eines Dichtenden" geglichen. Mit dem Einzug eines arbeitsteiligen und vor allem argumentativ verstandenen Verständnisses der Philosophie ergebe sich nun die Aufgabe einer „Ausschaltung des spekulativen, dichterischen Arbeitens in der Philosophie" (Carnap 1928, XIX f.).

Offenbar hatte Carnap also den Eindruck, dass er es in der Philosophie mit einer schwierigeren Aufgabe zu tun habe als Roh und Giedion: Während in deren Disziplinen eine wissenschaftliche Einstellung und arbeitsteilige Vorgehensweise schon vorhanden sei und der zu überwindende Widerstand darin bestehe, diese Tendenzen nicht nur einer antiquarischen Kunstauffassung zugute kommen zu lassen, sondern der Aufarbeitung der Gegenwart nutzbar zu machen, hatte Carnap es in der Philosophie (nach seiner Auffassung) mit einem schwereren Problem zu tun: überhaupt erst wissenschaftliches Arbeiten und Arbeitsteilung einkehren zu lassen. Nichtsdestoweniger hat er im *Aufbau* noch immer wieder außer zahlreichen Beispielen auch Hinweise auf historische Literatur eingeschaltet.

Internationalistische Ausrichtung

Man kann darüber diskutieren, ob Internationalismus tatsächlich zu den Merkmalen der Neuen Sachlichkeit gehört. Es ist ja nicht zu übersehen, dass einige frühere neusachliche Maler sich nach 1933 dem Nationalsozialismus – und manchmal auch dessen nationalistischen Kunstidealen – angeschlossen bzw. angebiedert haben.

---

[51] Siehe dazu das Kapitel „The cultural inheritance" in Carus (2007, S. 41–64).

Das hat etwa Olaf Peters (1998) eindrucksvoll gezeigt.[52] Deswegen ist es naheliegend, hier noch einmal zu den Proponenten der Bewegung in der Architektur und Malerei, Roh und Giedion, zurückzugehen.

Dass Rohs Nach-Expressionismus sich durch einen betonten Internationalismus unterscheidet von der nur auf deutsche Malerei beschränkten Mannheimer Ausstellung „Neue Sachlichkeit" von 1925, ist schon erwähnt worden. Er schreibt jedoch nur selten ausdrücklich von der neuen Kunstrichtung als einem internationalen Phänomen, etwa wenn es heißt:

> Wir konstatieren zunächst nur, daß neben einer Reihe bestehender Arten von Malerei [wie dem Impressionismus und dem Expressionismus, Verf.) *in allen Ländern Europas* eine neue Art getreten sei. (Roh 1925, S. 3; meine Hervorhebung)

Für Roh ist es völlig selbstverständlich, in seinem Buch wie auch in anderen Veröffentlichungen die gesamte internationale Kunstszene der Gegenwart zu durchstreifen. Davon zeugt auch der Umstand, dass in seiner Liste von den 52 im Anhang des Buches genannten nachexpressionistischen Künstlern, die dort mit Abbildungen vertreten sind, weniger als die Hälfte Deutsche sind.[53] Er ist noch in seinen spätesten Veröffentlichungen, wie etwa seinem Buch *„Entartete" Kunst: Kunstbarbarei im Dritten Reich* aus dem Jahre 1962, auf die Unsinnigkeit nationalistischer Kunstauffassungen zurückgekommen, die in der Zwischenzeit durch den Nationalsozialismus besonders propagiert worden waren. So schrieb er etwa im Lichte dieser späteren Erfahrungen:[54]

> Auch die Nationalsozialisten machten gewisse *Grenzen* des Gestaltens gerade zur bewußten *Forderung*, womit der Künstler eingeengt und zu geistiger Inzucht verführt wurde. Es ist nicht wahr, daß die Kultur und Kunst immer dann am höchsten stand, wenn sie ohne (auch noch so gut verarbeitete) *Fremdeinflüsse* blieb. Eine Internationalität der Kunst, welche die Hitlerleute so empörte, war gar kein Novum, sondern fand sich schon in Mittelalter und Barock. (Roh 1962, S. 120, Hervorhebungen im Original)

Giedion, wie Roh ja studierter Kunsthistoriker, hatte schon vor Hartlaubs epochemachender Ausstellung 1925 in Mannheim vorgehabt, in Zürich dasselbe Thema vorzustellen, nun allerdings mit internationaler Beteiligung. Dazu ist es aber – aus mir unbekannten Gründen – nicht gekommen. Danach konzentrierte er sich mehr und mehr auf die zeitgenössische Architektur.

---

[52] Allerdings scheint seine Stichprobe zu sehr auf die These einer Kontinuität der Neuen Sachlichkeit mit dem Nationalsozialismus zugeschnitten zu sein. Es ist jedoch keineswegs so, dass nennenswerte Anzahlen der früheren Neusachlichen zu den Nazis übergelaufen wären. Der Hofmaler der Nazis, Adolf Ziegler, den Peters als Beispiel für einen nationalsozialistischen Neusachlichen einschließt, wird in Rohs Buch *Nach-Expressionismus* in der Tat erwähnt (Roh 1925, S. 134). Es scheint aber, dass er in der Mitte der 1920er-Jahre noch einen anderen Stil bevorzugte als den monumentalen und heroischen der Nazi-Zeit.

[53] Roh (1925, S. 133 f.). Bei den 60 weiteren dort genannten Künstlern, die „entweder schon seit Jahren in Richtung des Nachexpressionismus arbeiten oder sich in letzter Zeit diesen Zielen zuwandten", sind die Deutschen in der Mehrzahl.

[54] Für seine Kritik an nationalistischen Tendenzen in der Literatur des Nationalsozialismus und bei ihren Protagonisten siehe Roh (1962, S. 85, 89).

Bei Giedion heißt es schon in seinem zeitgeschichtlich orientierten ersten architekturtheoretischen Werk *Bauen in Frankreich*:

> Wir wollen eine internationale Architektur. Eine Architektur der Zeit. Alle lebendigen Län-
> der sind auf dem Wege zu ihr. Trotzdem hat jedes Land seine vorbestimmte Rolle in der
> Bewegung. Dies steht schon heute fest. (Giedion 2000 [1928], S. 68)

und, noch auf derselben Seite:

> Wir dürfen es nicht unterlassen, nochmals hinzuzufügen: Die Kampffront national-inter-
> national besteht in Wirklichkeit nicht mehr, so wie heute im Grunde die äußere Kampffront
> nicht zwischen den Staaten verläuft, sondern in einem durchgehenden Kampf um die SO-
> ZIOLOGISCHE STRUKTUR.

Wie in Worten schon aus seinem Buch hervorgeht, sich dann aber auch im Laufe
des 2. CIAM-Kongresses in Frankfurt am Main im Oktober 1929 (unter der Ägide
von Walter Gropius und Giedion) in Taten zeigte, handelte es sich bei diesem
„Kampf um die soziologische Struktur" vor allem um die Forderung, das Neue
Bauen auf die dringenden Erfordernisse des Bauens für das Existenzminimum aus-
zurichten (Dahms 2004).

Wie sieht es mit dem Internationalismus bei Carnap aus? Bei ihm ist es angesichts einer Ausbildung als Mathematiker und Physiker von vornherein kein Wunder, dass er internationalistisch eingestellt war. Denn in diesen Disziplinen ist eine
nationalistische Wissenschaftsauffassung (wie etwa die „Deutsche Mathematik"
oder die „Deutsche Physik" im Nationalsozialismus) eher die Ausnahme. Für Carnaps internationalistische Ausrichtung spricht darüber hinaus – wie schon eingangs
erwähnt – auch sein Engagement für die Völker verbindende Kunstsprache Esperanto, die nur von wenigen führenden Wissenschaftlern (wie z. B. Louis Couturat
oder Wilhelm Ostwald vor dem Ersten Weltkrieg) geteilt wurde (Dahms 2016,
S. 168 f.).

Später arbeitete Carnap an vorderster Front für die Internationalisierung des Logischen Empirismus, wie z. B. als Mitorganisator des Internationalen Philosophie-
Kongresses in Prag 1934 und der 1935 in Paris beginnenden „International Congresses of Unified Science".[55] Er gehörte auch zu den Herausgebern der ab 1938
erscheinenden „International Encyclopedia of Unified Science" und verfasste dafür
zwei der ersten Beiträge (Carnap 1938a/1969; 1938b/1969).

4.5   Schlussbemerkungen

Warum muss man all das wissen oder wenigstens beachten? Man muss nicht, aber
man sollte, wenn man sich für die Zeitgeschichte von Philosophie und Wissenschaft
und den kulturellen und politischen Kontext interessiert, in dem sie gedeihen oder
behindert und sogar unterdrückt werden.

---

[55] Siehe dazu die Einleitung der Herausgeber sowie Dahms (2018).

Hier geht es nun um die Einordnung in den Zeitgeist der 20er- und 30er-Jahre und die Fragen,

- warum bestimmte Leute und Gruppen aus unterschiedlichen kulturellen Feldern Affinitäten hatten,
- warum andere sich feindlich gegenüberstanden (z. B. linke und rechte Kritiker der Neuen Sachlichkeit).

Eine solche Betrachtung könnte ein Lehrstück dafür liefern, was der Zeitgeist dieser Epoche eigentlich war (und was ein solcher Zeitgeist vielleicht auch heute noch ist): Es geht nicht um einen unsichtbaren und unwägbaren intellektuellen Äther, der die Kultur und Gesellschaft einer Epoche mysteriös durchdringt und in dieser seiner Sphäre weht, wie er will. Es handelt sich vielmehr um ein kompliziertes Beziehungsgeflecht von einzelnen Akteuren mit einer gemeinsamen Haltung, die untereinander im Kontakt standen (ohne das an irgendeiner Stelle publik gemacht zu haben). Ihre Arbeit konnte natürlich nur in dem Grade Wirksamkeit entfalten, als das Publikum auf ihre Resultate reagierte. Solche Interaktionen sind durchaus nachvollziehbar und (kunst-, architektur- sowie philosophie-) historischer Forschung zugänglich. Es wird Zeit, solche Expeditionen ins archivalische Neuland zu wagen, um der von Giedion so genannten „Methodengleiche" auf die Spur zu kommen. Daraus könnte man lernen, wieso Philosophen – im Vollgefühl ihrer Übereinstimmung mit Kollegen aus anderen Bereichen der Kultur – zeitweise dazu tendierten, auch problematische Theorien anzunehmen bzw. vorschnell andere abzulehnen, wenn sie von Geistesschaffenden vorgetragen wurden, die nicht kompatibel mit ihrem kulturellen Umfeld waren.

Unveröffentlichte Quellen
Nachlass Siegfried Giedion (im gta-Archiv Zürich)

- Briefwechsel mit Rudolf Carnap
- „Institute for Contemporary History", Project o.D. (1941?), Archiv-Nr. 43-S- 8-6
  Nachlass Rudolf Carnap (Hillman Library Pittsburgh/Universität Konstanz)
- Tagebücher
- Vorträge am Bauhaus Dessau, Oktober 1929

  Der Mißbrauch der Sprache (RC 110-07-43:1)
  Aufgabe und Gehalt der Wissenschaft (RC 110-07-47)

- Vortrag am New Bauhaus, Chicago

  Knowledge & Action. The Task of Science, 16.05.1938 (RC 110-08-21:1)

- Briefwechsel mit

  Wilhelm Flitner
  Charles Morris
  Ernest Nagel

- Sammlung Sera-Kreis (ohne Signatur), darin:

Martha Hörmann: Sera, Sommer 1913
Friedenssonnenwende auf den Hohen Leeden 1919, Jena 1919
Franz Roh Papers (Getty Research Institute, Los Angeles)

- 850120 Correspondence, Rudolf Carnap (Box I, Folder 4)
  Archiv der Kunsthalle Mannheim
- Briefwechsel Gustav Hartlaub mit

Franz Roh
Karl Rössing

Literatur

Albert, K. 1968. *Philosophie der modernen Kunst*. Meisenheim am Glan: Anton Hain.
Awodey, S., und C. Klein, Hrsg. 2004. *Carnap brought home: The view from Jena*. Chicago/La-Salle: Open court.
Beeck, K.-H. 1975. *Friedrich Wilhelm Dörpfeld: Anpassung im Zwiespalt: Seine politisch-sozialen Auffassungen*. Neuwied/Berlin: Luchterhand.
Bernhard, P. 2015. Neopositivismus und Neues Bauen: Zur Entdeckung einer „inneren Verwandtschaft". In *Architektur und Philosophie: Grundlagen. Standpunkte. Perspektiven*, Hrsg. J.H. Gleiter und L. Schwarte. Bielefeld: transcript.
———. 2021. Carnap und das Bauhaus, in diesem Band.
Bourdeau, M., G. Heinzmann, und P. Wagner Hrsg. 2018. *Sur la philosophie scientifique et l'unité de la science: Le congrès de Paris 1935 et son héritage: Actes du colloque de Cerisy,* Philosophia Scientiæ 22(3). Paris: Éditions Kimé
Buderer, H.-J. und M. Fath. 1994. *Neue Sachlichkeit: Bilder auf der Suche nach der Wirklichkeit: Figurative Malerei der zwanziger Jahre,* Hrsg. u. m. einem Vorw. v. M. Fath, Ausstellungskatalog Städtische Kunsthalle Mannheim 1994/1995. München/New York: Prestel.
Bühler, K. 1933. Die Axiomatik der Sprachwissenschaften. *Kant-Studien* 38(1/2): 19–90.
Carnap, R. 1922. *Der Raum: Ein Beitrag zur Wissenschaftslehre*, Kant-Studien, Ergänzungshefte 56. Berlin: Reuther u. Reichard.
———. 1928. *Der logische Aufbau der Welt*. Hamburg: Felix Meiner.
———. 1932. Überwindung der Metaphysik durch logische Analyse der Sprache. *Erkenntnis* 2(4): 219–241.
———. 1938a. Logical foundations of the unity of science. *Neurath/Carnap/Morris* 1969:42–62
———. 1938b. Foundations of logic and mathematics. *Neurath/Carnap/Morris* 1969:139–213
———. 1963. Intellectual autobiography. In *The philosophy of Rudolf Carnap*, Hrsg. P.A. Schilpp, 3–84. LaSalle: Open Court.
Carus, A.W. 2007. *Carnap and twentieth-century thought: Explication as enlightenment*. Cambridge: Cambridge University Press.
Czech, H., und W. Mistelbauer. 1984. *Das Looshaus*. Wien: Löcker.
Dahms, H.-J. 1996. Vienna circle and French enlightenment – A comparison of diderots *Encyclopédie* with Neuraths *international encyclopedia of unified science*. In *Encyclopedia and 3l. The life and work of Otto Neurath (1882–1945)*, Hrsg. Elisabeth Nemeth und Friedrich Stadler, 53–61. Dordrecht/Boston/London: Kluwer Academic Publishers.
———. 2001. Neue Sachlichkeit in der Architektur und Philosophie der 20er Jahre. *Arch+: Z Architektur und Städtebau* 34:82–87.

———. 2002. Mies van der Rohe und die Philosophie um 1930. *Arch+: Z Architektur und Städtebau* 161. http://www.archplus.net/archiv_artikel.php. Zugegriffen am 30.12.2020.

———. 2003. 1929 – CIAM-Kongress: Die Wohnung für das Existenzminimum: Verwissenschaftlichung und Formverzicht. In *Bauhausstil: Zwischen International Style und Lifestyle*, Hrsg. R. Bittner, 86–107. Berlin: Jovis.

———. 2004. Neue Sachlichkeit in the architecture and philosophy of the 1920s. *Awodey/Klein* 2004:357–375.

———. 2016. Carnap's early conception of a "system of the sciences": The importance of Wilhelm Ostwald. In *Influences on the Aufbau*, Hrsg. C. Damböck, 163–185. Cham/Heidelberg/New York/Dordrecht/London: Springer.

———. 2018. Mission accomplished? Unified science and logical empiricism at the 1935 Paris Congress and afterwards. *Bourdeau/Heinzmann/Wagner* 2018:289–305.

Findeli, A. 1995. *Le Bauhaus de Chicago: L'œuvre pédagogique de László Moholy-Nagy*. Québec: Sillery.

Flitner, W. 1986. *Erinnerungen 1889–1945*, Gesammelte Schriften 11. Paderborn/München/Wien/Zürich: F. Schöningh.

Galison, P. 1990. Aufbau/Bauhaus: Logical positivism and architectural modernism. *Critical Inquiry* 16:709–752.

Georgiadis, S. 1989. *Sigfried Giedion: Eine intellektuelle Biographie*. Zürich: Ammann.

Giedion, S. 1922. *Spätbarocker und romantischer Klassizismus*. München: F. Brückmann.

———. 1928/2000. *Bauen in Frankreich, Bauen in Eisen, Bauen in Eisenbeton*. Leipzig/Berlin: Klinkhardt & Biermann, 1928. Neuaufl. Berlin: Gebr. Mann, 2000 (m. einem Nachw. v. S. Georgiadis).

———. 1929. Neue Optik (Abstrakte und surrealistische Malerei und Plastik; Ausstellung im Kunsthaus Zürich 1929). *Giedion* 1987:43–50.

———. 1931. Erziehung zum Sehen (Vortrag f. d. Davoser Hochschulkurse). *Giedion* 1987:18–22.

———. 1941. *Space, time and architecture: The growth of a new tradition*. Cambridge, MA: Harvard University Press.

———. 1987. *Wege in die Öffentlichkeit: Aufsätze und unveröffentlichte Schriften aus den Jahren 1926–1956*, Hrsg. u. komm. v. D. Huber. Zürich: GTA, Institut für Geschichte und Theorie der Architektur ETH.

Goebel, K. 1970. Die Wuppertaler Familie Carnap. *Romerike Berge* 20(1): 9–14.

Graumann, C.F., und T. Herrmann, Hrsg. 1984. *Karl Bühlers Axiomatik: 50 Jahre Axiomatik der Sprachwissenschaften*. Frankfurt a. M.: Klostermann.

Haller, R., und F. Stadler, Hrsg. 1993. *Wien–Berlin–Prag: Der Aufstieg der wissenschaftlichen Philosophie: Zentenarien Rudolf Carnap – Hans Reichenbach – Edgar Zilsel*, Veröffentlichungen des Instituts Wiener Kreis 2. Wien: Hölder-Pichler-Tempsky.

Heidegger, M. 1929. *Was ist Metaphysik?* Frankfurt a. M.: Vittorio Klostermann.

Horkheimer, M. 1937. Der neueste Angriff auf die Metaphysik. *Zeitschrift für Sozialforschung* 6:4–51.

Kirsch, K. 1987. *Die Weißenhofsiedlung. Werkbund Ausstellung „Die Wohnung"*. Stuttgart: Deutsche Verlags-Anstalt.

Krischanitz, A., and O. Kapfinger. 1985. *Die Wiener Werkbundsiedlung: Dokumentation einer Erneuerung*. Wien: Beton.

Kruft, H.-W. 1995. *Geschichte der Architekturtheorie: Von der Antike bis zur Gegenwart*. 4. Aufl. München: C. H. Beck.

Limbeck-Lilienau, C. 2010. Rudolf Carnap und die Philosophie in Amerika. Logischer Empirismus, Pragmatismus, Realismus. In *Vertreibung, Transformation und Rückkehr der Wissenschaftstheorie. Am Beispiel von Rudolf Carnap und Wolfgang Stegmüller*, Hrsg. F. Stadler, 85–164. Wien: LIT

———. 2015. Der Wiener Kreis: Eine illustrierte Geschichte des Logischen Empirismus. *Limbeck-Lilienau/Stadler* 2015:357–411.

Limbeck-Lilienau, C., und F. Stadler. 2015. *Der Wiener Kreis: Texte und Bilder zum Logischen Empirismus.* Wien: LIT.

Loos, A. 1908/1982. *Ornament und Verbrechen.* In *Trotzdem: Gesammelte Schriften 1900–1930,* Hrsg. ders, 78–88. Wien: Prachner.

Loos, A. 1983. *Die Potemkische Stadt. Verschollene Schriften 1897–1933* (Hrsg. Adolf Opel). Wien: Georg Prachner.

Meyer, H. 1980. *Bauen und Gesellschaft: Schriften, Briefe, Projekte,* Hrsg. v. L. Meyer-Bergner, bearb. u. m. Einführungen versehen v. K.-J. Winkler. Dresden: Verlag der Kunst.

———. 1926/1989. Die neue Welt. Abg. In *Hannes Meyer 1889–1954: Architekt, Urbanist, Lehrer,* Hrsg. Bauhaus-Archiv Berlin, Deutsches Architekturmuseum Frankfurt am Main, 70–73. Berlin: Ernst & Sohn.

Moholy-Nagy, L. 1927/1967. *Malerei, Fotografie, Film.* München: Albert Langen. Nachdr. Kupferberg, Mainz/Berlin 1967 (= Neue Bauhausbücher).

———. 1929/1968. *Von Material zu Architektur.* …, München. Nachdr. Mainz/Berlin (= Neue Bauhausbücher)

Mück, H.-D., et al. 2000. *Magie der Realität, Magie der Form: Eine Hommage für Franz Roh 1890–1965,* Katalogbuch zur Ausstellung in Apolda 16.01.–12.03.2000. Apolda: ARTeFACT.

Neurath, O. 1921. *Anti-Spengler.* München: Georg D. W. Callwey.

———. 1931a. Physikalismus: Die Philosophie des Wiener Kreises. *Neurath* 1981:413–421.

———. 1931b. Empirische Soziologie: Der wissenschaftliche Gehalt der Geschichte und der Nationalökonomie. *Neurath* 1981:423–517.

———. 1981. *Gesammelte philosophische und methodologische Schriften* (2 Bde), Hrsg. v. R. Haller u. H. Rutte. Wien: Hölder-Pichler-Tempsky.

Neurath, O., R. Carnap, und C. Morris. 1969. *Foundations of the unity of science: Toward an international encyclopedia of unified science* (2 Bde). Chicago: University of Chicago Press.

Niemeyer, O. 1998. *As curvas do tempo: Memórias.* Rio de Janeiro: Editora Revan.

———. 2005. *Minha Arquitetura 1937–2005.* Rio de Janeiro: Editora Revan.

Peters, O. 1998. *Neue Sachlichkeit und Nationalsozialismus: Affirmation und Kritik 1931–1947.* Berlin: Dietrich Reimer.

Ratzke, E. 1987. Das Pädagogische Institut der Universität Göttingen: Ein Überblick über seine Entwicklung in den Jahren 1923–1949. In *Die Universität Göttingen unter dem Nationalsozialismus: Das verdrängte Kapitel ihrer 250jährigen Geschichte,* Hrsg. H. Becker, H.-J. Dahms, und C. Wegeler, 200–218. München etc.: K. G. Saur.

Roh, F. 1921. *Holländische Malerei.* Jena: Diederichs.

———. 1925. *Nach-Expressionismus: Magischer Realismus: Probleme der neuesten europäischen Malerei.* Leipzig: Klinkhardt & Biermann.

———. 1962. *„Entartete" Kunst: Kunstbarbarei im Dritten Reich.* Hannover: Fackelträger.

Schmied, W. 1969. *Neue Sachlichkeit und Magischer Realismus in Deutschland 1918–1933.* Hannover: Fackelträger.

Stadler, F. Hrsg. 1993. *Scientific philosophy: Origins and developments.* Dordrecht: Springer.

———. 1995. Wissenschaftliche Weltauffassung und Kunst: Zur werttheoretischen Dimension im Wiener Kreis. *Deutsche Zeitschrift für Philosophie* 43:635–651.

Thiel, C. 1993. Carnap und die wissenschaftliche Philosophie auf der Erlanger Tagung 1923. *Haller/Stadler* 1993:175–188.

Verein Ernst Mach. 1929/1981. Wissenschaftliche Weltauffassung: Der Wiener Kreis. A. Wolf, Wien. Abg. *Neurath* 1981:299–336.

Welzig, M. 1998. *Josef Frank (1885–1967): Das architektonische Werk.* Wien/Köln/Weimar: Böhlau.

Werner, M.G. 2003. *Moderne in der Provinz: Kulturelle Experimente im Fin de Siècle Jena.* Göttingen: Wallstein.

Winkler, K.-J. 1989. *Der Architekt Hannes Meyer: Anschauungen und Werk.* Berlin: Verlag für
   Bauwesen.
Zilsel, E. 1918/1990. *Die Geniereligion: Ein kritischer Versuch über das moderne Persönlichkeits-
   ideal, mit einer historischen Begründung.* Wien/Leipzig/Frankfurt a. M.: Braumüller/
   Suhrkamp.

5
Carnap und das Bauhaus

Peter Bernhard

5.1   Vorbemerkung

Carnaps Beziehungen zum Bauhaus wurden in der Vergangenheit wiederholt thematisiert, meist in Hinblick auf das übergeordnete Verhältnis zwischen dem Logischen Empirismus und den progressiven Strömungen der Zwischenkriegszeit, sei es der politisch-gesellschaftlichen, sei es der kulturell-künstlerischen. Dabei ging es entweder um die Frage, wie sich der Nonkognitivismus der Logischen Empiristen mit deren sozialreformerischem Engagement vertrug,[1] oder um die Skizzierung eines Modernismus, dem sich Logischer Empirismus und künstlerische Avantgarde gemeinsam verpflichtet fühlten.[2] Ein Blick in Carnaps bislang unveröffentlichte Korrespondenz, Tagebücher und Vortragsmanuskripte ermöglicht bezüglich beider Themenfelder nun eine differenziertere Darstellung, macht allerdings auch einige Korrekturen erforderlich.

5.2   Kein Vorspiel: Carnap und das Weimarer Bauhaus

Die Vermutung liegt nahe, dass Carnap bereits in seiner Jenaer Zeit mit dem Bauhaus in Berührung kam. Schließlich verkehrte er in dieser Phase nicht nur räumlich,

---

[1] Vgl. Hegselmann (1979a, b), Beckermann (1979) und Köhler (1979); speziell auf Carnap bezogen: Uebel (2012).

[2] Vgl. Galison (1990), Krukowski (1992) sowie Dahms (2001a); speziell zu Carnap: Bearn (1992), Richardson (2002), Damböck (2017, S. 190–214).

P. Bernhard (✉)
Friedrich-Alexander-Universität, Erlangen, Dessau-Roßlau, Deutschland
E-Mail: peter.bernhard@fau.de

© The Author(s) 2021   107
C. Damböck, G. Wolters (eds.), *Der junge Carnap in historischem Kontext: 1918–1935 / Young Carnap in an Historical Context: 1918–1935*,
Veröffentlichungen des Instituts Wiener Kreis 30,
https://doi.org/10.1007/978-3-030-58251-7_5

sondern auch mental und institutionell im Umfeld der Weimarer Avantgardeschule. Schon der jugendbewegte Sera-Kreis, zu dem Carnap gleich zu Beginn seines Studiums im Sommersemester 1910 stieß, befasste sich mit vielen der lebensreformerischen Themen, aus deren Geist heraus später die Gründung des Bauhauses erfolgte. Zudem pflegte man zum künstlerischen Weimar von Anfang an gute Kontakte: regelmäßig nahmen etwa Studierende der Weimarer Musik- sowie der Kunsthochschule an den Sonnenwendfeiern in Jena teil,[3] wie umgekehrt die Sera-Leute an kulturellen Festlichkeiten in Weimar;[4] zusammen beteiligte man sich an dem Werkbundfest 1913 bei Bad Kösen.[5]

Möglichkeiten, mit dem Bauhaus auf institutioneller Ebene in Berührung zu kommen, waren dann durch die (zeitgleich mit der des Bauhauses erfolgten) Gründung der Jenaer Volkshochschule gegeben. Carnap hatte sich wie viele seiner Freunde und Bekannten in der neuen Einrichtung engagiert:[6] er gehörte zusammen mit seiner Frau und seiner Mutter zu den Gründungsmitgliedern,[7] gab gleich im ersten Semester einen Kurs über Algebra,[8] besuchte aber auch Veranstaltungen von Freunden[9] und nahm an Wochenkursen der Jenaer Volkshochschule in Eisenach (Ende Mai, Anfang Juni 1920) und Weimar (Ende August 1921) teil.[10] Volkshochschule und Bauhaus begriff man als „zwei geistige Bewegungen, die in ihren Ursprüngen und Zielen übereinstimmen",[11] wie sich der damalige Geschäftsführer der Thüringer Volkshochschule Reinhard Buchwald rückblickend erinnerte, um allerdings anschließend festzustellen, dass es kaum zu Kontakten kam.[12] Und die wenigen, die es gab, fanden ohne Carnap statt. So weilte er beide Male in Freiburg, als Walter Gropius an der Volkshochschule in Jena referierte,[13] und von den insgesamt

---

[3] Vgl. Werner (2006) und Flitner (1986, S. 142).

[4] In Flitner (1986, o. S.) findet sich ein Foto, das Carnap zusammen mit der Seragesellschaft 1910 auf einem Festzug in Weimar zeigt.

[5] Ein Foto mit Carnap von diesem Ereignis findet sich in Werner (2015, S. 116).

[6] Den Gründungsaufruf hatten u. a. Bruno Bauch, Herman Nohl, Wilhelm Rein und Eugen Diederichs unterzeichnet; vgl. N.N. (1919). Aus Carnaps Freundeskreis wurde Wilhelm Flitner Geschäftsführer der Volkshochschule Jena und Walter Fränzel Geschäftsführer der Volkshochschule Thüringen; der mittlerweile in München lebende Franz Roh steuerte Artikel für die Volkshochschulblätter bei (vgl. Roh 1920).

[7] Vgl. die Liste der Unterzeichner des Gründungsaufrufs der Volkshochschule Thüringen, in: *Bl Volkshochschule Thüringen*, 1, 4, 1919, o. S. (Nachdruck in Friedenthal-Haase/Meilhammer 1999, S. 13–16).

[8] Laut Ankündigung behandelte der Kurs die „Auflösung von eingekleideten Gleichungen. Flächen- und Körperberechnungen" (Carnap 1919). Dass Carnap an der Jenaer Volkshochschule noch weitere Mathematik-Kurse gab, wie Dahms (2001b) behauptet, ist nicht belegt.

[9] Im Wintersemester 1919/1920 nahm Carnap z. B. teil an Kursen von Fränzel über Sagen und Märchen, von Julius Frankenberger über Metaphysik und von Flitner über Geschichtsphilosophie; vgl. Carnaps Tagebucheinträge dieser Zeit in Carnap (im Erscheinen).

[10] Vgl. ebd. sowie *Bl Volkshochschule Thüringen*, 2, 7/8, 1920 und N.N. 1921.

[11] Buchwald (1992, S. 353).

[12] Vgl. ebd.

[13] Gropius redete am 24. Mai 1922 sowie am 14. Februar 1923 an der Volkshochschule im Rahmen der sog. Ausspracheabende (vgl. Flitner 1922 und *Jenaische Zeitung* Nr. 41 vom 17.02.1923), die

drei „Weimarwochen", die die Jenaer Volkshochschule veranstaltete, nahm er nur an der ersten teil, bei der ein Besuch des Bauhauses nicht vorgesehen war.[14] Carnap berichtet dann auch nur von einem Museumsbesuch mit den beiden Freunden Flitner und Erwin Räuber nach Abschluss der Veranstaltung.[15]

Gropius hätte Carnap überdies (am 1. Dezember 1924) im Jenaer Kunstverein hören können, ebenso andere Bauhäusler wie Adolf Meyer (am 2. November 1924), Paul Klee (am 26. Januar 1924) oder Wassily Kandinsky (am 15. März 1925).[16] Doch auch an diesen Tagen war Carnap stets in Freiburg, und während der großen Bauhaus-Ausstellung vom 15. August bis zum 30. September 1923, in die auch das von Gropius umgebaute Jenaer Stadttheater integriert war, hielt Carnap sich in Mexiko auf.[17] Andere, vom Jenaer Kunstverein gezeigte Ausstellungen mit Beteiligung von Bauhäuslern[18] werden in Carnaps Tagebüchern ebenfalls nicht erwähnt. Dies verwundert angesichts der Tatsache, dass der Jenaer Kunstverein Carnaps Freundeskreis schon früh als wichtige Bildungsinstitution gegolten hatte.[19]

Nicht zuletzt hätte Carnap über Familienbande mit dem Weimarer Bauhaus in Kontakt treten können, da seine Cousine Hedwig von Rohden dort Ende Januar 1920 eine Vorführung der von ihr mitentwickelten „Loheland-Gymnastik" gab.[20] Carnap hielt offensichtlich viel von dieser modernen Körperschulung,[21] praktizierte

---

„für alle Lehrer und Hörer" (*Volkshochschule Jena. Arbeitsplan Winter 1921*. Jena: Thüringer Verlagsanstalt o. J. [1921], S. 3) offen waren. Laut Ankündigung handelte es sich dabei um „Aussprachen über Dinge, die uns gemeinsam angehen, über Beruf und Wirtschaft, Bildungs- und Weltanschauungsfragen" (ebd.). Ob Gropius wie geplant noch einmal im Frühling 1924 an der Jenaer Volkshochschule sprach, ist nicht belegt (vgl. *Volkshochschule Jena. Arbeitsplan: Ostern bis Johanni 1924*. Jena: Thüringer Verlagsanstalt o. J. [1924], S. 2).

[14] Die unter dem Motto „Das klassische Weimar" stehende erste „Weimarwoche" fand unter der Führung von Flitner und Fränzel vom 22. bis zum 28. August 1921 statt. Für die beiden folgenden „Weimarwochen" (vom 17. bis zum 24. September 1922 und vom 26. August bis zum 2. September 1923) sind Bauhausbesuche belegt (vgl. N.N. 1921, 1923; Reimers 2003, S. 357–364).

[15] Vgl. Carnap (im Erscheinen), Eintrag vom 28.08.1921.

[16] Auch andere bauhausaffine Vorträge in Jena, etwa von Eberhard Grisebach (am 13.06.1920 über „Die Krisis der modernen Malerei"), Kurt Schwitters (der am 04.07.1921 einen Dada-Abend gab), Theo van Doesburg (am 29.03.1922 über „Der Wille zum Stil" und am 07.02.1925 über „Die Architektur als Gestaltungsproblem"), Alois Schardt (am 20.11.1922 „Über die Grundlagen der modernen Malerei"), Adolf Behne (am 08.07.1923 zur Eröffnung einer Konstruktivistenausstellung und am 12.03.1924 über „Moderne städtebauliche Fragen") fanden in Carnaps Tagebüchern keinen Niederschlag.

[17] Immerhin findet sich in Carnaps nachgelassener Bibliothek der Katalog zu dieser Ausstellung.

[18] Eine Liste dieser Ausstellungen findet sich in Wahl (1979, S. 341).

[19] Vgl. Flitner (1986, S. 167–169). Auch Herman Nohl hatte dort im Februar 1913 einen Vortrag (über Franz Marc) gehalten; Carnap besuchte in dieser Zeit zwar Nohls Seminar, war bei der Veranstaltung allerdings ebenfalls nicht anwesend (vgl. Lankheit 1989, S. 14–22 sowie Carnap (im Erscheinen), Eintrag vom 16.02.1913).

[20] Vgl. Ackermann (2017).

[21] Ein früher Förderer des verwandten Ausdruckstanzes war der Initiator und Mentor des Sera-Kreises, der äußerst kulturinteressierte Verleger Eugen Diederichs, der seit der Gründung des Bauhauses zu dessen engagierten Unterstützern zählte (vgl. Viehöfer 1988).

sie sogar selbst,[22] und besuchte im Juli 1920 seine Cousine in der bei Fulda liegenden Frauensiedlung „Loheland",[23] um dort diese spezielle Gymnastik unter Anleitung zu betreiben. Allerdings ist nicht bekannt, ob Carnap bei der Aufführung in Weimar zugegen war, da seine Tagebücher in diesem Zeitraum eine Lücke aufweisen. In den überlieferten Bänden taucht das Weimarer Bauhaus jedenfalls an keiner Stelle auf. Und auch im Rückblick auf diese Zeit hielt Carnap diese Einrichtung keiner Erwähnung wert, im Gegenteil wundert er sich im nicht publizierten Teil seiner Autobiographie:

> It is strange that the main interests of most of my friends during my student years were not theoretical and scientific but rather literary and artistic: they studied various fields in the humanities, e.g. the history of literature, the history of art, the ethical and aesthetic problems of philosophy, and similar areas.[24]

So kann zusammenfassend festgestellt werden, dass Carnap während seiner Jenaer und Freiburger Jahre dem Bauhaus offensichtlich keine besondere Bedeutung beimaß,[25] wenngleich davon auszugehen ist, dass in seinem Umfeld darüber gesprochen wurde.[26] Das sollte sich erst ändern, als Carnap seinen eigenen philosophischen Standpunkt entwickelte und in größere Zusammenhänge einordnete. In Hinblick darauf erwies es sich als günstig, dass er in diesen entscheidenden Jahren für eine solche Einordnung wichtige Personen kennenlernte: neben Otto Neurath waren das vor allem der Bauhaus-Meister László Moholy-Nagy und dessen Frau, die Fotografin Lucia[27] Moholy sowie das engagierte Kunsthistorikerpaar Sigfried Giedion und Carola Giedion-Welcker, mit denen Carnap Anfang 1925 bekannt wurde. Im Gegensatz zu seinem Kunsthistorikerkollegen Roh verstand Giedion sich nicht als neutraler Wissenschaftler, sondern betrachtete es als „eine der vornehmsten Aufgaben eines Kritikers […] – Historiker, Dichter oder Journalist –, kreativen Erscheinungen den Weg zu öffnen",[28] was vor allem für das Bauhaus galt (das ihm erst durch die Ausstellung von 1923 in den Blick geriet).[29] Können also Giedion und die Moholys als Propagandisten des Bauhauses bezeichnet werden, so finden sich bei Neurath und Roh auch skeptische Töne gegenüber der Avantgardeschule.[30]

---

[22] Vgl. Carnaps Tagebucheinträge, vor allem in den 1920er-Jahren.

[23] Vgl. Christinck und Spieker (2011).

[24] Carnap (o. J., S. B 32 f.).

[25] Freilich ist Carnaps Selbsteinschätzung mit Vorsicht zu genießen, war er sich doch lange Zeit seiner (durch Herman Nohl vermittelten) Beziehung zu Dilthey nicht bewusst, die ebenfalls auf diese frühen Jahre zurückgeht (vgl. Gabriel 2004, S. 16–17).

[26] Vgl. Flitner (1986, S. 285–291). Die in diesem Zusammenhang auch in Siegetsleitner (2014, S. 124) angeführte Stelle aus Flitners *Erinnerungen* verwirrt etwas durch die falsche Zitation: dort muss es „uns" statt „ihm" heißen.

[27] In Carnaps Tagebüchern und Briefen „Luzia" genannt.

[28] Giedion (1956, S. 7).

[29] Vgl. Giedion (1954, S. 33 und 39); Giedion freundete sich bei dieser Gelegenheit mit Moholy-Nagy an, der über ihn dann auch Carnap kennenlernte.

[30] Zu Neuraths Bauhaus-Kritik unter dem Direktorat von Gropius vgl. Neurath (1926b) sowie Long (2002, S. 116), zu seiner Kritik unter dem Direktorat von Meyer vgl. Tschichold (1979, S. 192); zu Rohs Bauhaus-Kritik vgl. Roh (1924).

5.3 Carnap und die Neue Sachlichkeit

Für Carnap zählten sowohl der Wiener Kreis als auch das Bauhaus zur Neuen Sachlichkeit[31] – schon früh hatte er hier von einer „inneren Verwandtschaft" gesprochen.[32] Diese Einschätzung teilte er offensichtlich mit dem Schöpfer dieses Schlag-
worts, dem Mannheimer Museumsdirektor Gustav Hartlaub, der damit zwar
zunächst nur eine 1925 gezeigte Ausstellung über Malerei betitelte.[33] Aber

> im Gegensatz zu Atelierschlagworten (wie „Kubismus") [...] [sprang] es sofort auf andere
> Gebiete über; man bemächtigt[e] sich seiner zur suggestiven Fassbarmachung ähnlicher
> Bewegungen in *Lebenshaltung, Architektur* und *Kunstgewerbe, Musik, Dichtung, Drama,
> Journalismus.*[34]

Im Bereich der Philosophie etwa war nach Hartlaub der Neuen Sachlichkeit „we-
sensverwandt: positivistisch!"[35] Dementsprechend seien dazuzuzählen:

> die Empirie der Wiener Schule (Neuraths Empirische Soziologie) beeinflusst von dem ame-
> rikanischen „Behaviorismus"/*Schlick* [...] Erkenntnistheorie/naturwissenschaftlich/*Rei-
> chenbach* „Empirische Philosophie".[36]

Ebenso gelte:

> N. Sachl. bedeutet *Bekenntnis* zum *Technischen* (Maschinenwesen), zu den neuen indus-
> triellen Werkstoffen [...]/N. Sachl. bedeutet ein Ja-Sagen zum *neuen Menschen* (moderne
> Frau, [...], Freizügigkeit, Demokratie).[37]

Und zur neusachlichen Architektur konstatierte Hartlaub:

> Der Baumeister heute fühlt sich verantwortlich für den Menschen, und zwar für den freien,
> lebendigen Menschen schlechthin, dessen Dasein nicht mehr unter den ungeheuren Lebens-
> hemmungen des Dogmatisch-Metaphysischen und des Dynastischen steht. [...] Nicht Me-

---

[31] Vgl. Feigl (1969, S. 637).

[32] Im Vorwort zum *Aufbau* erklärte er: „Wir spüren eine innere Verwandtschaft der Haltung, die
unserer philosophischen Arbeit zugrunde liegt, mit der geistigen Haltung, die sich gegenwärtig auf
ganz anderen Lebensgebieten auswirkt, wir spüren diese Haltung in Strömungen der Kunst, besonders der Architektur, [...] der Erziehung, der äußeren Ordnungen im Großen" (Carnap 1998,
S. XV f.). Für Mitstreiter wie für Kritiker lag der Bezug zum Bauhaus und zur Neuen Sachlichkeit
unmittelbar auf der Hand. So schrieb etwa Rolf Göldel: „Carnaps Lehre von der Rationalität im
Wissenschaftlichen, seine Hoffnung auf die Berechenbarkeit der konkreten Existenz, seine Absage
an alle Spekulation und Romantik lassen es für angezeigt halten, Carnap als einen Verkünder der
,neuen Sachlichkeit in der Philosophie' zu bezeichnen – umsomehr [sic], als er bekennt, gewissen
Strömungen der gegenwärtigen Architektur (gemeint ist offenbar die rationalistische Architektur,
die im ,Dessauer Bauhaus' exponiert war) sich verwandt zu wissen" (Göldel 1935, S. 282).

[33] Vgl. Buderer (1994).

[34] Hartlaub (1931).

[35] Ebd.

[36] Ebd.

[37] Ebd.

taphysik, nicht Religion, nicht Feudalismus und Absolutismus im alten Sinne braucht die neue Form der „Stahlzeit".[38]

Carnap war mit dem Begriff der Neuen Sachlichkeit durch seinen Freundes- und Bekanntenkreis von Anfang an vertraut. Roh war in die Ausstellungsvorbereitungen von Hartlaub einbezogen,[39] sein Buch *Nach-Expressionismus* entstand in unmittelbarem Zusammenhang damit. Auch in diesem Werk wird, wenngleich nur vage, auf neusachliche Erscheinungsformen außerhalb des Bereichs der Kunst hingewiesen. Sicher diskutierte Carnap dieses Themenfeld auch mit Giedion, Moholy-Nagy und dem in Freiburg lebenden Kunsthistoriker Josef Gramm, der ebenfalls mit Roh und dem modernen Typographen Jan Tschichold bekannt war.[40] Die Person aber, mit der sich Carnap diesbezüglich am intensivsten austauschte, war weder der Künstler Moholy-Nagy noch einer der Kunsthistoriker Gramm, Giedion oder Roh, sondern der Philosoph Broder Christiansen. Der über 20 Jahre ältere Christiansen hatte 1902 in Freiburg bei Heinrich Rickert promoviert, wurde dann aber durch eine schwere Herzangina an der weiteren akademischen Laufbahn gehindert und zu einem zurückgezogenen Leben in Buchenbach gezwungen, wo er als Privatgelehrter Bücher verfasste und in einem eigenen Verlag publizierte.[41] Durch die nachbarschaftliche Nähe in dem kleinen Schwarzwalddorf kam er mit Carnap in Kontakt.[42] Wie dessen Tagebücher zeigen, war Christiansen für ihn ein wichtiger Gesprächspartner, sowohl in fachlichen als auch in privaten Angelegenheiten; Diskussionen mit Christiansen spielten auch bei der Entstehung des *Aufbau* eine wichtige Rolle.[43]

1929 veröffentlicht Christiansen unter dem Titel *Das Gesicht unserer Zeit* eine umfassende Darstellung der Neuen Sachlichkeit als des Stils der Gegenwart, wobei sich für ihn ein Stil

nicht nur in der Kunst zeigt [...], [sondern auch] in neuen Erziehungsmethoden, in der Frauenkleidung, in der sozialen Einstellung, in den Wissenschaften [usw].[44]

Zur vollständigen Erfassung eines Stils sei allerdings die Einbeziehung des Vorhergehenden und des Nachfolgenden notwendig. So beschreibt Christiansen neben dem „heutigen" oder „H-Stil" auch noch den „vorgestrigen" oder „V-Stil", den „gestrigen" oder „G-Stil" sowie den „morgigen" oder „M-Stil". Dabei versucht er jeden dieser Stile in der ganzen Breite seiner Erscheinungsformen zu erfassen. Als

---

[38] Hartlaub (1929, S. 276 f.).

[39] Vgl. Hartlaub (2000 [1923]). Hartlaub verwendete hier schon die Bezeichnung „Neue Sachlichkeit"; diese spezielle Schreibweise mit großem N wurde allerdings nicht überall adaptiert, vgl. z. B. die redaktionellen Anmerkungen zu einem Textauszug aus Rohs Buch *Nach-Expressionismus* (unter der Überschrift „Gegenständlichkeit") in: *Der Cicerone* 17 (1925), S. 1113–1118, hier 1113.

[40] Zu Carnaps regem Gedankenaustausch mit den genannten Personen vgl. Carnap (im Erscheinen), passim.

[41] Vgl. Steinfeld (2016, S. 7–17).

[42] Seit seiner Bekanntschaft mit Elisabeth Schöndube 1912 verkehrte Carnap in Buchenbach und zog schließlich nach der Vermählung mit ihr im August 1917 ganz dorthin.

[43] Vgl. Carnap (im Erscheinen), Eintrag vom 04.07.1922.

[44] Christiansen (1929, S. 9).

wesentliche Merkmale des aktuellen Stils der Neuen Sachlichkeit macht er unter anderem aus:

> exakteste Leistung und darum ein immer bereites Können, unabhängig von der Gunst des Augenblicks. [...] Das widerspiegelt sich im Gepräge moderner Dinge. Die schnittige Eleganz der Autoform und sein geräuschlos leichtes Gleiten.[45] [...] Können wird Selbstwert; Exponent ist der Sport. [...] Das Können in reinster Form, das Können in meßbarer Form. [...] Charakteristisch für das neue Lebensgefühl ist, daß sich überall an Stelle verfallender Moralen ein neues Ethos durchsetzt: das fair play des Sports.[46] [...] Der H-Stil überwertet [sic] die Technik,[47] [...] die technischen Wunder steigen der Zeit zu Kopf und steigern die Wertung. [...] Und die Technik, die im Haus der Kultur bisher dastand wie Gesinde, wird nobilitiert. Philosophisch geschieht es durch Zschimmer und Dessauer:[48] die stellen neben die alten Reiche des Guten, Wahren und Schönen die Technik als „viertes Reich". Noch nachdrücklicher geschieht die Nobilitierung der Technik durch die H-Kunst [...], dadurch, daß der technische Klang, der technische Rhythmus, die Stimmungsqualität des Technischen zur Stildominante wird in der H-Kunst.[49] [...] Die Bauhausschule gibt dem Tanz Innenklänge der Technik und mechanisiert ihn bis zu den Grotesken der Holzstäbetänze.[50] [...] Und zum ersten Mal gewinnt das Technische seinen vollkommenen ästhetischen Ausdruck. Bisher hatte die Technik kein eigenes Gewand, und sie blieb entweder in nackter Häßlichkeit belassen, oder sie lieh von Tempeln und Domen sinnlose Verkleidung. Ich betrachte es als die beste Leistung der H-Kunst, daß sie in ihren Industriebauten endlich den Stil der Technik gefunden hat. H-Stil [bedeutet] Überbewertung der Ratio. Trumpf ist das Rationalste aller Ratio: die Zahl. [...] [M]an schätzt das Artefakt höher als das Gewachsene. Das Maschinenprodukt ist stilgemäßer als die nie ganz berechenbare Arbeit der Hand.[51] [...] [N]üchterne, unverstiegene Wirklichkeit: Viel Mut und Freude, festzustellen und auszusprechen, was ist. Überall helle Sicht, grelle Tatsächlichkeit.[52] [...] [In der] Wirklichkeitsnähe der Moderne [...] bekommen nun auch ihr Recht die Kleinzwecke des erdnahen Alltagslebens. [So rühmt] man an dem ersten Entwurf le Corbusiers zum Völkerbundgebäude besonders [...], daß hier die Autozufuhr und die Bürobeleuchtung Kernstücke des Planes sind.[53] [...] H-Stil: radikale Vereinfachung. Alles Verwickelte, alles Problematische

---

[45] Ebd., S. 38.

[46] Ebd., S. 39 f.

[47] Ebd., S. 41.

[48] Gemeint sind Eberhard Zschimmer (1873–1940), der bereits 1914 im Jenaer Diederichs-Verlag eine *Philosophie der Technik* publizierte, und Friedrich Dessauer (1881–1963), der 1927 ein Werk gleichen Titels vorlegte.

[49] Ebd., S. 42 f.

[50] Ebd., S. 74. Der „Stäbetanz" ist ein von dem Bauhausmeister Oskar Schlemmer und der Balletttänzerin Manda von Kreibig 1928 entwickelter Tanz, bei dem am Körper des Tänzers mehrere unterschiedlich lange Holzstäbe befestigt werden (eine Abbildung findet sich in Kunstsammlung Nordrhein-Westfalen u. a. 1994, S. 17). Bezüglich des Bauhauses zeigt sich Christiansen recht gut im Bilde, wenn er es nicht pauschal dem H-Stil zurechnet: „Jeder denkt dabei an das Dessauer Bauhaus; doch das ist keineswegs stileinig: Gropius, Mart Stam [der Gastlehrer am Bauhaus war], überhaupt die Bauleute, und von den Malern Albers und Schlemmer haben viele H-Züge; dagegen die Maler Feininger, Kandinsky und Klee sind Gestrige; und der Wortführer [Ernst] Kállai [mit dem Carnap näher bekannt war] vermittelt diplomatisch glatt zwischen den Stilen" (Christiansen 1929, S. 10 f.).

[51] Ebd., S. 43 f.

[52] Ebd., S. 45.

[53] Ebd., S. 46.

schiebt man beiseite. [...] Man mutet sich nicht mehr zu, als man zu erfüllen mag. [...]
[Zudem] klare Ordnung. [...] Alles soll leicht überschaubar sein. Sogar die Malräume nachexpressionistischer Maler sind nicht mehr malerisch unordentlich, sondern sie haben die
kühle Helle und Ordnung eines Operationszimmers. [...] [Außerdem] extreme Unpersön-
lichkeit. Nicht die individuelle Einzelform gilt, sondern die Gleichform. Jeder hält sich,
jeder kleidet sich, wie alle es tun.[54] [...] Wo man kann, schaltet man das Subjekt aus und das
Subjektive; man wird „sachlich"; Schlagwort des H-Stils wird „die neue Sachlichkeit". Das
bedeutet in Wahrheit: man wird intersubjektiv. Geltung hat nur das Übertragbare. [...] Man
will und darf sich nicht absondern; stilgemäß gehört man zu Masse.[55] [...] Der Entpersönlichung entspricht die Entwurzelung: man ist nicht mehr heimständig. Das Haus verliert die
haltende Schrägung seines Daches; es verlangt das entlassende Flachdach. Die Familie
entläßt. Positiv: ein Freigefühl unbegrenzter Weite. Negativ: Ungehaltenheit wird Haltlo-
sigkeit.[56] [...] [D]as neue Leben ist also unbelastet, unkompliziert, sachlich, realistisch; es
ist mutiger, kühler, freier, selbstsicherer, unbefangener. [...] Der Mensch der neuen Zeit ist
[...] in seiner Arbeit präzis und unbeteiligt wie eine Maschine; klar, bestimmt [...]. Aus
Gründen der Sauberkeit schränkt er sich ein auf das, was keiner bezweifeln kann.[57] [...] Im
modernen Haus fällt mehr und mehr die Grenze zwischen Drinnen und Draußen; durchge-
hende Fenster ohne trennenden Fenstersturz und Schlagschatten verbinden das Zimmer mit
dem Garten, mit der Weite.[58] [...] Der H-Stil ist statisch, nicht dynamisch. [...] Das Über-
wertigwerden von Technik, Ratio, Geld, Logistik und allem, was nur als Mittel und also
zielend einen Sinn hätte, ist statisch. [...] [Überall herrscht] das zweitaktige Spiel von Kraft
und hemmender Gegenkraft.[59] [...] Im modernen Bau le Corbusiers: die erdhafte Schwere
der Baukuben, die erdenschwere Bindung durch die Horizontalen werden in Schwebe gehalten durch die Gegenspannung, daß die Kuben überall durchbrochen werden mit Luft und
Licht und daß ihre Schwere aufgelegt wird auf Stelzen.[60]

Sodann beschreibt Christiansen die Philosophie des H-Stils:

Sie ist unpathetisch, nüchtern, extrem rationalistisch, exakt, von einer köstlichen Sauberkeit. Die Technik des Erkennens bekommt den Akzent. Mit einmal ist die Logik, bisher
verschollen als grau und unfruchtbar, das lebendigste Stück der Philosophie. Enge Fühlung
mit der Mathematik und Physik. Man durchforscht die wissenschaftlichen Methoden; man
schält die Axiome heraus in der Sauberkeit anatomischer Präparate [...]; methodische Haltung, das ist jetzt Weltanschauung! Wohl die stärkste Potenz der modernen Philosophie ist
Rudolf Carnap. Sein eben erschienenes Werk „Der logische Aufbau der Welt" zeigt eine
ungewohnte Vitalität und Wucht des Denkens; dabei die Sauberkeit einer phrasenlosen
Sprache.[61]

---

[54] Ebd., S. 47 f.

[55] Ebd., S. 49.

[56] Ebd., S. S. 51.

[57] Ebd., S. 52.

[58] Ebd., S. 53 f.

[59] Ebd., S. 57.

[60] Ebd., S. 58.

[61] Ebd., S. 106. Die erwähnte „phrasenlose Sprache" zeichnet nicht zufällig Carnaps Stil aus, hatte
er doch ein entsprechendes Lehrbuch Christiansens durchgearbeitet. So findet man in seinem Tagebuch am 9. April 1924 den Eintrag: „abends mit Elisabeth aus Christiansen Schule des Schreibens geübt" (gemeint ist Christiansen 1919). Auch noch später fragte Carnap bei Christiansen um
Schreibstil-Beratung nach (vgl. den Tagebucheintrag vom 19. August 1930).

Carnap brachte Christiansens Buch gleich nach Erscheinen von einem Aufenthalt in Buchenbach mit nach Wien. Am 17. Juni 1929 notiert er in sein Tagebuch:

> Nachher mit Feigl bei Frau Neurath; wir lesen Christiansens „Gesicht unserer Zeit" vor, es interessiert beide lebhaft. Später Neurath dazu.[62]

Und wenige Tage später, am 22. Juni, findet sich der Eintrag

> Mit Neurath in sein Büro, auch Feigl. [...] Mit zu ihm, Mittagessen, Reidemeisterin[63] auch dabei. Lange und heftig mit ihm Christiansens „Gesicht unserer Zeit" diskutiert. Ich gebe den Fehler der Außerachtlassung der sozialen Zusammenhänge zu, nehme aber trotzdem das Buch wegen guter Seiten in Schutz.[64]

Es steht also zu vermuten, dass Carnaps Auffassung zur Neuen Sachlichkeit weitgehend Christiansens Ausführungen entsprach. Nur zwei Monate nach der Veröffentlichung des Buches, das ihn zu *dem* Philosophen der Neuen Sachlichkeit erklärte, erhielt Carnap die schriftliche Einladung zu einer Vorlesungswoche an einem der Zentren der Neuen Sachlichkeit, dem mittlerweile nach Dessau umgesiedelten Bauhaus.[65]

5.4 Carnap am Dessauer Bauhaus

Carnaps Vortragseinladung verdankt sich letztendlich der Initiative von Neurath, der schon seit Längerem die Entwicklung dieser kulturrevolutionären Einrichtung verfolgte. Als Generalsekretär des von ihm gegründeten Österreichischen Verbandes für Siedlungs- und Kleingartenwesen wandte er sich wie das Bauhaus gegen „hohle Scheinarchitektur [...] und mit sinnlosen Ornamenten beklebt[e]"[66] Gebäude und erklärte wie Gropius im Bauhausmanifest die gemeinschaftlich errichteten

---

[62] In Carnaps Freiburger Freundeskreis wurde Christiansens Werk ebenfalls intensiv gelesen, so sehr, dass man bereits im Sommer des Erscheinungsjahres bei einem Tanzabend eine Scharade mit Tänzen im V-, G-, H- und M-Stil veranstaltete (vgl. Carnap (im Erscheinen), Eintrag vom 11.08.1929; in Christiansen 1929, S. 72–75, werden die unterschiedlichen Tanzstile in einem separaten Kapitel behandelt). Gramm verfasste im Anschluss an Christiansen eine eigene Studie, in der ebenfalls die Verbindung von Bauhaus-Stil und Positivismus konstatiert wird; vgl. Gramm (1931, S. 155 f.).

[63] Marie Reidemeister arbeitete am Gesellschafts- und Wirtschaftsmuseum von Neurath, den sie 1941 heiratete.

[64] Carnaps Verteidigung des Werkes ist bemerkenswert, wenn man bedenkt, auf welches Fundament Christiansen seine Einsichten gründet: „Stilerkenntnis gelingt nicht mit den Mitteln der exakten Erfahrungswissenschaft" (Christiansen 1929, S. 10). „Stilerkenntnis hat also keine schlechthin übertragbare Methode; sie bedarf der persönlichen Intuition. Stile erfaßt nur, wer hellhörig ist für die Innensprache der Formen und Dinge und ihre Zusammengehörigkeiten genau erfühlt" (ebd., S. 11).

[65] Vgl. Bernhard (im Erscheinen).

[66] Neurath (1924), vgl. Neurath (1926a).

Dombauten des Mittelalters zum Vorbild modernen und somit sozialen Bauens.[67]
Als im Dezember 1926 das neue Bauhausgebäude in Dessau eingeweiht wurde,
zählte Neurath zu den Gästen und berichtete anschließend im österreichischen *Aufbau* darüber:

> programmatisch [wird] der Wille zur Technik, der Wille zur sozialen Arbeit betont. Je mehr
> das Bauhaus diese Richtung pflegt, um so stärker wird es der großen Umwälzung dienen,
> die auf eine völlige Neugestaltung des gesellschaftlichen und persönlichen Lebens hi-
> nausläuft.[68]

Die Möglichkeit, hierbei kooperativ mitzuwirken, schien gegeben, als sich Neurath 1929 in den Vorstand des Österreichischen Werkbundes wählen ließ. Schon im
April desselben Jahres lud man den Bauhausdirektor Hannes Meyer nach Wien zu
einem Vortrag ein.[69] Neurath erblickte in Meyer sicher den rechten Mann am rechten Ort, hatte er doch am Gropius'schen Bauhaus kritisiert, dass der

> den Malern überlassene Erziehungseinfluß […] übermächtig groß [… sei und] daß die
> Schüler und Schülerinnen sich vorwiegend als „Künstler", nicht als „Ingenieure" [fühlten].[70]

Ganz in diesem Sinne erklärte auch Meyer zu Beginn seines Direktorats am
Bauhaus:

> alle dinge dieser welt sind ein produkt der formel: (funktion mal ökonomie)
> alle diese dinge sind daher keine kunstwerke:
> alle kunst ist komposition und mithin zweckwidrig.
> alles leben ist funktion und daher unkünstlerisch.
> die idee der „komposition eines seehafens" scheint zwerchfellerschütternd!
> jedoch wie entsteht der entwurf eines stadtplanes? oder eines wohnplanes? komposition
> oder funktion? kunst oder leben?[71]

Meyers Position war im Umfeld des Wiener Kreises allerdings nicht unumstritten. Vor allem der Bruder des Wiener-Kreis-Mitgliedes Philipp Frank, der Vizeprä-
sident des Österreichischen Werkbundes Josef Frank, der mit Neurath in Siedlerver-
band und Wirtschaftsmuseum eng zusammenarbeitete,[72] stand dem von Meyer
vertretenen rigorosen Funktionalismus skeptisch gegenüber.[73] Zwar selbst dem modernen Architektenlager zuzurechnen, kritisierte er schon bei der (von dem späteren
Bauhausdirektor Ludwig Mies van der Rohe geleiteten) Werkbund-Ausstellung

---

[67] Vgl. Neurath (1924) sowie Gropius (2009 [1919]).

[68] Neurath (1926b, S. 210).

[69] Vgl. *bauhaus. zeitschrift für gestaltung*, 3(2) (1929), S. 26. Das Manuskript zu Meyers Vortrag
ist abgedruckt in Meyer (1980b, S. 54–62).

[70] Neurath (1926b, S. 210).

[71] Meyer (1928, S. 12). Mit vergleichbarer emphatischer Berufung auf „das Leben" formulierten
Neurath, Carnap und Hans Hahn: „Die wissenschaftliche Weltauffassung dient dem Leben und das
Leben nimmt sie auf" (Neurath u. a. 1929). Entsprechend begann Carnap seinen ersten Bauhaus-
vortrag „Wissenschaft und Leben" mit dem Satz: „Ich arbeite in Wissenschaft, Sie in (sichtbarer)
Formgestaltung; beides nur Seiten des einen Lebens" (RC 110-07-49).

[72] Vgl. Gmeiner und Pirhofer (1985).

[73] Zu Franks Bauhaus-Kritik vgl. Long (2002, S. 115–118).

„Die Wohnung", die 1927 in der Stuttgarter Weißenhofsiedlung zu sehen war, die „Modernekulturverkünder", die ein an das zeitgemäße Leben angeglichenes Design forderten und dabei doch nur den Geschmack der Kunstgewerbler (wozu Frank auch die modernen Formgestalter zählte) bedienten.[74]

Drei Tage vor Meyers Werkbund-Vortrag in Wien referierte Josef Frank im Mach-Verein über „Moderne Weltauffassung und moderne Architektur".[75] Der Wortlaut ist nicht überliefert, aber als Referenztext kann sicher sein Vortrag „Was ist modern?" gelten, den er im darauffolgenden Jahr 1930 anlässlich der Tagung des Deutschen Werkbundes in Wien hielt. Darin gesteht er zwar zu:

> Das flache Dach ist ein Ausdruck der nicht metaphysischen Weltanschauung, die überall Klarheit haben will[,][76]

um aber zugleich festzustellen, dass es sich dabei letztendlich nur um ein Symbol handelt, das heißt, um den Ausdruck eines Stils, der sich so wenig begründen lasse wie jeder andere Stil und doch als unentbehrlich anzusehen sei:

> Wir brauchen diese Symbole wie jede andere Zeit, um uns verständlich zu machen. Eine Form muß keinen niedrig-praktischen Zweck haben, um modern zu sein.[77] [...] Und so ist es auch heute nicht modern, den Menschen ästhetische Ideale darzubieten, mögen sie auch noch so verkleidet sein.[78]

In diesem Zusammenhang kritisiert Frank vor allem – ohne Namensnennung – Meyers programmatische Schrift „Die neue Welt",[79] die eine der industriellen Produktionsweise entsprechende Formgebung als allein zeitgemäße propagiert.[80]

Carnap hatte weder Franks noch Meyers Vortrag in Wien gehört, da er zu dieser Zeit noch (im Anschluss an den Davoser Hochschulkurs) in der Schweiz weilte. Nach seiner Rückkehr scheint im Freundeskreis nicht weiter darüber diskutiert worden zu sein; jedenfalls findet sich in Carnaps Tagebüchern keine Bemerkung dazu. Auch Neuraths Vortragseinladung ans Bauhaus im darauffolgenden Monat scheint ihm nicht bekannt gewesen zu sein, notierte er doch just am Vortragstag in sein Ta-

---

[74] Vgl. Frank (2008 [1927]). Konsequenterweise sollte Frank, als er 1932 mit der Leitung der Wiener Werkbundsiedlung betraut wurde, keinen der in Stuttgart beteiligten Architekten einladen, aus Deutschland überhaupt nur den dort marginalisierten Hugo Häring; aber auch (der Schweizer) Hannes Meyer blieb unberücksichtigt; vgl. Posch (2012).

[75] Vgl. die Vortragsankündigung auf dem Flugblatt des Vereins Ernst Mach, abgebildet in Galison (1990, S. 721) sowie in Long (2002, S. 114).

[76] Frank (1930, S. 401).

[77] Ebd.

[78] Ebd., S. 406. Zu Franks Moderne-Konzeption vgl. Czech (2008).

[79] Vgl. Meyer (1980a [1926]). Carnap als überzeugtem Esperantisten (vgl. Lins (im Erscheinen)) und Verwender einer Kurzschrift (Stolze-Schrey) wird in diesem Meyer-Text durchaus Modernität attestiert, wenn es heißt: „Wir lernen Esperanto. Wir werden Weltbürger. [...] Im Esperanto konstruieren wir nach dem Gesetz geringsten Widerstandes eine übernationale Sprache, in der Einheitskurzschrift eine traditionslose Schrift" (Meyer 1980b [1929], S. 221 f.).

[80] Ähnlich wie Frank äußerte sich auch der Architekturkritiker Peter Meyer, der in diesem Zusammenhang von „Maschinenlyrik" sprach (Meyer 1927, S. 49).

gebuch: „Neurath noch in Schweden."[81] Erst Anfang Juli findet sich eine Erwähnung der Dessauer Schule: „Feigl fährt morgen zum Bauhaus. Neurath erzählt von Hannes Meyer."[82] Der Bauhausdirektor war dann von Feigls sechstägiger Vorlesungsreihe über die Grundelemente der wissenschaftlichen Weltauffassung offensichtlich so angetan,[83] dass er mit Carnap den profiliertesten Vertreter dieser Richtung zu Vorträgen einlud. Allerdings muss Carnap für Meyer und seine Anhänger eine Enttäuschung gewesen sein, bot er doch für deren „modische Wissenschaftsgläubigkeit und sozialistische Weltverbesserungsideen"[84] nur bedingt argumentative Unterstützung an. Zwar konnte er erklären, dass die am Bauhaus gelehrten Gestaltungsprinzipien eine Lebensauffassung zum Ausdruck brächten, die dem Geist des Logischen Empirismus entsprächen, jedoch sei diese (Funktionalismus und Sozialismus involvierende) Lebensauffassung wissenschaftlich nicht zu begründen.[85] Dementsprechend begriff Carnap den von den Meyer-Anhängern ausgerufenen Kampf gegen die Ästhetik auch nicht in Analogie zum Kampf gegen die Metaphysik, da Letzterer allein im Bereich von Wahrheitsansprüchen und somit im Bereich der Sprache möglich sei.[86] Im Gegenteil machte Carnap die Bauhäusler auf die metaphysischen Auswüchse in ihren eigenen Schriften aufmerksam, auf die er nicht nur bei den Malern Klee und Kandinsky, sondern auch bei den Gestaltern, insbesondere Hannes Meyer, gestoßen war. Carnaps Bauhausvorträge stellten sich damit als eine Mischung aus Sympathiebekundung und Belehrung dar.

5.5   Kurzes Nachspiel: Carnap am New Bauhaus

Nach seinen Dessauer Vorträgen sollte fast ein Jahrzehnt vergehen, bis Carnap wieder in unmittelbaren Kontakt mit dem Bauhaus kam. Im Frühjahr 1937 erreichte den mittlerweile nach England gegangenen Moholy-Nagy ein von Gropius vermitteltes Angebot, in Chicago ein neues Bauhaus zu eröffnen, was er bereitwillig annahm.[87] Bei dieser Neugründung ging er insofern über die ursprüngliche Bauhauskonzeption hinaus, als er der von Gropius seinerzeit proklamierten Synthese von Kunst und Technik nun als dritten Faktor die Wissenschaft hinzufügen wollte.[88] Deshalb nahm Moholy-Nagy, in Chicago angekommen, unverzüglich Kontakt zu Carnap auf, der seit einem Jahr an der dortigen Universität eine Professur innehatte:

---

[81] Carnap (im Erscheinen), Eintrag vom 27.05.1929.

[82] Ebd., Eintrag vom 01.07.1929; vgl. Feigl (1929).

[83] Vgl. Bernhard (im Erscheinen).

[84] Kranz (1985, S. 340).

[85] Zu Carnaps Bauhausvorträgen im Detail vgl. Bernhard (im Erscheinen).

[86] Damit ging Carnap freilich ein Missverständnis an, das nicht nur am Bauhaus vorherrschte; so war es auch außerhalb der Avantgardeschule ohne Weiteres verständlich, wenn man die angesagte Damenfrisur als „antimetaphysischen Bubikopf" (Dehn 1929, S. 39) bezeichnete.

[87] Vgl. Hahn (1987).

[88] Zur inhaltlichen Gestaltung des New Bauhaus vgl. Findeli (1990/91).

Nachmittags Moholy hier, […] er macht ein neues Bauhaus hier auf, fragt mich um Rat für wissenschaftlichen Unterricht; ich fahre mit ihm zu Morris, dieser ist begeistert und will mitmachen und andere Leute suchen.[89]

Charles Morris war für Moholy-Nagys Anliegen die ideale Person: engagiert in der Unity-of-Science-Bewegung hatte er als Schüler von Dewey (der später dem Förderkomitee von Moholy-Nagys Schule beitreten sollte) ein stärkeres Interesse an ästhetischen Fragestellungen als die alten Wiener-Kreis-Mitglieder. So übernahm er die Federführung für die wissenschaftliche Ausbildung am New Bauhaus, dessen Kern der Kurs „Intellectual Integration" bildete, ein Seminar, das unterschiedliche Disziplinen (Morris konnte dazu noch weitere Professoren der Universität, den Physiker Carl Eckart und den Biologen Ralph Gerard, gewinnen) aus einheitswissenschaftlicher Perspektive vorstellte.[90] Dazu erklärte Morris im ersten Prospekt der Schule:

> The intent of the New Bauhaus to bring its students into direct and constant contact with current scientific thought is of great educational significance. […] And so the New Bauhaus shows deep wisdom in using contemporary science and philosophy in its educational task of reintegrating the artist into the common life.[91]

Darüber hinaus entwickelte er – sicher durch die neue Tätigkeit am New Bauhaus angeregt – eine zeichentheoretische Interpretation der Ästhetik, die es ermöglichte, diese Disziplin dem Unity-of-Science-Projekt einzugliedern.[92] Dafür steht vor allem sein Text „Science, Art, and Technology", dessen Titel das Motto des New Bauhaus darstellt.[93] Eine weitere Maßnahme zur Verwissenschaftlichung übernahm Moholy-Nagy vom ursprünglichen Bauhaus: „In addition to the regular curriculum a ‚galaxy' of lectures were presented to the students."[94] In diesem Rahmen sprach auch Carnap (neben anderen ehemaligen Gastreferenten des Dessauer Bauhauses wie Richard Neutra und Sigfried Giedion) am 16. Mai 1938.[95] Sein Tagebuch hält dazu fest:

---

[89] Carnap, Tagebucheintrag vom 07.10.1937, RC 025-82-03. Carnap kam dann auch zur Eröffnung der Schule Anfang November, hielt aber im Tagebuch fest: „Zu Moholys großem Kummer gehe ich abends nicht zum feierlichen Dinner mit Vortrag von Gropius, wo ich am Sprechertisch sitzen sollte" (Eintrag vom 09.11.1937, RC 025-82-03; Carnap nennt keinen Grund für seine Absage).

[90] Zur Konzeption des Kurses „Intellectual Integration" vgl. Findeli (1995, S. 220–225).

[91] Morris (1972, S. 13). Die „engere Verbindung zwischen der Gestaltung und den Naturwissenschaften, der Philosophie" usw., an der „weitgehend die drei Professoren von der Universität von Chicago mitgewirkt" hatten (Koppe 1985, S. 366), wurde auch von den Studenten als Spezifikum des New Bauhaus empfunden.

[92] Vgl. Morris (1939a).

[93] Vgl. Morris (1939b); das in diesem Artikel verwendete Bild von der durch die Wissenschaft angebotenen Landkarte könnte Morris von Carnaps Vortrag am New Bauhaus übernommen haben.

[94] Moholy-Nagy (1947, S. 70). Zur Rolle des Gastvortragsprogramms des vormaligen Bauhauses vgl. Bernhard (2009).

[95] Für die Behauptung, dass Carnap mehrere Vorträge an Moholy-Nagys Schule hielt (Galison 1990, S. 747), gibt es keinen Anhaltspunkt.

8 mein Vortrag im Bauhaus: „The Task of Science" (Erkenntnis bestimmt nur die Mittel, nicht das Ziel). [25 $] Ich sitze am Tisch, auf meinen Wunsch, anstatt Kanzel; spreche frei und fließend (Ina sagt: bester Vortrag). Nachher wir mit Frau Moholy und Sweeney (Rechtsanwalt, Bruder des anderen) und seiner Schwester in eine Bar.[96]

Das Referat stellt sich im Wesentlichen als Kompilation seiner Dessauer Vorlesungen (deren Manuskripte Carnap noch besaß) heraus.[97] Es legt (in der schriftlichen Vorlage in englisch-deutscher Mischung) dar, was Wissenschaft ist (nämlich „a system of knowledge, formuliert in der Sprache"[98]) und was man infolge dessen von ihr erwarten kann und was nicht (nämlich lediglich geeignete Mittel aufzuzeigen, nicht aber die Ziele). Dazu gebrauchte Carnap wie schon in einem seiner Dessauer Vorträge das Bild von der Wissenschaft als „Wegweiser"[99] bzw. „map".[100]

Mit der Ankunft Moholy-Nagys in Chicago und seiner daraufhin einsetzenden Zusammenarbeit mit Morris schien sich – Carnaps Tagebucheinträgen nach zu urteilen – eine ähnliche Atmosphäre wie ehemals in Wien eingestellt zu haben, wo eine interdisziplinäre Gemeinschaft sowohl fachlich als auch privat in intensivem Austausch stand.[101] Verstärkt wird dieser Eindruck durch die teilweise identischen Akteure wie Carnaps (Chicagoer) Assistenten Carl Gustav Hempel und (von der Berliner Gesellschaft für empirische Philosophie kommend) Olaf Helmer, aber auch Giedion und dessen Frau Carola. Ebenso hatten sich ehemalige Bauhäusler, von Moholy-Nagy berufen, in Chicago eingefunden. Das bei ihnen vorherrschende Überlegenheitsgefühl gegenüber dem als künstlerisch-architektonisch rückständig betrachteten Gastland, wie es Tom Wolfe in seinem Essay *From Bauhaus to Our House* amüsant beschreibt,[102] lässt sich sicher mit dem „spirit of conquest"[103] vergleichen, von dem einige Logische Empiristen bei ihrer Ankunft in den USA laut Feigl beseelt waren. Dabei sollten sich die Bauhäusler wie die Neopositivisten in Chicago mit einem Umfeld konfrontiert sehen, das sie an die 1920er-Jahre erinnern musste. So fand sich Carnap wie ehemals in Wien an einer metaphysikfreundlichen Universität wieder und konnte im Tagebuch von der am Department bestehenden

---

[96] Carnap, Tagebucheintrag vom 16.05.1938, RC 025-82-04. Mit der von ihm „Ina" genannten Elisabeth (geb. Stöger) war Carnap seit 1933 verheiratet. Bei dem erwähnten „Sweeney" handelt es sich wahrscheinlich um John Lincoln (Jack) Sweeney, dessen Bruder James Johnson Sweeney, Kunstschriftsteller und Kurator des Museum of Modern Art, Moholy-Nagy als Dozenten für das New Bauhaus gewinnen wollte (vgl. Moholy-Nagy 1969, S. 142, 153 f.).

[97] Der Inhalt von Carnaps überlieferten Dessauer Bauhausvorträgen ist ausführlich dargelegt in Bernhard (im Erscheinen).

[98] Carnap (1938).

[99] Ebd. und Carnap (1929).

[100] Carnap (1938).

[101] Vgl. Carnap, Tagebucheinträge vom 09.10.1937, 12.10.1937, 17.10.1937 (jeweils RC 025-82-03), 09.01.1938, 16.01.1938, 03.04.1938 (jeweils RC 025-82-04), 16.01.1939, 18.04.1939, 23.05.1939, 24.05.1939, 28.06.1939, 29.06.1939 (jeweils RC 025-82-05), 16.02.1940, 17.02.1940, 07.04.1940, 20.05.1940, 02.06.1940 (jeweils RC 025-82-06) u. a.

[102] Vgl. Wolfe (1981).

[103] Feigl (1969, S. 630).

„Sorge vor zu großem Einfluß der ‚Positivisten‘"[104] berichten. Ebenso musste Moholy-Nagy ein Déjà-vu-Erlebnis haben, als ihm die konservativen Geldgeber schon
nach kurzer Zeit eine Weiterfinanzierung seiner Schule verweigerten (und es dann
beherzte Einzelpersonen waren, die eine Fortführung ermöglichten[105]). Was die
fachlichen Auseinandersetzungen anlangt, stand nun nicht mehr wie einst in Wien
die Metaphysik-Kritik, sondern die Einheitswissenschaft im Vordergrund. Dementsprechend diskutierte Giedion mit Carnap die Konzeption einer Einheit des Gefühls
komplementär zur Einheit der Wissenschaft,[106] und Moholy-Nagy plante, moderne
Kunstwerke unter dem Blickwinkel der Einheitswissenschaft darzustellen.[107] Wenngleich Carnap solchen Überlegungen eher skeptisch gegenüberstand,[108] so zeigen
sie doch die hohe Anziehungskraft, die die Unity-of-Science-Idee in diesen Jahren
besaß. Zu greifbaren Ergebnissen kam es indes nicht. Die Chicagoer Diskursge-
meinschaft bestand in dieser Konstellation nur kurze Zeit: Helmer und Hempel er-
hielten bald schon Professuren an anderen Universitäten, Giedion intensivierte seinen Gedankenaustausch mit Gropius an der Harvard University, Moholy-Nagy
starb schließlich 1946 nach schwerer Krankheit.

5.6 Resümee

Spätestens seit Beginn der 1930er-Jahre galt Carnap vielen als Philosoph der Neuen
Sachlichkeit, und auch er selbst konstatierte hier eine „innere Verwandtschaft".
Diese Beziehung involvierte für ihn jedoch nicht die Möglichkeit einer theoreti-
schen Fundierung der neusachlichen Bewegung, im Gegenteil verkündete er „für

---

[104] Carnap, Tagebucheintrag vom 08.10.1937, RC 025-82-03.

[105] In den 1920er-Jahren war dies nach der drastischen Mittelkürzung für das Weimarer Bauhaus
der Dessauer Oberbürgermeister Fritz Hesse, in Chicago war es der Industrielle Walter Paepcke.
Carnap engagierte sich ebenfalls bei der Geldbeschaffung für die Neueröffnung der Schule (vgl.
Carnap, Tagebucheintrag vom 18.04.1939, RC 025-82-05), was Moholy-Nagy ihm mit einem Bild
dankte (vgl. ebd. und Eintrag vom 07.04.1940). Zur detaillierten Chronologie des New Bauhaus
und seiner Nachfolge-Institutionen vgl. Fiedler (1987).

[106] Vgl. Carnap, Tagebucheintrag vom 16.01.1939, RC 025-82-05.

[107] Vgl. Carnap, Tagebucheintrag vom 16.02.1940, RC 025-82-06; schon am 9. Januar 1938 hält
Carnap im Tagebuch fest: Moholy-Nagy „liest mein ‚Unity‘ mit Begeisterung" (gemeint ist wohl
Carnap 2011 [1934] oder die deutsche Erstfassung Carnap 1931b). Die Argumentation von Tomita
(2017), wonach schon Meyer in seiner Bauhauszeit von der Konzeption der Einheitswissenschaft
inspiriert war, ist nicht überzeugend, da sich Meyers Änderungen seines Textes „Die neue Welt"
sicher auf die Kritik von Otto Geldsted zurückführen lassen (vgl. Bernhard 2009) und nicht auf
Gedanken des Logischen Empirismus; abgesehen davon bildet die Planungs- und Bauorganisation
der Gewerkschaftsschule in Bernau kein Beispiel für Einheitswissenschaft, wo es in erster Linie
um theoretische *Begründung* und nicht um praktische *Zusammenarbeit* geht.

[108] Vgl. Carnap, Tagebucheinträge vom 16.01.1939 (RC 025-82-05) und 16.02.1940 (RC
025-82-06).

jede Ethik oder Ästhetik als normative Disziplin"[109] das Verdikt der Metaphysik. Er sah daher keinen Ansatzpunkt für eine Zusammenarbeit zwischen dem Wiener Kreis und dem Bauhaus; die Initiativen für seine Bauhausvorträge gingen dementsprechend von anderen, von Neurath und Meyer sowie später von Moholy-Nagy, aus. Carnap konnte hier nur dozierend, nicht diskutierend auftreten – seine Ansicht von dem gemeinsamen Lebensgefühl wusste er nur zu konstatieren, nicht zu erklären.[110]

Literatur

Ackermann, U. 2017. Abend ausverkauft. Reklame unnötig. In *bauhausvorträge: Gastredner am Weimarer Bauhaus 1919–1925 (= Neue Bauhausbücher, Neue Zählung, Bd 4)*, hrsg. P. Bernhard, 49–57. Berlin: Gebr. Mann.

Bearn, G. 1992. The formal syntax of modernism: Carnap and Le Corbusier. *British Journal Aesthetics* 32:227–241.

Beckermann, A. 1979. Logischer Positivismus und radikale Gesellschaftsreform. *Anal & Kritik* 1(1): 30–46.

Bernhard, P. 2009. Die Gastvorträge am Bauhaus – Einblicke in den „zweiten Lehrkörper". In *Mythos Bauhaus: Zwischen Selbsterfindung und Enthistorisierung*, hrsg. A. Baumhoff und M. Droste, 90–111. Berlin: Reimer.

———. im Erscheinen. „Sie diskutieren sehr gern, aber sehr dilettantisch": Carnaps Vorträge am Dessauer Bauhaus. In *Logical empiricism, life reform, and the German youth movement/Logischer Empirismus, Lebensreform und die deutsche Jugendbewegung*, hrsg. C. Damböck, G. Sandner und M. Werner. Dordrecht: Springer.

Buchwald, R. 1992. *Miterlebte Geschichte: Lebenserinnerungen 1884–1930*. Köln: Böhlau.

Buderer, H-J. 1994. *Neue Sachlichkeit: Bilder auf der Suche nach der Wirklichkeit: Figurative Malerei der zwanziger Jahre*, hrsg. M. Fath. München: Prestel.

Carnap, R. 1919. Algebra. In *Vorlesungsverzeichnis Frühjahr 1919*, hrsg. Volkshochschule Jena, 10. Jena o.J. [1919].

———. 1929. Wissenschaft und Leben. 4-seitiges Manuskript, RC 110-07-49.

———. 1931a. Überwindung der Metaphysik durch logische Analyse der Sprache. *Erkenntnis* 2: 219–241.

———. 1931b. Die physikalische Sprache als Universalsprache der Wissenschaft. *Erkenntnis* 2: 432–465.

———. 1938. The task of science. 2-seitiges Manuskript, RC 110-08-21.

———. 1998. *Der logische Aufbau der Welt*. Hamburg: Felix Meiner.

———. 2011 [1934]. *The unity of science*. London: Kegan Paul, Trench & Co. Reprint 2011, Routledge, New York.

---

[109] Carnap (1931a, S. 237). Nahezu zeitgleich erklärte auch Carnaps Diskussionspartner Roh: „Das Vorbild einer exakten Wissenschaft ist seit langem die mathematische Physik (Minkowski, Einstein, Schrödinger, Heisenberg), diese ist vom Lebensgefühl unabhängig. [...] Auch eine Ethik ist (wie eine Ästhetik, das gehört zusammen) als Wissenschaft nicht möglich" (Roh 1932). Lüdeking betont somit zu Recht, dass Carnap nie in Erwägung zog, „sich direkt in die Interpretation und Bewertung von Kunstwerken einzumischen" (Lüdeking 1991, S. 264).

[110] Für viele wertvolle Hinweise danke ich herzlich Brigitte Parakenings. Carnaps Autographen aus unveröffentlichten Quellen sind zitiert mit Genehmigung der Universität Pittsburgh. Alle Rechte vorbehalten.

Carnap, R. o.J. Autobiography (deleted pages of first version). UCLA 02 – CM03 M-A5 AB.

Carnap, R. im Erscheinen. *Tagebücher 1908–1935*, hrsg. C. Damböck. Hamburg: Felix Meiner.

Christiansen, B. 1919. *Die Kunst des Schreibens – eine Prosa-Schule.* Buchenbach/Baden: Felsen.

———. 1929. *Das Gesicht unserer Zeit.* Buchenbach/Baden: Felsen.

Christinck, A. und I. Spieker. 2011. Auf eigenen Wegen: Loheland als Bildungs-, Lebens- und Arbeitsort für Frauen. *Jahrb Arch deut Jugendbewegung* NF 7:169–182.

Czech, H. 2008. Ein Begriffsraster zur aktuellen Interpretation Josef Franks. In *Josef Frank: 1885–1967: Eine Moderne der Unordnung*, hrsg. I. Meder, 76–89. Salzburg/Wien/München: Pustet.

Dahms, H-J. 2001a. Neue Sachlichkeit in der Architektur und Philosophie der zwanziger Jahre. *Arch+* 156:82–87.

———. 2001b. Neue Sachlichkeit, Carnap, Bauhaus. Typoskript zu einem Vortrag, gehalten auf der Tagung „Rudolf Carnap – From Jena to L.A.: The roots of analytical philosophy", 26.–29.9.2001, Universität Jena, o.S. www.phil.cmu.edu/projects/carnap/jena/Dahms.rtf.

Damböck, C. 2017. *(Deutscher Empirismus): Studien zur Philosophie im deutschsprachigen Raum 1830–1930.* Cham: Springer.

Dehn, G. 1929. *Proletarische Jugend: Lebensgestaltung und Gedankenwelt der großstädtischen Proletarierjugend.* Berlin: Furche.

Feigl, H. 1929. Brief an Moritz Schlick vom 21.07. Rijksarchief in Noord-Holland, Wiener Kreis Stichting (Amsterdam).

———. 1969. The Wiener Kreis in America. In *The intellectual migration: Europe and America, 1930–1960*, hrsg. D. Fleming und B. Bailyn, 630–673. Cambridge, MA: Harvard University Press.

Fiedler, J. 1987. Chronologie. In *50 Jahre New Bauhaus: Bauhausnachfolge in Chicago*, hrsg. P. Hahn und L.C. Engelbrecht, 93–104. Argon: Berlin.

Findeli, A. 1990/91. Moholy-Nagy's design pedagogy in Chicago (1937–46). *Design Issues* 7(1): 4–19.

———. 1995. *Le Bauhaus de Chicago: L'œuvre pédagogique de László Moholy-Nagy.* Sillery/Québec: Septentrion.

Flitner, W. 1922. Das Weimarer Bauhaus: Ein Jenaer Ausspracheabend. *Bl Volkshochschule Thüringen* 4(8): 56. Nachdr. in Friedenthal-Haase/Meilhammer 1999, 400.

———. 1986. *Gesammelte Schriften, Bd 11: Erinnerungen. 1889–1945.* Paderborn: Schöningh.

Frank, J. 1930. Was ist modern? *Die Form: Z gestaltende Arbeit* 5:399–406.

———. 2008 [1927]. Der Gschnas fürs G'müt und der Gschnas als Problem. In *Bau und Wohnung: Die Bauten der Weißenhofsiedlung*, hrsg. Deutscher Werkbund, 48–57. Stuttgart: Dr. Fritz Wedekind & Co. Wieder abgedr. in: Meder, I. Hrsg. 2008. *Josef Frank: 1885–1967: Eine Moderne der Unordnung*, 130–134. Salzburg/Wien/München: Pustet.

Friedenthal-Haase, M., und E. Meilhammer, Hrsg. 1999. *Bl Volkshochschule Thüringen (1919–1933), Bd 1: März 1919 bis März 1925.* Hildesheim: Georg Olms.

Gabriel, G. 2004. Introduction. In *Carnap brought home: The view from Jena*, hrsg. S. Awodey und C. Klein, 3–23. Chicago/LaSalle: Open Court.

Galison, P. 1990. Aufbau/Bauhaus: Logical positivism and architectural modernism. *Critical Inquiry* 16:709–752.

Gamwell, L. 2016. *Mathematics + art: A cultural history.* Princeton/Oxford: Princeton University Press.

Giedion, S. 1954. *Walter Gropius: Mensch und Werk.* Stuttgart: Gerd Hatje.

———. 1956. *Architektur und Gemeinschaft: Tagebuch einer Entwicklung.* Reinbek bei Hamburg: Rowohlt.

Gmeiner, A., und G. Pirhofer. 1985. *Der Österreichische Werkbund: Alternative zur klassischen Moderne in Architektur, Raum- und Produktgestaltung.* Wien/Salzburg: Residenz.

Göldel, R. 1935. *Die Lehre von der Identität in der deutschen Logik-Wissenschaft seit Lotze: Ein Beitrag zur Geschichte der modernen Logik und philosophischen Systematik.* Leipzig: S. Hirzel.

Gramm, J. 1931. *Formbau und Stilgesetz: Das Problem des Gestaltens*. Frankfurt a. M.: Vittorio Klostermann.

Gropius, W. 2009 [1919]. Manifest und Programm des Staatlichen Bauhauses Weimar. In *Das Staatliche Bauhaus in Weimar: Dokumente zur Geschichte des Instituts 1919–1926*, hrsg. V. Wahl, 97–100. Köln/Weimar/Wien: Böhlau.

Hahn, P. 1987. Vom Bauhaus zum New Bauhaus. In *50 Jahre New Bauhaus: Bauhausnachfolge in Chicago*, hrsg. P. Hahn und L.C. Engelbrecht, 9–19. Berlin: Argon.

Hartlaub, G. 1929. Ethos der neuen Baukunst. *Die Form: Z gestaltende Arbeit* 4:273–277.

———. 1931. Sinn und Unsinn der „Neuen Sachlichkeit" (2 Vorträge Dez. 1931). Germanisches Nationalmuseum, Deutsches Kunstarchiv, Nachlass Hartlaub, Gustav Friedrich, I, B-43.

———. 2000 [1923]. Brief an Franz Roh vom 18.05.1923. Abgedr. in: Mück H-D. Lebensweg und Lebenswerk von Franz Roh 1890–1965, 20. In *Magie der Realität – Magie der Form: 1925–1950: Eine Hommage für Franz Roh 1890–1965*, hrsg. H-D. Mück, 6–49. Stuttgart: ARTeFACT.

Hegselmann, R. 1979a. *Normativität und Rationalität: Zum Problem praktischer Vernunft in der Analytischen Philosophie*. Frankfurt a. M.: Campus.

———. 1979b. Grenzen der wissenschaftlichen Weltauffassung des Wiener Kreises: Eine Replik auf A. Beckermanns „Logischer Positivismus und radikale Gesellschaftsreform". *Anal & Kritik* 1(1): 47–50.

Köhler, W.R. 1979. Zerstört der Logische Empirismus die praktische Rationalität? Eine Erwiderung auf Beckermanns „Logischer Positivismus und radikale Gesellschaftsreform" und Hegselmanns „Grenzen der wissenschaftlichen Weltauffassung des Wiener Kreises". *Anal & Kritik* 1(1): 51–59.

Koppe, R. 1985. Das neue Bauhaus Chicago. In *Bauhaus und Bauhäusler: Erinnerungen und Bekenntnisse, erw. Neuausg*, hrsg. E. Neumann, 358–367. Köln: DuMont.

Kranz, K. 1985. Pädagogik am Bauhaus und danach. In *Bauhaus und Bauhäusler: Erinnerungen und Bekenntnisse, erw. Neuausg*, hrsg. E. Neumann, 339–355. Köln: DuMont.

Krukowski, L. 1992. *Aufbau* and Bauhaus: A cross-realm comparison. *The Journal of Aesthetics and Art Criticism* 50:197–209.

Kunstsammlung Nordrhein-Westfalen u.a. Hrsg. 1994. *Oskar Schlemmer – Tanz, Theater, Bühne*. Ostfildern-Ruit: Gerd Hatje.

Lankheit, K. Hrsg. 1989. *Franz Marc im Urteil seiner Zeit*. München: Piper.

Lins, U. im Erscheinen. Carnap als Esperantist. In: *Logical empiricism, life reform, and the German youth movement/Logischer Empirismus, Lebensreform und die deutsche Jugendbewegung*, hrsg. C. Damböck, G. Sandner und M. Werner. Dordrecht: Springer.

Long, C. 2002. *Josef Frank: Life and work*. Chicago: University of Chicago Press.

Lüdeking, K. 1991. Erprobung der Ästhetik durch Logische Analyse der Sprache. In *Jour fixe der Vernunft: Der Wiener Kreis und die Folgen*, hrsg. P. Kruntorad, 246–265. Wien: Hölder-Pichler-Tempsky.

Meyer, H. 1928. Bauen. *Bauhaus: Z Gestaltung* 2(4): 12–13. Wieder abgedr. in Meyer 1980b, 47–49.

———. 1929. Bauhaus und Gesellschaft. *Bauhaus: Vierteljahr-Z Gestaltung* 3 (1): 2. Wieder abgedr. in Meyer 1980b, 49–53.

———. 1980a [1926]. Die neue Welt. *Das Werk* 3(7): 205–224. Wieder abgedr. in Meyer 1980, 27–32.

———. 1980b. *Bauen und Gesellschaft: Schriften, Briefe, Projekte*. Dresden: Verl der Kunst.

Meyer, P. 1927. *Moderne Architektur und Tradition*. Zürich: Girbsberger.

Moholy-Nagy, L. 1929. *Material zu Architektur*. München: Langen.

———. 1947. *Vision in Motion*. Chicago: Paul Theobald.

Moholy-Nagy, S. 1969. *Moholy-Nagy: Experiment in totality*. 2. Aufl. Cambridge, MA/London: MIT Press; 1. Aufl 1950, Harper & Brothers, New York.

Morris, C.W. 1939a. Esthetics and the theory of signs. *Journal of Unified Science (Erkenntnis)* 8: 131–150.

———. 1939b. Science, art and technology. *Kenyon Reviews* 1(4): 409–423.

————. 1972. The contribution of science to the designer's task. In *Bauhaus in America: Resonanz und Weiterentwicklung*, hrsg. H.M. Wingler, 13. Berlin: Bauhaus-Archiv.

N.N. 1919. Aufruf. *Bl Volkshochschule Thüringen* 1(1), o.S. Nachdr. *Friedenthal-Haase/Meilhammer* 1999:1.

————. 1921. Die Weimarwoche. *Bl Volkshochschule Thüringen* 3(13): 94–95. Nachdr. *Friedenthal-Haase/Meilhammer* 1999:250–251.

————. 1923. Stimmen der Teilnehmer: II. *Bl Volkshochschule Thüringen* 5(8): 57–59. Nachdr. in: *Friedenthal-Haase/Meilhammer* 1999, 533–535.

Neurath, O. 1924. Städtebau und Proletariat. *Der Kampf: Sozialdemokratische Monatsschr* 17: 236–242.

————. 1926a. Bauformen und Klassenkampf. *Bildungsarbeit: Bl sozialist Bildungswesen* 13(4): 61–64.

————. 1926b. Das neue Bauhaus in Dessau. *Der Aufbau: Österr Monatsh Siedlung Städtebau* 1: 209–211.

Neurath, O. et al. 1981 [1929]. Wissenschaftliche Weltauffassung – Der Wiener Kreis. In *Gesammelte philosophische und methodologische Schriften*, Bd. 1, hrsg. O. Neurath, 299–336. Wien.

Posch, W. 2012. Köln – Paris – Wien: Der Österreichische Werkbund und seine Ausstellungen. In *Werkbundsiedlung Wien 1932: Ein Manifest des Neuen Wohnens*, hrsg. A. Nierhaus und E.-M. Orosz, 18–27. Wien: Müry Salzmann.

Reimers, B. 2003. *Die neue Richtung der Erwachsenenbildung in Thüringen 1919–1933*. Essen: Klartext.

Richardson, A. 2002. Philosophy as science: The modernist agenda of philosophy of science, 1900–1950. In *The scope of logic, methodology, and philosophy of science*, hrsg. P. Gärdenfors, J. Woleński, und K. Kijania-Placek, Bd. II, 621–639. Dordrecht: Kluwer.

Roh, F. 1920. Zur Ausstellung der Jenaer Volkshochschule. *Bl Volkshochschule Thüringen* 2(4), o.S. Nachdr. *Friedenthal-Haase/Meilhammer* 1999:101.

————. 1924. Das staatliche Bauhaus in Weimar. *Der Cicerone: Halbmonatsschr Künstler, Kunstfreunde und Sammler* 16:376–369.

————. 1932. [Datum unsicher] Die Hauptgegensätze in der heutigen Gestaltung: Malerei und Architektur. 8-seitiges Typoskript, Deutsches Kunstarchiv im Germanischen Nationalmuseum, Nürnberg, Bestand Roh, Franz, I, B-87.

Siegetsleitner, A. 2014. *Ethik und Moral im Wiener Kreis: Zur Geschichte eines engagierten Humanismus*. Wien/Köln/Weimar: Böhlau.

Steinfeld, T. 2016. *Ich will, ich kann! Moderne und Selbstoptimierung*. Konstanz: Konstanz University Press.

Tomita, H. 2017. Hannes Meyer's scientific worldview and architectural education at the Bauhaus (1927–1930). *ACDHT J* 2:30–40.

Tschichold, E. 1979. Interview in Berzona am 16.08.1979. In *Die zwanziger Jahre des Deutschen Werkbundes*, hrsg. Deutscher Werkbund und Werkbundarchiv, 183–192. Berlin: Anabas.

Uebel, T.E. 2012. Carnap, philosophy, and "politics in its broadest sense". In *Rudolf Carnap and the legacy of logical empiricism*, hrsg. R. Creath, 133–148. Dordrecht: Springer.

Viehöfer, E. 1988. *Der Verleger als Organisator: Eugen Diederichs und die bürgerlichen Reformbewegungen der Jahrhundertwende*. Frankfurt a. M.: Buchhändler-Vereinigung.

Wahl, V. 1979. Jena und das Bauhaus: Über Darstellungen, Leistungen und Kontakte des Bauhauses in der thüringischen Universitätsstadt. *Wissenschaftliche Z Hochschule für Architektur und Bauwesen Weimar* 26:340–350.

Werner, M.G. 2006. Jugendbewegung als Reform der studentisch-akademischen Jugendkultur: Selbsterziehung – Selbstbildung – die neue Geselligkeit: Die Jenenser Freistudentenschaft und der Serakreis. In *„Mit uns zieht die neue Zeit" – der Wandervogel in der deutschen Jugendbewegung*, hrsg. U. Herrmann, 171–203. Weinheim: Juventa.

Werner, M.G. 2015. Freundschaft, Briefe, Sera-Kreis: Rudolf Carnap und Wilhelm Flitner: Die Geschichte einer Freundschaft in Briefen. In *Die Jugendbewegung und ihre Wirkungen: Prä-*

gungen, Vernetzungen, gesellschaftliche Einflussnahmen, hrsg. B. Stambolis, 105–131. Göttingen: Vandenhoeck & Ruprecht.

Wolfe, T. 1981. *From Bauhaus to our house*. New York: Farrar, Straus & Giroux.

6

Was bedeutet Carnaps „Reinigung" der Erkenntnistheorie?

Thomas Uebel

In einem Vortrag vom September 1935, genau am Ende der in diesem Band untersuchten Schaffensperiode Rudolf Carnaps, beschrieb dieser drei „Hauptphasen" der „Entwicklung der wissenschaftlichen Philosophie":

> Zuerst handelt es sich um die Überwindung der Metaphysik, um den Übergang von der spekulativen Philosophie zur Erkenntnistheorie. Der zweite Schritt bestand in der Überwindung des synthetischen Apriori; er führte zu einer empiristischen Erkenntnistheorie. [...] Die Aufgabe unserer gegenwärtigen Arbeit scheint mir nun in dem Übergang von der Erkenntnistheorie zur Wissenschaftslogik zu bestehen. (Carnap 1936a, S. 36)

Carnap bezog hier eine neue metaphilosophische Stellung. Er fügte hinzu:

> Hierbei wird die Erkenntnistheorie nicht etwa, wie vorher Metaphysik und Apriorismus, gänzlich verworfen, sondern gereinigt und in ihre Bestandteile aufgelöst. (Carnap 1936a, S. 36)

Worin bestand diese „Reinigung" bzw. „Auflösung", die Carnap in Folge seiner Wende zur „logischen Toleranz" vornahm – einer Wende, die die Philosophie des Anspruchs beraubte, uns nach Wegfall der Metaphysik zumindest unsere Begrifflichkeiten vorzuschreiben?[1] Ich begründe zuerst (§ 1) den Verdacht, dass nun auch das wegfällt, was zu einer naturalistischen Erkenntnistheorie gehört, frage (§ 2), was ihn zu dieser Position zu drängen schien, und zeige dann (§ 3), welche Arten von nicht-traditioneller Erkenntnistheorie Carnaps neue Metaphilosophie tatsächlich zulässt und von welchen Absichten er geleitet war.

---

[1] „*In der Logik gibt es keine Moral.* Jeder mag seine Logik, d.h. seine Sprachform, aufbauen wie er will. Nur muß er, wenn er mit uns diskutieren will, deutlich angeben, wie er es machen will, syntaktische Bestimmungen geben anstatt philosophischer Erörterungen" (Carnap 1934, § 17).

T. Uebel (✉)
School of Social Sciences, University of Manchester, Manchester, Großbritannien
E-Mail: thomas.e.uebel@manchester.ac.uk

© The Author(s) 2021

C. Damböck, G. Wolters (eds.), *Der junge Carnap in historischem Kontext: 1918–1935 / Young Carnap in an Historical Context: 1918–1935*, Veröffentlichungen des Instituts Wiener Kreis 30,
https://doi.org/10.1007/978-3-030-58251-7_6

„Von der Erkenntnistheorie zur Wissenschaftslogik" (1936a) bildet mit „Wahrheit und Bewährung" (1936b) und „Über die Einheitssprache der Wissenschaft" (1936c) ein Trio von Vorträgen, die Carnap 1935 für den Pariser Kongress zur Einheit der Wissenschaft schrieb und im folgenden Jahr in dessen Akten veröffentlichte. Ihre Stellung in Carnaps Werk kann so bestimmt werden, dass sie genau an der Schwelle von seiner syntaktischen zu seiner semantischen Periode stehen. So summiert er hier gewisse Ergebnisse seiner bisherigen Arbeit, öffnet sich aber schon der erweiterten Perspektive, die die Semantik bietet. Doch diese drei Aufsätze signalisieren mehr als den Beginn einer neuen Schaffensperiode: Sie bezeugen, dass Carnap den Lernprozess abgeschlossen hat, den das Logische-Syntax-Projekt für ihn darstellte, und markieren den Beginn seiner klassischen Periode als eigenständiger Metaphilosoph.[2]

Auf den ersten Blick mögen Carnaps Schritte gar nicht so bedeutend erscheinen. Die Punkte, die Carnap in diesen Arbeiten macht, scheinen beim ersten Hinschauen einfach nur technische zu sein. Bedenken wir die Öffnung zur Semantik in „Wahrheit und Bewährung", die ihm Alfred Tarski ermöglichte und damit Kurt Gödels Lektionen komplettierte. Oder die allmähliche Ablösung der theoretischen Sprache und ihrer Begriffe von der Beobachtungssprache, angefangen mit dem in „Über die Einheitssprache der Wissenschaft" entschärften Dispositionendebakel. Man könnte denken: Na gut, Carnap erlaubt Semantik als eigenes, nicht von der Syntax erfasstes Wissensgebiet und er erkennt, dass Dispositionsbegriffe extensional nicht voll definierbar sind. Beides mag banal – unwichtig und selbstverständlich – erscheinen, aber ein solches Urteil wäre völlig verfehlt.

Erstens war es Carnap selbst, dessen Ringen um die korrekte Analyse von Dispositionsbegriffen als ein Memento mori für analytisch-logische Sprachtheoretiker in die Philosophiegeschichte einging. Zweitens war Carnap in dieser Zeit als Gründer der formalen Sprachtheorie, ja der formalen Erkenntnistheorie überhaupt tätig. Das, was wir heutzutage als selbstverständlich voraussetzen, hat Carnap mitgeschaffen. Natürlich, der Entdeckerruhm gilt Gödel und Tarski. Carnap hat sich nicht durch die Entdeckung des Unvollständigkeitssatzes oder der formalen Wahrheitsdefinition ausgezeichnet, aber er mischte durchaus im ersten Rang der Logiker mit. Seine besondere Berufung war es, diese Neuerungen begrifflich durchzuarbeiten und in die allgemeine Wissenschafts- und Sprachphilosophie zu integrieren (was die Entdecker nicht taten). Aber selbst diese Beschreibung täuscht noch, indem sie nur darauf hinweist, dass Altbekanntes auch einmal neu war. Dabei ist das Interessante an Carnaps Arbeiten, dass wir bei genauerer Verfolgung seiner Gedankenbewegungen zu Erkenntnissen geraten können, die anderswo hinführen als zum Altbekannten, oder dass sie scheinbar Altbekanntes kritisch betrachten.

---

[2] Das Thema meines Aufsatzes überschneidet sich zum Teil mit dem von Richardson (1996) und (1998), wo Carnaps Entwicklung als Lösung von im *Aufbau* immanenten Spannungen dargestellt wird. Unsere Betrachtungsweisen sind nicht inkompatibel, doch ein Vergleich wird hier nicht vorgenommen. Außerdem ist auf die wichtige metalogische Dimension der philosophischen Entwicklung Carnaps hinzuweisen, die Awodey und Carus (2007) thematisieren.

Nehmen wir als Beispiel, dass es nicht unterschätzt werden sollte, was es hieß, als Pionier der Kalkültheorie der Sprache Zeuge der Entwicklung der Modelltheorie zu sein.[3] Heutzutage ist Carnaps Semantik nicht mehr viel im Gespräch. Technisch gesehen führte Richard Montagues Grammatik (1974) das Programm der modell-theoretischen Semantik weit über Carnap hinaus. Aber das bedeutet nicht, dass nichts Grundsätzliches mehr von Carnap zu lernen ist. So sollte er nicht dem weit-verbreiteten Trend zugeordnet werden, semantische Modelle in die Köpfe tatsäch-licher Handlungssubjekte zu projizieren. Semantik und Psychologie können ver-schiedene Anforderungen stellen und somit verschieden geartete Theorien verlangen. Dem stimmte natürlich auch Montague zu, darin Schüler sowohl Tarskis als auch Carnaps, aber ob Kritiker der formalen Semantik immer solche Umsicht walten lassen, erscheint sehr zweifelhaft, stoßen sie sich doch typischerweise an der lebensfremden Strenge formaler Modelle.

Carnap verlangte von uns einen hohen Grad an Vorsicht, damit Modelle nicht missverstanden werden. Das beginnt bei seinen Grundbegriffen. Seine „method of extension and intension" beschrieb er als eine „method for analyzing and describing the meanings of linguistic expressions" (Carnap 1947/1956, iii). Carnaps zweitei-lige Theorie der Bedeutung sprachlicher Ausdrücke besteht aus einer Theorie exten-sionaler Begriffe (wie Extension, Benennung, Wahrheit) und einer Theorie intensio-naler Begriffe (wie Intension, Synonymität, Analytizität), die zusammenwirken. Zudem muss unterschieden werden zwischen Pragmatik, „the empirical investiga-tion of historically given natural languages", und Semantik, „the study of construc-ted language systems" (Carnap 1955a/1956, S. 233), und dementsprechend zwi-schen den semantischen und den pragmatischen Begriffen von Extension und Intension.

Man mag nun meinen, dass der Begriff der Intension uns auch als ein Begriff des Sprachverstehens dienen kann, da die semantischen Begriffe als Explikationen der ihnen entsprechenden pragmatischen Begriffe verstanden werden können (ebd., S. 234). Es besteht aber ein wichtiger Unterschied zwischen einer Bedeutungstheo-rie und einer Theorie des Verstehens, der oft übersehen wird (bei Carnap wohl, weil er ihn zwar in seiner Praxis beachtet, aber nicht explizit zieht). Für Carnap sind In-tension und Extension abstrakte, mathematisch definierte Begriffe, denen Gewalt angetan wird, wenn wir sie den Intuitionen unseres eigenen Erlebens folgend ver-stehen wollen. Sicher, Carnap sprach davon, dass „the theory of intension of a given language L enables us to understand the sentences of L" (ebd., S. 234), doch er merkte an, dass zur Verwendung einer Sprache noch empirisches Wissen benötigt wird, um der Theorie ihrer Extension Genüge zu tun. Mit anderen Worten, rein auf Intensionen bezogenes Sprachverstehen erlaubt uns nicht zu verstehen, auf welche Gegenstände und Personen eine sprechende Person sich bezieht. Zudem wies Car-nap darauf hin (damit den Begriff der Intension einengend wie schon Frege den Begriff des Sinns), dass „Intension" als ein Terminus technicus zu verstehen ist, der

---

[3] Carnap war Kalkültheoretiker im Sinne van Heijenoorts (1967) noch bevor Tarski die Modell-theorie entwickelte.

allein die sogenannte kognitive Bedeutung von Ausdrücken bezeichnet, „that meaning component which is relevant for the determination of truth" (ebd., S. 237), also von allen möglichen nicht-kognitiven Bedeutungskomponenten absah. Aber Carnap ging noch weiter.

Roderick Chisholm kritisierte an Carnaps erster Darstellung des pragmatischen Gegenstücks zum semantischen Intensionsbegriff – mittels der dieser der Quineschen Skepsis gegenüber Intensionen begegnen wollte –, dass es viel zu vereinfachend sei, Sprechern Intensionen auf Grund einfacher Paarungen von Reizen und verbalen Reaktionen zuzuschreiben: Es komme doch immer darauf an, wie diese Sprecher die Reizsituation verstünden (Chisholm 1955). Auf die Beschränkung seiner Skizze hinweisend gab Carnap Chisholm Recht und detaillierte seinen Vorschlag. Zuerst wies er darauf hin, dass „the basic concepts of pragmatics are best taken […] as theoretical constructs in the theoretical language", dann legte er einen Entwurf vor für Definitionen der Begriffe der Überzeugung („belief"), des Für-wahr-Haltens („holding true"), der Intension, der Äußerung („utterance") und der Behauptung („assertion"). Diesem Entwurf zufolge sollte es z. B. möglich sein, aus den Sätzen, die eine Person zu einer gewissen Zeit für wahr hält, und den diesen Sätzen zugeschriebenen pragmatischen Intensionen auf deduktive oder induktive Art zu schließen, was diese Person zu einer gewissen Zeit glaubt – und Ähnliches (1955b/1956, S. 248 f.). Mit anderen Worten, Carnap entwickelte die Anfänge einer holistischen Interpretationstheorie, die zwar auf pragmatischen Gegenstücken zu semantischen Begriffen aufbaute, jedoch als eine umfassende Theorie des Sprachverstehens keineswegs auf semantische Begriffe reduzierbar war.[4]

Carnaps Bestehen auf der jeweiligen Eigenständigkeit von Semantik und Pragmatik ist also kein nebensächlicher Punkt. Die prinzipielle Unabhängigkeit der Semantik von empirisch-pragmatischen Gesichtspunkten bezeichnete einen Grundzug seines formalen Verständnisses von Philosophie. Carnap war sehr positiv gegenüber modelltheoretischem Denken eingestellt, doch bestand er stets darauf, dass dies eben Denken in Modellen ist. Die Beziehung Zeichen-Bezeichnetes, die dabei vom umfassenden Phänomen menschlichen Sprachgebrauchs abstrahiert, ist keinesfalls als Stellvertreterin für das zu verstehen, von dem sie abstrahiert wird. Die Kritik Neuraths, die Semantik berge korrespondenztheoretische Metaphysik, muss Carnap also seltsam berührt haben: Genau das Gegenteil hatte er doch im Sinn! Aber auch Gilbert Ryle (1949) hatte offensichtlich Schwierigkeiten, Carnap zu verstehen. Die Eigenart der formalen Semantik und den Unterschied zwischen Logik und Psychologie übersehend bezichtigte er Carnap genau der philosophischen Verfehlungen, vor denen dieser zu warnen suchte. Wir dürfen dies wohl als Zeichen dafür lesen, dass es nicht einfach ist, Carnap zu verstehen.

So weit zum sprachphilosophischen Hintergrund der Carnapschen Wende von 1935. Wenn wir uns dem Vortrag über Erkenntnistheorie zuwenden, finden wir ähn-

---

[4]Vgl. dazu auch Fn. 23 unten.

liche Komplexitäten vor. Bei der „Reinigung" der Erkenntnistheorie und „Auflösung in ihre Bestandteile" ist zweierlei wichtig: erstens die Ausgrenzung jeglicher
psychologischer Gesichtspunkte, zweitens der exklusive Bezug auf logische Aspekte. Wieder ist es nicht leicht, beide Punkte richtig zu verstehen.

> Es sind besonders zwei Arten von Fakten, auf die sich die Untersuchungen der modernen
> wissenschaftlichen Philosophie vermeintlich, nicht wirklich, beziehen: die phänomenalen
> und die physikalischen Fakten. Die Erkenntnistheorie im engeren Sinn schien sich mit den
> „Phänomenen", dem „unmittelbar Gegebenen", den „Erlebnissen", den „bloßen Bewußt-
> seinsinhalten" zu befassen, also mit Fakten wie z. B. „Hier ist jetzt Schmerz" oder „Ich sehe
> einen roten Fleck". Aber in Wirklichkeit wäre die Untersuchung solcher Fakten Sache der
> Psychologie. Deren empirische Methode müßte hier angewendet werden: Die Abhängigkeit
> der Vorgänge von verschiedenen Faktoren müßte festgestellt werden, die Ergebnisse müß-
> ten statistisch verarbeitet und in allgemeinen Gesetzen formuliert werden, usw. Die physi-
> kalischen Fakten bildeten scheinbar den Gegenstand der sog. Naturphilosophie. Hier, so
> glaubte man, handle es sich um die Analyse von Raum und Zeit, Kausalität und Determinis-
> mus usw. Aber wenn es sich tatsächlich um die Analyse der Naturvorgänge gehandelt hätte,
> so wären die Fragen naturwissenschaftliche und nicht philosophische gewesen. (Carnap
> 1936a, S. 38)

Carnap grenzte hier Philosophie ganz klar von empirischen Untersuchungen
ab. „Das Gegebene" und „bloßer Bewußtseinsinhalt" etc., stellen für Carnap rein
empirische Phänomene dar, die von der Psychologie zu untersuchen sind. Aber
auch wenn wir das Verbot nur auf Überlegungen zu Kausalzusammenhängen beziehen, widerspricht es immer noch der gegenwärtigen naturalistischen Erkenntnistheorie. Was also bedeutet die „Läuterung" der Erkenntnistheorie in Wissenschaftslogik?

> Wir tun somit gut daran, die erkenntnistheoretischen Fragen und Sätze so umzuformulie-
> ren, dass der Schein vermieden wird, als bezögen sie sich auf Fakten, und dass vielmehr
> deutlich wird, dass sie sich auf die Sprache beziehen. Wir nennen diese Umformulierung
> eine Übersetzung aus der inhaltlichen (oder materialen; eigentlich sollten wir sagen: pseu-
> do-materialen) Redeweise in die formale Redeweise. Wir werden also nicht mehr fragen:
> „Gibt es Phänomene als ursprünglichste Fakten, auf die alle andern Fakten zurückführbar
> sind?"; hierbei wäre gänzlich unverständlich, was es heißen soll, ein Faktum sei auf andere
> Fakten zurückführbar. Statt dessen werden wir die Frage so formulieren: „Gibt es letzte
> Sätze, auf die alle synthetischen Sätze zurückführbar sind?"; was Zurückführbarkeit von
> Sätzen ist, läßt sich im Rahmen der logischen Syntax genau definieren. Und weiter ersetzen
> wir die Frage „Welche Form haben die ursprünglichen Phänomene?" durch die Frage:
> „Welche Form (logisch-syntaktische Struktur) haben die letzten Sätze?" (Carnap 1936a,
> S. 38 f.)

Um eine wirklich von Psychologie und Naturwissenschaft gereinigte Philosophie zu betreiben, müssen wir davon absehen, von Fakten erster Ordnung zu sprechen. Eine gereinigte Erkenntnistheorie darf nur von Sätzen und ihren logischen
Eigenschaften sprechen. Wie schon in *Scheinprobleme der Philosophie* verstehen
wir Implikation, das logische Bedingungsverhältnis, als den von Psychologie und
Empirie allgemein gereinigten Begriff von Begründung (Carnap 1928b, § 1). Das
Netzwerk logischer Ableitbarkeit zwischen Sätzen bildet ab, was an dem Begriff
von Begründung philosophisch Sache ist.

Es ist offensichtlich, dass uns Carnap hier eine radikale Änderung der Perspektive nahelegt. Aber wie radikal sollen wir sein? Auf den ersten Blick mag es scheinen, dass von der traditionellen Erkenntnistheorie nichts mehr übrig bleibt. Die Ausgrenzung der Psychologie schließt die Untersuchung persönlicher Überzeugungen von erkenntnistheoretischen Überlegungen aus – entgegen dem traditionellen Verständnis von Erkenntnistheorie. Die Reinigung ist eliminative Säuberung: Carnap *ersetzt* die Erkenntnistheorie durch Wissenschaftslogik.

Aber fragen wir: Was hat es mit den „letzten Sätzen" auf sich, sind sie nicht ein Kürzel für das phänomenal Gegebene? So könnte man meinen: „Schließlich kommt es doch auf dasselbe heraus, ob wir nach der Struktur der Phänomene oder nach der der Sätze fragen, denn wenn die Sätze die Phänomene beschreiben, so haben sie dieselbe Struktur wie diese" (Carnap 1936a, S. 39). Carnaps Antwort:

> Aber in Wirklichkeit ist es nicht gleichgültig, wie wir die Frage formulieren. Denn die Formulierung in formaler Redeweise spricht von Sätzen und macht uns dadurch aufmerksam auf den Umstand, dass die Frage noch unvollständig ist, dass nämlich noch eine Angabe darüber erforderlich ist, auf welche Sprache sich die Frage beziehen soll. Dadurch wird uns dann klar, dass es letzten Endes eine Frage der Konvention ist, welche Struktur wir den elementaren Sätzen unsrer Sprache geben. (Damit ist keineswegs gesagt, dass es gleichgültig sei, welche Struktur wir wählen.) (Carnap 1936a, S. 39)

Man beachte, dass elementare Sätze hier sozusagen entpersönlicht sind – wie im *Tractatus* von Wittgenstein (1922) –, aber gleichzeitig – und hierin völlig anders als im *Tractatus* – ihrer (transzendentalen) korrespondenztheoretischen Bindung an das Gegebene entledigt. Die Art von „letzten Sätzen", die uns Carnaps Wissenschaftslogik bietet, hat mit traditioneller Erkenntnistheorie nichts mehr zu tun.

Carnaps Wissenschaftslogik scheint also in eine Art Niemandsland zu führen. Wie bei seiner Semantik sollten wir aber auch bei der Überwindung der Erkenntnistheorie durch Wissenschaftslogik bereit sein, Neues zu denken.

Wissenschaftslogik ist demnach nicht „bloße" Umformung der alten Erkenntnistheorie, sondern bietet etwas Neues: eine rein logische Analyse und Konstruktion von Sprachrahmen, Begriffsnetzen und Satzgesamtheiten.[5] Wozu aber? Carnaps Analysen und Konstruktionen sollen uns logische Rahmen und begriffliche Netzwerke zum eventuellen Gebrauch vorlegen. (Wenn die Rahmen von elementarer wissenschaftlicher Natur sind – wie bereits in *Physikalische Begriffsbildung* (1926) –, können seine Untersuchungen der Metrologie zugeschlagen werden.[6]) Man beachte aber, dass in der Wissenschaftslogik, soweit sie bisher besprochen wurde, von Erkenntnissubjekten keine Rede ist.

Betrachten wir die Frage, warum Carnap die Wissenschaftslogik so eingrenzt, wie er es tut. Natürlich sollte es nicht verwundern, dass es nach der Metaphysik nun auch der Erkenntnistheorie an den Kragen geht. Und es mag auch nur konsequent

---

[5] Das Wort „Rahmen" in diesem Sinn wird hier von Carnap noch nicht benutzt, aber um logisch-sprachliche Rahmen dreht es sich ganz offensichtlich, siehe Carnap (1934, § 17).
[6] Zur letzteren Interpretation siehe Richardson (2013).

sein, wenn die Frage nach dem Grund (nicht dem Ursprung) der Rahmenbildung unserer Begrifflichkeit losgelöst wird von jedem mehr oder minder zufälligen Bezug auf Umstände eines Erkenntnissubjektes. Aber Carnaps Urteil, dass es im schlimmen Sinn psychologistisch sei, sich auf seine Erfahrungen zu berufen, wenn es darum geht, Erkenntnisansprüche einzulösen, bedarf trotzdem erst einer Erläuterung, bevor es einsichtig werden kann.

Die Antwort könnte mit einer Reflexion über den grundsätzlichen Unterschied zwischen Wissenschafts- und Erkenntnistheorie beginnen. Ihre Fragen und Probleme sind verschiedener Natur: Bezieht sich jene auf intersubjektiv anerkannte Lehrsätze und deren Prüfung, so bezieht sich diese auf persönliche Überzeugungen und ihre Entstehung. Dass Carnap Wissenschaftstheorie betreibt, entscheidet somit seine Vorgehensweise. Des weiteren mag man sich folgender Hypothese zuwenden: Carnap verweigert empirischen Untersuchungen einfach Platz in philosophischen Überlegungen. Philosophie – besser: das, was von Philosophie übrig bleibt, wenn sie von falschen Prätentionen gereinigt ist – ist rein logisch-begrifflicher Natur und operiert rein apriorisch. Der Fehler der psychologistischen Erkenntnistheorie besteht darin, empirische Überlegungen mit logisch-begrifflichen zu vermengen. Wissenschaftslogik selbst ist rein abstrakter Natur.

Man mag über einen solchen Apriorismus staunen. Dass Philosophie so vorgehen müsse, scheint eine sehr traditionelle Position zu sein. Es darf auf keinen Fall vergessen werden, dass diese aprioristische Position selbst schon „gereinigt" ist: Carnaps Philosophie ist Logik, und sein Apriori ist rein analytischer Natur. Zudem macht er äußerst untraditionellen Gebrauch von der aprioristischen Methode. Die Wahrheiten, die er aufdeckt, sind keine apodiktischen Vernunftwahrheiten, aber auch keine Begriffswahrheiten, die für immer und ewig gelten, sondern solche, die im Licht seines Pluralismus nur für Begriffe innerhalb bestimmter Sprachsysteme gelten.

In welchem Sinn nun könnte die Wissenschaftslogik selbst als Erkenntnistheorie fungieren? Doch wohl nur als angewandte Logik, und dann in diesem: Sie widmet sich in extrem depersonalisierter Weise der Frage *propositionaler* Begründung, der Begründung von Sätzen und Satzgesamtheiten. Auch ist es nur prinzipiell mögliche Begründung, die von der Logik der Wissenschaft gegeben werden kann. Sie ist ja abhängig von den Voraussetzungen ihrer Anwendung. Ob die Annahmen tatsächlich gelten, von denen eine Begründung abhängt, ist von der Wissenschaftslogik selbst nicht erfassbar, da es sich dabei um empirische Sachverhalte handelt, nämlich darum, was von bestimmten Sprachbenutzern nun tatsächlich angenommen wird. In das übersetzt, was uns heutzutage als Erkenntnistheorie gilt, heißt das, dass die Logik der Wissenschaft keine doxastische Begründung liefern kann und auch propositionelle Begründungen nur insofern liefert, als davon abgesehen wird, ob die in Frage stehenden Sätze (Propositionen) nun von irgendeinem Wesen anerkannt oder sonst unterhalten werden oder nicht. Die extreme Entpersönlichung des Begriffes von Begründung im Laufe seiner Logisierung lässt nur noch formal-logische Untersuchungen zu. So weit zur ersten Skizze, die offensichtliche Interpretationsprobleme birgt.

Wie kam Carnap dazu, ein Philosophieverständnis zu entwickeln, das die traditionelle Erkenntnistheorie derart radikal ausgrenzte? (Und blieb er dabei?)

Um diese Fragen zu beantworten, müssen wir auf eine vielschichtige Debatte zurückblicken, die für etliche Entwicklungen der Philosophien des Wiener Kreises verantwortlich ist. Dabei handelt es sich um die erkenntnistheoretische Frage, ob der Ansatz des methodologischen Solipsismus, den Carnap im *Aufbau* benutzte, weiterhin brauchbar blieb. Der methodologische Solipsismus verkörpert die traditionelle Konzeption von der epistemischen Priorität der phänomenalistischen gegenüber physikalistischen Aussagen. Zweierlei ist hier von Interesse für uns: *dass* der methodologische Solipsismus untragbar wurde, und *wie* er es wurde. Betrachten wir zuerst die Problemlage, die für Carnap entscheidend war.

Circa 1929 wurde Carnap darauf aufmerksam gemacht, dass das Sprachsystem seines *Logischen Aufbaus* (1928a) Schwierigkeiten hatte, der Intersubjektivität der Wissenschaft Rechnung zu tragen. Dem *Aufbau* lag ja eine phänomenalistische Sprache zugrunde, in die alle Aussagen übersetzt werden mussten, um Bedeutung zu besitzen. Begründungen erfuhren Aussagen nur mit Bezug auf phänomenal Gegebenes. Letzten Endes also sprachen alle Wissenschaftler nur von ihren eigenen Erfahrungen, nicht von der ihnen allen gemeinsamen physikalischen Welt. Dass sich eine erstaunliche strukturelle Kongruenz zwischen den von verschiedenen Subjekten konstruierten Objekten der Erkenntnis ergab, der *Aufbau* also funktionell eine gemeinsame physikalische Sprache simulierte, tat der Konsequenz keinen Abbruch, dass das Sprachmodell des methodologischen Solipsismus keiner Referenz und keines Bezugs auf Objekte fähig war, die die subjektive Erfahrung transzendierten.[7]

Daraufhin operierte Carnap eine Zeit lang mit einem Zweisprachenmodell, nach dem die physikalische Sprache für das Geschäft der intersubjektiven Wissenschaft zuständig war, es jedoch ihrer Übersetzung in phänomenalistische Protokollsprachen bedurfte, um die wissenschaftlichen Aussagen erkenntnistheoretisch zu begründen (siehe Carnap 1930). Das Problem hier war, dass (wie schon im *Aufbau*) Aussagen über eigenpsychische Gegebenheiten nicht in physikalische Aussagen übersetzbar waren. Es bestand eine Asymmetrie zwischen fremdpsychischen und eigenpsychischen Aussagen: Allein Erstere waren übersetzbar in die physikalische Sprache. Erkenntnistheoretisch scheint gegenüber dem *Aufbau* also nichts gewonnen.[8]

Dies war natürlich ein Punkt, den Neurath seinen Kollegen Carnap nie vergessen ließ. Carnap wiederum konnte sich damit trösten, dass dieses Problem nicht

---

[7] Hier handelt es sich um einen Einwand Heinrich Neiders ca. Ende 1929, den Neurath begeistert aufgriff; siehe Uebel (2007, Kap. 4). Und es ist zu beachten, dass zu dieser Zeit Carnap diesem Einwand noch nicht mit Hinweis auf die Fallstricke der „inhaltlichen Redeweise" begegnen konnte. Ein weiteres Gegenargument, das hier vernachlässigt werden kann, da es langzeitig nicht hilft, wird in Uebel (2018) besprochen.

[8] In Manuskripten von Vorträgen des Jahres 1930 sprach Carnap von zwei Universalsprachen, einer physikalischen und einer phänomenalistischen, von denen die erste aber nur alle intersubjektiven Sprachen übersetzte; siehe dazu Uebel (2007, Kap. 6).

nur das seinige war. Eigenpsychische Aussagen waren für alle Theoretiker problematisch, die die kognitive Bedeutsamkeit von Aussagen von der Möglichkeit abhängig machten, diese intersubjektiv auf ihren Wahrheitswert überprüfen zu
können.

Erinnern wir uns erstens, dass der Physikalismus Wiener Prägung – anders als
der gegenwärtige ontologische Physikalismus war dieser eine metalinguistische
These der Übersetzbarkeit aller Sprachen in die physikalistische – aus den Diskussionen um den Behaviorismus hervorging. Erinnern wir uns ebenfalls daran,
dass zwischen dem Behaviorismus des Psychologen Watson und dem, was Russell in seiner *Analysis of Mind* (1921) als Behaviorismus bezeichnete, ein großer
Unterschied bestand: So wies Russell Introspektion keineswegs zurück und war
nicht eliminativ eingestellt. Das ist wichtig, weil der Physikalismus Carnaps und
Neuraths aus der Diskussion um Russells Behaviorismus hervorging. Die Physikalisten hatten insofern einen erkenntnistheoretischen Vorteil den traditionellen
Behavioristen gegenüber: Sie brauchten nicht auf Introspektion zu verzichten.
Aber wie war dies mit ihrer Bedeutungstheorie zu vereinbaren? Hier lag ein
Problem.

Eigenpsychische Aussagen sind offensichtlich von fremdpsychischen Aussagen
darin verschieden, dass sie nicht wie diese überprüft werden müssen. Fremdpsychische Aussagen werden mittels Aussagen über das Verhalten (inklusive Sprechverhalten) der betreffenden Person überprüft, das für Zuschreibungen von geistigen
Zuständen die Kriterien abgibt. (Wie diese Kriterien genau funktionieren braucht
uns jetzt glücklicherweise nicht zu interessieren.) Eigenpsychische Aussagen bedürfen keiner Nachprüfung dieser Art. Wenn nun, Wittgensteins Diktum vom Dezember 1929 folgend, die Bedeutung eines Satzes mit der Art seiner Nachprüfung
identifiziert wird, fallen die Bedeutungen von gleichlautenden Zuschreibungen von
Glaubenszuständen oder Überzeugungen an dieselbe Person auseinander, wenn
eine davon in der ersten Person und die andere in der dritten Person gemacht werde.[9] Das war prima facie nicht plausibel und motivierte verschiedene Lösungsvorschläge.

Wittgenstein selbst nahm diese Schwierigkeit zum Anlass, scharf zwischen verschiedenen Gebieten der Umgangssprache zu differenzieren. So bezeichnete er eigenpsychische Aussagen als „Äußerungen", die überhaupt nicht der Überprüfung
bedürfen, aber deswegen auch nicht als Wahrheitswerte tragende Sätze behandelt
werden dürfen: Wie schon von vorher die allquantifizierten Sätze der Wissenschaft
als Hypothesen von regulärer Bedeutsamkeit ausgeschlossen wurden, so jetzt die
eigenpsychischen Aussagen.[10] Dass dies einen Physikalismus wie von Neurath und
Carnap intendiert unmöglich machte, störte Wittgenstein nicht.

---

[9] Der Beleg dafür ist, dass es nach Wittgenstein folgt, dass verschiedene Verifikationsmethoden
auch verschiedene Bedeutungen implizieren (s. McGuinness 1967, S. 47); vgl. Waismanns „Thesen" (ebd., S. 245).

[10] Dieser Gedankengang begann im sogenannten *Blue Book*, das er im akademischen Jahr
1933/1934 ausgewählten Studenten diktierte; siehe Wittgenstein (1958/1984, S. 107–109).

Schlick dagegen hielt an der Bedeutsamkeit dieser Aussagen in der Umgangssprache fest und erhob sie als „Konstatierungen" geradezu zur Instanz der Überprüfung selbst, indem er ihnen nämlich besondere logisch-grammatische Regeln
zusprach: Sie waren die einzigen synthetischen Sätze, deren Verstehen mit der Erkenntnis ihrer Wahrheit zusammenfiel.[11] Damit unterschieden sich diese Konstatierungen natürlich radikal von Sätzen der empirischen Wissenschaft, und Schlick be-
stritt auch ihre logische Bedeutung für die Wissenschaftssprache. Beide, Wittgenstein
und Schlick, verwarfen also die Bedingung, die der Physikalismus an aus Introspektion erlangte Sätze stellte – nämlich wissenschaftlichen Aussagen bedeutungsgleich
zu sein –, aber sie taten dies auf verschiedene Weise.

Carnap dagegen assimilierte die eigenpsychischen den physikalistischen Aussagen, obwohl auch er an der Introspektion festhalten wollte (darin Russells Behaviorismus folgend). Wie nun aber war die Überprüfung eigenpsychischer Aussagen
physikalistisch zu verstehen, wenn man die Introspektion weiter anerkennen wollte?
Solange dies nicht geklärt war, schien man gezwungen, offensichtlich koreferentiel-
len eigenpsychischen und fremdpsychischen Aussagen mit identischen Prädikaten
verschiedene Bedeutungen zuzusprechen, weil sie eben verschieden verifiziert wurden – entgegen dem, was vom Physikalismus verlangte wurde, damit eigenpsychische Aussagen einheitswissenschaftlich interpretiert werden konnten.

Gegenüber dem anti-physikalistischen Einwand (dem er 1930 noch Gehör
schenkte), physikalistische und eigenpsychische Sätze seien eben nicht wechsel-
seitig ineinander übersetzbar, half sich Carnap zuerst einmal mit der Unterscheidung zwischen „inhaltlicher" und „formaler Redeweise". In formaler Redeweise
bedeutete Übersetzbarkeit einfach Ableitbarkeit. Zu meinen, zwischen physikalistischen und eigenpsychischen Aussagen gäbe es einen fundamentalen Unterschied,
weil die Ersteren vom Verhalten von Körpern sprechen und die Letzteren von geistigen Inhalten, heißt dagegen, sich von der inhaltlichen Form der Rede irreführen zu
lassen: Nur dann kann man meinen, die Ableitungsbeziehungen zwischen der physikalistischen und der eigenpsychischen Sprache wären mit der Verschiedenheit der
Inhalte der betreffenden Sätze unvereinbar. Laut Carnap war man nach Ausschaltung der inhaltlichen Redeweise nicht länger verleitet, „Vorstellungsgehalt" für „logischen Gehalt" zu halten (Carnap 1932b, S. 460).[12] Wie nun wurde der logische
Gehalt von Aussagen bestimmt?

Carnaps Lösung begann damit, den logischen Gehalt des Satzes S als die Klasse
derjenigen Sätze zu definieren, die aus S ableitbar sind (ebd., 458–460; cf. Carnap
1932c, S. 108). Demnach waren zwei Sätze, aus denen die gleiche Klasse von Sätzen
ableitbar war, „gehaltgleich". Sätze, aus denen dieselben Kontroll- oder Protokollsätze ableitbar sind, galten als ineinander übersetzbar. In der Folgezeit wurde geklärt
(Carnap 1934, § 49), dass es allein „nicht-analytische" Sätze waren, deren Ableitbarkeit den logischen Gehalt eines Satzes bestimmte, ebenso dass man zwischen „L-Ge-

---

[11] Siehe Schlicks Vorlesungen im Wintersemester 1933/34 (Schlick 1986, Kap. 11) und
Schlick (1934).

[12] Die Termini „logischer Gehalt" und „Vorstellungsgehalt" ersetzten „Sachverhaltsvorstellung"
und „Gegenstandsvorstellung" aus *Scheinprobleme* (Carnap 1928b, § 8).

haltgleichheit" und „P-Gehaltgleichheit" unterscheiden konnte, je nachdem ob man bei der Ableitung von Kontrollsätzen nur auf logische oder auch auf empirische Gesetze zurückgriff. Damit war Carnap gerüstet, auf eine Version des Einwands gegen die Bedeutungsgleichheit von eigen- und fremdpsychischen Sätzen zu antworten, die zu konfrontieren er bisher unterlassen hatte – eben den Einwand, dass es uneinsichtig sei, dass verschiedene Sätze verschiedenen Überprüfungsmethoden unterlägen und doch dieselbe Bedeutung hätten. Die Gehaltgleichheit von eigenpsychischen und fremdpsychischen Aussagen – also von Protokollen in der ersten und der dritten Person – war eine P-Gehaltgleichheit. Sie ergab sich aus der Verwendung eines (der zukünftigen Neurophysiologie prospektiv entlehnten) Gesetzes, das die regelmäßige Zuordnung von psychologischen und physischen Zuständen bestimmte.

Sicher hatte man schon länger die Konsequenz gezogen, dass mit dem Begriff des logischen Gehalts unter gewissen Umständen ein Unterschied in den Verifikationsmethoden belanglos wurde, doch die offizielle Legitimation hinkte hinterher. Dieser letzte Schritt wurde genommen, als Carnap Wittgensteins Verifikationskriterium der Bedeutsamkeit ein zweites Mal liberalisierte.[13] Diesmal drehte es sich darum, die Rede von „der" Methode der Überprüfung, von „der" Verifikationsmethode eines Satzes durch die Rede von „möglichen Verifikationsmethoden" bzw. „Verifikationsbedingungen" zu ersetzen (Carnap 1935, S. 46). Damit wurde endlich klar erklärt, dass eigen- und fremdpsychischen Sätzen dieselbe Bedeutung zugesprochen werden kann, ohne leugnen zu müssen, dass ihre Verifikationsmethoden verschieden sind. Und damit war auch der Physikalismus zumindest zu Carnaps Zufriedenheit etabliert.[14]

Fassen wir die Entwicklung mit Hinblick auf den methodologischen Solipsismus kurz zusammen. Um dem intersubjektiven Charakter der Wissenschaft zu genügen, mussten eigenpsychische Sätze voll physikalisiert werden, weil sie sonst aus der Wissenschaft herausfallen und die Wissenschaft damit auch erkenntnistheoretisch unvollständig bleibt. Voll physikalisiert sein heißt, intersubjektiv überprüfbar zu sein. Die erkenntnistheoretischen Konsequenzen für eigenpsychische Aussagen liegen auf der Hand: Sätze, die das direkt Gegebene formulieren, die also die für den methodologischen Solipsismus grundlegenden Aussagen liefern, sind nicht intersubjektiv überprüfbar. Damit wurde Erkenntnistheorie, wie sie selbst der *Aufbau* noch praktizierte, irrelevant, und ein unbedingtes erkenntnistheoretisches Privileg der ersten Person wurde nicht mehr anerkannt.[15]

---

[13] Das erste Mal, als Carnap Wittgenstein „liberalisierte", ca. 1930/1931, kehrte er zu seinem eigenen, bereits in *Scheinprobleme* vorgelegten Vorschlag zurück, von der Bedeutsamkeit stiftenden Überprüfung von Aussagen nur zu verlangen, Gründe für oder gegen die Akzeptanz der betreffenden Aussage zu liefern, nicht aber, dass sie definitiv deren Wahrheit oder Falschheit etablieren; vgl. Carnap (1928b, § 7) und (1932a, § 2). (Dieser zweite Schritt ist in der Darstellung von Uebel (2007, Kap. 8) nicht voll gewürdigt.)

[14] Dass damit alle erkenntnistheoretischen Eigenheiten der 1.-Person-Sätze erfasst sind, wird hiermit nicht behauptet.

[15] Das muss nicht heißen, dass die erste Person alle Privilegien verliert: Ist die Protokollsprache erst einmal intersubjektiv, dann können der ersten Person auch Privilegien für introspektive Extrajobs gegeben werden.

Carnaps Überwindung des methodologischen Solipsismus erfolgte also in separaten Schritten. Schon 1930, wohl als Reaktion auf erhaltene Einwände, arbeitete Carnap mit zwei grundlegenden Sprachen, der phänomenalen und der physikalistischen, die jeweils originär bedeutsam waren und nicht der Übersetzung in eine andere bedurften, aber verschiedene Aufgabengebiete besaßen.[16] Ende 1931/ Anfang 1932, als er die publizierte Fassung von „Universalsprache" verfasste, hatte er mit dem sprachtheoretischen Primat des methodologischen Solipsismus gebrochen (damals hob er die Asymmetrie zugunsten der phänomenalen Sprache auf, so dass auch eigenpsychische Sätze physikalistisch übersetzbar wurden). Ende 1932 dann, mit seiner Antwort auf Neuraths „Protokollsätze", sprach er dazu dem methodologischen Solipsismus auch das erkenntnistheoretische Primat ab, das er ihm noch belassen hatte.[17] Aber erst im Laufe der Jahre 1933–1934 wurde klargestellt, wie die Überprüfbarkeit der eigenpsychischen Sätze zu verstehen war, ohne dass unser intuitives Verstehen ihres Inhalts als illusionär zu verworfen werden müsste.[18] Damit war dem methodologischen Solipsismus die letzte Karte aus der Hand genommen. Konsequenterweise (wenn auch nur implizit) sprach Carnap ihm in seinem Pariser Vortrag ab, in der Wissenschaftslogik verwendbar zu sein.

Die Überwindung des methodologischen Solipsismus ist ein philosophisches Ergebnis von weitreichender Bedeutung. Der methodologische Solipsismus stellt ja genau die Voraussetzung dar, die die Erkenntnistheorie zumindest seit Descartes behindert hat. Man kann sagen: Der „methodologische Solipsismus" brüstet sich im zweiten Wort seines Namens seines Sündenfalls, im ersten drückt er sein unberuhigtes schlechtes Gewissen aus. Dass es auch nicht beruhigt werden kann, hat nun gerade die Wiener Protokollsatzdebatte gezeigt, und genau dieses Resumé zog Carnap offensichtlich selbst in seinem Pariser Vortrag zur Überwindung der Erkenntnistheorie. Die Vorgeschichte dazu legt also nahe, dass er damit eine auf methodologisch solipsistischer Basis operiende Erkenntnistheorie meinte, genau wie Neurath schon 1932, als dieser davon sprach, „dass es innerhalb eines folgerichtigen Physikalismus keine ‚Erkenntnistheorie' geben kann, mindestens nicht in der überlieferten Form" (Neurath 1932a/2006, S. 282).

Nun mag man fragen, ob wirklich *alle* Erkenntnistheorie methodologisch solipsistisch sein muss – und die Antwort ist natürlich negativ. So stellt sich wieder die

---

[16] Siehe Carnap (1930). Man bemerke, dass Carnap im *Aufbau* zwar von der Möglichkeit sprach, die physikalische Sprache als originäre zu benutzen, davon aber keinen Gebrauch machte.

[17] So schrieb Carnap noch im Sommer 1932: „Bei einem Satz über gegenwärtiges Eigenpsychisches, z. B. P_1 ‚Ich bin jetzt aufgeregt', muss deutlich unterschieden werden zwischen dem Systemsatz P_1 und dem Protokollsatz P_2, der ebenfalls lauten kann ‚Ich bin jetzt aufgeregt'. Der Unterschied liegt darin, dass der Systemsatz P_1 unter Umständen widerrufen werden kann, während der Protokollsatz als Ausgangssatz bestehen bleibt" (Carnap 1932c, S. 136).

[18] Dass verschiedene Verifikationsmethoden mit gleichem logischen Gehalt vereinbar sind, wurde schon in Carnap (2004, S. 124) behauptet, dessen Abfassung in das Jahr 1933 zurückzureichen scheint. Die explizite Modifikation des wittgensteinschen Bedeutungskriteriums aber wurde erst in Carnap (1935) vorgenommen.

Frage, warum Carnap psychologische Kriterien so radikal aus der Erkenntnistheorie ausschließen wollte, wie es sein Vortrag behauptete. Inzwischen aber können wir auch sehen, dass die in § 1.3 kontemplierte Hypothese (dass der Fehler der psychologistischen Erkenntnistheorie allein darin besteht, empirische Überlegungen mit logisch-begrifflichen zu vermengen) falsch ist. Sowohl Carnaps Überwindung der Erkenntnistheorie als auch sein Physikalismus bedurften ihrerseits empirischer Gesichtspunkte. Der methodologische Solipsismus wurde verworfen, weil sein Gebrauch den intersubjektiven Tatsachen des Wissenschaftsbetriebes nicht entsprach, während der Physikalismus die Wahrheit eines empirischen Sachverhalts voraussetzt. Er stützt sich auf

> den glücklichen Umstand, der durchaus nicht logisch notwendig ist, sondern empirisch vorliegt, dass
>   das Protokoll   der Inhalt der Erfahrung
> eine gewisse Ordnungsbeschaffenheit hat. Das zeigt sich darin, dass es gelingt, eine physikalische Sprache aufzubauen, derart, dass die qualitativen Bestimmungen (wie sie in der Protokollsprache verwendet werden) von der Wertverteilung der physikalischen Zustandsgrößen eindeutig abhängen. (Carnap 1932b, S. 445)

Carnap milderte auch seinen unerbittlichen Anti-Psychologismus. Passte seine Zurückweisung jeglicher Bezugnahme auf psychologische Sachverhalte in der Philosophie 1935 noch zu seiner bis dahin letzten Antwort auf Neurath in der Protokollsatzdebatte, so bot sein Aufsatz „Testability and Meaning" bereits ein anderes Bild. In „Über Protokollsätze" erlaubte Carnap noch allen singulären Sätzen der „physikalischen Systemsprache" als Protokollsätze zu dienen (Carnap 1932d/2006, S. 423). Dies änderte sich 1936, als er die Protokollsätze auf Beobachtungssätze der sogenannten Dingsprache beschränkte (Carnap 1936–37, S. 9). Und nicht untypischerweise verwies Carnap nun der Psychologie die Aufgabe festzustellen, welche Prädikate als solche der direkten Beobachtung gelten können (ebd., S. 454).

Eine bessere Frage ist also diese: Wie sieht Carnaps spätere Erkenntnistheorie nun wirklich aus – worin besteht ihre Kontinuität bzw. Diskontinuität mit den Positionen von vor 1935? Bevor wir uns dieser Frage zuwenden können, muss allerdings noch ein grundlegender Einwand gegen die hier entwickelte Interpretation der Carnapschen Position ausgeräumt werden.

Was ist davon zu halten, dass sich Carnap später scheinbar mehrdeutig zum methodologischen Solipsismus äußerte? Im Vorwort zur zweiten Auflage des *Aufbau* ist zu lesen:

> Wenn ich jetzt die alten Formulierungen lese, finde ich manche Stellen, die ich heute anders sagen oder auch ganz weglassen würde. Aber mit der philosophischen Einstellung, die dem Buch zugrunde liegt, stimme ich heute noch überein. Das gilt vor allem für die Problemstellung und für die wesentlichen Züge der angewendeten Methode. Das Hauptproblem betrifft die Möglichkeit der rationalen Nachkonstruktion von Begriffen aller Erkenntnisgebiete auf der Grundlage von Begriffen, die sich auf das unmittelbar Gegebene beziehen. (Carnap 1961, xvii)

Zusätzlich zu der „These, dass es grundsätzlich möglich sei, alle Begriffe auf das unmittelbar Gegebene zurückzuführen" (ebd., xviii), sprach sich Carnap auch noch für eine Machsche Lösung der Frage der Basisrelation aus.[19] Das scheint nicht einer endgültigen Absage an den methodologischen Solipsismus zu entsprechen. Aber dann wiederum können wir folgende Bemerkung derselben Schaffensperiode lesen, in der eine schon ältere Weisheit formuliert ist:

> It is an essential characteristic of the phenomenal language that it is an absolutely private language which can only be used for soliloquy, but not for common communication between two persons. In contrast, the reistic and the physical languages are intersubjective. (Carnap 1963, S. 869; vgl. Carnap 1936–37, S. 10)

Die ältere Weisheit hier ist die der Unbrauchbarkeit einer phänomenalistischen, also methodologisch solipsistischen, Sprache zur Rekonstruktion der Wissenschaftssprache.[20] Wie passen diese Aussagen zusammen?

Der zweiten Aussage nach muss der methodologische Solipsismus eine private, rein phänomenalistische Sprache benutzen. Wenn die Umgangssprache aber ohne Anspruch auf Rückübersetzbarkeit in diese phänomenalistische Sprache benutzt wird, dann ist die Priorität des Eigenpsychischen, auf der der methodologische Solipsismus unbedingt besteht, damit klar in Frage gestellt. Angesichts ihrer „absoluten Privatheit" ist die Verwendung einer phänomenalistischen Sprache in der Analyse der Wissenschaftssprache also nicht zu empfehlen – und die des methodologischen Solipsismus ebenso wenig. Worin also könnte Carnap weiterhin mit seinem alten *Aufbau* übereinstimmen?

Genauer betrachtet besteht wenig Grund zu meinen, Carnap habe sich im Vorwort zur zweiten Auflage des *Aufbau* wieder zum methodischen Solipsismus bekannt. Vielmehr visierte Carnap dort die Möglichkeit an, reine Logik zu betreiben, d. h. in diesem Fall, ein Begriffssystem aufzustellen, eine Sprache zu entwickeln, die dieselbe Reichweite wie unsere traditionelle Sprache besitzt, aber als Grundbegriffe nur solche aufweist, die sich auf das Gegebene beziehen. Wovon das Vorwort zur zweiten Auflage, im Gegensatz zum Vorwort zur ersten, *nicht* sprach, war „die Frage der Zurückführung der Erkenntnisse aufeinander" (Carnap 1928a, xiii). Der Unterschied mag sehr subtil erscheinen, ist aber von großer Bedeutung für die Wandlung seiner Blickweise auf den *Aufbau*, die der spätere Carnap hier durchscheinen ließ.

Wir müssen unterscheiden zwischen einer explorierendenSprachkonstruktion und der Anwendung von konstruierten Sprachformen – zwischen rein theoretischer und angewandter Wissenschaftslogik. In Vorwort zur zweiten Auflage sprach sich

---

[19] „Ich würde heute in Erwägung ziehen, als Grundelemente nicht Elementarelemente zu nehmen [...] sondern etwas den Machschen Elementen Ähnliches, etwa konkrete Sinnesdaten, wie z. B. ‚rot einer gewissen Art an einer gewissen Sehfeldstelle zu einer gewissen Zeit'. Als Grundbegriffe würde ich dann einige Beziehungen zwischen solchen Elementen wählen, etwa die Zeitbeziehung ‚x ist früher als y', die Beziehung der räumlichen Nachbarschaft im Sehfeld und in anderen Sinnesfeldern, und die Beziehung der qualitativen Ähnlichkeit, z. B. Farbähnlichkeit" (Carnap 1961, S. xix).

[20] Bezeichnenderweise reicht diese Moral in die Zeit seiner Pariser Kongressvorträge zurück: Carnap diskutierte Gedanken, die in Carnap (1936/1937) erschienen, in seiner Korrespondenz seit 1935.

Carnap dafür aus, die Möglichkeit einer eher Machschen Prinzipien folgenden Sprache zu erforschen. Diese Möglichkeit sah er durch nichts beeinträchtigt, was er seit seinem *Aufbau* gelernt hatte. Mit anderen Worten, als ein nicht auf historische Formen der Wissenschaftssprache begrenzter Logiker betrachtete er die phänomenalistische Sprache als eine unter vielen, deren formelle Attribute feststellbar waren. Daraus folgte aber auch keine Verpflichtung zu ihrer Verwendung, was auch immer ihre formalen Reize sein mochten. Bezeichnenderweise gab Carnap im Vorwort zur zweiten Auflage diesem Begriffssystem somit keine erkenntnistheoretische Aufgabe. Stattdessen unterstrich er, dass ein System, das als „Grundelemente physische Dinge enthält und als Grundbegriffe beobachtbare Eigenschaften und Beziehungen solcher Dinge", „besonders geeignet für eine rationale Nachkonstruktion der Begriffssysteme der Realwissenschaften" (Carnap 1961, xix) sei, das „reistische" System also, das er zum ersten Mal in „Testability and Meaning" (Carnap 1936/1937) eingeführt hatte. Wenn man dies bedenkt, wird verständlich, dass Carnaps Überwindung des methodologischen Solipsismus intakt blieb. Carnap als zu diesem zurückkehrend zu lesen ist keinesfalls zwingend – und angesichts des Gesamtbildes geradezu unplausibel.[21]

Richard Creath (1992) hat darauf hingewiesen, dass treffend von einer „Hilbertisierung" der Wissenschaftssprache durch Carnap gesprochen werden darf. Die sprachlichen Strukturen, die Carnaps Wissenschaftslogik darstellt und untersucht, sind selbst Begründungsstrukturen und sollen als solche die „properly philosophical parts of traditional epistemology" ersetzen (Creath 1993, S. 290). Es ist also zuzugeben, dass Carnaps Wissenschaftslogik erkenntnistheoretischen Zwecken dienen kann (besonders in Zusammenhang mit seiner induktiven Logik). In erster Linie tut sie dies natürlich auf die extrem unpersönliche Art und Weise, dass sie propositionale Begründungen liefert, die wir schon besprochen haben: Das Erkenntnissubjekt als solches wird in der Theorie nicht angesprochen.

Kann diese unpersönliche Wissenschaftslogik aber alle Aufgaben übernehmen, die normalerweise der Erkenntnistheorie gestellt werden? Wie steht es mit der doxastischen Begründung unserer individuellen Erkenntnisansprüche? Glücklicherweise war Carnaps Absage an die traditionelle Erkenntnistheorie subtiler Art. Wenn wir eine Begründung oder Rechtfertigung unserer Erkenntnisansprüche suchen, müssen wir uns anderswohin wenden – nicht an die reine Wissenschaftslogik, aber natürlich auch nicht an die alte Philosophie. Wohin also?

---

[21] Eine ähnliche Herausforderung stellt Carnaps spätere Bemerkung (Carnap 1963, S. 882) zu der Frage dar, wie die primitiven Prädikate der Protokollsprache beschaffen sein sollten. Dass dort allein subjektive – nicht intersubjektive – Nachprüfbarkeit als hinreichende Bedingung für empirische Bedeutsamkeit gefordert wird, muss keinen Rückfall in den methodologischen Solipsismus darstellen. Dass eine phänomenalistische Sprache als empiristisch betrachtet werden kann, heißt noch lange nicht, dass sie auch zur rationalen Nachkonstruktion unseres empirischen Wissens herangezogen werden muss. Man mag sich fragen, was bei Carnaps neuer Position gewonnen ist, aber das Aufgeben der Bedingung intersubjektiver Überprüfbarkeit zur Charakterisierung empirischer Sprachen beraubte ihn nicht der Fähigkeit, den methodologischen Solipsismus weiterhin für unpraktisch und unpraktikabel zu erklären.

An die Wissenschaftstheorie im weiteren Sinne und dort an die *Pragmatik* der Wissenschaft, die die *Anwendung* der Logik in konkreten Fällen und Kontexten untersucht. Wir müssen also spezifizieren, was Carnap selbst relativ unbestimmt hielt: wie genau sich Wissenschaftslogik zu anderen metatheoretischen Untersuchungen der Wissenschaft stellt, ja zu menschlichen Bemühungen um Wissen allgemein.

Carnap selbst sprach nicht von der Pragmatik der Wissenschaft – nur Frank tat dies (Frank 1957/2004, S. 360) und Neurath sprach diesbezüglich von „Gelehrtenbehavioristik" (Neurath 1936/1981, S. 758) –, aber seine Philosophiekonzeption hat dafür durchaus Platz, wie er Frank gegenüber einmal klarstellte (Carnap 1963, S. 868).[22] Der Punkt ist nur zu verstehen, wo und wie. Es ist bezeichnend, dass die Themen der Wissenschaftspragmatik von Carnap selbst in der Sprachtheorie verortet werden. So schrieb er in seinem ersten rein semantischen Buch:

> It has turned out to be very fruitful to look at the problems of theoretical philosophy from the point of view of semiotic, i.e., to try to understand them as problems which have to do with signs and language in one way or another. Among problems of this kind we may first distinguish between those problems – or components in complex problems – which are of a factual, empirical, rather than logical nature. They occur especially in the theory of knowledge and the philosophy of science. If construed as problems of semiotic, they belong to pragmatics. They have to do, for instance, with the activities of perception, observation, comparison, registration, confirmation, etc., as far as these activities lead to or refer to knowledge formulated in language. (Carnap 1942, S. 245)

Der Ausdruck „activities that lead to or refer to knowledge formulated in language" gibt Carnap die Möglichkeit, ein breit gefächertes Repertoire menschlicher Tätigkeiten unter dem Dach der Pragmatik zu versammeln. In der *Logischen Syntax* ordnete Carnap Gebiete wie Wissenschaftsgeschichte, Wissenschaftssoziologie und Wissenschaftspsychologie der allgemeinen Wissenschaftstheorie zu (Carnap 1934, § 72). In Carnaps semiotischem Schema von 1942 fallen diese unter die Kategorie „Pragmatik der Wissenschaftssprache". Carnap war Wissenschaftspragmatik gegenüber sehr offen. Es ist also zu betonen dass Carnaps Wissenschaftslogik einen stillen Teilhaber besaß, der die analytisch-konstruktiven Aufgaben bearbeitete, für die sie selbst „zu *a priori*" war. Das gemeinsame Unternehmen von Wissenschaftslogik und Wissenschaftspragmatik nannte er jetzt „theoretical philosophy from the point of view of semiotic".

Der spätere Carnap lässt also neben der Wissenschaftslogik, die Untersuchungen der Syntax und der Semantik der Wissenschaftssprache umfasst, auch eine Wissenschaftspragmatik zu. Sie umfasst höherstufige Untersuchungen, die sich mit nicht-logischen bzw. nicht-rein-logischen Aspekten der Gewinnung von Wissen in sprachlicher Form befassen. Genauer gesagt, „theoretical philosophy from the point of view of semiotic" umfasst reine („pure") und beschreibende („descriptive") Syntax

---

[22] Mehr zu dieser dem linken Wiener Kreis zugeschriebenen „bipartite metatheory conception of philosophy" und der Möglichkeit, Spannungen zwischen Auffassungen seiner Vertreter zu beheben, in Uebel (2015).

ebenso wie reine („pure") und beschreibende („descriptive") Semantik sowie „reine" („pure" oder „theoretical") Pragmatik. Wissenschaftslogik befasst sich also mit rein logisch-begrifflichen Untersuchungen möglicher bzw. bereits konstruierter Sprachen sowie den dafür benötigten analytischen Rahmenbegriffen, während empirische Untersuchungen historisch gegebener Sprachen, auch wenn sie deren Syntax oder Semantik betreffen, unter „Pragmatik" fallen, ebenso wie alle Untersuchungen von Aktivitäten, die zur sprachlichen Formulierung von Wissen bzw. Wissensansprüchen führen.[23]

Damit gewann Carnap den logisch-begrifflichen Raum, der benötigt wird, um Untersuchungen zur doxastischen Begründung oder Rechtfertigung unserer Erkenntnisansprüche durchzuführen. Genau in dieser Wissenschaftspragmatik kann auf das geachtet werden, was in der Wissenschaftslogik vernachlässigt werden muss. Die auf tatsächliche Überzeugungen gerichteten erkenntnistheoretischen Fragen können in der Wissenschaftspragmatik beantwortet werden. Diese Fragen finden dort ihren Platz, weil wenn von Sprachgebrauch die Rede ist, die Sprechenden von Anfang an bedacht werden müssen – und damit haben wir Platzhalter für die epistemischen Subjekte, die die Wissenschaftslogik in eigener Sache nicht bedenkt (außer als Variablen in dem von der reinen Pragmatik entwickelten analytischen Rahmen). Dass Carnap selbst Untersuchungen der Wissenschaftspragmatik zumeist seinen Kollegen Frank und Neurath überließ, ist natürlich nicht zu bestreiten, ist aber einfach als bewusste Arbeitsteilung zu verstehen.

Die Frage erhebt sich, ob Wissenschaftspragmatik ausschließlich empirisch bleiben kann. Wie steht es um die Normativität der Erkenntnistheorie? Auch wenn es sich allein um die Überzeugungen von Wissenschaftlern handelt, reichen Logik und Sprachsysteme nicht aus, Geltung zu erklären, sondern es muss auf das zurückgegriffen werden, was normative Verbindlichkeit schafft: intersubjektive Vereinbarungen. Zuerst sind dies rein konventionelle Vereinbarungen darüber, welche Logik und welches Sprachsystem gelten soll. (Erst dann vermag die reine Logik zu greifen.) Und wenn es um die Rationalität von bestimmten Prozeduren geht, die im Wissenschaftsbetrieb verwendet werden sollen (z. B. zur Überprüfung von Daten oder Hypothesen), dann treten diesen Vereinbarungen weitere, teilweise empirisch bestimmte, zur Seite, nämlich insofern sie sich auf kontingente Mittel-Zweck-Relationen beziehen, deren Erkennbarkeit zum Teil erst einmal versuchsweise unterstellt werden muss. All dies würde keinesfalls von Carnap geleugnet werden. Man beachte daher, dass die Normativität der Wissenschaftspragmatik keiner Ressourcen bedarf, über die Carnap nicht verfügen kann. Zielgerichteter Nutzen ist empirisch bestimmbar, so wie die Konsistenz eines Logikkalküls logisch bestimmbar ist. Die Grundlage aller konditionalen Normativität ist also im Prinzip beweisbar mit den Mitteln empirischer und formaler Wissenschaft und bedarf daher nicht der Art philosophischen Beistands, die Carnap eben nicht liefern kann (und auch nicht liefern

---

[23] Siehe Carnap (1934, S. 4, 7), (1942, S. 11 f., 245) und (1963, S. 861 f.). Ein Beispiel eines analytischen Rahmens, den die reine Pragmatik als Unterdisziplin der Wissenschaftslogik entwickelt und der beschreibenden Pragmatik zur Anwendung bereitstellt, gibt Carnaps interpretationstheoretisches Schema in Carnap (1955b).

will). Da sie allein konditionale Normativität verlangt, ist die Wissenschaftspragmatik, wie die Wissenschaftslogik, von traditioneller, substanziell apriorischer Philosophie unabhängig und in diesem Sinne autonom.

So weit eine Skizze von Carnaps Metaphilosophie, wie sie sich Mitte der dreißiger Jahre herauszukristallisieren begann. In diesem Zusammenhang darf auch die grundlegende Vertiefung nicht vergessen werden, die sie bereits in den ersten dieser Jahre erfahren hat. Schon immer ging es Carnap um rationale Rekonstruktion, nicht um getreue Beschreibung, des Erkenntnisprozesses. Aber die Einsicht, dass rationale Rekonstruktion keine eindeutigen Lösungen liefern kann, will sie sich nicht zurück in traditionelle Philosophie versteigen, dringt weiter, als es auf den ersten Blick aussieht. „Logische Toleranz" (um das Schlagwort zu verwenden) – von Carnap seit Ende 1932 praktiziert – hat Konsequenzen für jedes von ihr affizierte Philosophieverständnis. Hoffnung auf tiefere Einsicht in das Wesen der Wirklichkeit, jenseits dessen, was Wissenschaft vermitteln kann, war Empiristen schon immer verwehrt, aber es gab ja immer noch den Heroismus des individuellen Bewusstseins zu feiern, das einer ihm wesensfremden Welt Erkenntnis abtrotzte. Nach der Wende zur sprachlich-logischen Toleranz aber verblieb Philosophen scheinbar nur noch die Möglichkeit, Bruchstücke von Begriffsnetzen zu entwerfen, die bestenfalls pragmatischen Überlegungen entsprechen, wenn sie nicht rein konventionell bestimmt sein sollten. Doch das ist nicht alles, was Carnaps spätere Philosophie zu bieten hat.

Ebenso wie die Aufgabe, Werkzeuge zur Analyse und Konstruktion von Sprach- und Begriffsrahmen – von Sprachformen und Begriffsräumen – zu entwickeln, niemals Selbstzweck war, sondern einen pragmatischen Horizont hatte, so besaß Carnaps Philosophieverständnis einen sozialen Hintergrund und stellte keinen solitären Geniestreich dar, sondern bot ein Programm für eine zukunftsorientierte Zusammenarbeit. Die Intention, die die Philosophie Carnaps und seiner engen Kollegen in Wien und Prag belebte, war nicht die, mittels Logik die menschliche Intelligenz zu domestizieren, sondern mittels ihrer diese Intelligenz dem noch nicht Gedachten zu öffnen. In einem tiefen Sinn war Logik nicht nur Mittel der Analyse, sondern und ganz besonders auch Werkzeug der Konstruktion: „Es gilt, Denkwerkzeuge für den Alltag zu formen, für den Alltag der Gelehrten, aber auch für den Alltag aller, die an der bewußten Lebensgestaltung irgendwie mitarbeiten" (Verein Ernst Mach 1929/2006, S. 11). Gerade Carnaps extrem spröde anmutende Philosophie – seine Wissenschaftslogik zusammen mit der Wissenschaftspragmatik – kann also dem Anspruch einer kritischen Theorie entsprechen, „ideologisch festgefrorene, im Prinzip aber veränderliche Abhängigkeitsverhältnisse" zu hinterfragen.[24] Zugegeben, sie tut dies auf der sehr abstrakten Ebene begrifflicher Abhängigkeitsverhältnisse – aber es ist unbestreitbar, dass Alternativen zu gegebenen Verhältnissen erst einmal denkbar sein müssen, bevor

---

[24] Das Zitat: Habermas (1965/1968, S. 158). Mehr zum „kritischen" Potenzial der Metaphilosophie Carnaps bei Carus (2007, Kap. 11), zu der Neuraths bei Uebel (1991) und (2000, Kap. 8).

ihre Umsetzung unternommen werden kann. Solche Denkbarkeit zu ermöglichen war das Ziel Carnaps.[25]

Literatur

Awodey, S., und A. Carus. 2007. Carnap's dream: Gödel, Wittgenstein and Logical Syntax. *Synthese* 159:23–45.

Carnap, R. 1926. *Physikalische Begriffsbildung.* Karlsruhe: Braun.

———. 1928a. *Der logische Aufbau der Welt. Weltkreis, Berlin-Schlachtensee.* Neudr. (1998). Hamburg: Meiner.

———. 1928b. *Scheinprobleme der Philosophie.* Berlin: Weltkreis. Abgedr. *Carnap* 2004:3–47.

———. 1930. Die alte und die neue Logik. *Erkenntnis* 1:12–36. Abgedr. *Carnap* 2004:63–80.

———. 1932a. Überwindung der Metaphysik durch logische Analyse der Sprache. *Erkenntnis* 2: 219–241. Abgedr. *Carnap* 2004:81–110.

———. 1932b. Die physikalische Sprache als Universalsprache der Wissenschaft. *Erkenntnis* 2: 432–465. Abgedr. *Stöltzner/Uebel* 2006:315–353.

———. 1932c. Psychologie in physikalischer Sprache. *Erkenntnis* 3:107–142.

———. 1932d. Über Protokollsätze. *Erkenntnis* 3:215–228. Abgedr. *Stöltzner/Uebel* 2006: 412–429.

———. 1934. *Logische Syntax der Sprache.* Wien: Springer.

———. 1935. Les concepts psychologiques et les concepts physiques sont-ils foncièrement different? *Revue de Synthèse* 10:43–55.

———. 1936–37. Testability and meaning. *Philosophy in Science* 3:419–471; 4:1–40.

———. 1936a. Von der Erkenntnistheorie zur Wissenschaftslogik. In: *Actes du Congrès International de Philosophie Scientifique.* Sorbonne, Paris 1935, Facs. I: Philosophie scientifique et empirisme logique. Hermann & Cie., Paris, S 36–41.

———. 1936b. Wahrheit und Bewährung. In: *Actes du Congrès International de Philosophie Scientifique.* Sorbonne, Paris 1935, Facs IV: Induction et probabilité. Hermann & Cie., Paris, S 18–23.

———. 1936c. Über die Einheitssprache der Wissenschaft: Logische Bemerkungen zum Projekt einer Enzyklopädie. In: *Actes du Congrès International de Philosophie Scientifique.* Sorbonne, Paris 1935, Facs. II: Unité de la science. Hermann & Cie., Paris, 60–70.

———. 1942. *Introduction to semantics.* Cambridge: Harvard University Press.

———. 1947. *Meaning and necessity.* Chicago: University of Chicago Press.

———. 1955a. Meaning and synonymy in natural language. *Philosophical Studies* 6:33–47. Abgedr. in: R. Carnap. 1956. Meaning and necessity, 2. Aufl., 233–247. Chicago: University of Chicago Press.

———. 1955b. On some concepts of pragmatics. *Philosophical Studies* 6:89–91. Abgedr. in: R. Carnap. 1956. *Meaning and necessity,* 2. Aufl., 248–250. Chicago: University of Chicago Press.

———. 1961. Vorwort zur zweiten Auflage. In *Der logische Aufbau der Welt,* 2. Aufl., Hrsg. R. Carnap. Hamburg: Meiner.

———. 1963. Replies and systematic expositions. In *The philosophy of Rudolf Carnap,* Hrsg. P.A. Schilpp, 859–1015. LaSalle: Open Court.

---

[25] Ich danke den Diskussionsteilnehmern der Tagung, besonders André Carus, Uljana Feest, Gottfried Gabriel und den Herausgebern, für kritische Fragen und Hinweise, die mich bei den Überarbeitungen meines Vortrags begleiteten. (Ein englischsprachiger Aufsatz, der sich mit dem vorliegenden weitgehend, aber nicht vollständig deckt, wird im *Monist* erscheinen.)

————. 2004. *Scheinprobleme der Philosophie und andere metaphysikkritische Schriften*. Hrsg. v. T. Mormann. Hamburg: Meiner.

Carus, A. 2007. *Explication as enlightenment: Carnap and twentieth-century philosophy*. Cambridge: Cambridge University Press.

Chisholm, R. 1955. A note on Carnap's meaning analysis. *Philosophical Studies* 6:87–89.

Creath, R. 1992. Carnap's conventionalism. *Synthese* 93:141–165.

————. 1993. Functionalist theories of meaning and the defense of analyticity. In *Logic, language and the structure of scientific theories*, Hrsg. W. Salmon und G. Wolters, 187–303. Pittsburgh/ Konstanz: University of Pittsburgh Press und Konstanzer Universitätsverlag.

Frank, P. 1957. *Philosophy of science: The bridge between philosophy and science*. Englewood Cliffs: Prentice-Hall. Repr. Dover, Mineola NY 2004.

Habermas, J. 1965. *Erkenntnis und Interesse*. Merkur 213. Abgedr. in: J. Habermas, Technik und Wissenschaft als „Ideologie", 146–168 (1968). Frankfurt a. M.:Suhrkamp.

van Heijenoort, J. 1967. Logic as language and logic as calculus. *Synthese* 17:324–330.

McGuinness, B. Hrsg.1967. *Wittgenstein und der Wiener Kreis: Gespräche aufgezeichnet von Friedrich Waismann*. Oxford: Blackwell. Neudr. als L. Wittgenstein, Werkausgabe, Bd. 3 (1984). Frankfurt a. M.:Suhrkamp.

Montague, R. 1974. *Formal philosophy*. Hrsg. R. Thomason. New Haven: Yale University Press.

Neurath, O. 1913. Die Verirrten des Cartesius und das Auxiliarmotiv. In *Jahrbuch der Philosophischen Gesellschaft an der Universität Wien 1913*, 45–59. Abgedr. *Stöltzner/Uebel* 2006: 114–131.

————. 1931. Physikalismus. *Scientia* 50:297–303. Abgedr. in: O. Neurath, Gesammelte philosophische und methodologische Schriften, Hrsg. v. R. Haller u. H. Rutte, Hölder-Pichler-Tempsky, Wien 1981, 417–421.

————. 1932a. Soziologie im Physikalismus. *Erkenntnis* 2:393–431. Abgedr. *Stöltzner/Uebel* 2006: 269–314.

————. 1932b. Protokollsätze. *Erkenntnis* 3:204–214. Abgedr. *Stöltzner/Uebel* 2006: 399–411.

————. 1936. Physikalismus und Erkenntnisforschung. *Theoria* 2:97–105, 234–237. Abgedr. in: O. Neurath, Gesammelte philosophische und methodologische Schriften, Hrsg. v. R. Haller u. H. Rutte, Hölder-Pichler-Tempsky, Wien 1981, 749–760.

Richardson, A. 1996. From epistemology to the logic of science: Carnap's philosophy of empirical science in the 1930s. In *Origins of logical empiricism*, Hrsg. R.L. Giere und A. Richardson, 309–332. Minneapolis: University of Minnesota Press.

————. 1998. *Carnap's construction of the world: The Aufbau and the emergence of logical empiricism*. Cambridge: Cambridge University Press.

————. 2013. Taking the measure of Carnap's philosophical engineering: Metalogic as metrology. In The Historical Turn in Analytic Philosophy, Hrsg. E. Reck, 60–77. London: Macmillan-Palgrave.

Russell, B. 1921. *The analysis of mind*. London: Allen & Unwin.

Ryle, G. 1949. Discussion of Rudolf Carnap: 'Meaning and Necessity'. *Philosophy* 24:69–76. Repr. in: G. Ryle, Philosophical papers, Hutchinson, London, 1963:225–235.

Schlick, M. 1934. Über das Fundament der Erkenntnis. *Erkenntnis* 4:79–99. Abgedr. *Stöltzner/ Uebel* 2006: 430–453.

————. 1986. *Die Probleme der Philosophie in ihrem Zusammenhang*, Hrsg. v. H. Mulder, A. J. Kox, R. Hegselmann. Frankfurt a. M.: Suhrkamp.

Stöltzner, M., und T. Uebel, Hrsg. 2006. *Wiener Kreis: Texte zur wissenschaftlichen Weltauffassung*. Hamburg: Meiner.

Uebel, T. 1991. Otto Neurath and the Neurath reception: Puzzle and promise. In *Rediscovering the forgotten Vienna Circle*, Hrsg. T. Uebel, 3–22. Dordrecht: Kluwer.

————. 2000. *Vernunftkritik und Wissenschaft: Otto Neurath und der erste Wiener Kreis*. Wien: Springer.

————. 2007. *Empiricism at the crossroads: The Vienna Circle's protocol-sentence debate*. Chicago: Open Court.

————. 2015. Three challenges to the complementarity of the logic and the pragmatics of science. *Studies in History and Philosophy of Science* 53:23–32.

————. 2018. Overcoming Carnap's mehodological solipsism: Not as easy as it seems. *Hungar Philosophy Review* 62:81–96.

Verein Ernst Mach. 1929. *Wissenschaftliche Weltauffassung*. Der Wiener Kreis. Wolf, Wien. Abgedr. (ohne Bibliographie) in Stöltzner/Uebel 2006, 3–29. Neudr. (mit Bibliographie) in F Stadler, T Uebel (Hrsg), Wissenschaftliche Weltauffassung. Der Wiener Kreis, Hrsg. vom Verein Ernst Mach (2012, 11–74). Vienna: Springer.

Wittgenstein, L. 1922. *Tractatus logico-philosophicus*. London. Neudr. in: L. Wittgenstein, Werkausgabe, Bd 1 (1984). Frankfurt a. M.: Suhrkamp.

————. 1958. *The blue and brown books*. Oxford: Blackwell. Übers.: Das Blaue Buch (Wittgenstein, Werkausgabe, Bd 5, 1984).Frankfurt a. M.: Suhrkamp.

7
Realism and Anti-Realism in Young Carnap

Johannes Friedl

The first part of this paper delves into the question of the basic tenets of Carnap's anti-metaphysics. Tying up to the accounts of authors like Michael Friedman and Werner Sauer, I examine the relation between verificationism and so-called logical criteria, arguing not only that verificationism is secondary, but that the integration of both instruments in Carnap's early philosophy faces difficulties. The second part focuses on the application of these instruments to the realism/idealism dispute. I try to show that Carnap's position is neither neutral nor stable, but (in different respects) involves concessions to both realism and idealism.

7.1 Carnap Against Metaphysics

The rejection of metaphysical questions is a constant in Carnap's thought. The most prominent application of this stance is to the debate on realism vs. idealism. Throughout his life, Carnap held that this debate, in its traditional form, is a mere pseudo-problem that cannot be answered simply because neither of the opposing positions can be stated in a meaningful way. As is well known, Carnap was not the

This work was supported by the *Austrian Science Fund* (FWF): P 30377-G24. Furthermore I am grateful to Gottfried Gabriel, Wolfgang Spohn, and Thomas Uebel for their comments on the talk on which this paper is based, to Ulf Höfer for comments on an earlier version, and especially to Christian Damböck, whose extensive critical comments forced me to reconsider (and at some points to rework) my argumentation.

J. Friedl (✉)
Institut für Philosophie, Karl-Franzens-Universität Graz, Graz, Austria
E-Mail: johannes.friedl@uni-graz.at

C. Damböck, G. Wolters (eds.), *Der junge Carnap in historischem Kontext: 1918–1935 / Young Carnap in an Historical Context: 1918–1935*,
Veröffentlichungen des Instituts Wiener Kreis 30,
https://doi.org/10.1007/978-3-030-58251-7_7

only one who took such a stance; this was common ground, at least during the heyday of the Vienna Circle. As Alberto Coffa puts it in his extensive study,

> the view became a characteristically Viennese product in that it was widely accepted in Vienna and widely regarded as absurd most everywhere else. (Coffa 1991, 223)

This view was made popular by Carnap's infamous *Scheinprobleme in der Philosophie* (below: *Scheinprobleme*) in 1928b, which obviously inspired a great many later writings within the movement. I limit myself to mentioning Schlick 1932 and – second to none concerning the long-term broad effect – the first chapter of Ayer 1936.[1] In this version, Carnap's attitude seems to be based entirely on the doctrine of verificationism. The dispute is to be rejected because it is neither a logical question nor an empirical one, which can be answered by reference to experience. As illustrated by Carnap's famous example of the two geographers (the one realist, the other idealist), this question is beyond all empirical evidence; the dispute is supposed to concern a matter of fact but, by the same token, has no concern whatsoever with detectable empirical data. For this reason, the whole debate is strictly meaningless.

The source of verificationism, at least in the Vienna Circle discussion, is Wittgenstein, as is unanimously acknowledged not only by Carnap himself but by various other members of it.[2] However, let us take a closer look at the influence of Wittgenstein on Vienna anti-metaphysics as stated by Carnap in his intellectual autobiography:

> Another influential idea of Wittgenstein's was the insight that many philosophical sentences, especially in traditional metaphysics, are pseudo-sentences, devoid of cognitive content. I found Wittgenstein's view on this point close to the one I had previously developed under the influence of anti-metaphysical scientists and philosophers. I had recognized that many of these sentences and questions originate in a misuse of language and a violation of logic. Under the influence of Wittgenstein, this conception was strengthened and became more definite and more radical. (Carnap 1963, 25)

It is confirmed here quite bluntly that Carnap developed an anti-metaphysical argumentation already before he became acquainted with Wittgenstein's verification principle. I stick to the terminology suggested by Michael Friedman (1987, sec. IV) in calling Carnap's early anti-metaphysical instruments *logical criteria*.[3] Therefore, in the first part of the present paper, the following questions must be dealt with:

---

[1] Of course, not even on this point there was complete agreement in the Circle and its periphery, as is indicated by the use of the limiting "widely" in Coffa. For a detailed survey, see Neuber (2018).

[2] See, for example, Carnap (1930/1959, 146, 1936/37, part I, 422). Actually, it is a matter of dispute if verificationism is expressed clearly in the *Tractatus* (on this, see Haller 1993, 95 ff.), but it is beyond question that in Vienna the *Tractatus* was interpreted in a verificationist manner; the interpretive problem is complicated by the fact that Wittgenstein, after his return to philosophy around 1928, definitely held quite radical verificationist ideas.

[3] Therefore I disagree with Mormann, who holds that the rejection of metaphysics in the *Aufbau* and in *Scheinprobleme* is based on epistemological (verificationist) reasons and is only later on (in Carnap 1930/1959, 1932a/1959) replaced by a sharper, logically inspired critique; cf. Mormann (2000, 67).

- What exactly are these logical criteria? In what way are they incorporated into the central doctrines of young Carnap's philosophy?
- What is the relationship between the logical criteria and verificationism? Is there an internal relationship or are they simply two independent ways to attack, of which verificationism is the more radical? If the latter is the case, is this so because there are *different kinds* of metaphysical pseudo-sentences, each of which demands a different treatment (as hard-boiled positivists would put it: different diseases require different cures)?

In order to answer these questions, we must turn to Carnap's chief early work, *Der logische Aufbau der Welt* (1928a/2003, below: *Aufbau*). Published in the same year as *Scheinprobleme*, the basic ideas of this book stem from Carnap's pre-Vienna period. After presenting a first draft on the occasion of a visit to Vienna in January 1925, a first version, which is unfortunately lost, was submitted as *Habilitationsschrift* at the University of Vienna at the turn of the year 1925/26.[4] The radical shortening of this version, surely a painful process that had to be done at the publishers' request,[5] resulted in the publication in 1928. Note that (1) Carnap started to write the *Aufbau* only after getting feedback from the Circle when presenting the basic ideas, and that (2) the process of cutting the work down was *not purely* a matter of shortening. A multitude of discussions on the *Aufbau* with various members of the Circle took place after Carnap's move to Vienna in 1926. It is simply not a credible assumption that these discussions resulted in nothing on Carnap's side.

I took a short glance at the development of the *Aufbau* in order to clearly identify the exegetical problem we face: the *Aufbau* contains not only Carnap's early logical criteria, but also Vienna-style verificationism. We do not have a pure form of the logical criteria; verificationism is incorporated. On the other hand, *Scheinprobleme* is also not one-sidedly verificationist, as the popular reading would have it. To my mind, Werner Sauer (1992/93, 160 ff.) has convincingly argued for the essential role of the logical criteria in this booklet. We have to deal with two, as it were, contaminated versions; against this background, the mutual references between the two books are of little surprise.[6]

On the whole, however, it cannot be disputed that verificationism dominates the argumentation of *Scheinprobleme*, whereas logical criteria star in the *Aufbau*. Let us begin by taking a closer look at the *Aufbau*.

---

[4] Strictly speaking, he submitted only the first part as *Habilitationsschrift*; together with the second part (which followed a few weeks later), this first version had an extension of 566 typed pages. For an elaborated exposition of the origin of the *Aufbau*, see Damböck's paper in this volume.

[5] On this and the difficulties related to finding a publisher, see the correspondence Carnap–Schlick (Nachlass Schlick, Vienna Circle Archive, Haarlem; Nachlass Carnap, Archives of Scientific Philosophy, Pittsburgh).

[6] § 178 of the *Aufbau* refers to *Scheinprobleme*; a note in *Scheinprobleme*, p. 25, refers to the *Aufbau* (this note is omitted in the English translation).

7.1.1   Logical Criteria in the Aufbau

A system of concepts is designed in the *Aufbau*. Here, we need to distinguish between the "theory of constitution" as the discipline which is concerned with the nature of systems of constitution, and the one constitutional system Carnap actually constructs in his book (as he himself admits, the construction is relatively sketchy in places). For his system, an autopsychological base is chosen instead of a physical or a general psychological one.[7] I will come back to this, but one should make a note at the beginning that there is a plurality of possible systems distinguished by different chosen bases.

The aim of the enterprise is to provide a purely structural description of all concepts respectively all objects of knowledge.[8] This target must be met because all *content* is subjective; only the restriction to pure structure secures the objectivity of language and science. However, there are obviously many different objects that can be characterized by one and the same structural description (e.g., "X stands in a transitive relation to Y"). For this reason, a comprehensive system of *all* objects must be designed. In a sufficiently developed system, every object is unambiguously distinguished by a purely structural description, i.e., by relating it to the other objects. Carnap illustrates this by the example of a map of a railway network (§ 14).

The underlying demand for a purely structural description will not figure prominently in the following considerations; instead, I will focus on what is entailed by this: the demand for placing all objects unambiguously within a comprehensive system. This system is not ready-made, it has to be constructed. Starting from base-elements and base-relations, the construction ascends by creating classes and relations; so, stepwise, a type-theoretical hierarchy is in the making, wherein finally all objects find their exact place.

Against this background, how are metaphysical pseudo-sentences to be characterized?[9] Let's look at another passage from Carnap's autobiography, similar to the one quoted above, but a little bit more explicit concerning our present question:

> Even in the pre-Vienna period, most of the controversies in traditional metaphysics appeared to me sterile und useless. [...] I also saw that the metaphysical argumentations often violated logic. Frege had pointed out an example of such a violation in the ontological proof for the existence of God. I found other examples in certain kinds of logical confusion, among them those which I labelled "mixing of spheres" ("*Sphärenvermengung*") in the *Logischer Aufbau*, that is, the neglect of distinctions in the logical types of various kinds of concepts. (Carnap 1963, 44 f.)

---

[7]*Aufbau*, §§ 62–64; just before the publication, Carnap planned to write another book in which a constitutional system on a physical base should be developed.

[8]For Carnap it makes no logical difference whether concepts or objects are spoken of; cf. *Aufbau*, § 5.

[9]In the English translation of the *Aufbau*, the expression "pseudo sentence" is introduced in § 180. It is noteworthy that the German original does not contain the corresponding expression "Scheinsatz", but this is unambiguously and exactly what is meant by "Wortreihe [...], die den äußeren Bau eines Satzes hat und daher für einen Satz gehalten wird, ohne einer zu sein" (ibid.).

According to this, a metaphysical pseudo-sentence is created in the following way: in regular use, a word stands for a concept precisely distinguished within the constitutional system. Misuse arises when this word is plucked out of this context and used in another context – another sphere of the system. In this new sphere, there is simply nothing that the word stands for; it has no defined place and corresponds to no defined concept as in the original sphere. In ordinary language, there is a constant risk of such misuse, especially due to the many ambiguous words it contains. In contrast, in the logical language of the constructional system it is sufficient to pay attention to the logical type of the signs to recognize whether a sentence is a pseudo-sentence or a genuine one.

In summary, the core thesis of the *Aufbau* is the following: only pure structure is objective, and therefore all concepts must be described in a purely structural manner. To meet this target, a constitutional system must be built up to a sufficient degree, thereby obtaining as many relations as are needed for unambiguous characterization. The constitution proceeds by building classes and relations, thereby creating, stepwise, a hierarchic system. Objective meaning is nothing over and above the unique place within the system. Therefore a word loses its sense when it is detached from that defined place and used in a different sphere. Additionally, there is no essential difference to the case where a word lacks meaning from the start – to this, and therefore to the justification of speaking of logical criteria (in the plural), I will return later.

Thus we see: logical criteria are a straightforward consequence derived from the core thesis of the *Aufbau*, the restriction to pure structure.

7.1.2 Verificationism in the Aufbau

Beside the logical criteria, which are self-sufficient, the *Aufbau* also contains passages in which the rejection of metaphysical pseudo-sentences seems to be grounded on verificationism. It cannot be proven in a strict sense that these passages are the result of the Viennese influence, but in addition to the above-mentioned attributions as to the origin of the verification principle, it is noteworthy that the concept of verification is only mentioned in the later parts of the book. The most striking passage appears in § 179:

> From a logical point of view, however, statements which are made about an object become statements in the strictest scientific sense only after the object has been constructed, beginning from the basic objects. For, only the construction formula of the object – as a rule of translation of statements about it into statements about the basic objects, namely, about relations between elementary experiences – gives a verifiable meaning to such statements, for verification means testing on the basis of experiences.

Apart from the question of their temporal relationship, what is the logical relationship between these two criteria? Presumably Carnap himself thought (at least for a certain time) that the rejection of metaphysical pseudo-sentences by means of the verification principle and by application of the logical criteria are but two sides of the same coin. That Carnap at least tended to treat these two instruments as equivalent comes out especially clearly in "The Elimination of Metaphysics through Logical Analysis of Language" (Carnap 1932a/1959). As he puts it in this paper, a word has meaning only if the way of its appearance in the simplest kind of sentence ("elementary sentence") is known and if for such a simple sentence S an answer is

given to the following question, which can be formulated in various ways:

(1) What sentences is S *deducible* from, and what sentences are deducible from S?
(2) Under what conditions is S supposed to be true, and under what conditions false?
(3) How is S to be *verified*?
(4) What is the *meaning* of S? (Carnap 1932a/1959, 62)

That's a well-known and much objected passage. Usually the equation of (1.) and (2.) is rejected; in the present context, our focus is on the equation of (1.) and (3.). According to Carnap, the former formulation (clearly echoing the constitutional definitions of the *Aufbau*) is the "proper" formulation, the latter one the mode of speech of epistemology. Although the *Aufbau* contains no such explicit equation, in certain respects the constitutional system is developed as if it were meant to incorporate verificationism.

In the first place, the aim of the *Aufbau* is the construction of a hierarchy of concepts; however, the basic units are sentences, not concepts, since only sentences can be properly assigned a meaning. Concepts are only defined contextually as parts of sentences, not as isolated items. That is of importance for our question because there is of course no sense in speaking of verifying concepts. Strictly speaking, the object of verification is the question of whether a specific concept is "realized". Regardless of alternative or more accurate formulations, only sentence-like, propositionally structured items are possible objects of verification.

Second, constitution proceeds by translation. A concept can thus be constituted if all sentences in which it occurs are translatable into sentences without that very concept. What has to remain constant in the translation is the logical value (as contrasted with the epistemological value), a claim that is related to the thesis of extensionality (§ 50). Crucially, in this sense the meaning of a sentence cannot transcend the meaning of those sentences by which it is constituted. Indeed, that is one of the central points of verificationism (in its original, strong version): the meaning of a sentence is completely exhausted by that which is verifiable.

The most important feature is the third one: the constitutional system of the *Aufbau* is erected on an autopsychological base. In contrast to other possible bases, Carnap chose this base to mirror the epistemological order. When ascending the constitutional hierarchy step by step, we start from what is epistemologically prior. For example, sentences about physical objects are not only translatable into sentences about sensory qualities, but knowledge of physical objects has to be mediated by sensory qualities, whereas the

recognition of our own psychological processes does not need to be mediated through the recognition of physical objects, but takes place directly. (*Aufbau*, § 58)

This "methodological solipsism"[10] reflects a basic tenet of verificationism. It is a fundamental requirement of verification that there is not only logical equivalence (respectively symmetry, second point), but also epistemological asymmetry. Purely logical relations cannot by themselves be sufficient for verification; if the base is not epistemologically prior in some sense, the whole endeavor of verification is pointless.[11]

7.1.3 The Disharmony of Verificationism and Logical Criteria

We can thus see that, on the whole, logical criteria and verificationism make a perfect match, don't they? My thesis is that, contrary to this appearance, verificationism, only adopted later, is fundamentally at odds with a central idea of the *Aufbau*. I start by examining the last point mentioned, the problem of the base.

7.1.3.1 The Problem of the Base

Logical criteria are valid for all constitutional systems regardless of the (arbitrary) chosen base; in contrast, verificationism is valid solely for systems with an autopsychological base. So far, there is no problem, simply because, to mirror the epistemological order, Carnap chose such a base. Upon closer examination, however, a deep problem is revealed. The epistemological priority of the base, which is presupposed by verificationism, conflicts with the *Aufbau*'s attempt to secure intersubjectivity. Remember Carnap's solution to this problem: the restriction to pure structure. Obviously the starting point cannot consist in private, subjectively "given" experiences. To be more precise, the problem of the base splits into two parts: the selection of basic relations and that of the basic elements themselves. It is only the former which can be said to be the real base in that they are undefined and all other concepts are defined by them (§ 61). The basic elements are at the beginning completely "unanalyzable units"; they have no features that can be described. Nevertheless, to get the process of constitution started, it is necessary to speak of these elements. The solution to this problem is the ingenious introduction of "quasi-analysis". I will not go into details but confine the argument to the (supposed) performance of this kind of analysis (*"a synthesis which wears the linguistic garb of an analysis"*, § 74). By this procedure we are able, so to speak, to analyze the unanalyzable. As a result, the

---

[10] *Aufbau*, § 64; primarily due to the criticisms of Neurath (e.g., Neurath 1931/1959, 290), Carnap finally dropped this term, although he insisted that nothing else was ever meant than the rather trivial fact that in the process of verifying (or testing), one finally has to refer to one's own observations (Carnap 1936/37, part I, 423 f.).

[11] Note that here we are dealing with the *Aufbau*. Later on, Carnap abandoned both of these two features of verificationism (strong verification, autopsychological base); see below.

basic elements, which cannot be said to have any properties at the beginning, become elements within the constitutional system about which can be spoken.

The gist of the matter (as far as we are concerned with here) is this: it is potentially misleading to speak of an autopsychological base. At the beginning, there is not even meaning in speaking of a self (as opposed to others) or of a psychological realm (as opposed to a physical realm). This talk makes sense only after these concepts have been constituted themselves by the process of quasi-analysis. And it is only because of this result – and not because of the initial choice – that we are entitled to speak of constitutional systems with a certain kind of base:

> In our system form, the basic elements are to be called experiences of the self *after* the construction has been carried out; hence, we say: in our constructional system, my "experiences" are the basic elements. (*Aufbau*, § 65)

This is not a peculiar feature of the basic concepts; it is simply a central thesis of the constitutional theory that a concept is a concept *qua* being constructed, *qua* being placed within the system:

> [...] in fact, the constructed objects are objects of conceptual knowledge only *qua* logical forms which are generated in a certain way. Ultimately, this holds also for the basic elements of the constructional system. [...] It is only through this procedure, that is, only as constructed objects, that they become objects of cognition in the proper sense of the word, in particular, objects of psychology. (*Aufbau*, § 177)

Thus the idea of the essentially constitutional nature of "my experience" and the idea of verification are not on a par. What is primary, in the constitutional sense, are basic relations and basic elements, but the latter are completely without properties at the beginning. The choice of a base is a choice made for some logical construction or other, and no more than this. Epistemological priority of any kind is not provided for within the system; in contrast, what is epistemologically prior (my experiences) is to be found in the constitutional system only at a higher level. To sum up: the epistemological priority needed for verificationism cannot be expressed in the constitutional system, which bans talk of any objects that are not constituted.

7.1.3.2   Different Cures for Different Diseases?

Even if it is admitted that verificationism cannot be integrated into the *Aufbau* offhand, one might hold on to the idea that verificationism is needed in order to complete the anti-metaphysical argumentation. Might it not be the case that there are in fact at least two different kinds of pseudo-sentences? On this reading, it was necessary for Carnap, radicalizing his anti-metaphysical attitude in Vienna, to supplement his early logical criteria by verificationism. In doing so, he may have been mistaken in viewing verificationism simply as the other side of the coin, but what harm is there? This is the view according to which different kinds of pseudo-sentences all demand a different treatment.

There are several passages in Carnap's early writings that favor such an interpretation, i.e., an interpretation characterizing pseudo-sentences in two different ways:

A string of words can fail to be a sentence in two ways: first, if it contains a word which has no meaning, or, second (and this is the more frequent case), if the individual words do indeed have meaning (i.e., if they can occur as parts of genuine, not merely apparent, sentences), but if this meaning does not fit with the context of the sentence.[12]

The first case – a word without meaning – would be a case for verificationism, whereas the second case is a transgression of the spheres in which the different concepts are located. The latter case, a violation of the logical grammar of language, would be a case for logical criteria.

The first problem for such an interpretation is that it fits in badly with other passages from the same time. Remember the passage from Carnap 1932a/1959 quoted above (7.1.2), where Carnap explicitly speaks of one and the same question presented in different clothes.

A closer look reveals that the supposed difference between the two cases vanishes. In both cases, the essential feature is the lack of determination within the system. In the second case, a word which in regular use designates a concept is detached from this connection; therefore there is no longer a corresponding concept, i.e., the word has lost its connection to the specific place in the system. On the other hand, to designate no place within the system is simply to lack meaning. The first case differs only insofar as there is not even another legitimate use of the word. The mistake that is made here is more radical insofar as from the start no determinate place within the system is defined, and as a result there is no mixture of spheres. The result in both cases, however, is the same: a lack of meaning because of the failure to specify a unique, determined place within the system.[13]

7.1.3.3 Verificationism and Logical Criteria in Carnap's Development

Up to now, I have argued not only for the *temporal* priority of the logical criteria, which can hardly be disputed, but also for a logical priority. Verificationism is only secondary in Carnap's thought.[14] Carnap's anti-metaphysical attitude is not affected by the rise (and fall, most philosophers today would add) of verificationism. Let's take a look at Carnap's further development, especially at the role assigned to verificationism in his later writings. Here's a passage from "Testability and Meaning":

> It seems to me that it is preferable to formulate the principle of empiricism not in the form of an assertion – "all knowledge is empirical" or "all synthetic sentences that we can know are based on (or connected with) experiences" or the like – but rather in the form of a proposal or requirement. As empiricists, we require the language of science to be restricted in a certain way; we require that descriptive predicates and hence synthetic sentences are not

---

[12] *Aufbau*, § 180; this disjunctive characterization is also to be found in Carnap (1932a/1959, sections 2 and 4).

[13] Cf. Sauer (1992/93, 167).

[14] I want to emphasize once more that this was stated long ago by Friedman (1987, sec. IV), Sauer (1992/93), and Richardson (1992, 1998, 25–28). I am especially indebted to Werner Sauer and a talk he gave in Graz in spring 2016.

to be admitted unless they have some connection with possible observations, a connection which has to be characterized in a suitable way. (Carnap 1936/37, part II, 33)

The history of verificationism within the Logical Empiricists' movement is usually told as a history of liberalization. This is not incorrect, of course. Carnap himself moved on from the requirement of complete definability to confirmability in different shades. And it is no easy task to specify the "suitable way" in which theory has to be connected with experience, or, to put it in Carnap's terms, to specify the relations between a theoretical language and an observational one.[15] The second important feature of verificationism – as it was conceived in the *Aufbau* – was the autopsychological base. Here, too, the conception changed dramatically by Carnap's turn to physicalism, connected with the new conception that the question of the nature of the base (the form of the protocol-sentences) is not a theoretical question at all, but a matter to be fixed by convention.[16]

What is more interesting in the present context is the status of the verification principle itself. If it is nothing but a proposal, every metaphysician can relax. In Carnap's mind, however, the metaphysician does not gain anything by this. At the bottom of Carnap's anti-metaphysics always lie what I've called logical criteria. To be sure, the argumentation changed its outward appearance over the years, from the *Aufbau* to "Empiricism, Semantics and Ontology" (Carnap 1950). In that famous paper, the weight is carried by the full-blown distinction between internal and external questions. We have just seen that the basic idea behind this distinction is already at work in the *Aufbau*, by locating the metaphysician's fundamental mistake in the attempt to use concepts not determined within the system. It is not in the scope of this paper to reconstruct the exact development of this "iron string".[17] The time has come to turn to the application of the *Aufbau*-style logical criteria to what has always been thought of as a prime example of a metaphysical dispute: the question of realism.

7.2 Realism and Anti-Realism in the *Aufbau*

7.2.1 Constitutional and Metaphysical Reality

Of course, the concept of the "real" is not to be banished altogether. So, what do we mean when we ascribe reality to an object in a meaningful way? According to what has been said in the first part of this paper, it is clear that there is a precondition that must be fulfilled: the object has to be constituted. If the concept (or the object) were not a constituted one, we simply would not know what we are talking about. If we want to know if there is at least one mountain in Africa which is higher than 5000 m,

---

[15] For his final position on this, see Carnap (1956).

[16] For the first time expressed in Carnap (1932c).

[17] Friedman speaks of "deep continuities" in Carnap's rejection of metaphysics (Friedman 2007, 152). This continuity is shown in detail in Sauer (1992/93).

it is a prerequisite that the concept "a mountain higher than 5000 m" is already constituted as an object belonging to the sphere of physical things. This task of constitution is the first task of science in a logical sense (in the actual process of scientific development, concepts are taken from everyday knowledge and only afterwards and gradually rationalized). While it is a matter of convention which features are used in the constitutional definition, it is essential that a unique determination can be reached. After this task is accomplished, all other questions about the concept (or the object) are of an empirical nature.[18]

The decision as to the reality of a constituted object is a subordinate, empirical one. To be a little more precise, the question of the object's reality is located at a relatively high level of a constitutional system implemented sufficiently far. The difference between real und unreal objects is the difference between their exact places in the comprehensive system. The real mountain is to be included in the system in a way in which the unreal mountain is not (e.g., the real mountain can be climbed, has a certain mass etc.), that is, it can be integrated within the system of perceptions and law-like relations connecting them. The unreal mountain is located in a different place within the system and is constituted as a hallucinated or dreamed mountain.

> The given suggestions will suffice to make it clear that the *difference between reality and nonreality (dream, invention, etc.) retains its full meaning even in a constructional system which is based upon an autopsychological basis, and that this distinction in no way presupposes any transcendency.* (*Aufbau*, § 170)

"Reality" designates a subsystem of the constitutional system. This subsystem contains all objects which are accepted by the special sciences. The criteria by which this subsystem is distinguished are altogether scientific criteria. The various scientific disciplines are connected from the outset, their fields being parts of the one comprehensive constitutional system.

It is crucial to see that this concept of reality depends solely on distinctions within the constitutional system; the difference between the real and the unreal is completely internal. This constitutional concept must be sharply distinguished from the *metaphysical* concept of reality. The latter conception does not depend on differentiations within the constitutional system; according to it, reality must be assigned to objects outside any system and independently of it. The difference between the two conceptions is illustrated by the following example, which is very similar to the example of the two geographers from *Scheinprobleme*:

> The difference between the two meanings becomes clear through the following two questions: "Was the Trojan War a real event or merely an invention?" and "Are those objects which are not feigned or simulated, for example the perceived physical bodies, real, or are they merely contents of consciousness?" The first question is treated by historical science; it is to be resolved with empirical and constructional methods, and hence there is no divergence of opinion among the adherents of the various philosophical schools. The second

---

[18] This is a point of departure from the Neo-Kantianism of the Marburg school: constitutional theory holds that a finite number of characteristics is sufficient for unique determination, whereas the Marburg school holds that determination of an object can never be accomplished; cf. *Aufbau*, § 179.

question is customarily transacted within the field of philosophy; it is answered in different
ways by different schools; we shall see later that it is extraconstructional and hence extra-
scientific; it is metaphysical. (*Aufbau*, § 175)

There are thus two versions of realism, a constitutional one and a metaphysical one.
According to Carnap, there is total agreement with everything that constitutional
realism asserts (§ 177): there is a difference between real und unreal objects; objects
are intersubjective; objects exist independently of me insofar as their behaviour
does not depend on my volitions (except in those cases where there is a causal connection); objects are subject to the laws of nature. Thus, constitutional theory and
constitutional realism are in total agreement.

The same is true of idealism: like realism, idealism comes in two versions. Constitutional theory and (good) idealism agree that all objects of knowledge must be
constituted, i.e., must be "built" by logical operations starting from a base.

In contrast to the constitutional notions of realism and idealism, the concept of a
metaphysical reality cannot be constituted within any constitutional system. If it
cannot, however, it is no concept at all but a meaningless word since meaning is
simply the logical place within. Additionally, there is of course no sense in ascribing
reality to the whole constitutional system – a concept that distinguishes nothing is
not a concept; differences must be differences within the system. The realist's mistake consists in detaching the word from the context in which it has sense and applying it where it doesn't have sense and cannot be redefined. Therefore the question of metaphysical realism is nothing but a prime example of a violation of our
so-called logical criteria: sense is lacking because of the failure to specify a logical
place within the system.

One of the strengths of Carnap's position seems to be that it takes into account
an old principle, according to which there is no concept without differentiation. If
nothing is excluded by applying a concept, then in fact nothing is attributed. Surely,
from a ("metaphysical") realist point of view, the concept of constitutional reality
would appear to be inadequate in itself, yet it is very difficult to define precisely
what is omitted by this conception. Carnap is realist, however, in that he ascribes the
same kind of reality to objects of experience and to theoretical entities like electrons
(insofar as the latter is an accepted scientific concept). It would be a gross mistake
to read him as a kind of instrumentalist. Instrumentalism depends on the distinction
between objects whose reality is guaranteed in some way (mostly by experience)
and those concepts which are only a means for ordering these "real" items. The
difference between real and unreal within the constitutional system is not the difference between a rock-solid base and the lofty construction raised on it – the former,
too, is rationally accessible only as a constituted object. The difference is not one of
intrinsic, but of relational character: being a relatum of law-like connections accepted by science, or not.[19] Another important aspect for placing Carnap's theory
within great debates has already been mentioned above, when reporting his view

---

[19] For the difficulties and dangers in applying the distinction realism/instrumentalism to the work
of Carnap, see also Parrini (1994).

that all questions divide into constitutional (i.e., logical, albeit involving conventional) ones and empirical ones. These two components are exhaustive: "there is no synthetic a priori" (*Aufbau*, § 179). Questions of existence presuppose constitutional theory to be meaningful, yet are answerable only by empirical investigations. By tying all claims of existence to experience, Carnap's overall view is ultimately bound to the empiricist tradition.[20]

Carnap emphasizes over and over again the neutrality of constitutional theory in regard to the traditional realism/idealism dispute. It is indeed easy to see that the legitimate versions of realism and idealism (the constitutional ones) do not contradict each other; they go perfectly well together. Realism and idealism contradict each other only in the metaphysical sense – properly speaking, they only seem to contradict each other because neither metaphysical position is expressible in a meaningful way. However, this neutrality is problematic. In the remainder of this paper, I discuss two objections, the first pushing the *Aufbau* in the direction of metaphysical realism and the other in the direction of metaphysical idealism, thus trying to show an inherent instability of Carnap's position.

7.2.2 Does Constitutional Realism Presuppose Metaphysical Realism?

The first passage in which the *Aufbau* touches on the realism/idealism problem is to be found very early, in one of the first paragraphs:

> Does thinking "create" the objects, as the Neo-Kantian Marburg school teaches, or does thinking "merely apprehend" them, as realism asserts? (*Aufbau*, § 5)

As Carnap later tries to make clear (§§ 95 ff.), this question concerns only the possible modes of speech. The proper language which is used in the *Aufbau* is the language of symbolic logic. Both realistic and idealistic languages are merely auxiliary means employed for the purpose of illustration.[21] The realistic language mainly serves to make the adequacy of the constituted concepts more visible. The sciences use realistic language, and a constitutional system is not completely free-floating – the aim is the reconstruction of concepts already in use. Using realistic language merely makes it easier to see if the reconstruction was successful, i.e., if a constituted concept is an adequate reconstruction of a concept already in use. The use of idealistic language serves another purpose. Its use makes it more readily visible that the constitution of a concept, starting from the base of the system, is flawless. The ideal-

---

[20] I admit that this is not very exciting, but nonetheless it seems noteworthy to me. When criticizing (rightly, in my mind) the received interpretation of the *Aufbau* as the attempt of reducing all concepts to the "given" and thereby as the most elaborated version of a reductive empiricist project, this very basic commitment to empiricism should not be overlooked.

[21] A fourth language that is used in the *Aufbau* can be neglected here because this language is simply the translation of the language of symbolic logic into ordinary language.

istic language is the language of the operations that must be executed within the hierarchy of the constitutional system up to the point when the concept in question is ultimately reached. Thus its use does not involve any assumptions about psychological processes; it only formulates the operational rules which can be applied by anyone, "be it Kant's transcendental subject or a computing machine" (Carnap 1963, 18).

We have to do here with another dimension of the issue of realism. There is no third conception of realism (or idealism) beside the (good) constitutional concept and the (bad) metaphysical concept. Here we are dealing only with the language of constitution itself, and the results above are not touched upon. Even in a constitutional system that uses exclusively idealistic language, there is no sense in speaking of metaphysical idealism. On the other hand, the justified preference for realistic language by scientists and laymen is of no concern for the philosophical problem of realism (*Aufbau*, §§ 52 and 178); even in a constitutional system with realistic language, there is no place to be found for metaphysical realism. So, no matter what mode of speech is chosen, only constitutional realism/idealism makes sense.

Our current concern is with the realistic language. It can be agreed that merely talking in this manner does not represent a commitment to metaphysical realism. What is highly dubious is the *purpose* of this talk: the use of realistic language should facilitate the recognition of the agreement of purely structurally defined concepts with those already in use. One now wonders how this kind of recognition can be achieved. It is clearly not a comparison that can be made within the constitutional system, simply because one constituent of the relation is outside of it. Either it is conceded that the comparison cannot be made (in contrast to Carnap himself, who says that this comparison is facilitated by the use of realistic language) or we admit that there is more about knowledge than the official statement of the *Aufbau* admits. According to this official definition (§ 178), epistemology is restricted to the relations between the different spheres of a constitutional system. Rejecting this definition amounts to taking literally Carnap's speech of "familiar" ("bekannte") concepts (*Aufbau*, especially § 98) which are to be reconstructed; by this we are admitting the existence of a kind of knowledge that is in some sense different, but nevertheless genuine knowledge – thereby contradicting the claim that the constitutional system is a comprehensive system including *all* objects of knowledge.

The problem, so far, is essentially of the same kind as the one we touched upon in the first section. There we encountered the difficulty that the epistemological priority of the base needed for verification cannot be accounted for in the constitutional system. Now, the same is true for the supposed recognition of the agreement of constituted concepts with non-structural ones – but that is not the end of the story.

A deeper problem is lurking in all of this. What makes the constitutional system of the *Aufbau* a reconstruction of empirical knowledge dealing with reality? Obviously this question cannot be answered by trying to tie up the constitutional system to reality: constitutional reality is not something external to the system but a subclass of it – and therefore by trying to answer the question in this way, one is inevitably led to metaphysical reality. Nonetheless, it seems to me that this is what Carnap is doing – albeit implicitly and in a concealed manner. Remember how the constitutional concept of reality is introduced in the *Aufbau*: the criteria which distinguish real from unreal objects are altogether scientific criteria; real objects fit in the net of law-like connections stated by science in a way that unreal objects do not. The constitutional system determines what is meaningful, not what is real; for the latter purpose, we need help from the sciences.[22] Clearly the real sciences are meant to do this work, not any purely invented science. A purely fictional science (as presented in some science fiction novels) would draw a completely different line between the real and the unreal. How, then, can the difference be established between real science and fictional science, since both consist of objects and law-like relations that are expressible within the constitutional system? Why are the objects and laws of the one designated real (in the constitutional sense) and those of the other unreal? At this point Carnap seems to make reference to the one existing real science, but this only leads us back to metaphysical reality and thus nothing is gained by that move. It is surely a purely metaphysical gesture when the attempt is made to secure the contact of the constitutional system to reality by tying it up to (metaphysically) real facts. In the same way, however, it is also in the domain of the metaphysical to draw the line within the constitutional system between real and unreal by the help of a (hidden) reference to the one existing real science. Ultimately, it is a (metaphysical) fact that a specific scientific system holds sway at a given period in time, like the (metaphysical) fact that, e.g., there is at least one mountain in Africa which is higher than 5000 m.

To sum up: either the concept of constitutional reality is determined by the help of metaphysical reality, or the determination of constitutional reality is arbitrary in a way that leaves one completely at a loss when asked what it is that is defined.

This seems to be a very naive objection, but consideration of subsequent controversies substantiates my point, especially the discussion between Carnap and Edgar Zilsel only a few years later. Zilsel asked for the connection of purely structural systems to the one reality, respectively for the distinction of the one real science (in contrast to other possible systems of sentences; Zilsel 1932/33). For Zilsel, this can only be accomplished by admitting an "ineffable" substrate of structures, which is to be found in the content of experiences.[23] While rejecting any talk of the "ineffable", and therefore Zilsel's answer, Carnap acknowledged his question. Real science, so his own answer, is distinguished by the historical fact that it is the science that is held by the scientists of our cultural circle (Carnap 1932b, 179 f.).

Of course this will not do. In my opinion, there is hardly anything to add to A. J. Ayers' (1982, 174) comment: as he puts it, any system of sentences may include a sentence asserting that this is the system that is held by the scientists of our cultural circle, so nothing is gained by this move.[24] What is meant is that it is in fact the one accepted system, or in other words, that it is real; however, it is exactly this position that is not allowed according to the *Aufbau*.

---

[22] Here I simplify a little. Scientific results are in fact already used in the process of ascending the stages of the system, and not only subsequently when the system has been completed. For the point in question, however, it does not matter at what stage scientific results are used.

[23] In this respect, Zilsel's position is close to the one Schlick held at least for a certain time; cf. Schlick (1938/2012).

[24] This objection was made first (and at greater length) in Ayer (1936/37, 233 f.).

Is there no way out for Carnap? When looking at another of Carnap's papers from the time of the *Aufbau*, "Eigentliche und uneigentliche Begriffe" (Carnap 1927),[25] the following rejoinder is obvious: the objection depends on a mix-up of constitutional definitions with implicit definitions. Only concepts of the latter kind are "free-floating" and need to be connected to reality afterwards. In contrast, the constitutionally defined concepts have this contact to reality from the beginning, being defined stepwise from a base.[26] We are thus back at the problem of the base, this time concerned, not with epistemological priority, but with the question of contact with reality.

It is at this point that a number of authors see the major failure of the project of the *Aufbau* (not only with respect to the problem of reality, with which we are concerned here). Since I have nothing to add to the various writings where this is discussed in considerable detail,[27] I will confine myself to a short (and simplifying) abstract:

The project of the *Aufbau* is the characterization of *all* concepts as purely structural. As already stated in section 7.1.3.1, the proper base for the constitution is a relation (and not the elements between which this relation holds), but what about this basic relation itself (the "Recollection of Similarity", § 52)? A dilemma now occurs: either this basic relation is not purely structural or it is. In the first case, all other concepts, which are defined by it, are also not purely structural and the goal of the *Aufbau* is doomed to fail from the beginning. In the second case, this basic relation can be defined in purely logical terms.[28] What this means is that the whole constitutional system contains only expressions of logic. Now, however,

> in Carnap's hands, empirical science achieves objectivity by, in the end, severing its ties to empirical reality in just the way mathematics and logic do. (Richardson 1998, 37)

And this, of course, is as little a solution to our problem as the killing of a sick person is a cure.

7.2.3 The Constitutional Concept of Reality and Metaphysical Idealism

The objection just made was pushing in the direction of metaphysical realism, which seems to be presupposed but of course cannot be acknowledged. A second possible objection arises by pushing in the other direction and examining the question whether the constitutional concept of reality is not in fact "idealism in disguise" (Parrini 1994, 260).

---

[25] For the context of this paper (Schlick's equation of implicit definitions with the *Aufbau*'s structure statements), see Friedl (2013, chap. I, sec. 3).

[26] Cf. Carnap (1927, especially 355–358 and 372 f.).

[27] The first (and in my mind best) discussion is that of Friedman (1987); cf. also Richardson (1998, chap. 2) and Soames (2018, chap. 6).

[28] Carnap goes so far as to suggest taking this basic relation itself as a concept of pure logic; cf. *Aufbau*, §§ 153–155.

As said above, according to Carnap, the only legitimate use of "reality" is a separation within the system; the real objects are distinguished from unreal objects by law-like connections. These laws naturally originate from empirical science, so the criteria by which the line is drawn between real and unreal objects within the constitutional system are exclusively scientific criteria. In which sense is "criteria" to be understood here? In one sense of this term, there is no harm in what has been said thus far: Of course the criteria of what we take to be real must stem from empirical science (which is meant here to include perception; the rationalist position is neglected for the moment). We cannot know in advance that there is no such thing as Pegasus, and so on. All of that is nothing more than the old and basic empiricist position, according to which knowledge of existence depends on experience (respectively empirical science); however, this is not the sense in which this word is used by Carnap here. He takes criteria in a definitional sense, so the result is: "real" is whatever is acknowledged as real by the sciences. The difference between the two uses can be stated in the following way: according to the (harmless) first proposition, science is the only way to gain knowledge of reality. According to the second, science defines (or constitutes) what is real. This second claim is far from harmless. In our pre-theoretical everyday realism, we believe that well-established scientific theories present a reason to believe that reality corresponds to the way it is presented in the theories. Now, the relationship between science and reality is turned upside down: since reality is *defined* by science, it becomes a matter of necessity that reality corresponds to this definition. Now it no longer makes sense to deny the reality of what is acknowledged as real by the sciences – contrary to our (historical) knowledge that science has erred sometimes, and contrary to the view that, in principle, a scientific theory is never immune to being dropped.

The case of a theory change is especially striking. By holding the view that meaningful talk of reality is completely exhausted by scientific criteria, one is forced to admit that reality itself changes when a new scientific theory for a specific domain is adopted. Alternatively, if one does not want to accept a change of reality as a result of a theory change, one has to admit a multitude of realities – members of different scientific communities live in different worlds, to put it in Kuhnian terms.

To sum up, talk of reality makes sense for Carnap only if this concept is constituted within the system. The constitution is achieved by scientific criteria. Therefore, (at least some) scientific laws change their character and are no longer to be taken in a descriptive sense, but have become prescriptive. In this sense, what is real depends on scientific laws, on what we think – and that is the core of idealism.

7.3   Concluding Remarks

By pushing Carnap in the direction of metaphysical realism as well as in the direction of metaphysical idealism, we are confronted with the deep Kantian roots of Carnap's thought[29]; far be it from me to deny this background. It seems to me, however, that when (correctly) emphasizing this background it not often highlighted that the Kantian heritage includes Kantian problems, such as the notorious thing-in-itself and the reconciliation of (transcendental) idealism and (empirical) realism. A secondary objective of my paper was to show the reappearance of these Kantian problems in Carnapian clothes. Concerning the near future (seen from 1928), it is interesting to see that almost all of the issues of the soon-to-get-started protocol-sentence debate are – at least *in nuce* – already present in unfolding the *Aufbau*'s treatment of realism. We had to speak about the problem of the base both with regard to epistemic priority as well as with regard to the question of contact with reality; intersubjectivity is the reason for the demand for a purely structural description (this "structural account" is replaced by physicalism at the beginning of the 1930's).[30] Even the third big issue in this debate – the nature of truth – is lurking throughout.[31] All I can do here, however, is indicate one way into this inexhaustible debate.[32]

More important than this historical embedding is the question of how to assess the critical arguments given here (insofar as they are sound, of course) in contrast to the strengths of Carnap's analysis – that there is something to be said in favour of it is a point I already highlighted before raising the misgivings.

It is the *Aufbau*'s claim to give a rational (purely structural) reconstruction of concepts already in use. I think that this claim can be confidently rejected: Carnap's analysis of the concept of reality does not deliver an adequate result. However, the question of whether the whole of our vague, pre-theoretical views concerning reality can be captured by a philosophical analysis at all is an open issue. The standpoint of my criticism is clearly a realistic one, but I did not try to explicate this underlying concept of realism. Carnap himself tries to cash out several conceptions of such an "absolute" reality, concluding that any attempt to do so would result in a "*nonrational, metaphysical concept*" (§ 176). Now, this passage is not a piece of rigorous reasoning in the context of drawing such a strong conclusion from an undetermined

---

[29] The Kantian roots of Carnap's concept of constitutional reality are pointed out by Parrini (1994, note 4, 274 f.).

[30] On this transition, see Sauer (1989).

[31] This is obvious by the fact that the discussion about truth in the protocol-sentence debate was (rightly or wrongly) tangled up with the question of realism. There is no explicit statement about truth in the *Aufbau*, but one wonders what Carnap thought about it at that time. A correspondence theory (as it was commonly understood) seems incompatible with the *Aufbau*, simply because one relatum is per definition not a constituted object.

[32] The role of the *Aufbau* as background to the protocol-sentence debate is stressed particularly in Uebel (2007).

number of merely outlined premises.[33] Nevertheless, the demand for an explication of an (absolute) concept of reality cannot simply be skipped over. As long as this demand is not fulfilled, a criticism of the *Aufbau*'s conception, like the one given here, is strictly speaking the demand for something in the nature of "I don't know what" and, in this sense, question-begging.

References

Ayer, A.J. 1936. *Language, truth and logic*. Repr. of the 2nd ed. (1946). New York: Dover, 1952.
———. 1936/37. Verification and experience. Repr. in Ayer 1959, 228–243.
———., ed. 1959. *Logical positivism*. New York: Free Press.
———. 1982. The Vienna circle. Repr. in Ayer, A.J., *Freedom and morality and other essays*, Oxford: Clarendon Press, 1983, 159–177.
Carnap, R. 1927. Eigentliche und uneigentliche Begriffe. *Symposion* 1:355–374.
———. 1928a/2003. *Der logische Aufbau der Welt*. Trans. *The logical structure of the world*. Chicago/La Salle: Open Court.
———. 1928b/2003. *Scheinprobleme in der Philosophie*. Repr. in Carnap, R., *Scheinprobleme in der Philosophie und andere metaphysikkritische Schriften*, Hamburg: Meiner 2004, 3–48. Trans. *Pseudoproblems in philosophy*, in trans. of Carnap, R., *Der logische Aufbau der Welt*, 301–343.
———. 1930/1959. Die alte und die neue Logik. Trans. The old and the new logic, in Ayer 1959, 133–146.
———. 1932a/1959. Überwindung der Metaphysik durch logische Analyse der Sprache. Trans. The elimination of metaphysics through logical analysis of language, in Ayer 1959, 60–81.
———. 1932b. Erwiderung auf die vorstehenden Aufsätze von E. Zilsel und K. Duncker. *Erkenntnis* 3(2/3): 177–188.
———. 1932c. Über Protokollsätze. *Erkenntnis* 3(2/3): 215–228.
———. 1936/37. Testability and meaning. Part I: *Philosophy of Science* 3(4): 419–471; Part II: *Philosophy of Science* 4(1): 1–40.
———. 1950. Empiricism, semantics, and ontology. Repr. in Carnap, R., *Meaning and necessity: A study in semantics and modal logic*, 2nd ed. Chicago: University of Chicago Press 1956, 203–221.
———. 1956. The methodological character of theoretical concepts. In *The foundations of science and the concepts of psychology and psychoanalysis*, = Minnesota studies in the philosophy of science 1, ed. H. Feigl and M. Scriven. Minneapolis: University of Minnesota Press, 38–76.
———. 1963. Intellectual autobiography. In *The philosophy of Rudolf Carnap*, = Library of living philosophers XI, ed. P.A. Schilpp. LaSalle/London: Open Court/Cambridge University Press, 3–84.
Coffa, A. 1991. *The semantic tradition from Kant to Carnap. To the Vienna station*, ed. L. Wessels. Cambridge: Cambridge University Press.
Friedl, J. 2013. *Konsequenter Empirismus. Die Entwicklung von Moritz Schlicks Erkenntnistheorie im Wiener Kreis*, = Moritz Schlick Studien 3. Wien/New York: Springer.
Friedman, M. 1987. Carnap's Aufbau reconsidered. Repr. in Friedman, M., *Reconsidering logical positivism*, Cambridge: Cambridge University Press 1999, 89–113.
———. 2007. The *Aufbau* and the rejection of metaphysics. In *The Cambridge companion to Carnap*, ed. M. Friedman and R. Creath. Cambridge: Cambridge University Press, 129–152.

---

[33] Coffa (1991, 226) speaks (rightly, in my mind) of "careless treatment of this crucial matter" when discussing that section.

Haller, R. 1993. *Neopositivismus: Eine historische Einführung in die Philosophie des Wiener Kreises*. Darmstadt: Wissenschaftliche Buchgesellschaft.

Mormann, T. 2000. *Rudolf Carnap*. München: C. H. Beck.

Neuber, M. 2018. *Der Realismus im logischen Empirismus. Eine Studie zur Geschichte der Wissenschaftsphilosophie*, Veröffentlichungen des Instituts Wiener Kreis. Cham: Springer.

Neurath, O. 1931/1959. *Soziologie im Physikalismus*. Trans. Sociology and physicalism, in Ayer 1959, 282–317.

Parrini, P. 1994. With Carnap, beyond Carnap: Metaphysics, science, and the realism/instrumentalism controversy. In *Logic, language, and the structure of scientific theories: Proceedings of the Carnap–Reichenbach centennial, University of Konstanz, 21–24 May 1991*, ed. W. Salmon and G. Wolters. Konstanz/Pittsburgh: Konstanzer Universitäts-Verlag/University of Pittsburgh Press, 255–277.

Richardson, A. 1992. Metaphysics and idealism in the *Aufbau*. *Grazer Philosophische Studien* 43:45–72.

———. 1998. *Carnap's construction of the world. The Aufbau and the emergence of logical empiricism*. Cambridge: Cambridge University Press.

Sauer, W. 1989. Carnap 1928–1932. In *Traditionen und Perspektiven der analytischen Philosophie. Festschrift für Rudolf Haller*, ed. W.L. Gombocz, H. Rutte, and W. Sauer. Wien: Hölder-Pichler-Tempsky, 173–186.

———. 1992/93. Carnaps Verwerfung der Metaphysik. *Conceptus* XXVI (68/69): 149–172.

Schlick, M. 1932. Positivismus und Realismus. Trans. Positivism and realism, in Ayer 1959, 82–107.

———. 1938/2012. Form and content. In Schlick, M., *Erkenntnistheoretische Schriften 1926–1936*, ed. u. eingel. v. J. Friedl u. H. Rutte, = Moritz Schlick Gesamtausgabe Abt II, Bd. 1.2. Wien/New York: Springer, 169–358.

Soames, S. 2018. *The analytic tradition in philosophy*, vol. 2: *A new vision*. Princeton/Oxford: Princeton University Press.

Uebel, T. 2007. *Empiricism at the crossroads. The Vienna circle's protocol-sentence debate*. Chicago/LaSalle: Open Court.

Zilsel, E. 1932. Bemerkungen zur Wissenschaftslogik. *Erkenntnis* 3(2/3): 143–161.

8

Eigenpsychisches und Fremdpsychisches: Rudolf Carnaps Verhältnis zur Psychologie zwischen 1928 und 1932

Uljana Feest

8.1 Einleitung

Carnaps Werk zwischen den späten 1920er- und frühen 1930er-Jahren nimmt verschiedentlich auf Begrifflichkeiten und Debatten der philosophischen und experimentellen Psychologie seiner Zeit Bezug. Diese Bezugnahmen sind jedoch nicht immer konsistent oder explizit. Beispielsweise bedient er sich sowohl im *Aufbau* (1928) als auch in seinen Ausführungen zur Psychologie in einer physikalischen Sprache (1932) einiger Grundannahmen der experimentellen Psychologie (speziell der Psychophysik und der psychophysikalisch vorgehenden Gestaltpsychologie), führt dies jedoch nicht konsequent zu Ende (vgl. Feest 2007, 2017). So finden sich etwa in Carnaps *Aufbau* trotz seines affirmativen Bezuges auf die Gestaltpsychologie u. a. psychologische Annahmen, die denen der Gestaltpsychologie widersprechen. Umgekehrt macht er in seinen Arbeiten zur Psychologie in physikalischer Sprache aber Anleihen bei der psychophysischen Forschung (wie sie auch von der Gestaltpsychologie praktiziert wurde), erkennt dies allerdings nicht explizit an, sondern betont im Gegenteil seine Kritik an bestimmten Forschungspraktiken der Psychologie.

In diesem Aufsatz gehe ich der Frage nach, wie Carnaps Bezugnahme auf die – und Abgrenzung von der – Psychologie einzuschätzen ist. Eine Grundthese ist dabei, dass Carnaps Werk zwischen den späten 1920ern und den frühen 1930ern dahingehend eine zentrale Kontinuität aufweist, dass die psychophysische Psychologie des späten 19. und frühen 20. Jahrhunderts wichtige Hintergrundannahmen zur Verfügung stellt. Diese These werde ich anhand einer Analyse des *Aufbau* und der „Psychologie in physikalischer Sprache" belegen. Zugleich wird jedoch in beiden

U. Feest (✉)
Institut für Philosophie, Leibniz Universität Hannover, Hannover, Deutschland
E-Mail: feest@philos.uni-hannover.de

© The Author(s) 2021
C. Damböck, G. Wolters (eds.), *Der junge Carnap in historischem Kontext: 1918–1935 / Young Carnap in an Historical Context: 1918–1935*, Veröffentlichungen des Instituts Wiener Kreis 30, https://doi.org/10.1007/978-3-030-58251-7_8

Schriften deutlich, dass Carnaps Bezüge auf die Psychologie bestenfalls eklektisch sind. Beispielsweise beruht seine Behauptung einer Übersetzbarkeit zwischen einer physikalischen und einer eigensychischen Basis auf empirischen Annahmen der Psychologie seiner Zeit, deren Einsichten er an anderer Stelle ignoriert. Insbesondere werde ich zeigen, dass Carnap, obgleich er im *Aufbau* offiziell noch einer Rekonstruktion der eigenpsychischen Basis verpflichtet ist, Anleihen bei einer Psychologie macht, die grundsätzlich „Fremdpsychisches" untersucht. In der „Psychologie in physikalischer Sprache" werden diese Anleihen noch deutlicher, weshalb seine Kritik an der Psychologie bei seinem Diskussionspartner, Karl Duncker, auf Unverständnis stößt. Ob diese Brüche Carnaps philosophischem Projekt schaden, sei dahingestellt. Doch wirft es die grundsätzliche Frage auf, auf welche Weise sich eine wissenschaftliche Philosophie auf die Methoden und Befunde der Einzelwissenschaften beziehen sollte.

Ich beginne in Abschn. 8.2 mit einer kurzen Zusammenfassung der Art und Weise, wie Carnap im *Aufbau* auf die Psychologie Bezug nimmt, und zeige, warum sein Verweis auf die Gestaltpsychologie in einem gewissen Spannungsverhältnis mit anderen Komponenten seiner Analyse steht. In Abschn. 8.3 beschreibe ich die etwas anders gelagerte Spannung, die wir in Carnaps Schrift zur Psychologie in physikalischer Sprache antreffen und die sich in seinem Schlagabtausch mit dem Psychologen Carl Duncker Ausdruck verschafft. In Abschn. 8.4 schließe ich mit einigen Überlegungen darüber, wie die von mir hervorgehobenen Spannungen einzuschätzen sind.

8.2 Methodischer Solipsismus und Gestaltpsychologie im *Aufbau*

Bei Rudolf Carnaps *Der logische Aufbau der Welt* (1928) handelt es sich bekanntlich um den Versuch, ein „Konstitutionssystem" zu erstellen, um zu zeigen, dass sich die Gesamtheit wissenschaftlichen Wissens aus einfacheren Begriffen ableiten lässt. Die von ihm im *Aufbau* gewählte „Konstitutionsbasis" ist die „eigenpsychische", wobei Carnap jedoch betont, dass seine Entscheidung hierfür eine konventionelle, wenn auch erkenntnistheoretisch begründete, sei. So behauptet er, dass sich eine entsprechende Analyse auch mit einer physikalistischen Basis vollziehen lasse (vgl. § 63 des *Aufbau*). Damit stellt sich bereits hier die Frage, wie jene beiden Arten möglicher Konstitutionssysteme miteinander kompatibel sind bzw. wie sie sich zueinander verhalten. Ich werde auf diese Frage weiter unten zurückkommen.

Obgleich Carnap noch sein Vorwort zur zweiten Auflage mit der Behauptung beginnt, es gehe ihm um „die rationale Nachkonstruktion von Begriffen aller Erkenntnisgebiete auf der Grundlage von Begriffen, die sich auf das Gegebene beziehen" (Carnap 1928/1979, S. X), besagt eine einflussreiche Interpretation dieses Ansatzes, dass es Carnap hier nicht um eine empiristische Fundierung gehe, sondern um die Entwicklung einer neuartigen Konzeption von Objektivität (vgl. Friedman

1999, S. 129; Uebel 2007, Kap. 1). Diese Objektivität, so weiter, soll dadurch ge-währleistet werden, dass die Bedeutung wissenschaftlicher Begriffe durch struktu-relle Kennzeichnungen gegeben wird. Diese strukturellen Kennzeichnungen sollen ihrerseits weder einer metaphysischen Struktur der Welt korrespondieren, noch soll dabei auf Anschauungen (Intuitionen) Bezug genommen werden. Vielmehr geht es hier um intersubjektiv geteilte begriffliche Strukturen. Im Zuge der Frage, woraus sich solche intersubjektiv geteilte begriffliche Strukturen speisen, bringt Carnap die Idee einer Basisrelation ins Spiel, der so genannten *Ähnlichkeitserinnerung*. Diese Wahl mag angesichts des eben Gesagten widersprüchlich anmuten, denn der Begriff der Ähnlichkeitserinnerung deutet auf individuelle subjektive Erfahrungen hin, scheint also im Kontrast zur Forderung einer objektiven Beschreibung begrifflicher Strukturen zu stehen. Carnap spricht dies in § 66 des *Aufbau* an, wenn er sagt, dass es paradox erscheinen mag, „vom individuellen Erlebnisstrom Objektives konstitu-ieren zu wollen". Er zerstreut die betreffende Sorge jedoch kurz danach, indem er schlicht und einfach konstatiert, dass bestimmte Struktureigenschaften für alle Er-lebnisströme übereinstimmen. Deshalb könne man von subjektiven Erfahrungen abstrahieren. Das heißt, Carnap konstatiert, dass sich aus intersubjektiv ähnlich strukturierten Erfahrungen eine objektive Struktur extrahieren lasse. Obgleich klar ist, dass es Carnap letztlich um diese objektive Struktur geht, ist es dennoch bemer-kenswert, dass er hier eine empirisch-psychologische Behauptung aufstellt, nämlich dass die Struktureigenschaften unserer Erlebnisströme übereinstimmen. Hier deutet sich schon an, dass Carnap eine psychologische Grundannahme ins Spiel bringt.

Es stellen sich zwei Fragen. Die erste (die in der Literatur einige Aufmerksam-keit erfahren hat) bezieht sich darauf, wie Carnaps erklärtes Ziel einer rein struktu-rellen Definition wissenschaftlicher Begriffe mit dem Versuch ihrer Fundierung im „Erlebbaren" zusammenpasst (vgl. z. B. Damböck 2017). So macht Uebel (2007, Kap. 1) beispielsweise eine Grundspannung („crucial tension") im *Aufbau* aus, die darin besteht, dass Carnap zuletzt weder eine phänomenologische Reduktion noch eine vollständige „Strukturalisierung" empirischer Prädikate ganz glückt. Solche erkenntnistheoretischen Fragen stehen im vorliegenden Aufsatz jedoch nicht im Vordergrund. Mich interessiert die folgende (zweite) Frage: Carnaps These der in-tersubjektiven Übereinstimmung der Struktur von Erfahrungsströmen ist in gewis-ser Weise eine Grundprämisse wahrnehmungspsychologischer Forschung, denn nur unter der Annahme intersubjektiv geteilter Struktureigenschaften von Wahrneh-mung kann man in der Forschung Individuen und Stichproben als repräsentativ be-handeln. Somit stellt sich die Frage, ob Carnap dabei an irgendwelche Theorien oder Forschungen der wissenschaftlichen oder philosophischen Psychologie seiner Zeit denkt. Einen Hinweis dazu finden wir, zumindest implizit, in § 57 („Die physi-schen Gegenstände sind auf psychische Gegenstände zurückführbar und umge-kehrt"). Dort macht er zwei Formen der Rückführbarkeit aus, nämlich erstens die von *eigenpsychischen* Vorgängen auf (physikalisch beschreibbare) „Parallelvor-gänge" im Hirn und zweitens die von *fremdpsychischen* Vorgängen auf (physika-lisch beschreibbare) „Ausdrucksbewegungen" und „Angaben". Knapp gesagt deu-tet Carnap an dieser Stelle also bereits seine Gedanken über die Physikalisierbarkeit der Psychologie an, der dann 1932 weiter ausgeführt wird. In Bezug auf die erste

These beruft er sich u. a. auf Wilhelm Wundt, erwähnt aber, dass es auch Gegner dieser Auffassung gebe. In Bezug auf die zweite These gibt er keine Referenz. Für meine Zwecke ist wichtig, dass empirische Psychologen wie beispielsweise Wilhelm Wundt natürlich immer mit den Ausdrucksbewegungen und Angaben ihrer Versuchspersonen arbeiten, und zwar unter der Annahme, dass diese intersubjektiv unter ähnlichen Versuchsbedingungen weitgehend übereinstimmen.

Systematisch ist dieser Punkt für mich deshalb zentral, weil er darauf hindeutet, dass Carnap, falls und insofern er sich in seiner Behandlung des Eigenpsychischen auf die Befunde der empirischen Psychologie seiner Zeit beruft, deren Annahmen über die Erforschbarkeit des Fremdpsychischen für seine Rekonstruktion des Eigenpsychischen implizit bereits anerkennen muss. Es liegt daher nahe, dass auch seine Annahme der Strukturgleichheit verschiedener Erlebnisströme aus diesem Kontext stammen. Tatsächlich beruft Carnap sich in seiner Rekonstruktion des Eigenpsychischen im *Aufbau* zumindest zum Teil auf eine psychologische Strömung seiner Zeit, nämlich die Gestaltpsychologie. Allerdings sind diese Verweise, wie wir gleich sehen werden, mit seinen Aussagen über die Strukturiertheit von Ähnlichkeitserinnerungen nicht konsistent.

In § 67 des *Aufbau* zitiert Carnap gestaltpsychologische Forschungen (Köhler 1925 und Wertheimer 1925), die (wie der Name schon nahelegt) darauf hinweisen, dass Wahrnehmung „gestalthaft", also grundsätzlich strukturiert, sei. Die gestaltpsychologischen Befunde scheinen sich somit hervorragend zu eignen, um Carnaps psychologischer Behauptung eine wissenschaftliche Legitimation zu geben. Wie ich an anderer Stelle (Feest 2007, S. 6–12) gezeigt habe, ist Carnaps Verhältnis zur Gestaltpsychologie aber durchaus gespalten, insofern er einerseits zwar einen wichtigen Aspekt der Theorie der Berlin-Frankfurt-Schule rhetorisch übernimmt, andererseits jedoch eine Grundeinsicht der ganzen gestaltpsychologischen Bewegung in seiner Analyse ignoriert. Diese beiden Punkte sollen zunächst erklärt werden. Fangen wir mit einem kurzen Überblick über die ältere gestaltpsychologische Bewegung an.

Die Tatsache, dass unsere Wahrnehmungen gestalthaft sind, war keineswegs von Köhler und Wertheimer oder den anderen Mitgliedern der so genannten Berlin-Frankfurt-Schule der Gestaltpsychologie entdeckt worden, sondern war bereits spätestens seit den 1890er-Jahren wohlbekannt. Man denke hier beispielsweise an die Tatsache, dass wir drei einzelne Töne bei bestimmten Tonintervallen als einen Dur-Dreiklang wahrnehmen, wohingegen eine leichte Verschiebung der Terz um einen Halbton die Wahrnehmung eines moll-Dreiklangs erzeugt. Innerhalb der Psychologie gab es jahrzehntelang kontroverse Debatten darüber, wie dieses und andere Phänomene zu erklären seien. Christian von Ehrenfels wies darauf hin, dass das Ganze (die Gestalt) mehr als die Summe seiner Teile sei. Damit meinte er, dass beispielsweise ein wahrgenommener Dreiklang einen eigenständigen ontologischen Status gegenüber den Empfindungen der Einzeltöne habe, was man daran erkennen könne, dass man einen Dur-Dreiklang auch in eine andere Tonart transponieren könne, ohne dass er seine Gestalt verlöre. Somit ergab sich die Frage, wie man die Emergenz eines neuartigen Phänomens aus den Einzelteilen erklären könne. Die beiden Hauptantworten verwiesen entweder auf Apperzeption oder Assoziation (vgl. Ash 1995, Kap. 4 und 6).

Unangetastet blieb durch die genannten beiden Klassen von Erklärungen jedoch eine Grundprämisse, nämlich dass der Wahrnehmung von Gestalten *überhaupt* einfache Empfindungen vorausgehen. Um dies an einem Beispiel zu verdeutlichen: Ehrenfels behauptete, dass wir beim Hören eines Dreiklanges zunächst einfache Empfindungen der drei einzelnen Töne haben und dann daraus die Wahrnehmung eines Dreiklangs bilden. Die Mitglieder der Berlin-Frankfurt-Schule der Gestaltpsychologie wiesen genau jene zentrale Prämisse der älteren Debatte grundsätzlich von sich, indem sie bestritten, dass wir atomistische Empfindungen als Bausteine von Gestaltwahrnehmungen haben. Damit bestritten sie nicht, dass wir beim Hören eines Dreiklangs zwischen einzelnen Tönen differenzieren können. Sie behaupteten jedoch, dass die betreffenden Wahrnehmungen sekundär gegenüber der Wahrnehmung einer Gestalt seien. Gestalterfahrung ist nach dieser Auffassung eine unmittelbare Wirkung von Stimuluskonfigurationen. Es gibt keine zwischengeschalteten einfachen Empfindungen, die den Elementen der Stimuluskonfigurationen korrespondieren würden. Es dieser Punkt, den auch Carnap aufgreift, wenn er in § 67 des *Aufbau* schreibt, dass er als Elementarerlebnisse das Gegebene ansehen wolle, also „die Erlebnisinhalte selbst in ihrer Totalität und geschlossenen Einheit". Aus dieser geschlossenen Einheit könne man dann atomistische Empfindungen höchstens per Abstraktion gewinnen, doch seien diese Empfindungen keine ontologisch primäre Bestandteile der Gestaltwahrnehmungen. Aus diesem Grund spricht er in diesem Zusammenhang auch von „Quasizerlegung", der höchstens die Identifikation von Quasi-Bestandeilen gelingen könne (§ 71).

Nun könnte man auf die Idee kommen, dass Carnaps Begriff der Ähnlichkeitserinnerung, der – wie gesagt – fundamental für seine Analyse begrifflicher Strukturen ist, direkt an die Befunde der Gestaltpsychologie anknüpft. Denn bereits Ehrenfels' Begriff der Gestalt hatte ja nahegelegt, dass die Ähnlichkeit zwischen zwei Wahrnehmungen (etwa der Wahrnehmung zweier moll-Dreiklänge in verschiedenen Tonarten) auf der *Gestalt* des moll-Dreiklanges beruht und eben nicht auf Ähnlichkeiten zwischen den Stimuluselementen. Paradoxerweise geht aber Carnap diesen Weg nicht, sondern bestimmt stattdessen Ähnlichkeitserinnerung durch die Gemeinsamkeit von Quasielementen (also der Empfindungen einzelner Töne, die in den Dreiklängen vorkommen). Durch seine Wahl des Wortes „Quasielement" gibt Carnap zu erkennen, dass er die Einsicht der Berlin-Frankfurt-Schule der Gestaltpsychologie verinnerlicht hat, der zufolge die Empfindungen komplexer Tonempfindungen sich eben nicht aus einfachen Tonempfindungen zusammensetzen. Als Resultat dessen, dass er sich bei der Analyse von Ähnlichkeitserinnerungen dennoch auf die (fiktiven) Quasiempfindungen beruft, folgt, dass die von ihm identifizierten Strukturen der Ähnlichkeitserinnerung radikal von denen abweichen, die man aufgrund der gestaltpsychologischen Theorie erwarten würde: Ausschlaggebend für eine Ähnlichkeitserinnerung ist grade nicht die relative Stimuluskonfiguration, sondern lediglich das Vorliegen gemeinsamer Quasi-Elemente. Dies wird bereits in Carnaps Manuskript „Die Quasizerlegung" (1923) ausgeführt, wobei herauskommt, dass nach der gestaltpsychologischen und nach der Carnapschen Analyse jeweils ganz unterschiedliche Akkorde als ähnlich klassifiziert würden (vgl. Feest 2007, S. 11).

Zusammenfassend lässt sich also konstatieren, dass Carnaps Bezugnahme auf die Gestaltpsychologie im *Aufbau* insofern höchst selektiv ist, als er zwar von Mitgliedern der Berlin-Frankfurt-Schule die Idee des Primats der Gestalt übernimmt, sich jedoch nicht dafür interessiert, wie die (empirisch eruierten) Ähnlichkeitsrelationen zwischen Gestalten innerhalb dieser Tradition gedacht werden. Um es noch schärfer auszudrücken: Seine Rekonstruktion der Ähnlichkeitserinnerung darf als empirisch falsch gelten, zumindest wenn man die experimentellen Ergebnisse der in der psychophysischen Tradition arbeitenden Gestaltpsychologen zugrunde legt. Was geht hier also vor? Eine mögliche plausible Lesart ist, dass die tatsächliche Psychologie des Erkenntnisprozesses für Carnap schlicht irrelevant ist, da es ihm eher um eine logisch-rationale Rekonstruktion geht.[1] In der neueren Literatur gibt es jedoch noch eine andere Interpretation, der zufolge sich zumindest der junge Carnap sehr wohl für tatsächliche Erkenntnisprozesse interessierte, diese jedoch nicht im Sinne der experimentellen Psychologie seiner Zeit konzeptualisierte. In diesem Sinne argumentiert etwa Christian Damböck, dass Carnap in eine „empirische", aber nicht experimentelle Tradition der deutschsprachigen Philosophie und Psychologie einzuordnen sei (Damböck 2017, Kap. 4).

Carnap wählt zwar im *Aufbau* eine „eigenpsychologische Basis" für sein Konstitutionssystem, betont jedoch schon zu diesem Zeitpunkt die Übersetzbarkeit („Überführbarkeit") der eigenpsychologischen in eine physikalische Sprache. Ein Argument hierfür liefert die empirische Behauptung (in § 57) des psychophysischen Parallelismus. Interessanterweise wird an dieser Stelle auch die Möglichkeit einer „fremdpsychischen" Fundierung angesprochen (die ihrerseits in die physikalische Beschreibung von Verhalten überführbar sei). In § 58 wägt Carnap die Frage nach einer eigen- vs. fremdpsychischen Fundierung ab, spricht sich dann jedoch für die eigenpsychische Fundierung aus, denn fremdpsychische Gegenstände seien nur auf dem Umweg über Verhaltensbeobachtungen möglich. „Dagegen bedarf die Erkennung der eigenen psychischen Vorgänge nicht irgendwelcher Vermittlung durch die Erkennung physischer Gegenstände, sondern geschieht unvermittelt" (Carnap 1979/1928, S. 57). Aus diesem Grunde komme das Fremdpsychische in der „erkenntnistheoretischen Primarität" (ebd.) auch erst *nach* dem Eigenpsychischen und dem Physischen. Wie ich gerade argumentiert habe, besteht die Methode der wissenschaftlichen Psychologie jedoch entscheidend auf der Erforschung des Fremdpsychischen: Mentale Zustände werden auf dem Wege der Verhaltensbeobachtung (inklusive der Beobachtung verbaler Kundgaben) beschrieben. Aus § 57 geht hervor, dass Carnap dies bekannt war. Wenn er sich in seinen Ausführungen über die Strukturiertheit auf die Befunde der Gestaltpsychologie beruft, setzt er somit Befunde voraus, die sich „fremdpsychologischer" Methoden bedienen. Zugleich ignoriert er aber deren tatsächliche Befunde zugunsten seiner „eigenpsychologischen" Analyse. Anders ausgedrückt präferiert Carnap hier also letztlich eine Methode, die man heute vermutlich als „Lehnstuhlmethode" bezeichnen würde.

---

[1] Ich bedanke mich bei Thomas Uebel, der diese Interpretation in seinen Kommentaren zu einer früheren Version des vorliegenden Artikels stark gemacht hat.

8.3　Die Physikalisierung der psychologischen Sprache

Aus dem bisher Gesagten geht hervor, dass Carnaps Konzeptualisierung des Eigenpsychischen im *Aufbau* einer gewissen Spannung unterliegt: Einerseits wird es als „erkenntnismäßig primär" und damit außerhalb des physikalischen und fremdpsychologischen Zugangs gesetzt. Andererseits behauptet er bereits hier, dass das Eigenpsychische grundsätzlich physikalisierbar sei und außerdem eine intersubjektiv geteilte Struktur aufweise. Die letzteren beiden Behauptungen, so scheint mir, werden erst mit Carnaps Hinwendung zum Physikalismus eingeholt. In gewisser Weise wird erst mit dem Physikalismus deutlich, wie ein physikalistisches und ein eigenpsychologisches Konstitutionssystem überhaupt kompatibel sein können. Für Carnap wird eine solche Kompatibilität dadurch möglich, dass sich – wie bereits in § 57 des *Aufbau* angedeutet – die Sätze der einen Sprache in solche der anderen übersetzen lassen. Um argumentieren zu können, dass eine Übersetzbarkeit in der Tat gegeben ist, so meine These in diesem Abschnitt, muss Carnap aber auch hier wieder Anleihen bei der seinerzeit bestehenden Psychologie machen. Dabei wird jedoch deutlich, dass auch die 1932 existierende Psychologie noch keine Übersetzung von einem psychologischen in ein hirnphysiologisches Vokabular zulässt. Carnap konzentriert sich daher auf die Übersetzbarkeit in ein Verhaltensvokabular, also in ein fremdpsychologisches Vokabular.[2] Insofern finden wir eine direkte Kontinuität zwischen § 57 des *Aufbau* und dem Projekt der Physikalisierung der psychologischen Sprache. Sein Bezug auf die Psychologie, so argumentiere ich, ist in gewisser Weise konsistenter als im *Aufbau* (er formuliert im Prinzip die von der empirischen Psychologie praktizierte fremdpsychologische Methode), doch distanziert er sich in diesem Text deutlich von der empirischen Psychologie, mit dem Argument, dass diese nach wie vor einer nicht-physikalistischen Methode verpflichtet sei. Im Folgenden soll Carnaps Gedankengang bezüglich einer universalen physikalischen Sprache expliziert werden.

　In seinem Artikel „Überwindung der Metaphysik durch logische Analyse der Sprache" (Carnap 1931a) legt Carnap seine verifikationistische Semantik vor, der zufolge ein „Wort" (Prädikat) P nur dann Bedeutung hat, wenn (i) empirische Anwendungsbedingungen von P bekannt sind, (ii) bekannt ist, aus welchen Protokollsätzen sich ein Elementarsatz $S(a)$, in dem P als Prädikat fungiert, ableiten lässt, und (iii) bekannt ist, wie man $S(a)$ empirisch prüfen kann. Damit erhebt sich aber die Frage, woraus die Protokollsätze selbst ihre Bedeutung beziehen. Hier handelt es sich natürlich abermals um die Frage nach dem Status der Sätze, die empirische Elementarerlebnisse beschreiben, also genau der Art von Sätzen, die Carnap im *Aufbau* zur Grundlage seines Konstitutionssystems erhoben hatte. Allerdings geht es hier nicht darum, eine Aussage über die Struktur solcher Elementarerlebnisse zu treffen, sondern darum, Kriterien für die Bedeutungshaltigkeit der Erlebnis*sprache* anzugeben.

---

[2] Ich möchte betonen, dass Carnap hier die Idee der Physikalisierung des Eigenpsychischen keineswegs hinter sich lässt, sondern lediglich bemerkt, dass eine solche beim Stand der Forschung noch nicht möglich sei. Zugleich scheint er im Verlaufe des Textes einzuräumen, dass auch eine solche Physikalisierung den Weg über das Fremdpsychische gehen muss.

Auf *diese* Frage antwortet Carnap in seinem Aufsatz „Über die physikalische Sprache als Universalsprache der Wissenschaften" (Carnap 1932a), indem er argumentiert, dass alle bedeutungsvollen Sätze (also inklusive der Sätze der Protokollsprache) in eine universelle wissenschaftliche Sprache zu übersetzen seien, wobei er mit „Universalität" meint, dass eine solche Sprache alle Sachverhalte beschreiben könne. Außerdem sollte diese Sprache intersubjektiv sein. Carnap betrachtet diese These von der physikalischen Sprache als Universalsprache für alle wissenschaftlichen Disziplinen zumindest für die Biologie als intuitiv einleuchtend. Im Falle der Physikalisierbarkeit von Protokollsätzen führt er aus, dass diejenigen Sätze, die im *Aufbau* unter Rekurs auf eine eigenpsychische Basis fundiert worden waren, sich in Sätze der „physikalischen Sprache" übersetzen lassen. Im materialen Modus ausgedrückt laufe dies darauf hinaus, dass es funktionale oder gesetzmäßige Beziehungen zwischen spezifischen physischen Zuständen und Wahrnehmungen gebe. Nun ist natürlich klar, dass es Carnap darum geht zu argumentieren, dass ein Verharren im materialen Modus zu philosophischen Scheinproblemen führen kann, die durch seine metaphilosophischen Überlegungen gerade überwunden werden sollen. Insofern sollten Carnaps Ausführungen auch nicht primär als an die Psychologie gerichtet gelesen werden. Dennoch weist, wie wir gleich sehen werden, seine Beschreibung der Physikalisierung bemerkenswerte Parallelen zu den tatsächlichen Methoden der experimentellen Psychophysik seiner Zeit auf.

Obgleich Carnap primär an das Verhältnis zwischen Sätzen der Hirnphysiologie und der Psychologie denkt, ist ihm natürlich bewusst, dass solche funktionalen Abhängigkeiten beim damaligen Stand der Hirnphysiologie (noch) nicht formulierbar sind. Dasselbe konstatiert er bereits im *Aufbau* (§ 57), doch dient es ihm dort letztlich als (etwas zweifelhaftes) Argument für die Direktheit des eigenpsychologischen Zuganges, also *gegen* eine Methode, die den Umweg über physikalistische Verhaltensbeschreibungen geht. In seiner „Psychologie in physikalischer Sprache" vollzieht er an genau diesem Punkt eine Kehrtwende und entscheidet sich (wenn auch in etwas anderer Terminologie) für eine fremdpsychologische Rekonstruktion des psychologischen Vokabulars. Als relevante physikalistische Beschreibungen lässt er daher Sätze über Verhaltensdispositionen gelten, die durch bestimmte physikalische Stimulus-Konfigurationen aktualisiert würden. Konkret geht es um die Disposition, als Reaktion auf bestimmte physische Stimuli mit bestimmten Protokollsätzen zu reagieren. So ließen sich etwa gesetzmäßige Zusammenhänge über die funktionale Abhängigkeit zwischen der Beschreibung physischer Stimuli und Verhaltensweisen formulieren, die es ihrerseits erlauben würden, Aussagen über Erfahrungen als extensionsgleich mit Aussagen über Verhaltensdispositionen zu behandeln.

In diesem Sinne beschreibt Carnap eine Art Versuchsanordnung, mit deren Hilfe man die genannten funktionalen Abhängigkeiten erforschen könne: „Das Verfahren besteht darin, daß S_1 die physikalischen Bedingungen (etwa die Kombination verschiedener Schwingungsfrequenzen) variiert und feststellt, unter welchen Bedingungen S_i mit einem Protokollsatz reagiert, der die betreffende qualitative Bestimmung enthält" (Carnap 1931b, S. 446). Er fährt dann fort, dass er die Entdeckung solcher physikalischen Bestimmungen, die bestimmten qualitativen Bestimmungen zugeordnet werden können, als „Physikalisierung" bezeichnen wolle (ebd.). Die Tatsache, dass dies möglich sei, sei einem „glücklichen Umstand zu verdanken", nämlich dem „allgemein ordnungshaften Zug der Erfahrung" (Carnap 1931b, S. 447).

Obgleich Carnap dies nicht erwähnt, ist für Psychologiehistoriker*innen unmittelbar ersichtlich, dass das von Carnap hier beschriebene Forschungsprogramm der Variierung physikalischer Bedingungen mit dem Ziel der Erstellung gesetzmäßiger Beziehungen zwischen Stimuli und diskriminativem Verhalten (verbaler oder nonverbaler Art) sich spätestens seit Gustav Theodor Fechner 1860 wird hier zitiert Werk *Elemente der Psychophysik* (1860) einer großen Beliebtheit erfreute, wenngleich es natürlich Fechner und anderen Psychophysikern nicht darum ging, eine universelle physikalische Sprache zu entwickeln, sondern vielmehr (im „materialen Modus" sozusagen) schlicht und einfach psychophysische Zusammenhänge zu erforschen. Dennoch ist es wichtig hervorzuheben, dass die experimentellen Paradigmen der psychophysischen Forschung (inklusive derjenigen der Gestaltpsychologen, auf welche Carnap sich bereits im *Aufbau* bezogen hatte) exakt nach dem Vorbild von Carnaps fiktiver Versuchsanordnung vorgehen. Weiterhin möchte ich darauf hinweisen, dass ein solches psychophysikalisches Forschungsparadigma auch von den Gestaltpsychologen praktiziert wird, auf die Carnap sich schon 1928 im *Aufbau* bezieht.

Genau dies wird, wie ich gleich näher ausführen werde, auch von Karl Duncker, einem jüngeren Vertreter der Gestaltpsychologie, bemerkt (so behaupte ich jedenfalls), als er 1932 mit Unverständnis (Duncker 1932) auf Carnaps Artikel über die Psychologie in physikalischer Sprache reagiert. Dieses Unverständnis ist durchaus nachzuvollziehen, denn Carnap suggeriert, trotz seines primär metaphilosophischen Anspruches, dass die experimentelle Psychologie selbst wohl beraten sei, sich seine Analyse zu Herzen zu nehmen. So schreibt er beispielsweise in seinem Artikel „Psychologie in physikalischer Sprache": „An den Psychologen sind hiernach zwei Forderungen zu stellen. Erstens muss er sich [...] darüber klar werden, dass er [...] nichts anderes feststellt, als das Vorliegen eines bestimmten physikalischen Zustandes der Versuchsperson [...]. Zweitens muss er [...] die Physikalisierung [...] als Aufgabe der wissenschaftlichen Forschung anerkennen" (Carnap 1932a, S. 129). Konkret macht Carnap zwei Klassen von problematischen psychologischen Beobachtungssätzen aus, nämlich einerseits Sätze über das Fremdpsychische und andererseits Selbstbeobachtungen. In Bezug auf das Problem des Fremdpsychischen argumentiert er etwa, dass seine Analyse impliziere, dass man nur dann bestimmte mentale Zustände zuschreiben dürfe, wenn man das Verhalten des betreffenden Menschen unter einen allgemeinen Satz subsumieren könne, der eine regelmäßige Beziehung zwischen bestimmten Stimulusbedingungen und bestimmten Verhaltensweisen beschreibt. Dies kontrastiert er mit der (von ihm abgelehnten) Methode, bei der die Zuschreibung von Erlebniszuständen eher intuitiv vorgenommen werde. In Bezug auf das Problem der Introspektion argumentiert Carnap ganz parallel, indem er sagt, dass „introspektive" Sätze wie „Ich bin gerade nervös" entweder bedeutungslos seien oder sich empirische Wahrheitsbedingungen für sie angeben lassen. Er erklärt außerdem, dass es ihm um ein Analysewerkzeug zur Vermeidung metaphysischen Unsinns gehe. Solch metaphysischer Unsinn entstehe beispiels-

weise, wenn man von subjektiven mentalen Zuständen als Gegenständen introspek-
tiver Forschung spreche, als ob diese irgendwie zusätzlich zu den relevanten physikalischen Gegebenheiten existierten. Zusätzlich warnt er davor, introspektiv
zugänglichen Erfahrungen einen besonderen epistemischen Status zuzubilligen, und
setzt dagegen, dass man es immer mit Beobachtungssätzen (also mit öffentlich zugänglichen physikalischen Daten) zu tun habe.

Ich möchte noch einmal betonen, dass Carnaps Projekt ein metaphilosophisches
ist, insofern es ihm um die Reinigung der psychologischen Sprache von Elementen
geht, die zu metaphysischen Missverständnissen führen könnten. Er gesteht daher
auch zu, dass die Psychologen in ihrer Forschungspraxis natürlich weiterhin „verstehende" und „introspektive" Sätze verwenden dürften, solange sich diese physika-
lisieren ließen. Dennoch bleibt auffällig, dass er „der Psychologie" sehr pauschal
unterstellt, dass sie dies nicht immer angemessen tue. Nun stellt sich die Frage,
welche zeitgenössischen Psychologen er hier genau im Auge hat, die vermeintlich
die von ihm angeprangerten Fehler begehen. An diesem Punkt ist Carnap leider
nicht sehr konkret. Es gibt allerdings Hinweise darauf, dass ein unmittelbares Ziel
seiner Kritik der Psychologe Karl Bühler war, der 1926 einen Artikel mit dem Titel
„Die Krise der Psychologie" veröffentlicht hatte, gefolgt von einem Buch gleichen
Namens (Bühler 1926, 1927). In diesen Werken hatte Bühler den „Physikalismus"
als Allheilmittel gegen die methodische und theoretische Fragmentierung der Psychologie kritisiert. Für diese These spricht auch, dass Carnap am 28. Mai 1930 einen Vortrag in Bühlers psychologischem Kolloquium hielt.[3] Aufgrund von Carnaps
Vortragsmanuskript wird ersichtlich, dass der Inhalt des Vortrags den 1932 veröffentlichten Artikeln bereits recht nahe kommt. Es steht zu vermuten, dass die in
Bühlers Kolloquium geführte Diskussion in Carnap (1932a) ihren Niederschlag findet. Dabei ist es gut denkbar, dass es Carnap nicht primär um eine Kritik Bühlers
geht, sondern vielmehr um eine Klärung des Begriffes der Physikalisierung. Zu
spekulieren ist außerdem, dass Carnap bei seiner Kritik des Verstehens (abermals
als intuitives Einfühlen verstanden) an Wilhelm Dilthey denkt. Für diese Lesart
könnte angeführt werden, dass Carnap nach der Analyse von Christian Damböck
(2017) in den frühen 1920er-Jahren (bis hin zu frühen Manuskripten des *Aufbau*)
noch Anleihen bei Diltheys deskriptiver Psychologie macht (vgl. Damböck 2017,
Kap. 4). Es ist daher nicht unplausibel, dass Carnap hier nicht zuletzt eine bestimmte
Psychologiekonzeption ablehnen möchte, die für ihn biographisch relevant war, die
aber eine große Entfernung zu experimentalpsychologischen Arbeiten aufweist. Somit kann spekuliert werden, dass sich Carnap mit seiner Kritik der Psychologie von
den nicht-physikalistisch gefassten Anteilen seiner früheren Konzeption des „Eigenpsychischen" distanziert. Die Namen Bühler und Dilthey werden jedoch von
Carnap nicht explizit genannt.

Kommen wir nun also zu seiner Auseinandersetzung mit Duncker. Wie bereits
erwähnt, weist die von Carnap vorgeschlagene Idee der Physikalisierung der Psy-

---

[3] Lectures in Europe (Items 30–42), 1929–1933. Box 110b, Folder 7c. Rudolf Carnap Papers,
1905–1970, ASP.1974.01, Special Collections Department, University of Pittsburgh.

chologie eine große Ähnlichkeit zu den Methoden der Psychophysik auf. Carnap stellt diese Verbindung aber nicht her, sondern verweist stattdessen auf den Behaviorismus von J. B. Watson. Das passt jedoch wenig zu seinem Anliegen, denn der Behaviorismus hatte ja die gänzliche Eliminierung mentalistischer Begriffe gefordert, während es Carnap darum geht, die Bedingungen zu explizieren, unter denen mentalistische Wörter und Sätze bedeutungsvoll sein können. Carnaps Vorgehen ist also dem der Identitätstheorie des Geistes ähnlich, die ja nicht sagt, dass subjektive mentale Zustände nicht existieren, sondern lediglich zu explizieren sucht, was sie genau sind (in Klammern sei kurz hinzugefügt, dass – wie Michael Heidelberger (2003) gezeigt hat – solche identitätstheoretischen Ansätze in der Tradition der Psychophysik bereits in der Mitte des 19. Jahrhunderts formuliert worden waren, wenngleich Fechner, etwas unglücklich, den Begriff „Parallelismus" verwendet hatte). Entsprechend zielt Carnap hier nicht darauf ab zu sagen, dass subjektive Terme bedeutungslos sind, sondern er führt vielmehr Kriterien der Bestimmung ihrer Bedeutungshaftigkeit ein.

Diesen letzten Punkt (also Carnaps Projekt der formalen Analyse von Sprache) versteht Duncker offenkundig nicht, sondern er hakt stattdessen bei Carnaps Erklärungen im materialen Modus nach, bei denen Carnap ja quasi unter Verweis auf eine Art fiktiven psychophysischen Gedankenexperimentes die Übersetzbarkeit psychologischer in physikalische Sätze illustriert und begründet hatte. Dementsprechend weist Duncker zu Recht darauf hin, dass die Psychophysik dem Carnapschen Projekt viel näher stehe als der Behaviorismus. Duncker bemerkt außerdem, dass ihm (zumindest unter modernen wissenschaftlich gesinnten Psychologen) niemand bekannt sei, der die von Carnap benannten Fehler tatsächlich begehe (zur Erinnerung: Bei diesen Fehlern handelt es sich um den der ontologische Doppelung sowie um die Annahme, Introspektion könne eine epistemisch privilegierte Art von Daten liefern). Insbesondere betont er die physikalistische und antimetaphysische Ausrichtung der Gestaltpsychologie. Duncker sagt daher, dass er nicht wisse, wen Carnap überhaupt meine.

Obgleich natürlich zugestanden werden muss, dass Duncker die metaphilosophische Stoßrichtung von Carnaps Argument nicht versteht, halte ich Dunckers Befremden über das völlige Ignorieren der Psychophysik in Carnaps Artikel dennoch für nachvollziehbar: Psychophysikalische Forschung untersucht eben genau die funktionalen Abhängigkeiten zwischen Umweltreizen und Protokollsätzen, die für eine Physikalisierung der Protokollsätze benötigt würden, wenn man diese tatsächlich durchführen wollte. Leider ist Duncker aber terminologisch nicht besonders vorsichtig und so schleichen sich in seine Antwort auf Carnap einige Formulierungen ein, die so klingen, als ob er doch eben die Fehler beginge vor denen Carnap warnen möchte. Dementsprechend ist es für Carnap ein Leichtes, Duncker verworrener Formulierungen zu überführen. So sagt er in großer Schärfe, dass Duncker ihn offenbar überhaupt nicht verstanden habe und außerdem ein völlig anderes Verständnis von Physikalismus besitze als er selbst (Carnap 1932b). Ihm, Carnap, gehe es um die Übersetzbarkeit einer psychologischen in eine physische Sprache, während es Duncker offenbar um die Identifikation einer physischen Basis für introspektiv zugängliche subjektive Zustände gehe. Dabei ignoriert Carnap unter anderem, dass sich

Duncker ausdrücklich von der Annahme distanziert, dass es sich bei solchen mentalen Zuständen um irreduzible Qualia handele. Er ignoriert außerdem, dass das von ihm propagierte Programm der Übersetzbarkeit physikalischer und „psychologischer" Begriff eben jene (materialen) Voraussetzungen benötigt, die auch von der psychophysischen Forschung gemacht werden.

Zusammenfassend lässt sich also konstatieren, dass Carnap und Duncker in ihrem Austausch von 1932 aneinander vorbeireden. Somit können beide nicht herausarbeiten, dass das psychophysikalische Paradigma der Psychologie (in dessen Tradition sich der Gestaltpsychologe Duncker selbst verortet) genau die Art von Forschung betreibt, die Carnap (in fiktiver Form) seinem Programm der Physikalisierung er „psychologischen" Sprache zugrunde legt.

8.4 Mögliche Stränge einer Bewertung der Debatte

Von außen und mit etwas historischer Distanz betrachtet, scheint es, dass die Missverständnisse relativ leicht hätten behoben werden können und dass vor allem Carnap hier eine Chance für einen genuinen Dialog verstreichen lässt (vgl. auch Feest 2017, S. 123). Das deutet darauf hin, dass Carnap sich für die real praktizierte experimentelle Psychologie eigentlich nicht interessierte, da sie für sein eigenes philosophisches Projekt recht irrelevant war.

In diesem Punkt bleibt der Carnap von 1932 dem Carnap von 1928 treu, wenn auch aus geänderten Gründen. Dort hatte er sich in seiner Rekonstruktion der eigenpsychologischen Basis ja explizit auf eine Grundannahme der Berlin-Frankfurt-Schule der Gestaltpsychologie (die Strukturiertheit einfacher Empfindungen) bezogen, ohne zu berücksichtigen, dass die Gestaltpsychologie als psychophysikalisch vorgehende Wahrnehmungsforschung einer fremdpsychologischen Methode verpflichtet war. Carnaps Ansatz in den frühen 1930er-Jahren hingegen, mit der These einer Übersetzbarkeit psychologischer und physikalischer Begriffe, setzt hingegen in gewisser Weise selber auf eine fremdpsychologische Methode (auch wenn diese von ihm nicht experimentell eingesetzt wird), ohne anzuerkennen, dass eine solche Methode in der psychophysischen Forschung bereits gang und gäbe ist.

Gegen meine kritische Beurteilung der Tatsache, dass für Carnap die real praktizierte Psychologie und ihre Geschichte eher uninteressant waren, kann eingewandt werden, dass die im vorliegenden Aufsatz geleistete Analyse für eine Bewertung des systematischen Projekts Carnaps belanglos ist. In diesem Sinne könnte ein Kritiker meiner Analyse beispielsweise darauf hinweisen, dass Carnaps selektive und inkonsistente Bezugnahme auf die Psychologie im *Aufbau* seinem erkenntnistheoretischen Ziel nicht schadet, da es ja explizit um rationale Rekonstruktion subjektiver und psychologischer Erkenntnisansprüche ging und nicht um realistische Beschreibung des Erkenntnis- oder Forschungsprozesses. Der Einwand kann als berechtigt angesehen werden, wirft aber grundsätzliche, und bis heute relevante, Fragen darüber auf, wie eine angemessene philosophische Bezugnahme auf psychologische Forschung aussehen kann. Gegen den Einspruch, dass eine inkonsistente und eklektische Bezugnahme auf die Psychologie das Carnapsche Projekt selbst nicht automatisch inkonsistent macht, möchte ich dennoch zu bedenken geben, dass eine konsistente Bezugnahme, oder zumindest eine explizite Reflexion auf Ähnlichkeiten und Unterschiede zwischen der real existierenden Psychologie und der Carnapschen Verwendung der betreffenden Forschung, eleganter wäre. In diesem Sinne erscheint es mir als problematisch, im Zuge des Projekts einer wissenschaftlichen Philosophie nur *ausgewählte* Aspekte des Korpus einer Wissenschaft zu berücksichtigen.

Abgesehen von der Frage, wie Carnaps selektive Bezugnahme auf die Psychologie *normativ* zu beurteilen ist, habe ich jedoch auch eine *historische* Behauptung aufgestellt, nämlich dass Carnaps scheinbare Anleihen bei der psychophysischen Tradition der experimentellen Psychologie nicht zufällig sind, sondern dass ihm die betreffenden Denkfiguren und Forschungspraktiken tatsächlich bekannt waren, obgleich ihm das tatsächliche begriffliche Verhältnis beispielsweise zwischen Psychophysik und Behaviorismus offenbar nicht ganz klar wird. Es könnte kritisch bemerkt werden, dass ich konkrete historische Belege für diese These schuldig geblieben bin. Auch dieser Kritikpunkt ist berechtigt, doch scheint mir die Annahme, dass Carnap zumindest eine oberflächliche Vertrautheit mit der Psychologie hatte, dennoch plausibel. Damit sei nicht in Abrede gestellt, dass es auch andere wichtige Einflüsse gab, die eher aus der nicht-experimentellen philosophischen Psychologie kamen, die das Projekt der Bewusstseinsanalyse seit dem 19. Jahrhundert in den Dienst der Metaphysikkritik stellte (vgl. Feest 2007, Abschn. 5).

Im Zusammenhang der Frage nach solchen anderen Einflüssen möchte ich noch einmal auf Carnaps Begriff der *eigenpsychologischen Basis* zurückkommen, den er (ohne dies näher zu erläutern) mit der Idee des *methodologischen Solipsismus* gleichsetzt. Wie bereits weiter oben ausgeführt, verwendet er den Begriff der eigenpsychologischen Basis zweideutig, indem er einerseits nahelegt, dass eine Analyse auf eigenpsychologischer Basis jeglicher physikalischer Methode vorangeht, andererseits aber die empirische These aufstellt, dass sich das auf dieser Basis konstruierte Vokabular in ein physikalisches übersetzen lasse. Ich möchte (vorsichtig) argumentieren, dass wir im *Aufbau* eine gewisse Unentschiedenheit zwischen zwei verschiedenen antimetaphysischen Strategien sehen. Die eine Strategie ist „vorwärtsgewandt" und nimmt bereits die spätere antimetaphysische Strategie der Übersetzung aller Sätze in eine physikalische Sprache vorweg. Der Grundgedanke hierbei ist, dass metaphysische Spekulationen durch radikale Konzentration auf Sprachanalyse vermieden werden können und dass die Übersetzbarkeit aller Vokabulare in ein physikalisches empirisch eingeholt werden kann.

Die zweite Strategie ist „rückwärtsgewandt" und knüpft eher an die Methode der radikalen Bewusstseinsanalyse an, die den metaphysischen Status der Außenwelt explizit ausklammert. Eine solche Strategie finden wir beispielsweise bei Edmund Husserl, der in diesem Zusammenhang ebenfalls den Begriff des methodischen Solipsismus verwandte. Husserl meinte damit eine Methode der radikalen Enthaltsamkeit gegenüber der Frage, wie sich Phänomene des Bewusstseins auf die Phänomene der materiellen Welt beziehen. Die Methode der Phänomenologie besteht dementsprechend in einer Urteilsenthaltung (Epoché) und einer Konzentration auf Bewusstseinsphänomene mit dem Ziel der Wesensschau (vgl. z. B. Husserl

1913/2009).[4] Es ist klar, dass Carnap mit dem Begriff des methodischen Solipsismus nicht Husserls Projekt verbindet. Dennoch gibt es ein gemeinsames Motiv, nämlich das der ontologischen Enthaltsamkeit, also einer Einstellung, die aus methodischen Gründen ganz bewusst auf ontologische Positionierungen verzichtet. In diesem Sinne weist etwa der Husserl-Interpret Zahavi (2011) darauf hin, dass es Husserl darum gegangen sei, „eine gewisse dogmatische *Einstellung* gegenüber der Wirklichkeit außer Kraft zu setzen oder zu neutralisieren" (Zahavi 2011, S. 106). Der Solipsismus ist also deshalb ein methodischer, weil er (entsprechend dem methodischen Zweifel bei Descartes) nur als philosophisches Werkzeug verstanden wird. In diesem Sinne scheint es mir sinnvoll, auch Carnaps methodischen Solipsismus im *Aufbau* als anti-dogmatistisches Werkzeug zu deuten, ein Werkzeug, das in gewisser Weise genau das mit bezwecken soll, was Carus als die „Flucht vor der Ontologie" bezeichnet (Carus 2016, S. 141). Carnap möchte (wie Husserl) über eine Subjekt-Objekt-Trennung hinaus, insofern er letztlich eine vollständige Strukturbeschreibung eines Konstitutionssystems anstrebt, die nicht zwischen Innen und Außen unterscheidet.

Allerdings ist unklar, ob das fragliche Werkzeug die antimetaphysische Flucht vor der Ontologie tatsächlich ermöglichen kann, denn zumindest eine Klasse von Gegenständen, die Basisrelationen, müssen ja nach wie vor gesetzt werden, sie scheinen also durch Carnaps methodischen Solipsismus intakt gelassen zu werden. Hier sind wir wieder mit dem Aspekt des *Aufbau* konfrontiert, den Uebel (2007, S. 57) als „crucial tension" bezeichnet hat, einer Spannung, von der Carus (2016) argumentiert, dass sie aus einer „naturalistischen Zwickmühle" entstehe, in der wir uns finden, wenn wir menschliche Erfahrung gleichzeitig als Erkenntnisgrundlage und als natürlichen Gegenstand behandeln wollen. Carnaps versuchter Ausweg aus der Zwickmühle besteht darin, Erfahrungssätze in Struktursätze auflösen zu wollen, doch „though *Ursprünglichkeit* and *Struktur* are mostly not in open or direct conflict [in the *Aufbau*] (apart from the notorious §§ 153–5), the tension simmers under the surface" (Carus 2016, S. 147).

Carnaps methodischer Solipsismus ist also (insofern es um eine Suspendierung dogmatischer Einstellungen geht) Ausdruck seines antimetaphysischen Grundimpulses. Zugleich treten im *Aufbau* aber die Grenzen einer solchen Suspendierung von Einstellungen zutage, nämlich wenn es um die phänomenale Grundlage der Einstellungen geht. Dies wird deutlich an den Schwierigkeiten einer konsequenten „Strukturalisierung" der eigenpsychologischen Basis des methodischen Solipsismus. Ohne dies hier ausführen zu können, behaupte ich, dass sich hier der zentrale Punkt findet, der Carnap dazu beweget, im weiteren Verlauf eine im *Aufbau* ebenfalls bereits angelegte zweite antimetaphysische Strategie zu verfolgen: die der Forderung der Übersetzbarkeit aller sinnvollen Sätze in eine physikalistische Universalsprache. In gewisser Weise handelt es sich hier um einen anderen Modus der

---

[4] Auf ähnliche Weise, wenngleich in einem ganz anderen Kontext, verwendet auch der Philosoph Jerry Fodor den Ausdruck „methodischer Solipsismus" und meint damit eine Konzentration auf kognitive Prozesse, gepaart mit einem radikalen Agnostizismus gegenüber deren semantischem Gehalt.

Suspendierung dogmatischer Einstellungen, einen Modus, der die physikalistische Sprachanalyse gegenüber der solipsistischen Bewusstseinsanalyse betont und damit versucht, die im *Aufbau* angelegte zentrale Spannung zu überwinden. Während also der methodische Solipsismus sich um eine strukturelle Beschreibung von Erfahrung bemühte, geht die physikalistische Sprachanalyse so vor, dass sie nach formalen Kriterien der Bedeutungshaltigkeit aller Sätze fragt, und zwar inklusive derjenigen Sätze, die Erfahrungstatsachen ausdrücken. Vor diesem Hintergrund wird vielleicht Carnaps Irritation darüber verständlich, dass Duncker diesen für Carnap so zentralen Punkt nicht sieht.

Schluss

Der vorliegende Artikel hat versucht, einige zentrale Kontinuitäten und Diskontinuitäten in Carnaps Psychologiebezug zwischen 1928 und 1932 herauszuarbeiten. Ich habe argumentiert, dass Carnaps Psychologiebezug im *Aufbau* einerseits eher oberflächlich ist (er beruft sich auf die Gestaltpsychologie, nimmt aber deren empirische Befunde nicht zur Kenntnis, sondern wählt stattdessen seine Methode der Quasizerlegung), er aber andererseits bereits hier bestimmte Grundannahmen psychophysikalischer Forschung implizit anerkennt, nämlich wenn er (in den §§ 57 und 58) andeutet, wie eine „fremdpsychologische" Methode im Zuge der Physikalisierung ihres Vokabulars vorgeht.

In Carnaps Schrift zur Psychologie in physikalischer Sprache tritt der zweite Aspekt noch deutlicher zutage: Seine hier vorgeschlagene Methode der Übersetzung psychologischer Sätze in die einer physikalischen Sprache spiegelt eins zu eins genau die Methode wider, die von Psychologen in der psychophysischen Tradition (zu der auch die Gestaltpsychologie zu zählen ist) praktiziert wird. Zugleich deutet sein Schlagabtausch mit Duncker darauf hin, dass die besagte Parallele für sein eigenes philosophisches Projekt irrelevant war. Dennoch, so habe ich argumentiert, ist es unwahrscheinlich, dass Carnaps selektive Anleihen bei der experimentellen Psychologie seiner Zeit gänzlich zufällig sind. So halte ich es für wahrscheinlich, dass ihm das methodische Vorgehen der Psychophysik seiner Zeit bekannt war.

Zusätzlich zu dieser empirischen Frage stellt sich – wie oben angedeutet – die normative Frage, ob Carnaps inkonsistente Bezugnahme auf die Psychologie seinem Projekt abträglich ist. An diesem Punkt möchte ich mich des Urteils enthalten, weise jedoch darauf hin, dass die Frage, wie eine sich selbst als „wissenschaftlich" verstehende Philosophie auf Theorien und Methoden der Wissenschaften Bezug nehmen sollte, nach wie vor aktuell ist.

Literatur

Ash, M. 1995. *Gestalt psychology in German culture, 1890–1967: Holism and the quest for objectivity.* Cambridge: Cambridge University Press.
Bühler, K. 1926. Die Krise der Psychologie. *Kant-Stud* 31(1–3): 455–526.
———. 1927. *Die Krise der Psychologie.* Jena: Gustav Fischer.

Carnap, R. 1923. *Quasizerlegung: Ein Verfahren zur Ordnung nichthomogener Mengen mit den Mitteln der Beziehungslehre* (Untertitel „[MS: 27.12.22–25.1.23]"). Pittsburgh: University of Pittsburgh, Archives for Scientific Philosophy.

———. 1928/1979. *Der logische Aufbau der Welt.* Frankfurt a. M./Berlin: Ullstein.

———. 1931a. Überwindung der Metaphysik durch logische Analyse der Sprache. *Erkenntnis* 2: 219–241.

———. 1931b. Die physikalische Sprache als Universalsprache der Wissenschaft. *Erkenntnis* 2: 432–465.

———. 1932a. Psychologie in physikalischer Sprache. *Erkenntnis* 3:107–142.

———. 1932b. Erwiderung auf die vorstehenden Aufsätze von E. Zilsel und K. Duncker. *Erkenntnis* 3:177–188.

Carus, A. 2016. Carnap and phenomenology: What happened in 1924? In *Influences on the Aufbau,* Hrsg. C. Damböck, 137–162. Dordrecht: Springer.

Damböck, C. 2017. *„Deutscher Empirismus': Studien zur Philosophie im deutschsprachigen Raum 1830–1930 (Veröffentlichungen des Instituts Wiener Kreis).* Dordrecht: Springer.

Duncker, K. 1932. Behaviorismus und Gestaltpsychologie (Kritische Bemerkungen zu Carnaps „Psychologie in physikalischer Sprache"). *Erkenntnis* 3:162–176

Fechner, G.T. 1860. *Elemente der Psychophysik.* Leipzig: Breitkopf und Härtel.

Feest, U. 2007. Science and experience/Science of experience: Gestalt psychology and the anti-metaphysical project of the *Aufbau. Perspectives on Science* 15(1): 38–62.

———. 2017. Physicalism, introspection, and psychophysics: The Carnap/Duncker exchange. In *Oppure si muove: Doing history and philosophy of science with Peter Machamer,* The Western Ontario series in philosophy of science, Hrsg. M. Adams, Z. Biener, U. Feest und J. Sullivan, 113–125. Dordrecht: Springer.

Friedman, M. 1999. Epistemology in the *Aufbau.* In: ders., *Reconsidering logical positivism,* 114–151. Cambridge: Cambridge University Press. (Urspr.: Synthese 93(1–2):15–57 (1992)).

Heidelberger, M. 2003. The mind–body problem in the origin of logical empiricism: Feigl and psychophysical parallelism. In *Logical empiricism: Historical and contemporary perspectives,* Hrsg. P. Parrini, M. Salmon und W. Salmon, 233–262. Pittsburgh: Pittsburgh University Press.

Husserl, E. 1913/2009. *Ideen zu einer reinen Phänomenologie und phänomenologischen Philosophie (Philosophische Bibliothek).* Hamburg: Meiner.

Neurath, O. 1932. Protokollsätze. *Erkenntnis* 3:204–214.

Schlick, M. 2008. *Allgemeine Erkenntnislehre* (Moritz Schlick. Gesamtausgabe, Bd I/1), Hrsg. H. J. Wendel und F. O. Engler. Wien/New York: Springer. [first published 1918].

Sturm, T. 2012. Bühler and Popper: Kantian therapies for the crisis in psychology. *Studies in History and Philosophy of Biological and Biomedical Science* 43(2): 462–472.

Uebel, T. 2007. *Empiricism at the crossroads: The Vienna Circle's protocol-sentence debate.* Chicago: Open Court.

Zahavi, D. 2011. Der Sinn der Phänomenologie: Eine methodologische Reflexion. In *Phänomenologie der Sinnereignisse,* Hrsg. H.-D. Gondek, T.N. Klass und L. Tengelyi, 101–119. München: Wilhelm Fink.

9
Physikalistische Graphologie als Avantgarde der Psychologie oder Physikalismus auf Abwegen

Thomas Mormann

9.1 Carnaps Programm des Physikalismus

Die Physikalisierung der Psychologie[1] war für Carnap Teil eines Programms, das darauf zielte, die vermeintlich privilegierte Stellung des Menschen in der Welt als Illusion zu entlarven. Mit diesem Programm sah Carnap sich in der Ahnenreihe von Kopernikus, Darwin, Marx und Freud: Kopernikus habe gezeigt, dass die Erde als Wohnort der Menschheit nicht im Zentrum des Universums stehe, Darwin, dass der Mensch nur ein Tier unter anderen sei, Marx, dass die menschliche Geschichte weniger durch Ideen als durch materielle Tatsachen bestimmt werde, Nietzsche, dass moralische Werte eine biologische Fundierung haben, und Freuds Psychoanalyse habe deutlich gemacht, dass das menschliche Bewusstsein wesentlich durch unbewusste Triebkräfte bestimmt werde.[2] Carnap schließlich war es darum zu tun, die These von der vermeintlichen Sonderstellung der Psychologie als Wissenschaft, welche sich angeblich aus der spezifischen Eigenart ihrer Thematik als Wissenschaft

---

[1] Cf. Psychologie in physikalischer Sprache (Carnap 1932/1933, S. 107–142).

[2] Siehe auch Freuds *Eine Schwierigkeit der Psychoanalyse* (1917). Dort zählte Freud eine Reihe von „Kränkungen" auf, die die neuzeitlichen Wissenschaften dem Narzissmus des abendländischen Menschen zugefügt hätten. Freud erwähnt Kopernikus' heliozentrische Astronomie, Darwins Evolutionstheorie und als Letztes die Psychoanalyse. Diese sei als „Kränkung" erfahren worden, da sie die Illusion zerstört habe, „das Ich wäre Herr im eigenen Hause". Stattdessen habe sie gezeigt, dass das Seelenleben des Menschen weitgehend durch unbewusste Kräfte bestimmt werde, die der Kontrolle des Ich entzogen seien.

T. Mormann (✉)
University of the Basque Country, Donostia-San Sebastian, Spanien
E-Mail: thomasarnold.mormann@ehu.eus

C. Damböck, G. Wolters (eds.), *Der junge Carnap in historischem Kontext: 1918–1935 / Young Carnap in an Historical Context: 1918–1935*, Veröffentlichungen des Instituts Wiener Kreis 30, https://doi.org/10.1007/978-3-030-58251-7_9

des menschlichen Fühlens und Denkens ergab, zu widerlegen und zu zeigen, dass die Psychologie als ein Teilgebiet einer idealen Physik aufgefasst werden könnte.

Ein solcher Physikalismus war für ihn eine Konsequenz einer allgemeinen wissenschaftlichen Einstellung, die diese Art von Aufklärung heroisch in Angriff nahm. Die Ablehnung einer solchen Physikalisierung interpretierte er, ähnlich wie Freud die Ablehnung der Psychoanalyse, als Ausdruck eines gekränkten Narzissmus, der zwar menschlich verständlich, aber wissenschaftlich ungerechtfertigt sei.

In etwas anderer Motivation zielte Carnaps Physikalismus darüber hinaus auch auf eine Überwindung der Trennung zwischen Geisteswissenschaften und Naturwissenschaften: Wenn die Psychologie sich als physikalisierbar erwies, also als Teil der Physik aufgefasst werden konnte, dann galt das *a fortiori* für die anderen vermeintlichen „Geisteswissenschaften" wie Soziologie und Geschichtswissenschaft. Als Konsequenz würde sich ergeben, dass *jede* Wissenschaft als ein Zweig der Physik zu begreifen sei. Damit wäre auch das große Projekt des Wiener Kreises, nämlich die Vereinheitlichung der Wissenschaften in Gestalt einer enzyklopädischen „Einheitswissenschaft", seiner Verwirklichung nahegekommen. Das schon allzu lange anhaltende Zeitalter der narzisstischen Illusion, wonach der Mensch in irgendeiner Weise etwas Besonderes, die Natur Transzendierendes sei, wäre damit zumindest für Menschen mit einer wissenschaftlichen Einstellung an sein Ende gekommen. Wer dann noch die Argumente für die Physikalisierbarkeit allen Wissens ablehne, zeige damit nur seine unwissenschaftliche, metaphysische Grundeinstellung.

Die These, dass die Physik die Grundwissenschaft sei, ist genauer so zu verstehen:

> Wir wollen unter Physik nicht das System der heute bekannten physikalischen Gesetze verstehen, sondern die Wissenschaft, die durch die Art der Begriffsbildung gekennzeichnet ist: jeder Begriff geht zurück auf die „Zustandsgrößen", das sind Zuordnungen von Zahlen zu Raumzeitpunkten nach bestimmtem Verfahren. Dann können wir unsere These, eine Teilthese des *Physikalismus*, so fassen: die *Psychologie ist ein Zweig der Physik.* (Carnap 1931, S. 142)

Wie diese auf „Zustandsgrößen" fußende Begriffsbildung im Einzelnen funktionierte, brauchte nach Carnap den Wissenschaftsphilosophen zunächst nicht zu interessieren. Das zu untersuchen sei Sache des Einzelwissenschaftlers. Physikalisierung einer Wissenschaft war also für Carnap durchaus keine rein wissenschaftsphilosophische Angelegenheit, sondern eine arbeitsteilige Unternehmung, an der die Philosophie und die jeweils physikalistisch zu reformulierenden Wissenschaften beteiligt waren. Es war Aufgabe der Wissenschaftler, ihre Wissenschaft in ein für die Physikalisierung geeignetes Format zu bringen und so für die von den Philosophen im Einzelnen durchzuführende physikalistische Reformulierung vorzubereiten.

Carnaps Argument für die Physikalisierbarkeit der Psychologie war – zurückhaltend formuliert – ziemlich eigenartig. Es basierte auf der These der Physikalisierbarkeit der *Graphologie*[3] als einer zentralen Teildisziplin der Psychologie.[4] Der frühe Carnap war also nicht nur überzeugt, die Graphologie wäre eine wissenschaftlich respektable Disziplin; er vertrat darüber hinaus sogar die These, die Graphologie wäre der begrifflich am weitesten fortgeschrittene und deshalb am leichtesten physikalisierbare Teil der Psychologie. Überdies komme dem Nachweis, dass die Psychologie in die physikalistische Universalsprache übersetzt werden könne, eine besondere strategische Bedeutung deswegen zu, weil die Psychologie üblicherweise als die am schwierigsten zu erobernde Bastion des Antiphysikalismus angesehen werde: Über die prinzipielle Physikalisierbarkeit der Chemie, der Biologie und der anderen empirischen Wissenschaften sei man sich ja weitgehend einig. Falle auch die Psychologie der Physikalisierung anheim, stehe einer durchgehenden Physikalisierung *aller* Wissenschaften grundsätzlich nichts mehr im Wege.

Die Physikalisierung einer Wissenschaft setzt zunächst einmal voraus, dass ihre Begriffe klar und präzise formuliert sind. Wie Carnap bedauernd feststellt, sei das für die zeitgenössische Psychologie leider nur teilweise der Fall. Deshalb sei es zweckmäßig, das Physikalisierungsprojekt zunächst auf ein Teilgebiet der Psychologie zu beschränken, das bereits über einen hinreichend präzisen Begriffsapparat verfüge. Das sei, so behauptete er, die Graphologie. Dank der wegweisenden Arbeiten Ludwig Klages' sei sie der wissenschaftlich am weitesten fortgeschrittene Teil der Psychologie, deren vollständige und explizite Physikalisierung damit ohne allzu große Schwierigkeiten durchführbar sei.

Carnaps Projekt sei im Folgenden kurz als „Graphologieprojekt" bezeichnet. Der Graphologie-Episode in Carnaps philosophischer Entwicklung ist bisher nur geringe bis gar keine Aufmerksamkeit geschenkt worden. Gleichwohl bin ich der Auffassung, dass

---

[3] Carnaps These, die Physikalisierung der Psychologie insgesamt werde durch die Physikalisierung der Graphologie als einer „strategischen" Teildisziplin nahegelegt, weist eine gewisse Parallele mit Freuds These auf, der zufolge die Physikalisierung der Psychologie insgesamt durch die Tatsache belegt werde, dass die Psychoanalyse als eine „normale" Naturwissenschaft im Sinne der Physik konstituiert werden könne. Erst dadurch erweise sich die Psychologie insgesamt als eine „richtige" Wissenschaft. Noch in einer nicht vollendeten, erst posthum veröffentlichten Arbeit behauptete Freud: „Unsere Annahme eines räumlich ausgedehnten, zweckmässig zusammengesetzten, durch die Bedürfnisse des Lebens entwickelten psychischen Apparates [...] hat uns in den Stand gesetzt, die Psychoanalyse auf einer ähnlichen Grundlage aufzurichten wie jede andere Naturwissenschaft, z. B. wie die Physik" (Freud 1940, 58). Freuds These des naturwissenschaftlichen Charakters der Psychoanalyse hat eine bis heute anhaltende lebhafte Diskussion ausgelöst. Von einigen wird sie als „szientistisches Selbstmißverständnis" der Psychoanalyse kritisiert (siehe Habermas 2001, 301). Carnaps Projekt der Physikalisierung der Graphologie ist, soweit ich weiß, nirgendwo auf Widerhall gestoßen.

[4] Heute wird die Graphologie wie die Astrologie, die Homöopathie, die Parapsychologie, der Kreationismus und die Psychoanalyse von den meisten Vertretern einer an Wissenschaftlichkeit und Rationalität orientierten Philosophie als Pseudo- oder Scheinwissenschaft betrachtet. Das schließt natürlich nicht aus, dass diese Disziplinen für die Wissenschaftsphilosophie von Interesse sind. Sie werfen die Frage auf, *warum* es sich bei ihnen um Pseudowissenschaften handelt. Allgemeiner stellt sich die Frage, ob es überhaupt verlässliche Kennzeichen gibt, Wissenschaft und Pseudowissenschaft voneinander zu unterscheiden.

dieses Projekt mehr ist als ein Kuriosum. Zwar hat Carnaps wissenschaftsphilosophische Auseinandersetzung mit der Graphologie nach 1932/1933 keine Fortsetzung gefunden, ich möchte aber behaupten, dass sich im Graphologieprojekt der allgemeine Stil des Carnapschen Philosophierens besonders deutlich manifestiert, nämlich von einer sehr abstrakten und idealisierten Vorstellung einer Wissenschaft auszugehen, aus der dann weitreichende philosophische Folgerungen gezogen werden, die nur schwer mit der tatsächlichen Praxis dieser Disziplin in Einklang zu bringen sind.

Im Einzelnen ist dieses Kapitel wie folgt gegliedert: Zunächst soll in Abschn. 2 Carnaps These, die Graphologie sei die Avantgarde einer wissenschaftlichen, „physikalisierten" Psychologie, genauer erörtert werden. Das Verdienst, den Weg zu einer Physikalisierung der Graphologie und damit zu ihrer vollständigen Verwissenschaftlichung geebnet zu haben, schreibt Carnap Ludwig Klages zu, auf dessen Buch *Handschrift und Charakter* (Klages 1989 [1917]) er sich in den graphologischen Abschnitten von „Psychologie in physikalischer Sprache" (Carnap 1931) explizit bezieht. In Abschn. 3 wird Carnaps Skizze einer physikalistischen Konstitution psychologischer Eigenschaften vorgestellt. Dann sollen in Abschn. 4 einige typische graphologische „Charakterbilder" verschiedener Grafologen (Klages, Christiansen und Elisabeth Carnap) vorgestellt werden. Diese belegen, dass Carnaps Vorstellungen von Graphologie als einer Wissenschaft eine beträchtliche Distanz zur graphologischen Praxis aufweisen.

Wie allgemein bekannt, war Klages nicht nur einer der Gründerväter der modernen Graphologie, er war auch einer der einflussreichsten deutschen Intellektuellen in der Zeit des späten Wilhelminismus und der Weimarer Republik. Bei der Verbreitung irrationalistischer, präfaschistischer und antisemitischer Ideologeme, insbesondere in der deutschen Jugendbewegung, spielte er zu Anfang des 20. Jahrhunderts eine fatale Rolle. Darauf ist Carnap nie eingegangen. Gleichwohl hat er Klages nicht nur als Graphologen, sondern auch als Philosophen zur Kenntnis genommen. Insbesondere Klages' monumentales Hauptwerk *Der Geist als Widersacher der Seele* (Klages 1981 [1929–1932]) hat ihn offenbar nachhaltig beeindruckt. Auf Klages' Rolle in der deutschen philosophischen Szene soll deshalb in Abschn. 5 genauer eingegangen werden. Wissenschaftsphilosophische Debatten um den Physikalismus sind bis heute ein zentrales Thema der Wissenschaftsphilosophie, auch wenn der heute diskutierte Begriff von Physikalismus wenig mit dem zu tun hat, den Carnap in den 1930er-Jahren erörterte. In Abschn. 6 möchte ich daher nur auf die Kritik an Carnaps Physikalismus, die Cassirer in den 1930er- und 1940er-Jahren vorbrachte, eingehen. Schließlich soll im letzten Abschn. 7 expliziert werden, in welchem Sinne die Idee einer physikalisierten Graphologie als typisches Artefakt einer carnapianischen Wissenschaftsphilosophie verstanden werden kann.

9.2 Graphologie als Avantgarde der wissenschaftlichen Psychologie?

Zunächst werde etwas genauer erklärt, warum Carnap die Graphologie als das wissenschaftlich am weitesten fortgeschrittene Teilgebiet der Psychologie ansah. Sein Argument für diese Behauptung war folgendes:

Merkwürdigerweise hat nun die Physikalisierung bemerkenswerte Erfolge auf einem Teilgebiet der Psychologie aufzuweisen, das noch vor verhältnismäßig kurzer Zeit mit rein intuitiver (oder höchstens pseudo-rationaler) Methode und aufgrund völlig unzulänglicher Empirie betrieben wurde und daher überhaupt noch keinen Anspruch auf Wissenschaftlichkeit erheben konnte, nämlich auf dem Gebiet der Graphologie. Die theoretische Graphologie, von der hier allein die Rede sein soll, untersucht die gesetzmäßigen Zusammenhänge zwischen Gestalteigenschaften der Schriftzüge und denjenigen psychologischen Eigenschaften des Schreibenden, die man als „Charaktereigenschaften" zu bezeichnen pflegt. (Carnap 1932/1933, S. 130)

Carnap behandelte Klages' „Methode", Charaktereigenschaften des Schreibers aus geometrischen Eigenschaften seiner Schrift abzuleiten, als eine Art Blackbox, deren Inneres ihn als Philosophen nicht zu interessieren braucht. Dieser Ansatz ähnelt, wie er selbst ausführt, der (antiquierten) Verwendung eines Laubfrosches zur Wettervorhersage oder, etwas moderner, der Verwendung eines „Diagnosehundes" – Beispiele, die Carnap in „Psychologie in physikalischer Sprache" ausführlich diskutierte (Carnap 1932/1933, S. 128). Ein solcher Hund hat die Fähigkeit, das Vorliegen gewisser Krankheiten riechen zu können, ohne dass der Arzt wissen musste, wie das im Einzelnen funktioniert. Klages, oder besser seine „ausdruckswissenschaftlich" begründete Graphologie, hatte für Carnap die Funktion eines solchen „metaphysisch-graphologischen[5] Diagnosehundes", der anhand von Schriftproben zutreffende Charakterbeschreibungen von Menschen lieferte, ohne dass dem Philosophen oder dem Psychologen klar sein musste, wie er das im Einzelnen anstellte. Die Verwendung von Laubfröschen und Diagnosehunden mag legitim sein, solange sie empirisch gute, nachprüfbare Resultate liefert. Das Problem ist nur, dass die graphologische Methode nach allgemeiner Auffassung (auch nach Auffassung der Graphologen) das nicht leistet und auch nicht leisten kann. Klages selbst wurde nicht müde, das zu betonen:

Endlich kann man sich nicht genug in der Überzeugung bestärken, daß es auf dem Gebiet der Seelendeutung keinerlei mechanisches Verfahren gibt. […] Die Unterscheidungsfähigkeit für menschliche Charakterzüge hängt durchaus von der Breite charakterologischer Erfahrung und der Tiefe charakterologischen Wissens ab. (Klages 1989 [1917], vii)

Die Nichtphysikalisierbarkeit der Graphologie wurde nicht nur von Klages selbst behauptet, sie wird bis heute von praktisch allen Graphologen vertreten, um übertriebene, unrealistische Erwartungen an die Graphologie von vornherein zurückzuweisen:

Die Graphologie ist kein Testverfahren. Sie ist keine messende und zählende Methode; sie hat die gefundenen Merkmale nicht nur zu registrieren, sondern zu wägen, d. h. ihnen ihre Bedeutung und ihren Platz in der Handschrift zu geben […] (Wittlich 1989, viii)

Wittlich als „moderner Graphologe" widerspricht der Möglichkeit einer Physikalisierung der Graphologie also ganz unmissverständlich. Carnaps Projekt einer physikalisierten Graphologie hat auch bei den von der Wissenschaftlichkeit ihrer Disziplin überzeugten Graphologen kaum Widerhall gefunden, weil diese ein

---

[5] Diese auf den ersten Blick etwas seltsam anmutende Charakterisierung soll darauf hinweisen, daß Klages' graphologische Methoden eng mit seiner ausdruckswissenschaftlichen Metaphysik verknüpft waren.

„weicheres", eher an den hermeneutischen Wissenschaften orientiertes Modell ihrer „Wissenschaft" favorisierten. Sie waren zwar davon überzeugt, ein guter Graphologe könnte aufgrund der Analyse von Schriftproben einer Person zuverlässige Aussagen über deren Charakter machen, sie begriffen die Graphologie aber eher als eine hermeneutische Disziplin, der es um die Auslegung graphologischer Zeugnisse zu tun ist. So charakterisiert Bernhard Wittlich, der Herausgeber neuerer Auflagen von Klages' graphologischem Hauptwerk *Handschrift und Charakter*, die Graphologie als „ein Verfahren, das sich der Statistik, dem Messen und Zählen nicht recht fügen will" (in Klages 1989 [1917], Geleitwort, x). Er bestreitet überdies explizit die Möglichkeit einer Carnapianischen Physikalisierung der Graphologie, deren Unmöglichkeit er durch das folgende Gedankenexperiment plausibel machen möchte:

> Wollte jemand von einem Graphologen die Deutung einer Handschrift verlangen, indem er diesem – etwa telefonisch – alle sachlichen Merkmale der betreffenden Handschrift nennen würde, also etwa ihre Größe, ihren Neigungswinkel, die Bindungsform, den Verbundenheitsgrad, die Längenunterschiede, die Weite und Breite, die Regelmäßigkeit usw., so wäre es völlig ausgeschlossen, danach ein auch nur einigermaßen zuverlässiges Charakterbild abzuleiten. Der Graphologe würde das Ganze, den Eindruckscharakter, den Gehalt, die Lebendigkeit dieser Schrift, nach Klages also ihren Rhythmus, ihr Formniveau, nicht aus den Merkmalen gewinnen oder ableiten können. [...] Er könnte also auch kein einziges dieser Merkmale deuten, jedes von ihnen bliebe nicht allein wegen der grundsätzlichen Doppeldeutigkeit, sondern auch noch an und für sich vieldeutig. (Klages 1989 [1917], Geleitwort, viii)

Carnap ist auf derartige Einwände gegen eine Physikalisierung der Graphologie niemals eingegangen. Das Argument, ihm wäre es eben nur um die Theorie der Graphologie gegangen und nicht um ihre Praxis, dürfte nicht alle überzeugen.

Auch bei den zahlreichen einer Physikalisierung der Wissenschaften nicht abgeneigten Philosophen ist Carnaps Projekt auf keine Sympathie gestoßen, einfach weil die Graphologie kaum je als ernst zu nehmende Wissenschaft angesehen wurde. Das Scheitern von Carnaps Projekt einer Physikalisierung der Graphologie impliziert natürlich nicht, dass das Programm einer Physikalisierung der Psychologie überhaupt gescheitert wäre.[6] Carnaps Physikalismus spielt in der zeitgenössischen Debatte dieses Themas höchstens eine kleine Rolle; gleichwohl, so möchte ich behaupten, bleibt der in „Psychologie in physikalischer Sprache" unternommene Versuch einer Physikalisierung der Graphologie ein interessantes Zeugnis Carnapscher Wissenschaftsphilosophie.

9.3 Physikalistische Konstitution psychologischer Eigenschaften

Carnap ging davon aus, dass psychologische (Charakter-)Eigenschaften von Personen in strikter Analogie zu physikalischen Eigenschaften physikalischer Systeme konstituiert werden können. Charaktereigenschaften seien, so Carnap, als Dispositionseigenschaften zu verstehen. So ist die Aussage „*M* hat einen aufbrausenden Charakter" als

---

[6] Für eine Darstellung des modernen Physikalismus siehe Kim (2008).

dispositionale Aussage der folgenden Art zu interpretieren: „M reagiert in den und den Situationen in einer Weise, die kompetente Beobachter als aufbrausend bezeichnen." Personen, deren Charakter wir als „gelassen", „gleichmütig" oder ähnlich beschreiben, tun dies hingegen nicht. Die Charaktereigenschaft „aufbrausend" kann damit analog zur physikalischen Eigenschaft „elektrisch leitfähig" beschrieben werden: Ein Stoff ist „elektrisch leitfähig", wenn er in den und den Situationen in einer Weise reagiert, die kompetente Beobachter als das Leiten eines elektrischen Stromes beschreiben.

Nach Carnap existiert eine strikte Analogie zwischen der Konstitution physikalischer und psychologischer Dauereigenschaften aus Momentanaussagen. Ein Mensch, oder besser, das wahrnehmbare Verhalten eines Menschen wird also als Anzeiger gewisser psychischer Zustände aufgefasst, in denen sich dieser Mensch befindet. Nach Carnaps Verständnis von Psychologie befindet sich ein Mensch M in jedem Augenblick seiner Existenz in bestimmten psychischen Zuständen, etwa „M ist zornig", „M ist gelassen", „M ist fröhlich", „M ist aufgeregt" usw. – analog einem physikalischen System S, das sich in jedem Augenblick in gewissen physikalischen Zuständen befindet, „S hat die Temperatur t", „S erfährt die Beschleunigung a", „Der Druck von S beträgt p" usw. Physikalische Dauereigenschaften lassen sich dann gewissermaßen als Integrale von Momentaneigenschaften verstehen: Ein Stoff S ist leitfähig, wenn sich in bestimmten experimentellen Situationen gewisse Phänomene zeigen – eben dass er Strom leitet. Zeigen sich diese Phänomene nicht, wird S als nicht leitfähig klassifiziert. Entsprechend ergeben sich für Carnap dauerhafte Charaktereigenschaften aus dem momentanen Verhalten einer Person (cf. Carnap 1932/1933, S. 112).

Eine physikalisierte Graphologie behauptet dann, dass eine enge Korrelation zwischen den Charaktereigenschaften und den Schrifteigenschaften besteht, dass man also von den Formeigenschaften der Schrift eines Menschen auf seine Charaktereigenschaften schließen könne. Es wird also behauptet, dass sich konstante Dispositionseigenschaften eines Menschen wie „großzügig", „undiszipliniert", „gehemmt" sich in gewissen Eigenschaften seiner Schriftzüge niederschlagen. Wie dieser Mechanismus im Einzelnen funktioniert, braucht den Wissenschaftsphilosophen nicht zu interessieren. Der entscheidende Punkt ist, *dass* der Mechanismus in zuverlässiger Weise funktioniert. Die Physikalisierung der Graphologie und das heißt die ultimative Verwissenschaftlichung der Graphologie als eines Teilgebietes der Psychologie, wäre erreicht, wenn die folgenden drei Aufgaben gelöst sind:

(1) Die graphologisch als relevant betrachteten stabilen Merkmale einer Schrift, die von Graphologen meist anschaulich oder metaphorisch als „schwungvoll", „schwankend", „willensschwach" usw. beschrieben werden, können rein geometrisch („figural" nach Carnap), etwa durch Verhältnis und Form ihrer „Bögen", „Winkel", „Unterlängen", „Oberlängen" usw., beschrieben werden.[7]

---

[7] Klages bestreitet explizit, eine „ausdruckswissenschaftliche" grafologische Analyse einer Schriftprobe ginge so einfach vonstatten. Carnap geht darauf nicht ein, wohl weil er dies für ein Problem der „praktischen" Graphologie hält, das „theoretisch irrelevant" ist. An dieser Schwierigkeit hängt aber gerade die Empirizität der Klages'schen „Ausdruckswissenschaft".

(2) Die in den graphologischen Aussagen vorkommenden stabilen psychologischen Charaktereigenschaften („ich-orientiert", „phantasievoll") sind physikalistisch zu beschreiben.

(3) Eine zuverlässige statistische Korrelation zwischen (1) und (2) ist aufzustellen.

Carnap war der Auffassung, diese Aufgaben seien lösbar oder sogar, insbesondere durch Klages' wegweisende Erkenntnisse, bereits gelöst. Genauer kam er zu
folgender Einschätzung:

> Diese Aufgabe der Physikalisierung [also (1), TM] der Schrifteigenschaften ist von den
> Graphologen in vielen Fällen schon zum guten Teil gelöst worden. Vergleiche z. B. Ludwig
> Klages, *Handschrift und Charakter*. Mehrere unserer Beispiele sind diesem Buch entnom-
> men oder in Anknüpfung an seine Darlegungen aufgestellt (ibid.). Gegen eine Beibehaltung
> der vom intuitiven Eindruck hergenommenen Bezeichnungen (z. B. „voll", „mager",
> „schlank", „wuchtig" und dergl.) ist nichts einzuwenden; unserer Forderung ist Genüge
> getan, sobald für eine solche Bezeichnung eine Definition in rein figuralen Bestimmungen
> aufgestellt ist. (Carnap 1932/1933, S. 133)

Kurz, Carnap attestierte Klages, die Aufgabe (1) im Wesentlichen gelöst zu
haben. Klages' „Lösung" basiert auf der von ihm selbst inaugurierten „Ausdruckswissenschaft".[8]

Die Lösung der Teilaufgabe (2) setzt Carnaps Meinung nach die Physikalisierbarkeit psychologischer Momentanaussagen voraus. Diese Aufgabe schätzt
Carnap als schwierig, aber lösbar ein. Er schien dabei anzunehmen, dass dies in
ähnlicher Weise möglich sei, wie man die von ihm als „typisch psychologisch"
betrachtete Aussage „A ist aufgeregt" in die physikalistische Aussage „Der Leib des
A ist physikalisch-aufgeregt" übersetzen konnte. Carnap skizziert eine solche physikalistische Übersetzung so:

> Der Leib des A ist in einem Zustand, der dadurch gekennzeichnet ist, daß Frequenz von
> Atmung und Puls erhöht sind und auf gewisse Reize noch weiter erhöht werden, daß auf
> Fragen meist heftige und sachlich unbefriedigende Antworten gegeben werden, daß auf
> gewisse Reize hin erregte Bewegungen eintreten und dergl. (Carnap 1932/1933, S. 115/116)

Selbst wenn man diese Skizze einer physikalistischen Übersetzung von „A ist
aufgeregt" als erste Phase einer physikalistischen Übersetzung akzeptiert, die im
Prinzip zu einer vollständig physikalisierten Aussage ergänzt werden könnte, bleibt
zweifelhaft, ob ein Satz wie „A ist aufgeregt" als typisch für die Sätze angesehen

---

[8] Diese „ausdruckswissenschaftliche Lösung" war allerdings wesentlich komplizierter, als Carnap
zur Kenntnis nahm. Bevor ein genaues Merkmalsprotokoll der zu analysierenden Schrift aufgenommen wurde, gewann Klages einen allgemeinen Eindruck vom „Formniveau" der Schrift, d. h.
deren Rhythmus, Ebenmaß, Regelmäßigkeit, Geübtheit, Eigenständigkeit und charakteristischer
Ausbildung. Er unterschied fünf verschiedene Formniveaus. Die Beurteilung des Formniveaus
lieferte den allgemeinen Rahmen für jede Schriftanalyse. Einzelne Schriftmerkmale waren immer
mehrdeutig und mussten nach einem umfangreichen System von Prinzipien und Regeln interpretiert werden. Alle Schriftmerkmale konnten positiv oder negativ interpretiert werden. Welche
Interpretation als gültig angesehen wurde, hing ab vom Einfühlungsvermögen und der Erfahrung
des Graphologen. Carnap sagte nichts über diese zentralen Begriffe der Klages'schen Graphologie
wie „Formniveau" und „Rhythmus".

werden kann, die in graphologischen Charakterbeschreibungen à la Klages tatsächlich vorkommen. Beispiele, die einen solchen Zweifel erhärten, werden im nächsten
Abschn. 4 genauer diskutiert werden.

Die Teilaufgabe (3) schließlich, die auf die Erstellung einer zuverlässigen
Korrelation zwischen Aussagen über Schriftproben und Charakteraussagen hinaus-
lief, hielt Carnap für eine Routineangelegenheit. Sie bestand darin, die zunächst
intuitiv gewonnene Einsicht in die Zusammengehörigkeit einer Schrifteigenschaft
mit einer Charaktereigenschaft durch statistisch gesicherte Vergleiche zu bestätigen. Das hätte zur Konsequenz, dass zwei kompetente Graphologen, die dieselbe
Schriftprobe beurteilen, im Wesentlichen zum selben Ergebnis kommen müssten.
Klages hielt das für einen Irrtum. Ein graphologisches Gutachten sei vielmehr eine
Art künstlerisches Portrait einer Person, die das „Wesen" dieser Person zum
Vorschein bringe. Von einem Portrait ein und derselben Person erwarte man ja auch
nicht, dass zwei eigenständige Künstler zum selben Ergebnis kommen würden. Das
einzige, was man erwarten könne, sei, dass die Gutachten zweier kompetenter
Graphologen sich nicht widersprächen. Carnaps physikalisierte Graphologie hin-
gegen insistierte auf statistischen Korrelationen, d.h. analog zu den klassischen
Naturwissenschaften sollten zwei Graphologen unter Berücksichtigung kleiner statis-
tischer Abweichungen zu denselben Ergebnissen kommen.

Eine vollständige Physikalisierung der Graphologie liefe also hinaus auf eine
vollständige Lösung von (1)–(3). Sie hätte Vorbildcharakter für die Psychologie
insgesamt:

> Unsere Auffassung geht nun dahin, daß für die gesamte Psychologie die Weiterentwicklung
> und Präzisierung der Begriffe in der Richtung vorzunehmen ist, die wir soeben am Beispiel
> der Graphologie angedeutet haben, also in der Richtung der Physikalisierung. (Carnap
> 1932/1933, S. 134)

Auch ohne eine derartige vollständige Physikalisierung wäre die Psychologie
nach Carnaps Auffassung schon eine physikalische Wissenschaft, einfach deswegen, weil, wie er schlicht dekretiert, ihre Aufgabe darin bestehe, „das (physikalische) Verhalten der Lebewesen, insbesondere der Menschen, systematisch zu
beschreiben und unter Gesetze zu bringen" (Carnap 1932/1933, S. 134). Er weist
also die Intentionen einer „verstehenden Psychologie" von vornherein ab. Die vollständige Physikalisierung im eben beschriebenen Sinne bedeute nur

> eine höhere, stärker systematisierte wissenschaftliche Form der Begriffsbildung; ihre
> Durchführung ist eine praktische Aufgabe, die nicht mehr dem Erkenntnistheoretiker, son-
> dern dem Psychologen zusteht. (Carnap 1932/1933, S. 135 f.)

Wie bereits gesagt, weder die praktizierenden Graphologen noch die an Graphologie
interessierten Psychologen sind Carnap in dieser Einschätzung gefolgt.

Tatsächlich ist die von ihm behauptete Lösbarkeit der Probleme, die bei einer
Physikalisierung der Graphologie auftreten, für die real existierende Graphologie völlig utopisch. Um das zu sehen, muss man nur einige Beispiele graphologischer

„Charakterbilder" betrachten, wie sie von Klages und anderen als typisch für graphologische Erkenntnis angesehen wurden. Das geschieht im nächsten Abschnitt.

Zuvor sei noch einmal auf den arbeitsteiligen Charakter einer solchen Physikalisierung hingewiesen. Die Hauptlast der Physikalisierung bürdete Carnap den praktizierenden Graphologen auf: Die Philosophie formulierte nur theoretische Forderungen, deren praktische Realisierung anderen überlassen blieb. Das Problem der wissenschaftlichen Praxis war ein Problem, zu dem die Philosophie nichts zu sagen hatte. Eine philosophische Theorie wissenschaftlicher Praxis gab es für Carnap nicht. Der „Erkenntnistheoretiker" sagt dem „Praktiker", was er zu tun hat, um seine Wissenschaft auf ein höheres begriffliches Niveau zu bringen. Eventuelle Einwände, die den mangelnden Realitäts- und Praxisbezug der Vorstellungen des Theoretikers monierten, hatten für Carnap meist ein geringes Gewicht. Ihm ging es immer nur um eine *Theorie* der Wissenschaft.

Gleichgültig, wie man die Erfolgsaussichten einer Physikalisierung der Graphologie einschätzt, und auch unabhängig davon, ob Carnaps Darstellung der Graphologie die Realität dieser Disziplin trifft, ist es eine naheliegende Frage, was Carnap veranlasst haben mag, sich mit diesem, nach üblichen Maßstäben doch ziemlich abseitigen Gebiet relativ ausführlich zu befassen. Eine Antwort auf diese Frage ist in Carnaps Biographie zu finden.

Sein Interesse an der Graphologie wurde wohl durch seine Bekanntschaft mit Broder Christiansen (1869–1958) geweckt[9] (cf. Steinfeld 2016, Kap. 7; Thomsen 2008). Christiansen hatte bei Rickert promoviert und lebte als Schriftsteller und Inhaber eines kleinen Verlages in Buchenbach in der Nähe von Freiburg. Carnap selbst war nach seiner Promotion in Jena mit seiner Frau und seinen Kindern nach Buchenbach gezogen, wo sein Schwiegervater ein Landgut besaß, und wohl auch, um seine Studien bei Husserl im nahen Freiburg fortzusetzen.

Um das Jahr 1930 zog Broder Christiansen mit Elisabeth Carnap, der ersten Frau Carnaps, zusammen, mit der er schon über mehrere Jahre ein von ihrem Ehemann akzeptiertes Verhältnis hatte. Elisabeth Carnap widmete sich mit Christiansen als ihrem Lehrer und Mentor der Graphologie. Zusammen veröffentlichten sie das

---

[9] Nach bürgerlichen Maßstäben war Christiansen eine recht seltsame Gestalt (zu Einzelheiten seiner Biographie und seines Werkes siehe Steinfeld 2016). In seinem Tagebuch erwähnt Carnap häufige Diskussionen mit Christiansen über graphologische und andere Themen. Ob man allerdings so weit gehen sollte, Christiansen als wichtigen philosophischen Gesprächspartner zu bezeichnen, wie Steinfeld das tut, sei dahingestellt. Die politischen Überzeugungen der beiden waren in jedem Fall sehr verschieden. Aus Carnaps Tagebüchern geht hervor, dass Christiansen zumindest bis 1935 mit „Deutschlands Erwachen", also der Machtergreifung der Nationalsozialisten, sympathisierte. 1934 veröffentlichte Christiansen im Selbstverlag das Buch *Der neue Gott*, nach eigener Aussage die Frucht „in vielen Jahren gereifter Überzeugungen". Nach Christiansen „zeigt sich" der „neue Gott" oder „wird erfahren" in mystischen Erfahrungen des „Heiligen". Als paradigmatisches Beispiel für dieses „Heilige" erwähnte Christiansen unter anderen den „Führer", der dem „Hitlerjungen" als etwas „Heiliges" erscheine, „so lange dieser heroisch glüht". Dieses und ähnliche Beispiele in Christiansen (1934, S. 166 f.) belegen Christiansens Affinität zum Nazismus. In Carnaps Tagebüchern werden vehemente Auseinandersetzungen zwischen den beiden erwähnt. Nach Steinfeld (2016, S. 15 f.) blieben Carnap und Christiansen jedoch bis zu dessen Tod 1958 in Kontakt.

Lehrbuch der Handschriftendeutung (1933), das in den folgenden zwanzig Jahren mehrere Umarbeitungen und Neuauflagen erlebte. Die Ausgabe von 1947 gibt als Adresse der beiden Autoren ein „Institut für wissenschaftliche Graphologie" an, als dessen Mitglieder Christiansen sowie Elisabeth Carnap und ihre Tochter Eline Carnap genannt werden. Mit einigem Recht könnte man deshalb behaupten, die Graphologie sei ein Familienunternehmen[10] der Carnaps gewesen.

9.4   Graphologische Charakterbeschreibungen

Um die Reichweite und die Grenzen von Carnaps Programm einer Physikalisierung der Graphologie einschätzen zu können, sollen in diesem Abschnitt einige Aspekte typischer graphologischer Charakterbeschreibungen etwas eingehender erörtert werden. Ein von Klages als exemplarisch angesehenes Charakterbild, das in allen Auflagen seines Werkes *Handschrift und Charakter* unverändert auftaucht, lautet wie folgt:

> Schreiberin ist eine bewegliche, tätige Persönlichkeit: großzügig, freigesinnt, temperamentvoll, impulsiv und von vielfältigen Gaben des Geistes und des Herzens. Hier: Gemüt, Anteilnahme, Mitgefühl, Hilfsbereitschaft; dort: praktische Klugheit, vielseitige, auch künstlerische Interessen, rasche Auffassungsgabe, Organisationsfähigkeit und nicht zuletzt männlicher Unternehmungsgeist. [...] Es fehlt ihr nicht an schwungvoller Energie, gleichzeitig aber auch nicht an kluger Besonnenheit, die sogar rechnen und einteilen kann.
>   So scheinen also alle Voraussetzungen zu harmonischem Leben vorhanden. [...] Dennoch: wer näher zuschaut, bemerkt [...] eine gewisse Leere des Betätigungstriebes; bei aller Rührigkeit einen toten Punkt. Schreiberin selbst wird von dieser Empfindung bisweilen beunruhigt [...]
>   Wo sind nun die Ursachen solcher Unzulänglichkeit zu suchen? In dem allzu männlichen Geist der Schreiberin. Er begabt sie zwar mit mehr als durchschnittlicher Sachlichkeit und Freimütigkeit; aber er nimmt ihr auch jenes allerweiblichste Etwas, dessen wärmende Fülle wir mehr erfühlen als beurteilen können. (Klages 1989 [1917], S. 243)

---

[10] Manche Aktivitäten dieses „Familienunternehmens" können nur als grenzwertig bezeichnet werden. Nicht nur, dass einige Mitglieder dieser Familie eifrig damit beschäftigt waren, andere Mitglieder graphologisch zu analysieren; in Carnaps Nachlass finden sich überdies mehrere graphologische Analysen von Personen, die (im engeren oder weiteren Sinne) zu Carnaps beruflichem Umfeld gehörten. So hat sich eine ausführliche Analyse Wittgensteins von Elisabeth Carnap erhalten (cf. RC 02-74-10), des weiteren findet sich eine von Christiansen erstellte Analyse einer Freundin von Moritz Schlick („Maja, russisch-jüdische Studentin"), die deutlich von antisemitischen Klischees geprägt ist, welche die Schreiberin als eine Art „slawisch-jüdische Lolita" charakterisieren: „Im Mittelpunkt der Schrift steht das Herz [...] Es ist ein Kinderherz, so kindhaft prall wie der pralle Körper eines kleinen Kindes. [...] kindhaft, russisch, [...] bewußtes Zigeunertum [...]" (cf. RC 102-27-05). Es ist deshalb vielleicht nicht ganz abwegig, das verborgene Motiv für Carnaps Projekt der Physikalisierung der Graphologie als einen verzweifelten Versuch zu deuten, dem in seiner Umgebung endemisch verbreiteten graphologischen Unfug doch noch eine rationale Rechtfertigung zu geben. Andererseits beschränkte sich sein Interesse an „Esoterik" keineswegs nur auf die Graphologie. In seinem Nachlass findet sich ein Beleg, dass er sich von einer Freundin seiner ersten Frau Elisabeth die Handlinien lesen ließ (RC-021-74). Den Hinweis darauf verdanke ich Christian Damböck.

Es geht nicht darum, ob man dieses einer obsoleten Psychologie des frühen 20. Jahrhunderts verpflichtete Charakterbild heute noch für wissenschaftlich hält: Die Rede vom „allerweiblichsten Etwas und seiner wärmenden Fülle" dürfte die meisten heutigen Leser wohl etwas befremden. Der Punkt ist, dass Klages' Beschreibung, auch wenn sie den Charakter der Schreiberin zutreffend wiedergäbe, nie und nimmer aus physikalistischen Beschreibungen von Momentaneigenschaften rekonstruierbar wäre, wie sie Carnap ansatzweise für die Momentaneigenschaft „aufgeregt" skizziert hat.

Die Charakterbilder in Christiansens und Elisabeth Carnaps *Lehrbuch der Handschriftendeutung* sind von ähnlicher Art wie die in Klages' *Handschrift und Charakter*, auch wenn die Autoren behaupteten, ihre graphologischen Methoden unterschieden sich wesentlich von denen Klages' (Christiansen und Carnap 1955, S. 13). Amüsant ist die Tatsache, dass Christiansen und Elisabeth Carnap als Objekte ihrer Analysen auch Schriftproben einiger damals prominenter Philosophen genommen haben. So erfährt Heinrich Rickert, Christiansens Doktorvater, im Buch von Christiansen und Elisabeth eine sehr schmeichelhafte Beurteilung:

> Sensibilität der Gedanken und Sinne; vollendete Klarheit des Denkens und des Ausdrucks; eine feinsinnige Geistigkeit. Ehrfurcht liegt zugrunde. Der idealistische Aufschwung seiner hohen Oberzeichen wird bestärkt durch das zu Unheimische der zu kurzen Unterlängen (er litt an schwerer Phobie) [...] Leise Müdigkeit in allen Regungen. (Neigung zu dachziegelförmigem Abfall) nötigt ihn zur Ökonomie der Kräfte. Ein hoher Klang echter Noblesse. (Christiansen und Carnap 1955, S. 150)

Die ausführlichste Analyse ist Rudolf Carnap selbst vorbehalten, dem eine über mehrere Lebensalter sich erstreckende Darstellung (Christiansen und Carnap 1955, S. 133–135) gewidmet ist: In der Schrift des Siebenjährigen erregt „die Überfeinheit der Aufstriche" die Aufmerksamkeit der Graphologin, die ihr zufolge die „Sensibilitätsnot des nervenzarten Kindes" verrät. Bereits im Schriftbild des Zehnjährigen erblickt ihr graphologisch geschulter Blick „einen Fanatismus der Genauigkeit, der einige Jahrzehnte später den Weltruf seiner logischen Präzisionsarbeiten begründen wird". In der Schrift des 18-Jährigen schließlich entdeckt die Graphologin

> den Aufbruch des Eigenen zur Freiheit. Die Schrift ist wie erfüllt vom Rausch dieser Freiheit: die neuen Formen flattern noch etwas ungelenk wie Sprünge eines jungen Füllens, [...] etc. etc. (Christiansen und Carnap 1955, S. 134)

Bis heute sind die Charakterbeschreibungen der Graphologie durchweg von ähnlichem Kaliber. Wenn man die Erstellung dieser Art von Texten überhaupt als wissenschaftlich bezeichnen möchte, sind sie Resultate einer Wissenschaft, die wohl zu den letzten zählt, die einer Physikalisierung anheim fielen.

Alle graphologischen Analysen, seien sie von Klages oder von Christiansen und Elisabeth Carnap, enthalten ästhetische, moralische oder sonstwie wertende Begriffe wie „echte Noblesse", „diplomatische Gewandtheit", „männlicher Unternehmungsgeist", „feinsinnige Geistigkeit". Eine vollständig physikalisierte Graphologie wäre verpflichtet, sie durch rein physikalistische Begriffe zu ersetzen, die nur auf die raumzeitliche „geometrische" Gestalt und Dynamik der Schrift Bezug nehmen. Davon kann in sämtlichen graphologischen Charakterbildern von

Klages oder von Christiansen und Elisabeth Carnap keine Rede sein. Sie alle verwenden ästhetische oder ethische Begriffe, die einen irreduziblen wertenden Teil enthalten, der sich einer physikalistischen Reformulierung entzieht. Die tatsächliche Praxis der Graphologie, selbst wenn man sie als „vernünftige" Praxis akzeptieren würde, ist weit entfernt von jeder Möglichkeit einer Physikalisierung ihrer Begriffe, wie sie Carnap unterstellte.

Carnap haben diese Tatsachen der real existierenden graphologischen Praxis offenbar nicht interessiert. Er setzte kontrafaktisch voraus, dass sie für die Wissenschaftsphilosophie dieser Disziplin keine Rolle spielen. Seine physikalisierte Graphologie, die als Vorbild für eine physikalisierte Psychologie insgesamt dienen sollte, ist also als ein recht „utopisches" Projekt, was für viele andere Projekte von Carnaps Wissenschaftsphilosophie gilt.

9.5   Klages in der deutschen Philosophie des frühen 20. Jahrhunderts

Ludwig Klages war eine der fragwürdigsten Gestalten der deutschen Philosophie in der ersten Hälfte des 20. Jahrhunderts. Es ist sehr wahrscheinlich, dass Carnap schon vor dem Ersten Weltkrieg mit Klages' Werk in Berührung gekommen ist. Carnap war Mitglied des Jenaer „Serakreises" um den Verleger Eugen Diederichs, in dessen Verlag Klages einige seiner Werke veröffentlich hat. Auch war Carnap auf dem Ersten Freideutschen Jugendtag 1913 auf dem Hohen Meißner, zu dessen „Festschrift" Klages mit dem Essay *Mensch und Erde* einen prominenten Beitrag leistete. Allgemein kann man sagen, dass Klages einen erheblichen Einfluss auf Teile der deutschen Jugendbewegung hatte.[11]

Klages hatte in den letzten Jahren der Weimarer Republik einen immensen Einfluss auf die Philosophie und die intellektuelle und kulturelle Sphäre in Deutschland. Sein monumentales Hauptwerk *Der Geist als Widersacher der Seele* (Klages 1981 [1929–1932]) war ein philosophischer Bestseller. Es kann als Ausarbeitung einer abstrusen dichotomischen Geschichtsmetaphysik verstanden werden, der zufolge die Geschichte der Menschheit in ihrer Gesamtheit eine Auseinandersetzung zwischen den beiden Kräften „Geist" und „Leben" darstellt:

> Der Geist „ist"; das Leben vergeht.
> Der Geist urteilt; das Leben erlebt.

---

[11] Peter Bernhard hat mich freundlicherweise darauf aufmerksam gemacht, dass Klages selbst, entgegen einem weit verbreiteten Gerücht, nicht an dem Treffen auf dem Hohen Meißner teilgenommen hat, obwohl er das später selbst behauptet hat. Klages' Abwesenheit auf dem Hohen Meißner hat seinem Einfluss auf die deutsche Jugendbewegung aber offenbar keinen Abbruch getan. Bis heute ist *Mensch und Erde* in zahlreichen Ausgaben immer wieder veröffentlicht worden. Es kann als eine Art Manifest eines radikalen Ökologismus gelten. Klages' Antisemitismus und seine faschistische Ideologie werden von Anhängern der Ökologiebewegung meist ignoriert oder zumindest heruntergespielt.

[...]

Das Wesen des „geschichtlichen" Prozesses der Menschheit (auch „Fortschritt" genannt) ist der siegreich fortschreitende Kampf des Geistes gegen das Leben mit dem (allerdings nur) logisch absehbaren Ende der Vernichtung des letzteren. (Klages 1981 [1929–1932], S. 69)

Klages' pathetische Entgegensetzung von „Geist" und „Leben" war verquickt mit einem geradezu psychopathischen Antisemitismus, der „den Juden" zum Repräsentanten des lebensfeindlichen Geistes erkoren hatte:

Alles Menschliche ist dem Juden bloß Gebärde, ja sein menschliches Gesicht selbst ist nur eine Maske. Er ist nicht etwa verlogen, sondern die Lüge selbst. Wir stehen also auf dem Punkt zu entdecken: Der Jude ist überhaupt kein Mensch. Er lebt das Scheinleben einer Larve, die Moloch-Jahwe sich vorband, um auf dem Wege der Täuschung die Menschheit zu vernichten.[12]

Klages hat diese Bemerkung bereits 1903 geschrieben; er hielt sie offenbar für so bedeutsam, dass er sie noch vierzig Jahre später sozusagen testamentarisch in dem Werk *Rhythmen und Runen* (Klages 2013, S. 330) publizierte. Von einer „jugendlichen Verirrung" lässt sich deshalb kaum sprechen. Judentum und Christentum galten Klages als Repräsentanten des das „Leben" zerstörenden „Geistes". Nach Walter Laqueur (1962, S. 34, Fußnote) hatte Klages über viele Jahre hinweg einen beträchtlichen Einfluss auf die deutsche Jugendbewegung. Seine Angriffe auf ein moralisches Gewissen und seine gegen den „Geist" gerichteten Attacken ebneten in vieler Hinsicht den Weg für eine faschistische Philosophie, auch wenn Klages selbst im nationalsozialistischen Deutschland keine Karriere machte.

Das Merkwürdige ist, dass er Carnap nicht nur als Graphologe beeinflusst hat, sondern ihn darüber hinaus auch philosophisch beeindruckte, obwohl die philosophischen Positionen der beiden eigentlich diametral entgegengesetzt waren – irrationalistische Lebensphilosophie auf der einen, wissenschaftliche und aufklärungsorientierte Philosophie auf der anderen Seite. Diese Entgegensetzung hat aber paradoxerweise nicht dazu geführt, dass Carnap Klages' Graphologie, oder doch den Rest seiner Philosophie, als „metaphysisch" kritisiert hätte, obwohl sie noch viel „metaphysischer" war als die Hegels, Bergsons oder Heideggers, die Carnap des Öfteren als abzulehnende Beispiele von Metaphysik anführte.

Klages' Philosophie ist von Grund auf dichotomisch angelegt. Genauer gesagt behauptete er:

Leib und Seele sind untrennbar zusammengehörige Pole der Lebenszelle, in die von außenher der Geist, einem Keil vergleichbar, sich einschiebt, mit dem Bestreben, sie untereinander zu entzweien, also den Leib zu entseelen, die Seele zu entleiben und dergestalt endlich alles ihm irgend erreichbare Leben zu ertöten. (Klages 1981 [1929–1932], 7)

---

[12] Ob der sich hier manifestierende Antisemitismus nun „metaphorisch" oder irgendwie anders gemeint war, scheint mir ziemlich belanglos. Natürlich behaupten Klages' moderne Adepten, er wäre kein Nationalsozialist gewesen, da er ja in den 1930er-Jahren aufgrund weltanschaulicher Differenzen mit den Machthabern des „Dritten Reiches" in Konflikt geraten sei.

Carnap selbst war in seiner gesamten philosophischen Karriere Dichotomien bekanntlich nicht abgeneigt. Das belegen Paare wie „Theorie und Praxis", „Metaphysik und Wissenschaft", „Darstellung und Ausdruck", „Leben und Wissenschaft", „interne und externe Fragen" und andere. Auch dem Klages'schen Fundamentalgegensatz von „Geist" und „Leben" konnte er anscheinend einiges abgewinnen: In einem Vortrag am Bauhaus in Dessau 1929 konterte er Klages' irrationalistische Invektiven gegen den „Geist" als ein gegen das „Leben" gerichtetes Prinzip einigermaßen defensiv mit dem (nicht belegten) Goethe-Zitat „Ist das Leben stark genug, braucht es den Geist nicht zu fürchten". Diese These gibt Klages insofern Recht, als eine solche Behauptung ja auch einen Antagonismus zwischen „Geist" und „Leben" unterstellt, auch wenn sie mit Klages' pessimistischer Voraussage der Vernichtung des „Lebens" durch den „Geist" nicht konform ging.

Carnaps Rezeption von Klages' Werk lag eine Ingenieursperspektive zugrunde, der zufolge Klages' physikalisierungsaffine Graphologie vom Rest seiner Lehren problemlos getrennt werden könnte. Diese Auffassung, für die Carnap niemals Gründe angegeben hat, widerspricht Klages' eigener Auffassung seines Werkes und wurde auch von der Gemeinde der Graphologen, die Klages als den Gründervater einer modernen, „wissenschaftlichen" Graphologie ansahen, nicht geteilt. So weist der Herausgeber der 29. Auflage von Klages' *Handschrift und Charakter*, Bernhard Wittlich, in seinem „Geleitwort" darauf hin, dass die „Wurzel des Lebenswerkes von Klages seine erste graphologische Abhandlung" (eben *Handschrift und Charakter*, 1910) gewesen sei, und die Krönung *Der Geist als Widersacher der Seele* (1981 [1929–1932]), auch wenn dieser Zusammenhang von Graphologie und Metaphysik einer unparteiischen Anerkennung von Klages' graphologischen Verdiensten nicht immer zuträglich gewesen sei:

> Gerade weil als Wurzel des Lebenswerkes von Klages seine erste graphologische Abhandlung anzusehen ist und als dessen Krönung sein philosophisches Hauptwerk *Der Geist als Widersacher der Seele*, ergaben sich infolge der engen Verflechtung seiner Ausdruckskunde mit seiner Metaphysik mancherlei Angriffsflächen für philosophisch und weltanschaulich anders eingestellte Kritiker. (Wittlich 1989, X)

Diese enge Verflechtung von Graphologie, „Ausdruckskunde" und Metaphysik bei Klages hat für Carnap keine Rolle gespielt. Er nahm Klages' Graphologie als etwas, das vom Rest seines philosophischen Œuvres ohne Probleme separierbar sei.

9.6 Cassirers Kritik an Carnaps Physikalismus

Etwa um dieselbe Zeit, als Carnap versuchte, Klages' „ausdruckswissenschaftliche" Graphologie für die Physikalisierung der Psychologie in Dienst zu nehmen, unternahm es Cassirer, den Ort von Klages' Denken in der Landschaft der damaligen deutschen Philosophie genauer zu beschreiben. Er sah Carnaps Logischen Empirismus und Klages' Lebensphilosophie als Gegenpole an, weil sie die Rolle der Ausdrucksfunktion für die Konstitution der Welt absolut gegensätzlich einschätzten. Genauer gesagt betrachtete er die beiden als in entgegengesetzte Richtungen weisende Fehlentwicklungen. Carnap war für ihn ein Theoretiker, der der Ausdrucksfunktion jegliche objektive Bedeutung absprach, Klages hingegen ein Mystagoge, dem Ausdruck alles bedeutete, Darstellung hingegen nichts. Klages' metaphysische Philosophie des durch den „Geist" tödlich bedrohten „Lebens" war für Cassirer ein durch Ausdrucksbesessenheit gekennzeichneter Ansatz. Für einen solchen Ansatz war der erlebte Ausdruck alles, jede objektive Darstellung eine verfälschende Illusion. Für Carnap hingegen war Ausdruck höchstens ein kognitiv irrelevantes Beiwerk einer kognitiven Unternehmung. Cassirers „Kritische Philosophie" plädierte für einen vermittelnden Standpunkt, was die Einschätzung der Leistung der Ausdrucksfunktion anging:

> Unser Standpunkt ist der „kritische" – nicht Falschheit (Skepsis) oder Wahrheit (Metaphysik) der Ausdrucksfunktion, sondern kritische „Begrenzung": kritische Begrenzung und kritische Rechtfertigung ihrer Leistung: Aufbau der Kulturwelt. (Cassirer 1995, ECN1, S. 121)

Die „kritische Begrenzung" und „kritische Rechtfertigung" der Ausdrucksfunktion für den Aufbau der Kulturwelt, wozu auch der Aufbau der wissenschaftlichen Welt gehörte, war nicht mit einer dogmatisch zu setzenden These der Philosophie zu erledigen, sondern erforderte eine phänomenologische Aufweisung, wie Cassirer es im Anschluss an Husserl ausdrückte. Grundlage einer solchen Aufweisung war die Einsicht, dass die physikalische Welt keineswegs die Grundlage ist, auf der alles andere beruhte, sondern nur eine Konsequenz der „Lebenswelt". Das, so Cassirer, lasse sich zwar nicht deduktiv *be*weisen, aber durch eine phänomenologische Analyse *auf*weisen. Der eigentliche Fehler eines strikten Physikalismus bestand für ihn in der Annahme, *ursprünglich* wäre nur „Physisches" gegeben. Wer von dieser These ausgehe, sei mit dem letzten Endes unlösbaren Problem konfrontiert, zu erklären, wie dieses Physische sich in ein „Psychisches" verwandeln könne. Das betreffe insbesondere die Existenz des „Fremdpsychischen", die der Physikalismus ja schlechthin bestreitet:

> Der strenge „Physikalismus" erklärt nicht nur alle Beweise, die man für die Existenz des „Fremdpsychischen" zu geben versucht hat, für unzulänglich oder ungültig, sondern er leugnet auch, dass man nach einem solchen Fremdpsychischen, nach einer Welt, nicht des „Es", sondern des „Du", mit Sinn *fragen* kann. Nicht nur die Antwort, sondern schon die Frage ist mythisch, nicht philosophisch, und sie muss daher radikal ausgemerzt werden.

Diese physikalistische Position sei genetisch und phänomenologisch nicht haltbar. Die gemeinsame Welt – die Welt des Ich und Du – ist früher als die Welt der Dinge – die Welt des Es. Zum Es gelange man nur über das Du. Ein radikaler Physikalismus, der die Dingwelt an die erste Stelle setzt, begehe den Irrtum eines *hysteron proteron*. Das lasse sich nur vermeiden, wenn man den Begriff des Physischen nicht dogmatisch, sondern transzendental versteht. Tue man diesen Schritt,

> so finden wir ja, daß die sogenannte ›physische‹ Welt nichts anderes ist als der Inhalt der Erfahrung, sofern vorausgesetzt wird, daß er nicht nur „mir selbst" angehört, nicht nur für mich in diesem meinen ›Hier‹ und ›Jetzt‹ gegeben ist, sondern daß er 1) für mich ›immer‹ in der gleichen Weise vorhanden ist, […] 2) für *alle andern* wahrnehmenden, denkenden Subjekte denselben Zug […] zeigt […] – diese *Hypothesis* eines *koinos kosmos für* alle

> Subjekte: dies ist ein notwendiger, integrierender konstitutiver Bestandteil des Begriffs
> ›Erfahrungswelt‹ oder, was auf dasselbe hinausläuft, des Begriffs ›Physische Welt‹.
> (Cassirer 2011, EK4, S. 153 ff.)

Der Ausgangspunkt der Physik sei deshalb, so Cassirer, nicht das Physische, sondern die Erkenntnis des Physischen, die immer schon einen *koinos kosmos* voraussetzt, der von vornherein als „gemeinsame Welt" der Erkennenden konstituiert ist. Cassirer attestierte Carnap, dies im *Logischen Aufbau der Welt* zumindest in Ansätzen auch erkannt zu haben. Ihm zufolge stimmten „kritische" Philosophie, Phänomenologie und die Konstitutionsanalyse Carnaps in der Grundeinsicht überein, daß das Physische *nicht* unmittelbar gegeben sei. Erst später, in seiner physikalistischen Post-*Aufbau*-Phase, habe Carnap diese ursprüngliche Einsicht offenbar aufgegeben.

Cassirers phänomenologische Konstitution einer umfassenden personalen *und* dinglichen Welt ist also gekennzeichnet durch zwei wesentlich verschiedene Konstitutionsverfahren, die nicht aufeinander reduzierbar sind. Diese Irreduzibilität, so gab Cassirer explizit zu, war nicht logisch *be*weisbar, sondern nur genetisch und phänomenologisch *auf*weisbar. Sie beruhte, was hier nicht im Einzelnen erörtert werden soll, auf zwei verschiedenen Arten der Wahrnehmung, nämlich der Dingwahrnehmung und der Ausdruckswahrnehmung, die beide gleich ursprünglich sind. Eine Konsequenz dieser Irreduzibilität verschiedener Konstitutionsverfahren ist, dass eine physikalistische Sprache nicht die einzige Sprache sein kann, die die Philosophie zur Kenntnis nehmen sollte:

> Wir müssen, ohne Vorbehalt und erkenntnistheoretisches Dogma, jede Art von Sprache, die wissenschaftliche Sprache, die Sprache der Kunst, der Religion, usf., in ihrer Eigenart zu verstehen suchen; wir müssen bestimmen, wieviel sie zum Aufbau einer ›gemeinsamen Welt‹ beiträgt. (Cassirer 2011, EK4, S. 42)

Cassirer ist auf Carnaps Projekt einer physikalisierten Graphologie als Avantgarde einer vollständig physikalisierten Psychologie (cf. Carnap 1932/1933) nie eingegangen. Aus seiner Konzeption einer umfassenden Konstitutionstheorie, die eine gemeinsame, durch Ausdruckswahrnehmung *und* Dingwahrnehmung charakterisierte Welt intendierte, lässt sich jedoch erschließen, dass er Carnaps Graphologieprojekt keine sehr großen Sympathien entgegengebracht hätte.

9.7 Physikalistische Graphologie als wissenschaftsphilosophisches Artefakt

Meines Wissens hat niemand Carnaps Skizze einer „physikalisierten Graphologie" als Beleg für die Physikalisierbarkeit der Psychologie und damit der Wissenschaft insgesamt jemals ernst genommen. Weder sind ihm die Graphologen gefolgt und haben die Physikalisierung ihrer „Wissenschaft" ernsthaft in Angriff genommen, noch ist Carnaps Idee bei Psychologen und (Wissenschafts-)Philosophen auf Interesse oder gar Zustimmung gestoßen. Carnap selbst ist in späteren Arbeiten nie mehr auf das Thema Graphologie zurückgekommen. Das heißt allerdings nicht, dass sich auch das Thema „Physikalismus" für ihn erledigt hätte.[13]

Zwar taucht das Projekt einer Physikalisierung der Graphologie nach 1932 in Carnaps Agenda nicht mehr auf, kann es als typisch für Carnaps reduktionistische Konzeption von Wissenschaftsphilosophie angesehen werden. Es beruhte wesentlich auf einer sauberen Separierung von Praxis und Theorie, von Metaphysik und Physik, von Ausdruck und Darstellung usw. Funktional analoge Separierungen finden sich Klages: Geist und Leben, Gesetz und Willkür, Nähe und Ferne, Wirklichkeit und Bilder etc. Auch wenn also Carnaps und Klages' Gedankengebäude inhaltlich kaum etwas gemeinsam haben, teilen sie eine Vorliebe für strikte Dichotomisierungen. Während Carnap im Laufe seiner philosophischen Karriere eine Reihe solcher Dichotomien propagierte, hat Klages letztlich alles unter den absurden Antagonismus von „Geist" und „Seele" subsumiert.

Der in Carnaps gesamtem Werk sich durchhaltende dichotomische Charakter seines Denkens findet eine frühe Ausprägung in der Graphologie-Episode. Auch wenn dies also Episode geblieben ist und keine direkten Spuren in Carnaps späterem Werk hinterlassen hat, sollte man sie nicht als belanglos für Carnaps Wissenschaftsphilosophie abtun. Im Gegenteil, man kann sie als typisch betrachten für manche anderen Versuche Carnaps, die sperrige Wirklichkeit der real existierenden Wissenschaften in formale Schemata einer allzu logischen und formalen Wissenschaftsphilosophie einzupassen, womit seine Wissenschaftsphilosophie nicht selten in die Gefahr geriet, sich anstatt mit der wirklichen Wissenschaft mit einer logischen Fiktion zu befassen.

Literatur

Carnap, R. 1931. Die physikalische Sprache als Universalsprache der Wissenschaft. *Erkenntnis* 2:432–465.
———. 1932/1933. Psychologie in physikalischer Sprache. *Erkenntnis* 3:107–142.
———. 1963. Replies. In *The philosophy of Rudolf Carnap*, Hrsg. P.A. Schilpp, 859–1012. LaSalle/Chicago: Open Court.
Cassirer, E. 1995. *Zur Metaphysik der symbolischen Formen*. In: ders., Nachgelassene Manuskripte und Texte, Bd 1 (ECN 1). Hamburg: Meiner.
———. 2011. *Symbolische Prägnanz, Ausdrucksphänomen und „Wiener Kreis"*. In: ders., Nachgelassene Manuskripte und Texte, Bd 4 (ECN 4). Hamburg: Meiner.
Christiansen, B. 1934. *Der neue Gott*. Buchenbach: Felsen.
Christiansen, B., und E. Carnap. 1955 (1933). *Lehrbuch der Handschriftendeutung*. Stuttgart: Reclam. Neu bearb. u. ersch. als: *Lehrbuch der Graphologie*. Stuttgart: Reclam.
Freud, S. 1917. Eine Schwierigkeit der Psychoanalyse. *Imago: Zu Anwendungen der Psychoanalyse auf die Geisteswissenschaften* 5:1–7.
———. 1940. Abriß der Psychoanalyse. *Internationale Zeitschrift für Psychoanalyse-Imago* 25 (1): 7–67.

[13] Noch in den „Replies" in dem seiner Philosophie gewidmeten Schilpp-Band geht er ausführlich auf das Thema „Physikalismus" ein (cf. Carnap 1963, S. 857 ff.).

Habermas, J., 2001, Erkenntnis und Interesse, Frankfurt/Main, Suhrkamp Verlag.

Kim, J., 2008, Physicalism, or something near enough, Princeton/NJ, Princeton University Press.

Klages, L. 1981 [1929–1932]. *Der Geist als Widersacher der Seele.* Bonn: Bouvier.

———. 1989 [1917]. *Handschrift und Charakter: Gemeinverständlicher Abriß der graphologischen Technik. Für die Deutungspraxis bearbeitet und ergänzt von Bernhard Wittlich*, 29. Aufl. Bonn: Bouvier.

———. 2013 [1913]. *Mensch und Erde.* Berlin: Matthes & Seitz.

Schilpp P.A. Hrsg. 1963 [1997]. *The philosophy of Rudolf Carnap.* LaSalle/Chicago: Open Court.

Steinfeld, T. 2016. *Ich will, ich kann: Moderne und Selbstoptimierung.* Konstanz: Konstanz University Press.

Thomsen, A., Hrsg. 2008. *Wer war Dr. Broder Christiansen? Leben und Wirkung eines deutschen Philosophen.* Neukirchen: Verl Make a Book.

Wittlich, B., 1989, Geleitwort, in L. Klages, Handschrift und Charakter. Gemeinverständlicher Abriß der graphologischen Technik, Bonn, Bouvier Verlag.

10

Carnap and the Members of the Lvov–Warsaw School. Carnap's Warsaw Lectures (1930) in the Polish context

Anna Brożek

10.1   Introduction

Carnap visited Poland once, at the end of 1930. In his intellectual autobiography, he recollected this visit as follows:

> In private discussions, I talked especially with Tarski, Leśniewski, and Kotarbiński […]. Kotarbiński's ideas were related to physicalism. […] Both Leśniewski and Kotarbiński had worked for many years on semantic problems. I expressed my regret that the comprehensive research work […] was inaccessible to us and to most philosophers in the world, because it was published only in the Polish language, and I pointed out the need for an international language, especially for science. I found that the Polish philosophers had done a great deal of thoroughgoing and fruitful work in the field of logic and its application to foundation problems, in particular the foundations of mathematics, the theory of knowledge, and the general theory of language, the results of which were almost unknown to philosophers in other countries. I left Warsaw grateful for many stimulating suggestions and the fruitful exchange of ideas which I enjoyed. (Carnap 1963, 30)

Carnap flew from Vienna via Cracow and arrived in Warsaw on Wednesday, 26th November.[1] He returned to Vienna on 3rd December (a day later than planned; he stayed longer at Tarski's request). The main aim of Carnap's visit to Warsaw was to

This paper is a part of the project 2015/18/E/HS1/00478 financed by the National Science Center (Poland).

---

[1] On November 26th, he noted: "From 9.30 to 14.30 I flew to Warsaw. […] Before Cracow a little gusty." And on December 3rd, we read: "Departure at 8.30; at 10h (instead of 10 ½) in Cracow. 11.15–13.15 to Vienna. Slightly windy and foggy."

A. Brożek (✉)
Institute of Philosophy, University of Warsaw, Warsaw, Poland

C. Damböck, G. Wolters (eds.), *Der junge Carnap in historischem Kontext: 1918–1935 / Young Carnap in an Historical Context: 1918–1935*,
Veröffentlichungen des Instituts Wiener Kreis 30,
https://doi.org/10.1007/978-3-030-58251-7_10

give three lectures. He was officially invited by the Warsaw Philosophical Society, whose president was Tadeusz Kotarbiński. Thanks to the content of Carnap's *Diaries*,[2] as well as the preserved correspondence with members of the Lvov–Warsaw School (hereafter: LWS), we know the details of his visit, including personal meetings with Polish scholars. The present paper concentrates on Carnap's lectures and reactions to them. It also presents some interpersonal relations between Carnap and representatives of the LWS.

At the request of Polish philosophers, Carnap prepared summaries of his lectures, which were translated into Polish and published in *Ruch Filozoficzny* [*Philosophical Movement*], the journal of the Polish Philosophical Society.[3] Below, I present the content of these lectures together with their background and their resonance in Poland. As part of the background, I include the intellectual atmosphere in Warsaw in 1930, especially the dominant trends and views in the areas and problems discussed by Carnap in his lectures. By 'resonance', I mean the reactions of Polish thinkers to what Carnap presented. I must add that the analysis of the relations between Carnap and the Poles he met is only sketchy, and to make them complete, a lot of further research is needed.[4]

Before coming to Carnap's lectures, some historical facts should be mentioned. Usually, two events are indicated as the beginning of the interactions between the Lvov–Warsaw School and the Vienna Circle: Carl Menger's visit to Warsaw in 1929 and Alfred Tarski's visit to Vienna in the following year. However, it turns out that already in 1928, Jan Łukasiewicz, Warsaw's leading logician, met Schlick in Vienna and learned about soon-to-be-published book by Carnap (probably the *Aufbau*). This is how Łukasiewicz recounted this event:

> When in Vienna[5] in 1928, I learned from him [i.e., Schlick] that in the series of J. Springer's Company in Berlin, entitled *Schriften zur wissenschaftlichen Weltauffassung*, a book by an associate professor of Vienna University, R. Carnap, containing a critique of philosophy from the point of view of mathematical logic, will be issued soon. (Łukasiewicz 1929b, 431)

The first mention of the Vienna group happened 1929 in the journal *Ruch Filozoficzny*.[6] Tarski's Vienna lectures took place in February 1930, and thanks to them Carnap became acquainted with the main results of Polish logicians. He was very impressed and instantly noticed the importance of these results for his own scientific projects. He also tried to convince his Viennese colleagues of the value of the Polish results:

---

[2] See Carnap (1908–1935). All quotations from the *Diaries* are in my English translation.

[3] See Carnap (1930–31a; 1930–31b; 1930–31c).

[4] The most long-lasting relation occurred between Carnap and Tarski; it was the only one that lasted into the second half of the 20th century. Carnap–Tarski relations were characterized many times, even by themselves, and that is the reason why I do not develop this subject here. See, for instance, Woleński and Köhler (1999); Brożek, Stadler and Woleński (2017).

[5] Perhaps Łukasiewicz stayed in Vienna on his way to Italy, where he participated in the 5th International Mathematical Congress in Bologna.

[6] Cf. *Ruch Filozoficzny* IX (1928–29), p. 196.

Tarski came to Vienna in February 1930, and gave several lectures, chiefly on metamathematics. We also discussed privately many problems in which we were both interested. Of special interest to me was his emphasis that certain concepts used in logical investigations, e.g., the consistency of axioms, the provability of a theorem in a deductive system, and the like, are to be expressed not in the language of the axioms (later called 'the object language'), but in the metamathematical language (later called 'the metalanguage'). In the subsequent discussion, the question was raised whether metamathematics was of value also for philosophy. I had gained the impression from my talks with Tarski that the formal theory of language was of great importance for the clarification of our philosophical problems. But Schlick and others were rather skeptical at this point. At the next meeting of our Circle, when Tarski was no longer in Vienna, I tried to explain that it would be a great advantage for our philosophical discussions if a method were developed by which not only the analyzed object language, e.g., that of mathematics or of physics, would be made exact, but also the philosophical metalanguage used in the discussion. I pointed out that most of the puzzles, disagreements, and mutual misunderstandings in our discussions, arose from the inexactness of the metalanguage. My talks with Tarski were fruitful for my further studies of the problem of speaking about language, a problem which I had often discussed, especially with Gödel. (Carnap 1963, 28–29)

It was also during Tarski's stay in Vienna, in February of 1930, that Carnap received an informal invitation to Warsaw.[7] Let us stress that this first contact of Carnap with Warsaw thought was a contact with mathematical logic. Tarski never considered himself as a philosopher (despite his results proving to be of great importance to philosophy). However, many philosophers, and logicians trained in philosophy, belonged to Tarski's Warsaw environment. Carnap will have realized the diversity of the scientific philosophy in Poland while visiting Warsaw at the end of 1930.

10.2   Lecture 1

Let us now come to the content of Carnap's lectures, which I present based on the author's summaries. The first of them in Warsaw was public and was presented on 27th November (starting at 7.15 pm) in Lecture Hall 3 at the University of Warsaw. It was entitled "Psychology in physical terms". Here are Carnap's main theses[8]:

---

[7] See the notes in Carnap's *Diaries* of 22nd and 24th February 1930. Let me only mention that Tarski of course attended Carnap's lectures in Warsaw, and both men met several times in private, also in Tarski's flat. A day before Carnap's departure, they talked about the possibility of publishing Tarski's 'brochure' and about the planned logic journal in Poland (Tarski complained about Łukasiewicz's sluggishness). Cf. Carnap (1908–1934, 891).

[8] I focus only on Carnap's auto-abstract (see Carnap 1930–31c) and not on Carnap's paper published later in *Erkenntnis*. It is, however, an interesting question whether there were any essential differences between the content of the Warsaw lectures and that of the articles prepared by Carnap. I answer this question in this paper only partially. I also do not discuss Carnap's views; I assume they are known to the reader.

(1) The sense of a sentence is the method of its verification, that is, the conditions of its truthfulness: if two sentences have the same conditions of truthfulness, they have the same sense.

(2) A sentence about a mental experience (e.g., 'Individual A is angry now') has the same sense (i.e., the same conditions of veracity) as the corresponding sentence about a physical behavior pattern attributed to this experience ('The body of individual A is in a given physical state').

(3) Psychology is concerned with certain physical processes, namely, (visible) behavior of living creatures.

(4) All sciences (including social sciences and cultural studies) speak of physical processes, and therefore all sciences share the same subject. (This is a version of the argument for the Unity of Science.)

What was the 'Warsaw background' of this lecture? Let us note that apart from the logical branch, which Carnap visited in Warsaw, the Lvov–Warsaw School also had a psychological branch, and that this psychology was practiced in the spirit of Franz Brentano. Interestingly, the main, or perhaps even the only, centers of Brentano psychology at that time were Warsaw and Lvov, rather than Vienna, where Brentano taught and where his ideas came from, through Twardowski, first to Lvov, and then to Warsaw. This is why the most prominent representatives of this psychology are Twardowski and his psychology students: Władysław Witwicki, Bronisław Bandrowski, Stefan Baley, Mieczysław Kreutz, etc. Although Twardowski abandoned psychologism as a *philosophical* standpoint, he remained a *methodological* psychologicist, namely, he was convinced that the best method to practice philosophy was to analyze (the content of) mental states. He also practiced psychology as such, which N.B. he considered to be one of the basic philosophical disciplines, even though at that time it was in the process of becoming independent of philosophy.

The Lvov–Warsaw psychology in that period had three characteristic features: understanding psychology as the analysis of mental phenomena, stress on notional distinctions, and a distinct lean towards humanism. This interpretation was clearly supported by the conviction that physical and mental phenomena were fundamentally separate.

Naturally, Carnap's claims were unacceptable for Warsaw psychologists, including the most prominent of them – Władysław Witwicki. He was Twardowski's student, and a co-founder (together with Twardowski) of the Lvov school of psychology. From 1920, he was the head of the department of psychology at the University of Warsaw. As a representative of the psychological branch of the LWS, he did not maintain particularly close relationships with the Warsaw logicians, which he spoke of in very critical terms. Witwicki attended Carnap's lecture; the two scholars also met in private a few times. One of Carnap's notes suggests that Witwicki tried to convince him that mental states exist and that they may be recognized intersubjectively (by extraspection). By analyzing the details of Carnap's physique and various behavioral circumstances of his life, he deduced a purely psychological surplus. Carnap described these actions in the following way:

> Witwicki guessed on the basis of my physique that I was not married or happy alone, that I am agreeable to others, that I prefer music to painting and that one of my parents was tall and the other was plump. (Carnap 1908–1935, 984)

He also admitted: "There were many surprisingly apt observations" (Carnap 1908–1935, 984).

Both men almost certainly had different assessments of these results. For Witwicki, they were the effect of a procedure of interpretation of behavior, admissible in science, whereas for Carnap they were merely lucky guesses.

Polish psychologists (or psychologically inclined philosophers) were of course aware of the subjectivity of introspection and the problems arising from it. One of the responses to these issues was Twardowski's theory of actions and products, as well as distinguishing physical and psychophysical products as indications of mental life. The physical or psychophysical product of a given mental activity as its visible result was considered to be its indication, and the occurrence of the result lets us infer (reductively, of course) the occurrence of the cause.

The members of the LWS also paid attention to the relationship between physical predicates and mental (or psychophysical) predicates, especially to the reduction of the latter to the former. This issue was raised by Kotarbiński (1920, 1929) in the 1920s, and in the 1930s Ajdukiewicz proposed a solution, according to which physical predicates and psychological predicates reduced to them can be of equal range but are never equivalent (see Ajdukiewicz 1934). Immediately following World War II, Ajdukiewicz (1946) referred directly to Carnap's views on introspective sentences. In Ajdukiewicz's opinion, the phenomenon of physicalism is quite distinct from simple materialism or behaviorism. A physicalist only claims that we cannot state anything rational about that which is given in introspection, rather than, for instance, that there is no introspective data. Ajdukiewicz adds that a physicalist cannot accept the materialist thesis that mental objects are not physical objects, not because he deems this thesis to be false, but because he deems it to be nonsensical.

10.3 Lecture Two

The second lecture was presented by Carnap on the 350th plenary scientific meeting of the Warsaw Philosophical Society on 29th November and was entitled "Overcoming metaphysics through logical analysis of language". Carnap noted in his *Diaries* that the lecture took place in a room at the Theological Department, where there was a crucifix hanging on the wall. He probably considered it inappropriate when compared to Austrian practices. This inappropriateness contrasted with Carnap's astonishment at the fact that many listeners agreed with the main theses of the lecture.

Here are the main points of the lecture (again based on the author's summary; see Carnap 1930–31a):

(1) A sentence is nonsensical if it contains at least one word which is devoid of meaning or when its syntax is faulty.

(2) A word has a meaning when empirical conditions of the veracity of sentences in which this word occurs are established.

(3) The terms of metaphysics do not meet the requirement of being empirical ('God', 'arché', 'objective spirit', 'a thing in itself').

(4) Some metaphysical sentences have faulty syntax (for instance Heidegger's 'Das Nichts nichtet').

(5) Metaphysicians attempt to express content which cannot be tested empirically; this is why sentences formulated by them are apparent (nonsensical) sentences.

(6) The problems and sentences of metaphysics are nonsensical.

(7) The function of sentences in metaphysics is to express emotions, and their proper place is art. (Carnap 1930–31a)[9]

Carnap was probably unaware at the time that the fight against vagueness and pseudo-problems in philosophy had many advocates in Poland, especially since Twardowski's times. One could even say that it was one of the dominant trends in Poland in those times,[10] with traditions reaching far back, at least to the beginnings of the 19th century.

Twardowski's role is significant in this context. Firstly, Twardowski's analysis of the word 'nothing'[11] at the end of the 19th century is noteworthy, since it anticipated Carnap's analysis of the sentence 'Das Nichts nichtet'. Secondly, in the paper "On clear and unclear philosophical styles", published at the beginning of the 20th century,[12] Twardowski explicitly formulates the postulate of precision in thought and in speech, which became conventional for the LWS. This postulate had long been implicitly fulfilled by his students. Incidentally, the term 'Scheinproblem', which was used in the title of one of Carnap's books, was used by Leśniewski as early as 1911.[13]

Among Poles, one of Carnap's main supporters in his fight against nonsensical metaphysics was Stanisław Leśniewski, the head of the second department of logic at the University of Warsaw (the first one was under Łukasiewicz). The fact that Carnap found an ally in Leśniewski is supported by two remarks in his *Diaries*. After one of their discussions, he wrote that "we understand each other well in everything" (Carnap 1908–1935, 980); and on the day of his departure he wrote that

---

[9] It is significant that in the theses (3) and (5)–(7) – as they were formulated in the auto-abstract – there are no quantifiers. It may be assumed that at that time Carnap would have given general quantifiers everywhere: '*all* the terms of metaphysics', '*all* metaphysicians', '*all* the problems and sentences of metaphysics', or at least limited general quantifiers (with the emphasis that the theses are about traditional metaphysics; for Carnap, Heidegger was a personification of such a metaphysics). Cf., in this case, Ajdukiewicz's (1946) comments quoted below.

[10] See Ajdukiewicz (1934).

[11] See Twardowski (1894) and van der Schaar (2017).

[12] See Twardowski (1919).

[13] See Leśniewski (1911).

"everyone, but especially Leśniewski and Kotarbiński, seem very satisfied with the visit" (Carnap 1908–1935, 981).[14]

However, there were two questions that distinguished their standpoints. The first concerned sense-data. For the early Carnap, the assumption of the existence of sensory data was something significant, as they constituted the only reasonable foundation of the whole edifice of science. According to Carnap's recount (and my knowledge of Leśniewski's viewpoint from his writings), Leśniewski considered sensory data to be typical metaphysical fictions. Leśniewski's arguments could be one of the reasons for Carnap gradually withdrawing the description of the empirical foundation of scientific knowledge in the categories of sense-data and replacing it with a description in the categories of physical objects.

The second question raised in discussions between Carnap and Leśniewski concerned general criteria for the meaningfulness of expressions, more specifically, of sentences. As Carnap wrote, "Leśniewski claims that it is a matter of linguistic convention whether the sentence 'Life is square' will be deemed false or nonsensical" (Carnap 1908–1935, 979). Based on Leśniewski's concept of syntactic categories, later expanded by Ajdukiewicz, it depends on what categories will be permitted in the description of a given language, and in particular on whether we allow for the existence of subcategories in this description. If we have one category of predicates at our disposal, and we consider 'being-square' to be a predicate, then the formulation quoted by Carnap will be meaningful, but false. If we distinguish from the category of predicates a subcategory which may, e.g., only be applied to geometrical objects, our phrase will be devoid of sense (it will be syntactically wrong).

Carnap's main host in Warsaw was Tadeusz Kotarbiński, who personally looked after Carnap in Warsaw; for instance, he helped him find an appropriate room. They met almost every day throughout Carnap's stay in Warsaw. Kotarbiński is the only philosopher about whom Carnap writes that they had a conversation about something other than science, namely they talked about politics.[15] The Carnap–Kotarbiński academic disputes concerned the language used to express experiences (which was of particular interest to Kotarbiński), Esperanto (which Carnap was fascinated with), differences between the theory of cognition and logic (which was in the scope of Kotarbiński's intense activity then), and pansomatism (which Carnap was "moved" by[16]). In Carnap's evaluation, Kotarbiński's views approached physi-

---

[14]Leśniewski's name first appears in Carnap's *Diaries* on 27th November, after a lecture on physicalized psychology, when he spent the evening in the company of Kotarbiński and Leśniewski in one of Warsaw's cafés. Throughout his stay in Warsaw, Carnap met Leśniewski every day, including several times in the Leśniewskis' apartment.

[15]Kotarbiński wrote to Twardowski on 13th December 1930: "The last two weeks here [that is, in Warsaw] were at a peak of hectic preparation and accumulation of tasks, especially due to Carnap's stay, a very pleasant and well-educated person, which I shall write about in more detail." Kotarbiński did not keep his promise; or at least no letter containing such an account survived.

[16]Carnap probably made a note from the discussion about pansomatism, but as far as I know such a note did not survive.

calism, but to what degree? Let us respond to this question by comparing the quin-tessence of Kotarbiński's semantic reism and Carnap's physicalism.

Semantic reism states:

(SR) Only reist (let us call them so) sentences are meaningful, or sentences which can be reduced to reist sentences. Reist sentences are sentences where the only names are names referring to things.

On the other hand, according to physicalism (in its original version),

(Ph) Only physical sentences are scientific, or sentences from which physical sen-tences can be derived. Physical sentences are sentences which are verifiable by sense-data.

In such a formulation, (SR) and (Ph) are very similar syntactically. Their *semantic* similarity requires the investigation of the relationships between the following pairs: meaningful *versus* scientific; a reist sentence *versus* a physical sentence; a name referring to an object *versus* a sentence which is verifiable by sense-data. Further comparisons of (SR) and (Ph) are necessary from both historical and systematic perspectives.[17] Generally speaking: Kotarbiński admitted that some elements of his reist doctrine were revised under the influence of Carnap's remark. This concerns in particular his deeming sentences of the type 'A given object is a state or a relation-ship or a feature' nonsensical.[18] However, it is also true that, as mentioned before, certain details of Carnap's physicalist doctrine were modified under criticism from the Warsaw logicians.

10.4   Lecture Three

The third of Carnap's lectures in Poland was entitled "The tautological character of reasoning" and was presented at the 45th meeting of the Department of Cognition of the Warsaw Philosophical Society (combined with the 4th meeting of the Section of Logic of the Warsaw Philosophical Society). It took place on 1st December at 8 pm; here are its main points:[19]

(1) All reasoning is tautological in the sense that the conclusion does not state more than the premises.
(2) Every solid science is based on data from experience.
(3) Inductive metaphysics wants to draw conclusions from experience concerning what lies beyond experience.
(4) Since all reasoning is tautological, such transcendence is impossible.

---

[17] A part of the comparative work was already done by Sztejnbarg (1934) and Kokoszyńska; see also Woleński (1989). Carnap's views on metaphysics were analyzed by Lutman-Kokoszyńska (1937, 1938) and Ajdukiewicz (1946).

[18] See Kotarbiński (1930–1931, 299).

[19] Cf. Carnap (1930–31b).

Carnap noted in his *Diaries* that the lecture was followed by a lively discussion, continued in an informal setting in a café. Once again, let us discuss what the intellectual background for these ideas in Warsaw was. One of the premises of Carnap's third Warsaw lecture was the claim that all inference is tautological in the traditional sense, that is, in the sense that the conclusion does not enrich the knowledge contained in the premises. Unfortunately, the record of the discussion which took place after the lecture did not survive (although such discussions were often reported in *Ruch Filozoficzny*). We may only speculate about possible comments from Polish logicians. It is sure that if Łukasiewicz did not question Carnap's aforementioned reasoning, he did so out of either courtesy or lack of time.

The fact is that problems of inference, or more broadly, reasoning, were the object of a long-running discussion in the LWS, initiated by Łukasiewicz in 1912.[20] Łukasiewicz, as well as his successors, noted that reasoning contains a creative component which makes it possible for inferences to enrich our knowledge significantly, although the price to pay for it may be an increase in the degree of hypotheticality of the inferred claims[21]. At any rate, disavowing the creative character of reasoning would mean removing from science its hypothetical component.

Parenthetically let me briefly characterize the relation between Carnap and Łukasiewicz. As mentioned before, Łukasiewicz learned about Carnap's academic interests from Schlick in 1928. He had great hopes for Carnap's activity. Just after his meeting with Schlick he wrote:

> I was confirmed in my views the meaning of mathematical logic for philosophy when I see that also some German philosophers reach similar notions independently of me. (Łukasiewicz 1929b, 431)

Those German philosophers were Heinrich Scholz and Carnap himself. (Otherwise, Łukasiewicz had the worst possible opinion of contemporary German philosophers.) On the day of his arrival in Warsaw, that is, 28th November, Carnap participated in Łukasiewicz's seminar devoted to the logic of the Stoics. Łukasiewicz listened to all Carnap's lectures; we know that he gave Carnap a copy of a book of his.[22] They also met at two parties: at Tarski's and at Kotarbiński's.

Still, did Łukasiewicz find in Carnap an ally to help him fulfill his philosophical program? Let us take a closer look at this program, which took shape starting about 1918. Ten years later, Łukasiewicz formulated it most explicitly in his lecture "For the method in philosophy", published in 1928, before his meeting with Schlick:

---

[20] See Łukasiewicz (1912).

[21] As an example, Łukasiewicz gave the reasoning that led to the formulation of laws and hypotheses. In the first case, the reasoning consists in the incomplete induction, leading from individual sentences of the type "a_1 is B", "a_2 is B",… "a_k is B" to general sentences of the type "Every A is B", where { $a_1, a_2, … a_k$} is a proper subset of A; as a consequence, the sentence "Every A is B" also applies to events unknown from experience. In the second case, reasoning seeks to find the answer to the question why some S is P by referring to the law of the type "Every M is P" and assuming the hypothesis that this S is M; the acceptance of such a hypothesis is a creative (not reproducing) act.

[22] This was probably Łukasiewicz (1929a).

Future scientific philosophy must begin its reconstruction from the very beginning, from the fundaments. To begin with the fundaments means, firstly, to review all philosophical problems and to choose only these which may be formulated comprehensibly and to refuse the others. Already at this preliminary work, mathematical logic may be useful, as it established the meaning of many expressions belonging to philosophy. Then one should start trying to resolve these philosophical problems which may be formulated comprehensibly. The most appropriate method which should be applied to this purpose seems to be once again the method of mathematical logic: the deductive, axiomatic method. One should rely on sentences as intuitively clear and certain as possible, and accept such sentences as axioms. One should select as primary concepts, that is, non-definable concepts, expressions such that their meaning can be comprehensively explained with examples. One should attempt to minimize the number of axioms and primary concepts and one should list them carefully. All other concepts must be defined without exception on the basis of primary concepts, and all other statements must be without exception proven on the basis of axioms and directives of inference assumed in logic. The obtained results should be constantly compared with the data of intuition and experience as well as with the results of the other sciences, especially the natural sciences. In case of discrepancies, the system should be corrected by formulating new axioms and creating new primary concepts. One should always take care to maintain contact with reality in order to not create mythological entities of the type of Platonic ideas and Kant's things in themselves but rather to understand the essence and construction of this real world in which we live and act, and which we would somehow like to transform into a better and more perfect one. (Łukasiewicz 1928, 42)

Carnap's views agree with Łukasiewicz's convictions on certain points. First of all, just like Łukasiewicz, Carnap is convinced that philosophy cannot stay indifferent to the occurrence and development of mathematical logic. Influenced by Russell's writings, Carnap wrote:

I felt as if this [Russell's] appeal had been directed to me personally. To work in this spirit would be my task from now on. And indeed, henceforth the application of the new logical instrument for the purposes of analyzing scientific concepts and of clarifying philosophical problems has been the essential aim of my philosophical activity. (Carnap 1963, 13)

Carnap and Łukasiewicz also had the same negative opinion of existing philosophy (especially the one dominating in Germany). They both realized that applying the tools of mathematical logic to traditional philosophy (both earlier and contemporary to them) reveal its worthlessness, to put it bluntly.[23] They also shared the conviction that philosophy cannot ignore the results of the natural sciences. This, however, is where the similarities end and the differences begin.

These differences primarily concern, firstly, views on the genesis of philosophers' past failures. Carnap ascribed the poverty of contemporary philosophy to its detachment from empiricism: to the fact that its conceptual apparatus was devoid of

---

[23] Łukasiewicz wrote: "When we approach the great philosophical systems of Plato, Aristotle, Descartes, Spinoza, Kant, or Hegel with the standard of accuracy created by mathematical logic, these systems fall apart like a house of cards. Their fundamental notions are unclear, the crucial claims are incomprehensible, the reasoning and the proofs are inexact; the logical theories at the root of these systems are almost all faulty. Philosophy must be rebuilt from scratch, supplemented with the scientific method and based on a new logic. An individual cannot dream of achieving this deed. This will be the work of generations, and of minds much more powerful than the world has ever seen" (Łukasiewicz 1922, 115).

empirical content. For Łukasiewicz, philosophy's main sin was imprecision of concepts and messiness of justifications.

The difference in this area perhaps derived from the fact that, secondly, they had different scientific ideals. Carnap's ideal science was physics, whereas for Łukasiewicz it was mathematical logic. Consequently they also had different ideals of philosophy. Łukasiewicz wanted philosophy to become an interpreted axiomatic system. According to Carnap, philosophy should not assume the form of any system: it should be limited to a logical analysis of the language of physics (and more broadly, of science) conducted *ad hoc*.

Thirdly, Łukasiewicz and Carnap differed on the question of the origins of science. According to Carnap, acquiring the experiential data which constitute the foundations of science is of imitative character and reasoning does not provide anything new to the image of the world provided by this data. If the content of our knowledge is experiential data, then logic (and mathematics) is only a contentless scaffolding for this knowledge. In the LWS, the idea of creation, in combination with the idea of freedom, was one of the crucial ideas. (Besides, the tradition of attachment to these ideas had a long history in Poland, and it ran against philosophical paradigms.) As mentioned earlier, Łukasiewicz insisted on the idea of the creative character of scientific processes of reasoning, no less creative than the activity of artistic imagination in art. Łukasiewicz's views on the methodological status of logic and mathematics evolved over time, but at no stage of the development of these views did he see a drastic difference between the cognitive statuses of analytical and synthetic statements.

Łukasiewicz and Carnap also differed in their views on the ontological status of the world described by science. In simple terms, in Carnap's eyes, Łukasiewicz was a realist, whereas in Łukasiewicz's eyes, Carnap's position approached materialism. Carnap was somewhat surprised by Łukasiewicz's views and he wrote in his *Diaries* that "Łukasiewicz accepts independently existing states of affairs (a realist?)" (Carnap 1908–1934, 981). Łukasiewicz supposedly said in a radio lecture that Carnap was one of those philosophers who use formal logic to justify a metaphysical claim (Hiż 1971, 526).

It seems that both diagnoses were wrong, which incidentally is surprising in the case of such astute analysts. After all, Carnap was rather convinced that metaphysical problems such as the problem of materialism or realism are senseless.

In the LWS, the attitude of *reinterpretation* of metaphysical problems was more readily assumed than that of *refutation*. The best-known example of the former was the semantic paraphrasing of metaphysical claims performed by Ajdukiewicz.[24] They tried to lead at the solutions of philosophical disputes rather than suspending judgment in such disputes.

---

[24] See, e.g., Ajdukiewicz (1937).

10.5   Other Warsaw Acquaintances

Apart from the personalities mentioned above, Carnap met in Warsaw other representatives of the LWS (in particular, of its Warsaw wing). They were (presented in alphabetical order): Janina Hosiasson, Maria Ossowska, Stanisław Ossowski, Edward Poznański, and Dina Sztejnbarg.[25] They represented the variety of disciplines: Hosiasson worked in probabilistic logic, Ossowska in semantics and ethics, Ossowski in aesthetics and sociology, Poznański in philosophy of science, and Sztejnbarg in semantics and methodology.

The relatively large number of female representatives is often mentioned as a characteristic feature of the LWS. Carnap met three of them. These three female Warsaw scholars had very different personalities. People were struck by Ossowska's aristocratic refinement (she was called 'the lady of Polish philosophy'), Hosiasson emanated energy and a certain propensity to dominate (among others, over her future husband, Adolf Lindenbaum), and Sztejnbarg's characteristic features were a meditative nature and self-control (which allowed her to survive the long suffering in Auschwitz). Carnap, being an astute observer, surely caught these differences, but in the case of Ossowska he also noted that she made an impression on him as a woman.

Sztejnbarg, as was her custom, primarily listened carefully to what Carnap was saying and took detailed notes. She must have had serious doubts as to the program of physicalism, since a few years later she published a critical study of it.[26] Conversely, Hosiasson utilized Carnap's presence to discuss with him the issues of her work on induction and probability (which she was just preparing as the basis for her MA). It must be admitted that she made a great (academic) impression on him, as they met three times (November 28 and 30, December 2) in Warsaw to discuss the problem of induction in detail. Later, in 1933, she went to Vienna for a scholarship; she also took part in Congresses of United Science. There, she made a similar impression on Popper. In his own papers on induction, Carnap mentions her results several times. Hosiasson's career tragically ended in 1942 when she was killed by Nazis in Vilna.

10.6   Carnap and Lvov

The year 1930, when Carnap came to Warsaw, was the same year in which Twardowski retired in Lvov. He had been the *spiritus movens* of Polish philosophy for over 30 years, since 1895, when he got the chair of philosophy in Lvov after having become a „Privatdozent" in Vienna. Despite his retirement, Twardowski re-

---

[25] This is the later Janina Kotarbińska; in his *Diaries*, Carnap incorrectly spelled her name at that time "Steinberg".

[26] See Kotarbińska (1934).

mained active, for instance as the editor of the aforementioned journal *Ruch Filozo-ficzny*, which was established by him.

It was in *Ruch Filozoficzny*[27] that Carnap's summaries appeared (in Janina Hosiasson's translation). As requested by Carnap, Twardowski sent him a copy of the journal. Carnap reacted in the following way:

> Dear Colleague,
> Thank you very much for your cards and friendly offer to send me further numbers of your journal. Unfortunately, I do not understand Polish and have to thankfully refuse this offer. I know from the letter of Prof. Ajdukiewicz […] that there is a prospect of giving my lectures in Lwów. I would be glad to meet you personally when these lectures take place. I read the bibliography and the table of contents of your journal with a great interest. I would wish very much to have something like that in German.
> With great respect,
> Rudolf Carnap (Carnap 1934)

We also learn of the plans to invite Carnap to Lvov from Twardowski's *Diaries* (Twardowski 1997, 322, 327, 331). In 1934, Twardowski talked about it to Ajdukiewicz on several occasions. Still, the visit never came to pass. This does not mean, however, that Lvov paid no attention to what Carnap was doing. As mentioned earlier, Carnap's program was carefully followed by Ajdukiewicz. Primarily, though, it was Maria Kokoszyńska who was in close social and academic contact with the Vienna Circle (hereafter: VC), which I describe extensively elsewhere (Brożek 2017). It could generally be said that the contacts between the Lvov-Warsaw School and the Vienna Circle during the interwar period were lively. Members of both groups met not only in Warsaw and Vienna, but also during philosophical congresses in Prague (1934) and Paris (1935).

10.7 Final Remarks

The day Carnap went back from Warsaw to Vienna, he noted in his *Diaries*: "*Große Geschichte*." If this was a comment on the Polish journey (no other interpretation of these words is equally admissible), we may interpret it as another symptom of the great impression that Polish logicians and philosophers, as well as their results, made on him. Carnap started to include these results in his own work and lectures. One of the confirmations of this early impact may be found in a letter to Twardowski of 29 May 1931 by Walter Auerbach, who had a scholarship in Vienna in the spring of 1931:

> Carnap (who ultimately stayed in Vienna for this term rather than move to Prague) includes Leśniewski's and Tarski's results in his classes. (Auerbach 1931)

---

[27] See Carnap (1930–31a; 1930–31b; 1930–31c).

The further cooperation between Carnap and Polish thinkers did not develop as well as one could foresee based on the promising visit in 1930. The most important reason was Carnap's emigration. However, there were also some other reasons.

Let us take Leśniewski as an example. Here, the reason was Leśniewski's personality, who on the one hand was a harsh critic of other people, and on the other hand demonstrated hypersensitivity on the issue of the originality of his results. His remark on the fate of the concept of intentionality is a good illustration of this issue:

> The speaker [that is, Leśniewski] mentions that his concept of DESINTENSIONALISATION of intensional functions has been developed by him for many years in different lectures, and he simultaneously draws attention to R. Carnap's concept, similar to this concept in terms of the fundamental idea, and presented lately in *Logische Syntax der Sprache*, a concept which is, according to the speaker, completely inaccurate in some of its significant details, and leads to untenable theoretical consequences. (Leśniewski 1939, 778)

A lot of light is shed on Leśniewski's mentioned personality features by his correspondence with Neurath on the Congress of United Science, as well as by letters to Twardowski about plagiarism on the part of certain contemporary logicians.

It was not only Leśniewski who was sensitive in regard to originality. In a letter to Neurath (September 7, 1936), Tarski wrote:

> It is to me frankly unpleasant that we could not come to any agreement over historical questions. It seems to me at times that the whole discussion is quite pointless: we lean, both of us, upon some reminiscences, impressions, and so on. A prospective historian will certainly employ a completely different method of inquiry; if the points of dispute which turn up in our letters will interest him, then first of all he will study carefully the publications of both circles – the Vienna Circle and the Warsaw Circle – from the period in question. His task, by the way, will be quite difficult, for unfortunately the publications of both sides at that time were not very numerous; I hope, however, that he will agree with me at least partially, after all. (Tarski 1992, 24–25)

Well, based on the analysis of sources, any 'future historian' has to admit that Tarski was right. However, Tarski's reservations were not directed at Carnap but only at Neurath. Carnap never denied the influence of the Poles.

Tarski continued his letter as follows:

> I wrote to you once a few words about the "emergence of legends". I can now point you to an example of a "legend" which is, so to say, in "statu nascendi"; some Polish acquaintances, who participated in the Paris Congress, brought this recently to my attention. I gave a lecture in Paris about the concept of logical consequence; there I contested (among other things) the absolute character of the division of concepts into logical and descriptive, as well as of sentences into analytic and synthetic, and I endeavored to show that the division of concepts is quite arbitrary, and that the division of sentences has to be related to the division of concepts. In the discussion, Carnap explained that he regards my remarks in this connection as very deep, and presented my main thoughts once more, in a clear and popular form; I was certainly very grateful to him for this. Now, one should see how the report of this lecture and the discussion which followed is expressed in *Erkenntnis* 5, No. 6, pp. 388–389! To my lecture not as much as a whole line is devoted[28] (it is not even mentioned that I gave a lecture on this topic). Carnap's talk has by comparison a very precise

---

[28] In the original letter there are two insertions in Neurath's handwriting: "that's not true: 6 ½ lines!" and "not more to others either" (the footnote of the editor of Tarski 1992).

and comprehensive account in 13 to 14 lines. The reader must have the impression that Tarski only asked a question, and that Carnap, however, answered this question in great detail and in a very appropriate way; it is absolutely impossible to guess from the report the real state of affairs. (Tarski 1992, 28–29)

Let us leave aside the snappish elements of Tarski's letter. What is interesting is that Tarski draws attention to the fact that Carnap accepted (to some degree?) an undermining of the analytic–synthetic distinction. The same attitude towards this distinction was shared by Łukasiewicz, Leśniewski, and Ajdukiewicz. The Wittgensteinian vision of logic as a set of analytic, 'empty' truths was never something obvious among Poles. But it was accepted for many years by Carnap. More generally, as Hiż puts it:

> The atmosphere among philosophers of the Vienna Circle was similar in spirit to the one in the Warsaw center. In Vienna, Carnap was one of the most important personalities. And his philosophy was influenced to some degree by Wittgenstein […]. Tarski's views corresponded to Carnap's as long as Carnap disagreed with Wittgenstein. In the points in which Carnap agreed with Wittgenstein, Tarski's views were essentially different. The positions of Tarski and Wittgenstein are alien. (Hiż 1971, 523)

To recapitulate: Carnap's visit was a fruitful event for both visiting and visited scholars. Carnap had occasion to learn about Polish logic, philosophy, and psychology and found supporters of some of his main ideas. He gained some stimuli for the further evolution of his thought. For his Polish partners, the visit was mainly of psychological significance. Polish logicians had the opportunity to see that they were not an isolated intellectual island in Europe, that their results may be appreciated and developed further outside of Poland. Thanks to Carnap and his Viennese colleagues, they also obtained a kind of contrasting background for their own philosophical views. But they did not share the radicalism of VC, as Ajdukiewicz strongly emphasized:

> I do not know any Polish philosopher who would have assimilated the material theses of the Vienna Circle. The affinity between some Polish philosophers and the Vienna Circle consists in the similarity of THE FUNDAMENTAL METHODOLOGICAL ATTITUDE AND THE AFFINITY OF THE PROBLEMS ANALYZED. (Ajdukiewicz 1935, 151–152)

However, thanks to this radical Viennese background, they became confirmed in their cautious philosophical positions.

References

Ajdukiewicz, K. 1934. O stosowalności czystej logiki do zagadnień filozoficznych [On the applicability of pure logic to philosophical questions]. In K. Ajdukiewicz 1960. Język i poznanie [Language and knowledge]. Vol. I. Warszawa: PWN, 211–214.
———. 1935. Der logistische Antiirrationalismus in Polen. *Erkenntnis* 5:151–164.
———. 1937. Problemat transcendentalnego idealizmu w sformułowaniu semantycznym [The problem of transcendental idealism in the semantic formulation]. In: K, Ajdukiewicz 1960. Język i poznanie [Language and Cognition]. Vol I. Warszawa: PWN, 264–277.

220   A. Brożek

————. 1946. O tzw. neopozytywizmie [On so-called neopositivism]. In: K. Ajdukiewicz 1965. Jezyk i poznanie [Language and Cofnition]. Vol. II. Warszawa: PWN, 7–28.

Auerbach, W. 1931. Letter to Kazimierz Twardowski, 29.05.1931. Kazimierz Twardowski's Archives, Warsaw, AKT K-02-1-01.

Brożek, A. 2017. Maria Kokoszyńska: Between the Lvov–Warsaw School and the Vienna circle. *Journal for the History of Analytical Philosophy* 5(2): 17–36.

Brożek, A., F. Stadler, and J. Woleński. 2017. *The significance of the Lvov–Warsaw School in European culture (Vienna Circle Institute Yearbook 21)*. Wien/New York: Springer.

Carnap, R. 1908–1935. Tagebücher 1908 bis 1935: Transkribiert nach den kurzschriftlichen Originalen von Brigitta Arden und Brigitte Parakenings. http://homepage.univie.ac.at/christian.damboeck/carnap_diaries_2015-2018/version_2017.pdf

————. 1934. Letter to Kazimierz Twardowski, 21.01.1934. Kazimierz Twardowski Archives in Warsaw, AKT 55-934-24/I.

————. 1963. Intellectual autobiography. In: P.A. Schilpp (ed.) 1963. The philosophy of Rudolf Carnap. La Salle: Open Court, 3–84.

————. 1930–31a. Przezwyciężenie metafizyki drogą logicznej analizy mowy [Overcoming metaphysics through logical analysis of language]. Auto-abstract transl. from German by J. Hosiasson. *Ruch Filozoficzny* 12:220a–221a.

————. 1930–31b. Charakter tautologiczny wnioskowania [The tautological character of reasoning]. Auto-abstract transl. from German by J. Hosiasson. *Ruch Filozoficzny* 12:227b–228a.

————. 1930–31c. Psychologia w terminach fizykalnych [Psychology in physical terms]. Auto-abstract transl. from German by J. Hosiasson. *Ruch Filozoficzny* 12:230a–b.

Hiż, H. 1971. Jubileusz Alfreda Tarskiego [Alfred Tarski's jubilee]. In: Henryk Hiż 2013. Wybór pism [Sepected writings], Warszawa: Fundacja Aletheia, 521–528.

Kotarbińska, J. [Dina Sztejnbarg]. 1934. Fizykalizm [Physicalism]. *Przegląd Filozoficzny* 27 (1): 91–95.

Kotarbiński, T. 1920. O istocie doświadczenia wewnętrznego [On the essence of internal experience]. *Przegląd Filozoficzny* 25(2): 184–196.

————. 1930–1931. Uwagi na temat reizmu [Comments on reism]. *Ruch Filozoficzny* 12:7–12.

————. 1929. *Elementy teorii poznania, logiki formalnej i metodologii nauk [Elements of the theory of cognition, formal logic and methodology of the sciences]*. Lwów: Wydawnictwo Zakładu Narodowego Imienia Ossolińskich.

Leśniewski, S. 1911. Przyczynek do analizy zdań egzystencjalnych [A contribution to the analysis of existential sentences]. In: S. Leśniewski 2015. Pisma zebrane [Collected papers]. Vol I. Warsaw: Wydawnictwo Naukowe Semper, 15–31.

————. 1939. Głos w dyskusji nad odczytem Jana Łukasiewicza 'Geneza logiki trójwartościowej' [Voice in the discussion on the paper by Jan Łukasiewicz "The genesis of trivalent logic"]. In: S. Leśniewski 2015. Pisma zebrane [Collected papers]. Vol I. Warsaw: Wydawnictwo Naukowe Semper, 777–778.

Łukasiewicz, J. 1910. *O zasadzie sprzeczności u Arystotelesa [On the principle of contradiction in Aristotle]*. Kraków: Akademia Umiejętności.

————. 1912. O twórczości w nauce [On creativity in science]. In: J. Łukasiewicz 1964. Z zagadnień logiki i metafizyki [From the problems of logic and metaphysics]. Warszawa: PWN, 66–75.

————. 1922. O determinizmie [On determinism]. In: J. Łukasiewicz 1964. Z zagadnień logiki i metafizyki [From the problems of logic and metaphysics]. Warszawa: PWN, 114–126.

————. 1928. O metodę w filozofii [For the method in philosophy]. In: J. Łukasiewicz 1998. Logika i metafizyka [Logic and metaphysics]. Warszawa: Wydawnictwo WFiS UW, 41–42.

————. 1929a. *Elementy logiki matematycznej [Elements of mathematical logic]*. Warsaw: Wydawnictwo Koła Matematyczno-Fizycznego Słuchaczów UW.

————. 1929b. O znaczeniu i potrzebach logiki matematycznej [On the importance and needs of mathematical logic]. In J. Łukasiewicz 1998. Logika i metafizyka [Logic and metaphysics]. Warszawa: Wydawnictwo WFiS UW, 424–436.

Lutman-Kokoszyńska, M. 1937. Sur les éléments métaphysiques et empiriques dans la science. In: Travaux du IXᵉ Congrès Internationale de Philosophie, Congrès Descartes, F. 4, Paris, 108–117.
———. 1938. W sprawie walki z metafizyką [On the fight against metaphysics]. *Przegląd Filozoficzny* 41(4): 9–24.
van der Schaar, M. 2017. Metaphysics and the Logical Analysis of 'Nothing'. In: Brożek, Stadler and Woleński (eds.) 2017. The Significance of the Lvov-Warsaw School in European Culture. Wien/New York: Springer, 65–78.
Tarski, A. 1992. Drei Briefe an Otto Neurath. Hrsg. u. m. einem Vorw. versehen v. R. Haller, transl. into English by J. Tarski. *Grazer Philosophy Studies* 43:1–32
Twardowski, K. 1894. *Zur Lehre vom Inhalt und Gegenstand der Vorstellungen*. Wien: Hölder.
———. 1919. O jasnym i niejasnym stylu filozoficznym [On clear and obscure styles of philosophical writing]. In: K. Twardowski 1999, On Actions, Products and Other Topics in Philosophy (J. Brandl & J. Woleński, eds.), Amsterdam: Rodopi, pp. 103–132.
———. 1997. *Dzienniki [Diaries], Parts I–II*. Toruń: Wydawnictwo *Adam Marszałek*.
Woleński, J. 1989. The Lvov–Warsaw School and the Vienna Circle. In: K Szaniawski (ed.) 1989. The Vienna Circle and the Lvov–Warsaw School. Dordrecht/Boston/London: Kluwer, 443–453.
Woleński, J., and E. Köhler, eds. 1999. *Alfred Tarski and the Vienna Circle: Austro-Polish Connections in Logical Empiricism (Vienna Circle Institute Yearbook 6)*. Dordrecht: Springer.

11
Rudolf Carnap und Kurt Gödel: Die beiderseitige Bezugnahme in ihren philosophischen Selbstzeugnissen

Eva-Maria Engelen

11.1 Einleitung

In diesem Beitrag wird die gegenseitige Wahrnehmung und Einflussnahme von Rudolf Carnap und Kurt Gödel aufeinander auf Grund der von ihnen erhaltenen jeweiligen philosophischen Selbstzeugnisse während der 20er- bis 40er-Jahre des 20. Jahrhunderts untersucht. Unter diese Selbstzeugnisse fallen zum einen Carnaps Tagebücher, seine Gesprächsnotizen und der Briefwechsel mit Gödel, zum anderen Gödels philosophische Notizbücher. Das sich daraus ergebende Bild erlaubt es, die bisherige Forschung zum Einfluss der beiden Denker aufeinander zu bestätigen, zu vervollständigen sowie neue Aspekte aufzudecken.

Schon jetzt bieten Carnaps Tagebücher von 1926 bis 1935, seine Gesprächsnotizen, der Briefwechsel zwischen ihm und Gödel sowie die philosophischen Notizbücher Gödels aufschlussreiches Material über den geistigen Austausch der beiden in den gemeinsamen Wiener Jahren. Beide Denker nehmen sich in dieser Zeit gegenseitig vornehmlich als mathematische Logiker wahr und weniger als breit gefächerte Philosophen. Bei Gödel hat, wie ein Eintrag im Notizbuch Max Phil XI explizit zeigt, im Laufe der Jahre in der Wahrnehmung Carnaps eine Veränderung stattgefunden. Er setzt sich spätestens ab 1934 mit Carnap als einem Philosophen auseinander, für den die Logik grundlegend für die Philosophie ist, die Philosophie aber im Vordergrund steht. Carnap hingegen konsultiert Gödel vornehmlich als jemanden, der ihm helfen kann, seine logischen Probleme zu lösen. Carnaps Einträge vom 16. März 1930 und 12. September 1930 (s. u.) legen zwar nahe, dass Carnap durchaus philosophische Stellungnahmen Gödels zur Kenntnis genommen hat, und man kann sogar nachweisen, dass er durch sie beeinflusst wurde, aber Carnap be-

---

E.-M. Engelen (✉)
Berlin-Brandenburgische Akademie der Wissenschaften, Berlin, Deutschland
E-Mail: eva-maria.engelen@bbaw.de

C. Damböck, G. Wolters (eds.), *Der junge Carnap in historischem Kontext: 1918–1935 / Young Carnap in an Historical Context: 1918–1935*,
Veröffentlichungen des Instituts Wiener Kreis 30,
https://doi.org/10.1007/978-3-030-58251-7_11

zieht sich hinsichtlich der Diskussionen mit Gödel jeweils immer nur auf einzelne, ihm wichtige Punkte, nie auf Gödel als einen Denker, der eine eigene philosophische Auffassung begründen könnte.

Der vorliegende Vergleich muss bedauerlicherweise auf die Transkription von Carnaps Tagebüchern von 1926 bis 1935 beschränkt werden, da die folgenden Jahrgänge noch nicht transkribiert sind. Insbesondere die Jahrgänge 1952–1954 von Carnaps Tagebüchern wären von großem Interesse. Sie betreffen die beiden Jahre, in denen Carnap und Gödel gleichzeitig in Princeton waren und sich, wie wir aus Carnaps ungekürzter Autobiographie wissen, des Öfteren getroffen haben. Zum Inhalt dieser Gespräche macht Carnap allerdings selbst in der ungekürzten Autobiographie keine Angaben. Die einzige Quelle, die es dazu zu geben scheint, sind Carnaps Tagebücher aus dieser Zeit. Als Carnap und Gödel sich in den Jahren 1952 bis 1954 beide am Institute for Advanced Study in Princeton aufhalten, treffen sie sich alle paar Wochen für zwei bis drei Stunden. Während dieser Gespräche erörtern sie unter anderem Fragen der induktiven Logik, des Begriffs der Klasse sowie tagesaktuelle politische Themen und Alltagsfragen. Das geht aus Carnaps Tagebucheintragungen hervor,[1] denn anders als in seinen Tagebüchern früherer Jahre referiert Carnap in diesem Zeitraum auch Argumente, hält aber nicht separat zusätzlich Gesprächsnotizen fest. Diese Quelle fehlt vorläufig.

Da die Tagebücher des genannten Zeitraums noch nicht transkribiert sind, lassen sich derzeit weder Gödels (zu seinen Lebzeiten nicht veröffentlichter) Aufsatz zu Carnap („Is mathematics syntax of language?"), an dem Gödel 1953 zu arbeiten begonnen hat, noch das Verhältnis der beiden Denker zueinander in dieser Periode neu betrachten. Gödels philosophische Notizbücher wiederum reichen zwar von 1934 bis 1955, Carnap wird dort aber, soweit man das derzeit beurteilen kann, in den Jahren 1946 bis 1955 nur noch selten namentlich erwähnt. Zum Einfluss Carnaps auf Gödel (Punkte II. und VI.) sowie zum Nutzen, den Carnap aus seinen Gesprächen mit Gödel in den gemeinsamen Wiener Jahren gezogen hat (Punkte III., IV. und V.), lässt sich hingegen bereits einiges festhalten.

11.2   Carnaps Einfluss auf Gödel: Ein Fokus der Forschung

Als wichtigen Einfluss für seine logischen Studien nennt Gödel selbst explizit im so genannten Grandjean-Fragebogen (einer Liste von Fragen, die ihm 1975 der Soziologe Burke D. Grandjean zugeschickt hat) neben der Lektüre von David Hilberts und Wilhelm Ackermanns *Grundzüge der theoretischen Logik* von 1928 den Besuch von Carnaps Vorlesung beziehungsweise seiner Übungen.[2]

---

[1] Diese Auskunft verdanke ich Dr. Brigitte Parakenings.

[2] Grandjean questionnaire, in: Kurt Gödel, CW IV, S 447. Im folgenden Textabschnitt wird erläutert, weshalb Gödel mit „lectures" auch „Übungen" gemeint haben könnte.

Nach Warren Goldfarb hat Carnap Gödel in die Logik eingeführt. Goldfarb stützt sich dabei auf die Mutmaßung, Gödel habe die beiden Vorträge zur Logik gehört, die Carnap im Frühsommer 1928 bei den Treffen des Wiener Kreises gehalten hat. Vorgestellt wurde dabei Material aus dem Manuskript zu Carnaps *Untersuchungen zur allgemeinen Axiomatik*, in dem bereits die Themen Konsistenz, Vollständigkeit und Kategorizität eine wichtige Rolle spielen. Hingegen soll Schlicks Einführung in die Philosophie der Mathematik im Wintersemester 1925/26 Goldfarb zufolge keinen größeren Einfluss auf Gödel gehabt haben, denn Gödel habe danach zunächst keine weiteren Logikstudien betrieben.

Richtig ist, dass Gödel erst am 17. Oktober 1928 ein erstes logisches Werk zur selbstständigen Lektüre ausleiht; es handelt sich dabei um Gottlob Freges *Grundlagen der Arithmetik*. Im Wintersemester 1928/29 besucht Gödel laut seinem Studienbuch die philosophischen Übungen bei Carnap, welche dieser zu seiner Vorlesung „Die philosophischen Grundlagen der Arithmetik" anbietet.[3] Goldfarbs Einschätzung, Gödel sei von Carnaps Ausführungen weniger in mathematisch-technischer Hinsicht beeinflusst worden als in Hinsicht auf weiter zu klärende Grundlagenbegriffe von Axiomensystemen wie Konsistenz, Vollständigkeit oder logische Folgerung, ist Glauben zu schenken.[4] In der Forschung wird plausibel nachgewiesen, dass Gödels Auseinandersetzung mit Carnaps Bemühungen um eine rein syntaktische Formulierung axiomatischer mathematischer Systeme zur Entstehung seines Unabhängigkeitstheorems im Jahr 1930 beigetragen hat.[5]

Das Lehrer-Schüler-Verhältnis zwischen Carnap und Gödel kehrt sich aber rasch nach ihrem Aufeinandertreffen um. Bereits einige Monate nachdem Gödel Carnaps Übungen zur Vorlesung „Die philosophischen Grundlagen der Arithmetik" besucht hat, sucht Carnap in logischen Fragen regelmäßiger Gödels Rat, und sein Werk *Logische Syntax der Sprache* von 1934 ist auch eine Auseinandersetzung mit Gödels Unvollständigkeitstheorem.[6] Das zeigt sich insbesondere in Carnaps Tagebüchern und seinen Gesprächsnotizen.

Eine weitere Etappe in der geistigen Auseinandersetzung zwischen Gödel und Carnap, die sich in Carnaps Tagebüchern und Gödels Philosophischen Notizbüchern widerspiegelt,[7] betrifft den Begriff der Analytizität. Carnap versucht ihn als Kriterium für mathematische Wahrheit einzuführen, welche sich von der Beweisbarkeit in einem System unterscheidet. Die Notwendigkeit für eine solche Unterscheidung belegen Gödels Theoreme, die besagen, dass es in einem formalen System wahre Sätze gibt, die nicht beweisbar sind.

Im Großen und Ganzen zeigen Carnaps Tagebucheintragungen mit Bezug auf Gödel, die dazugehörigen Gesprächsnotizen sowie die sich anschließenden Briefe also, dass sich die inhaltliche Auseinandersetzung im Wesentlichen um Carnaps

---

[3] Vgl. Schimanovich (2002, S. 146) sowie Dawson (1999, S. 24) und Stadler (2015, S. 316).
[4] Vgl. auch Gödel (1986, S. 62, insb. Fn. 3).
[5] Awodey und Carus (2001, S. 154, 163 f.) und Goldfarb (2005, S. 188–190).
[6] Vgl. auch Goldfarb (2005, S. 192 f.).
[7] Vgl. dazu auch Awodey und Carus (2010, S. 263 f.).

Manuskript der *Logischen Syntax der Sprache* gedreht hat, für das es Carnap sehr
wichtig war, Gödels Urteil als Logiker einzuholen. So bleibt das Verhältnis maßgeblich als eines zur Klärung logischer Fragen definiert, die für Carnap selbst zwar von
Anfang an auch philosophische Fragen sind, bei Gödel zu Beginn seiner Bekanntschaft mit Carnap im Binnenverhältnis zu ihm jedoch noch nicht vornehmlich philosophisch gedeutet werden. Nur so lässt sich die folgende Bemerkung Gödels
erklären:

Max Phil IX,[8] 18. November 1942–11. März 1943

[26] *Bem[erkung]*: Wieso eigentlich habe ich bis vor kurz[em] [bis Leibniz[9]] nicht einmal
in der *Logist[ik]* die bedeutenden Autoren [nicht einmal Carnap] mit eigentlichem „Interesse an der Sache" gelesen [Beginn mit *Herbrand*[10]?]?[11]

Mit dieser Bemerkung kann nicht gemeint sein, dass Gödel Hilbert/Ackermann,
Russell/Whitehead oder Frege nicht mit tatsächlichem Interesse gelesen habe. Da
Gödel im Grandjean-Fragebogen angibt, er habe die *Principia Mathematica* von
Alfred North Whitehead und Bertrand Russell bereits 1929 gelesen und der größte
Einfluss auf seine Arbeiten von 1930 und 1931 sei die Lektüre von Hilbert/Acker-
manns Werk gewesen sowie der Besuch von Carnaps Vorlesungen zur mathemati-
schen Logik (1928/29), kann Gödel mit ‚die Sache' nicht Fragen der Logik als
Teil- oder Grundlagendisziplin der Mathematik meinen. Gemeint ist vielmehr: Inte-
resse an der Bedeutung der Logik für die Philosophie.

Der Hinweis Gödels, er habe „bis vor kurzem" Logik-Schriften nicht mit eigentlichem Interesse an der Sache gelesen, lässt sich zeitlich nicht treffsicher eingren-
zen. Es liegt aber nahe anzunehmen, dass die Zeit nach dem intensiven Austausch
zwischen Carnap und Gödel in den Jahren 1931/32 gemeint ist. Goldfarbs Analyse,
Gödel sei durch Carnap zu seinen logischen Untersuchungen angeregt worden, ist
daher in einem wesentlichen Punkt zu modifizieren: Gödels Interesse an der Philo-

---

[8] Diese und alle weiteren Transkriptionen aus dem Gödel-Nachlass sind von Eva-Maria Engelen
neu angefertigt. Zum Teil standen dafür Vorversuche von Cheryl Dawson zur Verfügung. Das Material wird mit Erlaubnis des Institute for Advanced Study Princeton abgedruckt. Das Copyright an
dem unveröffentlichten Material und alle Rechte daran verbleiben beim Institute for Advanced
Study Princeton. (All works of Kurt Gödel used with permission. Unpublished material Copyright
Institute for Advanced Study. All rights reserved by Institute for Advanced Study.) Die Transkriptionen der Carnap-Tagebücher sind von Brigitta Arden und Brigitte Parakenings, die Transkriptionen aus Carnaps Gesprächsnotizen stammen von Richard Nollan.

[9] Aus den Ausleihzetteln ergibt sich, dass Gödel am 18. Dezember 1929 *Die philosophischen
Schriften* von Leibniz (d.i. der vierte Band der Gerhardt-Ausgabe) ausgeliehen hat. Die Bibliographie philosophischer Schriften, welche er sich in den Jahren 1936–1940 zusammengestellt hat,
enthält außerdem Couturats Band zu Leibniz' Logik.

[10] Jacques Herbrand (1908–1931) war ein französischer Mathematiker. Gödel hat Arbeiten Herbrands 1931 gelesen, als dieser sie ihm zugeschickt hat. Herbrands Brief ist vom 7. April 1931,
Gödels Antwort vom 25. Juli 1931. Vgl. Gödel (2003b, S. 14–20, 20–24).

[11] Die Vervollständigungen der Worte in eckigen Klammern stammen von E.-M. E., die Zusätze in
den fett gedruckten eckigen Klammern sind von Gödel.

sophie der Logik ist nicht vornehmlich durch Carnap, sondern durch Leibniz geweckt worden.[12]

11.3 Gödel in Carnaps Tagebüchern von 1926 bis 1935

Von Carnaps Tagebucheintragungen zwischen 1926 und 1935[13] sind hier lediglich diejenigen ausgewählt, deren Aussagen weitergehende Rückschlüsse zulassen, als dass die beiden sich überhaupt getroffen haben.

Die Auswertung der Einträge ergibt, dass sich Carnap und Gödel im Jahr 1931 etwa vierzehnmal getroffen haben und 1932, als sich Carnap bereits vorwiegend in Prag aufhielt, immerhin noch viermal. Danach werden die Treffen seltener. Häufig waren die beiden dabei nicht alleine, sondern in einen größeren Kreis eingebunden, was zeigt, dass Gödel keineswegs ein separiertes Mitglied des Wiener Kreises gewesen ist, das lediglich schweigend an den Sitzungen zwischen 1926 und 1928 teilgenommen hat, wie man es seinen eigenen späteren Schilderungen nach vermuten könnte. Vielmehr war er, wie Carnaps Eintragungen zeigen, am regen philosophischen Austausch der Wiener-Kreis-Mitglieder beteiligt.

Das zeigt etwa der Eintrag vom 27. Januar 1930. Danach haben sich Gödel, Carnap, Friedrich Waismann,[14] Carl Gustav Hempel,[15] Rose Rand,[16] Olga Hahn,[17] Maria Kasper[18] und Else Brunswik-Frenkel[19] sowie Samuel Broadwin[20] und Albert Blumberg[21] abends im Café Reichsrat getroffen, um auf Anregung von Else Brunswik-Frenkel unter anderem ein Programm für Diskussionsabende zu planen. Zu bedenken ist in diesem Zusammenhang auch, dass Gödel sich daneben häufiger mit

---

[12] Awodey und Carus (2010) verweisen darauf, dass sowohl Carnap als auch Gödel Leibniz nachgeeifert haben und Carnaps Projekt einer Universalsprache durch Leibniz inspiriert war – ein Projekt, das mit Gödels Kritik an Carnaps Begriff des Analytischen gescheitert ist (vgl. Awodey und Carus 2010, S. 253, 262, 265, 270).

[13] Verwendet wurde der transkribierte Tagebuchtext ohne Kommentierung (Stand 5. Januar 2017), den Christian Damböck freundlicherweise zur Verfügung gestellt hat.

[14] Friedrich Waismann (1896–1959) ist ein österreichischer Philosoph, der Mitglied des Wiener Kreises war.

[15] Carl Gustav Hempel (1905–1997) ist ein deutscher Philosoph, der Mitglied des Wiener Kreises war.

[16] Die Philosophin Rose Rand (1903–1980) war Mitglied des Wiener Kreises.

[17] Die Mathematikerin Olga Hahn (1882–1931) war Mitglied des Wiener Kreises.

[18] Maria Kasper (um 1905–1989) war Mitglied des Wiener Kreises und ab 1931 mit Herbert Feigl verheiratet.

[19] Else Brunswik-Frenkel (1908–1958) ist eine Sozialpsychologin und war in Wien von 1931 bis 1938 Mitarbeiterin von Karl Bühler.

[20] Samuel Broadwin (1910–2008) war als Gastwissenschaftler von der John Hopkins University dabei.

[21] Albert Blumberg (1906–1997) ist ein amerikanischer Philosoph, der während seines Studienaufenthalts in Wien im Umfeld des Wiener Kreises anzutreffen ist. Er ist ein Koautor von Herbert Feigl.

Herbert Feigl[22] und Marcel Natkin[23] in Wiener Caféhäusern zusammengefunden hat, etwa zum Diskutieren des Geist–Körper-Problems.

Ein weiterer Eintrag, der Gödels Beteiligung an den Treffen des Wiener-Kreises belegt, ist beispielsweise der vom 16. März 1930. Dort berichtet Carnap, dass er sich mit Neurath,[24] Hempel, Feigl und Gödel getroffen habe und man über Atomsätze diskutiert habe. Die Auffassungen dazu sind offensichtlich unterschiedlich, denn während Neurath „die Sprache möglichst erst dicht vor physikalischer Sprache beginnen lassen" möchte, will sie Gödel „vielleicht erst in der physikalischen Sprache" anfangen lassen. Als Alternative überlegen sowohl Neurath als auch Gödel, ob man nicht mit der gewöhnlichen Alltagssprache beginnen sollte. Sie sind sich jedenfalls einig, dass sie nicht mit den Einzelempfindungen anfangen soll.

Offensichtlich war Gödel auch dabei, wenn erkenntnistheoretische Probleme besprochen wurden. Das legt ein Eintrag Carnaps vom 12. September 1930 nahe, dem zufolge sich unter anderem Carnap, Feigl, Gödel, Reichenbach, Dubislav,[25] Grelling[26] und Hempel im Café Dobrin getroffen haben und erkenntnistheoretische Fragen diskutiert haben.

Gödel interpretiert daneben die philosophischen Grundüberzeugungen der Mitglieder des Wiener Kreises und setzt sie in ein Verhältnis zueinander. Mit seinen Deutungen hält er Carnap gegenüber auch nicht hinter dem Berg, wie man im Tagebucheintrag Carnaps zum 7. Februar 1931 nachlesen kann: „Gödel hier. Über seine Arbeit. Ich sage, dass sie doch schwer verständlich ist. Meine Pläne eines Sprachaufbaus. Ich sage, dass ich alle Diskussionen im Zirkel usw. nur in dem Sinne als sinnvoll nehme, als sie Vorbereitungen für einen Sprachaufbau sind; er fürchtet, Waismann sei nicht dieser Ansicht; ich sei dann der einzige Positivist im Zirkel."

Man kann Carnaps Tagebucheintragungen darüber hinaus entnehmen, welche Themen zwischen Carnap und Gödel intensiv diskutiert wurden. Dazu gehören insbesondere die Formalisierbarkeit der Mathematik, Gödels Entdeckung seines ersten Unvollständigkeitstheorems, die verzweigte Typentheorie (vgl. Carnaps Eintrag vom 4. März 1930) sowie Russells Antinomie (vgl. Carnaps Einträge vom 29. August 1930 und vom 17. September 1930), Carnaps damalige Aufsatz- und Buchprojekte sowie Gödels Pläne für akademische Arbeiten und sein berufliches Weiterkommen. Daneben erfährt man, inwieweit Gödel auch im Austausch mit einigen Mitgliedern des so genannten Berliner Kreises stand.

Hinsichtlich der Formalisierbarkeit der Mathematik sind insbesondere Carnaps Eintragungen vom 24. Januar, 8. Februar und 16. Februar 1930 aufschlussreich.

---

[22] Herbert Feigl (1902–1988) ist ein österreichisch-amerikanischer Philosoph, der im Wiener Kreis aktiv war.

[23] Marcel Natkin (1904–1963) war Philosoph und Fotograf, der bei Moritz Schlick promoviert hat.

[24] Otto Neurath (1882–1945), österreichischer Nationalökonom, Philosoph und Mitglied des Wiener Kreises.

[25] Walter Dubislav (1895–1937), deutscher Logiker und Wissenschaftstheoretiker, gemeinsam mit Hans Reichenbach und Kurt Grelling Begründer des Berliner Kreises.

[26] Kurt Grelling (1886–1942), deutscher Logiker und Wissenschaftstheoretiker; veröffentlichte 1936 einen Aufsatz über Gödels Unvollständigkeitstheorem.

Carnap bezeichnet dort die Formalisierbarkeit als Gödels Problem und schlägt vor, die nicht formalisierbaren Fragen, Sätze und Begriffe als nicht eigentlich mathematische anzusehen.

Die Erwähnung der Entdeckung von Gödels erstem Unvollständigkeitstheorem fehlt in Carnaps Tagebuch selbstverständlich ebenfalls nicht. Der Ort, an welchem Gödel zuerst in sehr kleiner Runde (anwesend waren u. a. Carnap, Feigl und Waismann) von seiner Entdeckung berichtet hat, war das Café Reichsrat in Wien. Das lässt sich Carnaps Eintragungen vom 26. und 29. August 1930 entnehmen.

Am 6. September 1930, dem Tag, an dem Gödels Vortrag mit dem Titel „Über die Vollständigkeit des Logikkalküls" von 16:00–16:20 Uhr angesetzt war, lautet der entsprechende Eintrag in Carnaps Tagebuch dann:

> *Sa 6*| Vorträge Tornier[27] und Scholz[28]; dann Reichenbach[29] „Physikalischer Wahrheitsbegriff", Heisenberg[30] „Kausalität und Quantenmechanik"; Diskussion. Nachmittags Vortrag Gödel „Vollständigkeit des Logikkalküls"; [...].

Wenn Carnap und Gödel sich alleine trafen, waren allerdings Carnaps Projekte sehr viel häufiger Gesprächsgegenstand zwischen den beiden als Gödels. So hält Carnap am 4. März 1930 fest, sie hätten sein Manuskript zum Logizismus diskutiert. Es dürfte sich dabei um das Manuskript handeln, welches nicht viel später als Aufsatz unter dem Titel „Die logizistische Grundlegung der Mathematik" in der Zeitschrift *Erkenntnis* erschienen ist (Carnap 1931/32). Für Carnaps Arbeit dürften insbesondere die Treffen mit Gödel im Jahr 1931 und auch die weitaus weniger häufigen im Jahre 1932 wichtig gewesen sein. So notiert er am 7. Februar 1931, dass sie über seine Pläne eines Sprachaufbaus diskutiert hätten, am 21. April 1931 über Carnaps Entwurf zur Arithmetik, reelle Zahlen und Carnaps Versuch einer Logik ohne Existenzannahme. Am 10. Juni 1931 und am 12. Juli 1931 ist Carnaps Buchmanuskript *Metalogik* Thema zwischen den beiden. „Metalogik" ist der Arbeitstitel für die ersten Entwürfe zu Carnaps *Logische Syntax der Sprache*, von denen außer dem Inhaltsverzeichnis nichts erhalten geblieben ist.

In diesem Manuskript beschäftigt sich Carnap unter anderem mit dem Begriff der Analytizität,[31] welcher zudem bei den Treffen am 28. Juni 1931, am 12. Juli 1931 sowie in einem Brief von Gödel an Carnap vom 11. September 1932 zur Sprache kommt, den Carnap am 14. September 1932 in seinem Tagebuch erwähnt. Der Brief (Gödel 2003a, S. 346) enthält Gödels Kritik an Carnaps Definition des Begriffs ‚analytisch': Nach Gödel ist Carnaps Definition zirkulär, weil es keine Be-

---

[27] Erhard Tornier (1894–1982), deutscher Mathematiker. Ein Vortrag von Tornier ist im Programm der Tagung in Königsberg nicht genannt.

[28] Arnold Scholz (1904–1942), deutscher Mathematiker. Sein Vortrag bei der Tagung in Königsberg hatte den Titel „Über den Gebrauch des Begriffs Gesamtheit in der Axiomatik".

[29] Hans Reichenbach (1891–1953), deutscher Philosoph und Physiker.

[30] Werner Heisenberg (1901–1976), deutscher Physiker.

[31] Vgl. Awodey und Carus (2010, S. 263). Zum Begriff der Metalogik bei Carnap vgl. Goldfarb (2005, S. 186). Da alle Begriffe innerhalb ein und desselben Systems definiert werden sollten, handelt es sich bei Carnaps Metalogik nicht um Metalogik in unserem heutigen Sinne.

schränkungen für die Substituierbarkeit gibt, so dass unter den substituierten „Instanzen" auch das Prädikat, das als analytisch definiert werden soll, sein könnte. Werden die Substituierungsmöglichkeiten aber eingeschränkt, gilt die Definition nur für Systeme, die für die klassische Mathematik nicht adäquat sind.[32] Als sich Carnap und Gödel am 13. Dezember 1932 noch einmal im Café Museum treffen, ist die Definition von ‚analytisch', neben der von ‚wahr', wieder ein Thema.

Aufschlussreich ist allerdings insbesondere Carnaps Eintrag vom folgenden Tag, dem 14. Dezember 1932, weil er zeigt, welchen Einfluss die Diskussionen mit Gödel auf Carnaps Denken gehabt haben, auch wenn Letzterer sich dessen nicht immer bewusst gewesen zu sein scheint:

> *Mi* 14I [...] ½ 7 <u>Vortrag Menger</u> „Die kr neue Logik" in der Vortragsreihe „Die Krise der exakten Wissenschaften". Gut, aber zu schwierig, zu viele unerläuterte Ausdrücke. – Wir fahren im Auto zum Museum; unter <u>Neiders</u>[33] Leitung tagt <u>Neuraths Zirkel zur Physikalisierung der Psychoanalyse</u>. Ich sage: Nicht einfach übersetzen, sondern Definitionen aufstellen, ferner Hypothesen mit hypothetischen Begriffen, mit Ableitungsregeln. Analog zu den Feldbegriffen. „Ich" und „es" nicht als Klasse von Vorgängen, sondern als Gebietsgröße. Neider sagt, dass sie sehr überrascht sind über die neue Auffassung, was mich wundert. Später sagt Gödel mir, dass ich diese Auffassung zum Teil auf seine frühere Anregung hin hätte (aber auch: Popper, Bernays, usw.). Es werden Zweifel geäußert, ob Neurath mit diesen Auffassungen einverstanden. (8.–10.) Dabei noch: <u>Hollitscher</u>[34] (aus Prag), Frau <u>Jahoda</u>[35] (geschiedene Frau von LazarsfeldI)I, Gödel, Rand, Neurathin.

Dieser Eintrag Carnaps korrespondiert mit einer Bemerkung aus Gödels Philosophischen Notizbüchern Max 0 Phil I, die er im Jahre 1934 zu schreiben begonnen hat. Bei Gödel heißt es auf Manuskriptseite 72:

> <u>Bem[erkung]</u>: *Psychol[ogisch]* versteht man die Begriffe mittels der „Typen". Das sind spezielle (vollkommen spezialisierte) Begriffe, welche gewissermaßen in der Mitte des Gebietes jedes Begriffs liegen. Die nicht typischen Exemplare sind gewissermaßen eine Mischung zwischen dem Typus und seinem Gegenteil (oder konträren Typ) – am deutlichsten bei einer Farbe. Die Erkenntnis mittels des Typus und dem Grad {der} Abweichung ist exakter (das ist vielleicht ein heuristisches mat[hematisches] Prinzip). Die Aussage: „*x* ist typisch gelb" gibt gewissermaßen eine <u>vollständige</u> *Information*).

Nimmt man Carnaps Eintrag zwei Jahre zuvor am 14. Dezember 1932 für bare Münze, dann hat er den Gedanken der Gebietsgröße von Gödel übernommen.[36] Das zeigt, dass sich die beiden auch über philosophische Fragen ausgetauscht haben,[37]

---

[32] Vgl. auch Goldfarb (2003, S. 338) sowie Awodey und Carus (2010, S. 264).

[33] Heinrich Neider (1907–1990), Doktorand von Moritz Schlick.

[34] Walter Hollitscher (1911–1986), österreichischer Philosoph.

[35] Marie Jahoda (1907–2001), österreichische Psychologin.

[36] „Analog zu den Feldbegriffen. ‚Ich' und ‚es' nicht als Klasse von Vorgängen, sondern als Gebietsgröße. Neider sagt, dass sie sehr überrascht sind über die neue Auffassung, was mich wundert. Später sagt Gödel mir, dass ich diese Auffassung zum Teil auf seine frühere Anregung hin hätte." Siehe unten Carnaps Eintrag vom 14. Dezember 1932.

[37] Aus dem Tagebucheintrag vom 7. Februar 1931 geht zwar hervor, dass Carnaps philosophisches Projekt „Sprachaufbau" Gegenstand der Unterhaltung gewesen ist, Gödels Gesprächsbeitrag wird jedoch als auf dessen eigene Arbeiten eingeschränkt geschildert.

die über das engere Gebiet der Logik hinausgehen. Darüber hinaus wird deutlich, dass Gödel eigene Auffassungen dargelegt hat und diese drittens bei Carnap immerhin so sehr Wirkung gezeigt haben, dass er sie in sein eigenes Denken einbezogen hat, sich dessen aber nicht mehr bewusst war.

Carnap hat bekanntermaßen häufiger ihm einleuchtende Gedanken anderer Philosophen ohne Namensnennung aufgenommen und in seine eigenen Überlegungen integriert. Aus dem Umstand allein, dass das auch in Gödels Fall so gewesen zu sein scheint, ist daher noch nicht abzulesen, dass Carnap Gödel nicht als umfassenden philosophischen Denker wahrgenommen hat. Diese Einschätzung ergibt sich vielmehr aus dem Gesamtbild, zu dem insbesondere Carnaps Gesprächsnotizen beitragen. Aus ihnen lässt sich unten in Abschnitt IV des vorliegenden Beitrages noch genauer ablesen, welche Rolle Gödel für Carnap gespielt hat.

Jedoch werden Erörterungen von Gödels Arbeit in Carnaps Tagebuchaufzeichnungen durchaus erwähnt, allerdings sehr viel spärlicher. So heißt es am 23. Dezember 1930:

> Di 23| [...] 1/2 3 – 5 mit Gödel. Über seine Metamathematik (Korrekturbogen); sehr interessant.

Da Ende 1930 die Rede von einem Korrekturbogen ist, kann es sich entweder um Gödels Aufsatz „Über formal unentscheidbare Sätze der *Principia Mathematica* und verwandter Systeme I" handeln, der 1931 in Band 38 der *Monatshefte für Mathematik und Physik* erschienen ist (Gödel 1986, S. 144–194), oder, unwahrscheinlicher, um den Beitrag „Diskussion zur Grundlegung der Mathematik", der im ersten Heft des zweiten Bandes von *Erkenntnis* im Jahre 1931 erschienen ist (Gödel 1986, S. 200–204). Carnap nennt Gödels Ergebnisse im zitierten Eintrag zwar „sehr interessant", scheint aber Schwierigkeiten gehabt zu haben, Gödel zu folgen, wie sich aus seinem Eintrag vom 7. Februar 1931 ergibt, wo er bemerkt, er habe mit Gödel über seine Arbeit gesprochen, fände sie jedoch „doch schwer verständlich".

Einige Eintragungen Carnaps in Bezug auf Gödels Äußerungen verbleiben leider Andeutungen. So heißt es am 15. Dezember 1932: „Gödel; er sagt, die inhaltliche Redeweise sei nicht unzulässig." Leider wird nicht ausgeführt, wie Gödel das inhaltlich begründet. Ebenso wenig wie die Bemerkung vom 7. Juli 1932, nach welcher Gödel „vom Zirkel sehr unbefriedigt" sei. Man könnte dies auf die in demselben Eintrag erwähnte Haltung von Waismann und Schlick beziehen, die aber auch nicht weiter beschrieben wird. Schade ist das insbesondere, weil wir so nicht erfahren, welche philosophischen Motive Gödel vom Wiener Kreis sehr unbefriedigt sein lassen. Wir wissen darüber zwar einiges aus Gödels Sicht; diese ist allerdings retrospektiv mit einigen Jahren Abstand zu den Ereignissen formuliert.

Zudem erfahren wir über Gödels berufliche Pläne bei Carnap einiges, was mit Gödels eigenen Äußerungen korrespondiert. So heißt es am 7. Juli 1933: „Gödel hier. Er ist für 1 Jahr zum Flexner Institut nach Princeton berufen, durch Veblen[38] und von Neumann,[39] für Grundlagen der Mathematik. Vielleicht will er drüben blei-

---

[38] Oswald Veblen (1880–1960), US-amerikanischer Mathematiker.

[39] John von Neumann (1903–1957), ungarisch-amerikanischer Mathematiker.

ben, wenn's in Europa immer schlimmer wird. Allerhand über Politik." Spätere
Eintragungen Carnaps über Gödels berufliches Weiterkommen sind dann vor allen
Dingen solche aus zweiter Hand, wie die Notiz vom 30. Dezember 1935 zeigt:

> Symposium über Wahrscheinlichkeit: Morris Cohen, Northrop, Savery.[40] [...] Dazu kommt
> Irving (Princeton),[41] der mir hilft, die Beziehungen zur amerikanischen Philosophie anzu-
> geben. [...] – (Er sagt, dass Gödel kürzlich nach Wien zurück ist, nervöser Zusammen-
> bruch; Veblen habe gesagt: zu viel Introspektion.) – [...].

Zu Gödels Kontakten mit einigen Mitgliedern des so genannten Berliner Kreises
erfahren wir in Carnaps Tagebüchern einiges, z. B. dass er am 12. September 1930
dabei war, als bei einem Treffen im Café Dobrin neben Feigl, Gödel, Hempel und
Reichenbach Dubislav[42] und Grelling[43] anwesend waren. Dubislav findet im Zusammenhang mit Gödel zudem am 28. Februar 1931 sowie am 17. März 1931
Erwähnung.

11.4 Gödel in Carnaps Gesprächsnotizen von 1928 bis 1953

Wertet man Carnaps von 1928 bis 1953 reichende Gesprächsnotizen aus, lässt sich
Carnaps spezifisches Interesse an Gödel leicht erkennen: Er konsultiert ihn als mathematischen Logiker, nicht als philosophisch arbeitenden Denker, obgleich sie,
wie die Tagebuchaufzeichnungen zeigen, nicht nur über Fragen der Logik diskutiert
haben. Carnap scheint gehofft zu haben, Gödel könne ihm bei den Problemen, eine
logische Syntax der Sprache zu verfassen, helfen; darauf weisen die fünf Eintragungen „Gödel fragen" hin, die allesamt aus dem Jahr 1931 stammen.

Im Folgenden sei der Inhalt der Gesprächsnotizen jeweils kurz angegeben; es
handelt sich nicht um eine wörtliche Wiedergabe des Notierten. Wörtliche Zitate
stehen in Anführungszeichen.[44]

Gesprächsnotizen[45]
(RC 102-43-09) 14.12.1928 Gesprächsthema: Verhältnis von formaler Sprache und
    Physik; Logik und Mathematik als rein formale Verfahren.
(RC 081-01-32) 14.12.1928 Gödel zur Axiomatik

---

[40] Vgl. *Philosophical Review* 45 (1936), S. 173, wo das Symposium „Implications for Philosophy
of the Theory of Probability" von Morris R. Cohen, F. S. C. Northrop und William Savery annon-
ciert ist. Morris Raphael Cohen (1880–1947), F. S. C. Northrop (1893–1992) und William Savery
(1875–1945) waren amerikanische Philosophen.

[41] John Allan Irving (1903–1965), kanadischer Philosoph, der zunächst in Princeton gelehrt hat.

[42] Siehe Fußnote 25.

[43] Siehe Fußnote 26.

[44] Die Rechtschreibung der Transkription wurde stillschweigend angepasst.

[45] Die Transkriptionen der Carnapschen Gesprächsnotizen von Richard Nollan werden vor der Veröffentlichung überarbeitet werden. Da sie zum textuellen Kontext der Tagebuchnotizen gehören,
plant Christian Damböck, sie in die Edition von Carnaps Tagebüchern aufzunehmen.

(RC 102-43-22) 23.12.1929 Gespräch mit Gödel über Unerschöpflichkeit der Mathematik und den Umstand, dass es keine *Characteristica universalis* und kein Entscheidungsverfahren für die gesamte Mathematik geben kann.

Der Notiz ist nicht zu entnehmen, von wem die jeweiligen Aussagen oder Schlussfolgerungen stammen. Interessant ist, dass im Zusammenhang mit der Unerschöpflichkeit der Mathematik immer wieder von dem sich daraus ergebenden Erfordernis der „Anschauung" die Rede ist.

(RC 102-43-21) 14.03.1931 „Gödel fragen!" Carnap listet fünf Fragen auf, die er mit Gödel diskutieren will. Fragen 1 und 3 betreffen Ausführungen von Hilbert, Frage 2 ist eine nach der Eliminierung von Identität, Frage 4 betrifft den Gebrauch einer Regel an Stelle eines Axioms, Frage 5 die Werttafel von Dubislav.

(RC 102-43-20) 19.03.1931 Diskussion von Carnaps Regeln 1a und 1b. Carnap notiert, was Gödel im Einzelnen dazu meint.

(RC 102-43-19) 21.04.1931 Sehr kurze Gesprächsnotiz zum Thema Grundlegung der Arithmetik.

(RC 102-43-18) 09.06.1931 „Gödel fragen: 1.) Ich möchte ohne Satzvariable, Prädikatsvariable (und Zahlenfunktionsvariable) auskommen. Bedenken? Dagegen wohl Zahlvariable (auch als freie Variable, aber nur bei logischer Allgemeinheit). Gödel: Dies ist gut; da wird Existenz (unbeschränkt) nicht ausdrückbar."

Danach folgen insgesamt noch drei Fragen: eine zur Gleichungsregel, eine zu Prädikaten und Zahlfunktionen in der Arithmetik und die dritte und letzte zum Begriff der Beweisbarkeit. Mit Ausnahme der zweiten Frage sind die Positionen von Gödel und Carnap dazu jeweils notiert.

(RC 102-43-17) 10.06.1931 Gespräch mit Gödel über Finitismus.[46]

(RC 102-43-15) 02.07.1931 Im Anschluss an Notizen zu Ausführungen von Gödel während einer Sitzung des Wiener Kreises listet Carnap zwei Fragen an Gödel auf. Die erste Frage lautet: „Was ist mit „höherem Schema" gemeint? […] Kann man nicht ein allgemeines Schema für rekursive Definitionen aufstellen?" Die zweite Frage betrifft die Entscheidbarkeit konkreter Sätze in einer Sprache.

(RC 102-43-14) 12.07.1931 Drei Fragen zu Gödels Mathematik und Metamathematik sowie Gödels Antworten dazu.

(RC 102-43-13) Keine Gesprächsnotiz, sondern eine Notiz zu Zermelos Brief vom 21. September 1931 an Gödel.

(RC 102-43-16) 26.01.1932 Bei dieser Notiz handelt es sich nicht um eine Gesprächsnotiz, sondern um ein Herbrand-Exzerpt zu Gödel.

(RC 102-43-12) 24.03.1932 Diskussion über Carnaps Manuskript (Arbeitstitel „Metalogik"[47]); rekursive Definition; ‚beweisbar', ‚richtig'; Rolle von Naturgesetzen; ‚Gehalt', etc.

---

[46] Vgl. dazu auch Carnaps Tagebucheintrag vom 8. Februar 1930.

[47] Das Manuskript erscheint später als *Logische Syntax der Sprache* (Carnap 1934).

(RC 102-43-11) 08.12.1932 und 13.12.1932: 08.12.1932: Gödels Äußerungen zu rekursiver Definition. 13.12.1932: Carnaps Verfahren für unentscheidbare Sätze; deskriptive Antinomie; Funktionsvariablen und Prädikatvariablen. Frage nach der Zulässigkeit inhaltlicher Redeweise (Beispiel: Zahlen sind nicht Dinge). Formulierung eines Toleranzprinzips durch Gödel: „Wir tun gut daran, bei logischen Erörterungen die formale Redeweise anzuwenden."

(RC 102-43-10) Juli 1933 Carnap diskutiert mit Gödel: a-Begriffe (ableitbar, beweisbar, widerlegbar, a-unentscheidbar), f-Begriffe (Folge, gültig, widergültig, unentscheidbar) und L-Begriffe (L-Folge, L-gültig = analytisch, L-widergültig = kontradiktorisch, L-unentscheidbar = synthetisch) sowie ‚Synonymität'; Rolle von Naturgesetzen; u. a.

(RC 102-43-08) 29.06.1935 Definition von ‚analytisch'.[48]

(RC 102-43-06) 13.11.1940 Gödel über eine mögliche Theorie, die Begriffe wie ‚Gott', ‚Seele' und ‚Ideen' in ihrem Postulatensystem enthält sowie Carnaps Einwände dagegen.[49] „Ich [= Carnap]: Ich denke aber, diese Richtungsänderung wäre sicher unfruchtbar. Zu dieser Annahme (die natürlich nicht Beweis ist) trägt bei, dass wir durch Psychoanalyse usw. wissen, wie die Gottesvorstellung und ganze Theologie usw. auf gewisse Kindheitserlebnisse und Vorstellungen zurückgeht. G: Das glaube ich nicht. Der Versuch sollte jedenfalls gemacht werden."

(RC 102-43-07) 14.11.1940 Diskussion zu Gödels Vortrag über die Kontinuumshypothese.

(RC 088-30-03) 26.03.1948 Die jüngste Gesprächsnotiz Carnaps über eine Unterhaltung mit Gödel scheint diejenige vom 26. März 1948 zu sein, als beide sich in Robert Oppenheimers Haus getroffen haben. Carnap berichtet über Gödels Leibniz-Studien und was sich Gödel hinsichtlich eines Entscheidungsverfahrens für die Mathematik davon verspricht. Es ist eines der wenigen Gesprächsprotokolle zu Gödel, in denen Carnap ausschließlich schildert, was Gödel denkt. Das Protokoll zeigt die innerliche Distanziertheit Carnaps von Gödels Darlegungen. Diese wird gleich zu Beginn offenbar, wenn er schreibt, Gödels Mutmaßung, einiges von Leibniz' unveröffentlichten Schriften werde absichtlich zurückgehalten, sei ein Ausdruck seiner Verfolgungsidee. Carnap benutzt nicht das Wort ‚Verfolgungswahn', meint das aber.

Inhaltlich ist diese Gesprächsnotiz in vielen Hinsichten von Interesse. Carnap beschreibt, wie Gödel Leibniz' Idee eines allgemeinen Entscheidungsverfahrens für

---

[48] Carnap hat sich seit 1931 um eine Definition von ‚analytisch' bemüht, die es ermöglichen sollte als Kriterium von Wahrheit zu fungieren, das sich von dem für Beweisbarkeit unterscheidet. Vgl. Awodey und Carus (2010, S. 263).

[49] Was Gödel hier vorschlägt, ist das, was er an anderer Stelle eine wissenschaftliche, exakte Theologie genannt hat. Punkt 13 seiner philosophischen Ansichten: „Es gibt eine wissenschaftliche (exakte) Ph[ilosophie] {und Th[eologie] und dies[e] ist auch für die Wissenschaften höchst fruchtbar.}, welche die Begriffe der höchsten Abstraktheit behandelt" (undatiertes Blatt aus Gödels Nachlass, ursprüngliche Dokumentennummer 060168).

die Mathematik als eines konzipiert, das nicht durch eine Maschine durchführbar sei, weil es nicht spezifisch genug sein könne.

Carnap gibt in der Notiz nicht zu erkennen, wie er zu dem über die reine Logik hinausgehenden Inhalt des von Gödel Gesagten an dieser Stelle steht, und auch nicht, was er von Gödels Analogie zwischen theoretischer Physik und Mengenlehre hält. Er verweist nur darauf, dass sie sich hinsichtlich der Aufgabe von Hilberts Zielen einig seien, insofern sie diesen Umstand nicht, wie Tarski,[50] als Grund zum Verzweifeln ansehen, und bringt mit einem knappen Satz lediglich seine Enttäuschung darüber zum Ausdruck, dass Gödel seine Arbeiten nicht zur Kenntnis genommen hat: „Über induktive Logik: Er hat meine Aufsätze nicht gelesen."

Insgesamt zeigen die Gesprächsnotizen deutlich, wie sehr sich Carnap in der Anfangszeit seiner Arbeit an dem Buch, das 1934 unter dem Titel *Logische Syntax der Sprache* erscheinen sollte, auf Gödels mathematisches Urteil verlassen hat. Man kann sogar darüber hinausgehen und sagen, dass er sich in wesentlichen Fragen Anregungen oder gar Lösungen von Gödel erhofft hat und die ein oder andere Hilfestellung von Gödel auch erhalten hat.[51] Im Laufe des Jahres 1931 notiert Carnap mehrmals ausdrücklich: „Gödel fragen" und listet dann eine Reihe von Fragen auf, die er Gödel gestellt hat. Philosophische Fragen, die über logische hinausgehen, kommen lediglich in drei der Gesprächsnotizen vor: Einmal in der vom 23. Dezember 1929, aus der kein Gesprächsverlauf erkennbar ist, und dann erst wieder in denen vom 13. November 1940 und 26. März 1948, aus deren Duktus Carnaps ablehnende Haltung gegenüber Gödels Äußerungen klar erkennbar ist.

11.5   Briefwechsel zwischen Carnap und Gödel

Nimmt man noch den Briefwechsel zwischen Carnap und Gödel hinzu, der überwiegend aus dem Jahr 1932 stammt, als Carnap in Prag weilte, sieht man, dass sich auch hier die Diskussion um die Themen für Carnaps *Logische Syntax der Sprache* dreht und um Gödels Einwände dazu.

Wie Warren Goldfarb in seiner Einleitung zur Carnap–Gödel-Korrespondenz bereits herausgearbeitet hat,[52] ist der Anlass der Korrespondenz Carnaps Arbeit an dem Manuskript, welches er unter dem Titel *Logische Syntax der Sprache* (Carnap 1934) veröffentlichen sollte. Er wollte damit zeigen, dass mathematische und logische Wahrheiten keine Beschreibungen einer wie auch immer gearteten Realität seien, sondern reine Artefakte. Gödels Unvollständigkeitstheorem stellt für ein solches Vorhaben ein Problem dar, denn danach kann eine Sprache, die alle mathematischen Wahrheiten ergeben soll, nicht durch ein Axiomensystem und Ableitungsregeln bestimmt sein, weshalb Carnap eine Definition der Wahrheit nur für

---

[50] Alfred Tarski (1901–1983), polnischer Mathematiker.

[51] Vgl. Carus (2007, S. 251).

[52] Goldfarb (2003, bes. 337 f.).

mathematische oder logische Sätze einer Sprache geben wollte und eine Definition von ‚analytisch' für diese Sprache. Gödel macht Carnap darauf aufmerksam, dass seine Definition von ‚analytisch' (und daher auch der W-Beweis) fehlerhaft ist.

11.6 Carnap in Gödels philosophischen Notizbüchern

Die Erwähnungen Carnaps in Gödels philosophischen Notizbüchern zeigen, dass Gödel Diskussionen mit Carnap und seine Lektüre von Carnaps Schriften in seine eigenen philosophischen Überlegungen integriert hat. Ehe sich Gödel der Logik als einem philosophischen Gebiet gewidmet hat, war Carnaps Vorlesung für Gödels logisch-mathematische Arbeiten von 1930 und 1931 von Bedeutung, aber danach, als er durch seine Leibniz-Lektüre die Bedeutung der Logik für die Philosophie eruiert, greift er auf Carnaps Überlegungen und Erörterungen zurück und berücksichtigt dessen Überlegungen zur Logik in seinen eigenen philosophischen Reflexionen.

Gödel hat über einen Zeitraum von 22 Jahren (1934–1955) seine philosophischen Bemerkungen, die so genannten Maximen/Philosophie (Max Phil), die uns in 15 Notizbüchern überliefert sind, in der Kurzschrift Gabelsberger niedergeschrieben. Sie enthalten persönliche Leitfäden zur Lebensführung ebenso wie philosophische Lektürelisten, Zitate anderer Autoren, sowie eigene Gedanken und systematische philosophische Reflexionen. Die Zählung der Max Phil beginnt bei 0 und endet bei XV; Heft XIII ist Gödels eigenen Angaben zufolge verloren gegangen.

Da bei Weitem nicht alle Max-Phil-Hefte Gödels transkribiert sind, kann das, was sich derzeit zu Gödels Beschäftigung mit Carnaps Philosophie sagen lässt, nur unvollständig und vorläufig sein. Es lässt sich allerdings bereits festhalten, dass Carnap im ersten Notizheft (= Max 0) und im letzten (= Phil XV) Notizbuch genannt wird. Dazwischen taucht sein Name immer wieder einmal auf.

In Max 0 Phil I, also dem ersten Notizheft, in dem Gödel zwischen Oktober 1934 und Juni 1941 Notizen festgehalten hat, fällt Carnaps Name auf Manuskriptseite 3 in Zusammenhang mit einem Lektüreprogramm, das Gödel für sich aufstellt. Dieses Arbeits- und Lektüreprogramm beginnt mit Werken Karl Bühlers und Franz Brentanos, denen Heinrich Gomperz'[53] zweibändiges Werk zur Weltanschauungslehre folgt. Es wird ergänzt durch Studien in Überwegs *Grundriß der Geschichte der Philosophie*. Als weitere Lektüredesiderata notiert Gödel die Werke Georg Wilhelm Friedrich Hegels, das Studium von Bernard Bolzanos *Wissenschaftslehre*, das Studium der antiken Philosophen Aristoteles und Plato sowie das der Geschichte der modernen Philosophie bis 1900. Die Schriften der Autoren Karl Bühler, Max Scheler, Edmund Husserl und Franz Brentano, die stellvertretend für ein Studium der Psychologie und Phänomenologie stehen, sind gesondert angeführt. Dann fol-

---

[53] Gödel bezeichnet Gomperz im Grandjean-Fragebogen als seinen Lehrer. Gomperz hatte in Wien seinen eigenen Kreis, den so genannten Gomperz-Kreis, den auch Carnap besuchte.

gen bekannte Namen der positivistischen Philosophie: An erster Stelle steht Rudolf Carnap, gefolgt von Alfred Whitehead, Bertrand Russell, Charles W. Morris sowie Moritz Schlick, Ludwig Wittgenstein und Friedrich Waismann.

Gödels Beschäftigung mit Carnaps Philosophie steht also bereits zu Beginn von Gödels philosophischen Arbeiten auf dem Programm. Dass er dieses Programm auch abgearbeitet hat, zeigen die erhaltenen Notizbücher, in denen die Beschäftigung mit den genannten Autoren ihren Niederschlag gefunden hat.

Diese Feststellungen sind geeignet, Gödels überlieferte Aussage, er sei zwar Mitglied des Wiener Kreises gewesen, habe sich philosophisch aber stets in Opposition zu diesem befunden, in einem entscheidenden Punkt zu präzisieren: Gödel war in Opposition zur Philosophie des Wiener Kreises, insbesondere zu der des so genannten linken Flügels, zu dem Carnap zu zählen ist, hat aber seine eigenen Auffassungen auch in Auseinandersetzung mit den im Wiener Kreis vertretenen Positionen und ihren Vertretern, also insbesondere Carnap, entwickelt. Das lässt sich nicht zuletzt daran ablesen, dass Gödel sich mit Carnaps Philosophie zwischen 1934 und 1955 befasst hat, und zwar nicht nur mittels passiver Lektüre.

So findet sich in Heft Zeiteinteilung Max II zwischen 1938 und 1940 auf Manuskriptseite 148 der Eintrag: „Carnap und Veblen schreiben." Der Eintrag ist durchgestrichen, was darauf hindeutet, dass Gödel es sich nicht nur vorgenommen, sondern beiden tatsächlich geschrieben hat. Allerdings ist aus diesem Zeitraum kein Brief Gödels an Carnap erhalten. Ein Gutteil des Briefwechsels zwischen Gödel und Carnap ist in Band IV von Gödels *Collected Works* (Gödel 2003a) ediert und publiziert. Die überwiegende Zahl der Briefe wurde 1932 geschrieben, danach folgen nur noch in den Jahren 1933, 1934, 1935 und 1939 je ein Brief mit inhaltlichen Bezügen von Carnap an Gödel. Daraus könnte man schließen, dass Gödel selbst sich nach 1932 nicht mehr mit Carnaps Ideen befasst hat. So ist es aber nicht, was Gödels Philosophische Notizbücher zeigen. Interessant ist, wie sich Gödel in seinen Philosophischen Notizbüchern mit Carnap als Philosoph auseinandersetzt, und dass Diskussionen mit Carnap in Gödels philosophischen Überlegungen noch zehn Jahre, nachdem sie geführt wurden, eine Rolle spielen.

Schauen wir uns dafür einige von Gödels Bemerkungen an, in denen er auf Carnap zu sprechen kommt. Inhaltlich können sie im Rahmen dieses Aufsatzes nicht interpretiert werden, da das den vorliegenden Rahmen sprengen würde. Hier kommt es auf Folgendes an: (1) Die Ausschnitte legen nahe, dass Gödel sich der Carnapschen Philosophie erst nach den Diskussionen im Rahmen von Carnaps Arbeit an *Logische Syntax der Sprache* in vollem Umfang zugewendet hat, sie dann aber sorgfältig rezipiert hat.

Für diese These spricht die bereits oben interpretierte Bemerkung aus Heft Max Phil IX, Manuskriptseite 26:

> Bem[erkung]: Wieso eigentlich habe ich bis vor kurz[em] [bis Leibniz] nicht einmal in der *Logist*[ik] die bedeutenden Autoren [nicht einmal Carnap] mit eigentlichem ‚Interesse an der Sache' gelesen [Beginn mit *Herbrand*?]?

Gödel ist selbst darüber erstaunt, Carnap mit seinen Überlegungen zur Logik nicht von Anfang an immer auch in philosophischer Hinsicht verstanden und gedeutet zu haben.

Weitere Bemerkungen aus Heft Max Phil IX, in denen Carnaps Überlegungen eine Rolle spielen, sind die folgenden:

Max Phil IX, 18. November 1942–11. März 1943

> [29] _Bem[erkung]_ (_Phil[osophie]_): Merkwürdiger Weise nimmt man die Objekte, welche man eigentlich durch theoretische Konstruktion erreichen kann [fremdpsychische Vorgänge,[54] Objekte der Außenwelt], genauso „unmittelbar" wahr wie die eigenen Sinneswahrnehmungen. Das kann zwei Gründe haben: 1. Man nimmt stattdessen einen „Ersatz" wahr, den man [fälschlich] damit „identifiziert", ähnlich wie man Symbol und Bezeichnetes identifiziert. 2. Das Gegebene [die Sinnesempfindungen] dient nur dazu, die Aufmerksamkeit auf ein unmittelbar wahrnehmbares Objekt zu richten, und man könnte dies auch ohne Sinnesempfindung wahrnehmen, wenn man wüsste, wie man die Aufmerksamkeit zu dirigieren hat [das bedeutet die Möglichkeit der Gedankenübertragung]. Sicher kann man in einem gewissen Sinn die empirischen Dinge ohne Empfindungen wahrnehmen, indem man sie aus der Theorie der Welt konstruiert.

In dieser Bemerkung verwendet Gödel mit dem Begriff ‚fremdpsychische Vorgänge' einen Terminus aus Carnaps _Der logische Aufbau der Welt_, was dafür spricht, dass sich die Beschäftigung mit Carnaps Philosophie bei Gödel tief eingeprägt hat. Zwar könnte Gödel den Ausdruck auch von Max Scheler übernommen haben; aber die Weise, wie Gödel hier darüber nachdenkt, inwiefern fremdpsychische Vorgänge „unmittelbar" wahrnehmbar sind (nicht etwa „analog", also abgeleitet), ist den Positionen des Wiener Kreises geradezu entgegengesetzt, so dass von einer indirekten Bezugnahme auf Carnap auszugehen ist.

Max Phil IX, 18. November 1942–11. März 1943

> [35] _Bem[erkung]_ (_Phil[osophie]_): Die _Def[inition]_ der Wahrheit ist richtig in der _Transzend[enten]_ Theorie, aber es muss [ein] immanentes Wahrheitskriterium geben, und diesem gegenüber muss dann die _Transc[endente] Def[inition]_ als eine „nutzlose Tautologie" erscheinen [ähnlich wie _Carnaps Def[inition]_ von „analytisch"].

Wir haben bereits gesehen, wie ausführlich Gödel und Carnap den Begriff ‚analytisch' diskutiert haben und welche Bedeutung das Konzept für Carnaps _Logische Syntax der Sprache_ hatte. Gödel kritisiert Carnaps Definition hier als nutzlos. Selbst diese Bezugnahme zeigt aber, wie sehr bei Gödel die Diskussionen mit Carnap vom Beginn der 30er-Jahre des 20. Jahrhunderts nachhallen.

Max Phil IX, 18. November 1942–11. März 1943

> _Bem[erkung]_ (_Phil[osophie]_): Der Unterschied zwischen „leer laufender" und inhaltsreicher Theorie ist:
>
> 1. Im ersten Fall [sind] die Dinge _konstituierbar_ eines nach dem anderen; im zweiten Fall nur simultan.
> 2. Im ersten Fall [ist] jede Aussage, welche die neue[n] Dinge enthält, übersetzbar in eine ohne diese; im zweiten Fall nur gewisse. Dagegen gibt es viele (für Theorien wichtige) [Aussagen], die nur insofern etwas sagen, als die Möglichkeit der eingeführten Dinge mit den eingeführten Eigenschaften behauptet wird. Dann muss man aber zum Sinn einer solchen Aussage immer die ganz[en] Axiome, durch die Dinge _impl[izit]_ definiert werden, dazurechnen (andernfalls würden einander widersprechende Aussagen wahr sein). Aber selbst wenn man sie dazurechnet,

---

[54] Vgl. etwa Carnap (1928, Abschn. IV, C): „Die obersten Stufen: Fremdpsychische und geistige Gegenstände."

kann dasselbe eintreten [wegen unentscheidbaren Sätzen, und eine vollständige Charakterisierung ist eine reine [74] *Chimäre*]; außerdem, selbst die Chimäre angenommen, würden dann alle Folgerungen aus den *Ax*[*iomen*] dasselbe besagen. Wenn man die Entscheidbarkeit im objektiven Sinn (nach *Carnap*) herstellen will, so braucht man dazu den Klassenbegriff. Insofern ist vielleicht der Klassenbegriff allein schon für alle solche „Schöpfungen" hinreichend? Aber es kann sein, [dass] man viel[leicht] etwas offen lässt (oder muss es).

Carnap hat sich in *Logische Syntax der Sprache* mit Entscheidbarkeit und Unentscheidbarkeit auseinandergesetzt: „S_1 heißt entscheidbar, wenn S_1 beweisbar oder widerlegbar ist; andernfalls unentscheidbar" (Carnap 1934, S. 85). Hier gilt daher desgleichen, was bezüglich der vorangegangenen Bemerkung festgestellt wurde: Für Gödel ist selbst zehn Jahre nach seinen intensiven Diskussionen mit Carnap dieser noch ein wichtiger, wenn auch räumlich abwesender, Gesprächspartner, auf dessen einmal gemachte Äußerungen sich Gödels inhaltliche Gedanken nach wie vor beziehen.

Max Phil X, 1943–1944

[79] Angeregt durch: *Leibniz* (*Couturat, Fragm*[*ents*] *etc.*) […] [84] 7. Der Weg, die Elemente der Dinge zu finden (d. h. die *prim*[*ae*] *not*[*iones*]), besteht vielleicht darin, wenn möglich, den „gemeinsamen Teiler" je zweier Dinge zu finden (*Eukl*[*idischer*] *Algorithm*[*us*]). Das wäre die *Def*[*inition*] der Elemente *in terms of* ε (oder „wahr"). Carnap [85] definiert die Elemente *in terms of* „Ähnlichkeit".[55]

Diese Bemerkung beginnt mit „angeregt durch Leibniz" und erstreckt sich dann über mehrere Manuskriptseiten, einschließlich der Passage, in der Gödel dann auf Carnaps Methode, die einfachen Elemente mittels Ähnlichkeit zu definieren, zu sprechen kommt. Interessant hieran ist nicht zuletzt, dass Gödel selbst Carnap in den Kontext seiner durch Leibniz angeregten Überlegungen stellt. Gödel scheint also bekannt zu sein, dass Leibniz auch für Carnaps Philosophie eine Vorbildfunktion hatte.[56]

Max Phil XI, 1944

[1] *Bem*[*erkung*] (*Phil*[*osophie*]), angeregt durch Carnap):[57] Wir nehmen die Zeitpunkte und Raumpunkte [Richtungen, Entfernungen] unmittelbar wahr und ebenso die Relation der Erlebnisse zwischen diesen [nicht aber raumzeitliche Relationen der Erlebnisse untereinander]. Im Gegensatz dazu nehmen wir Ähnlichkeitsrelationen [oder Verhältnisse der Zusammensetzung] zwischen Farben wahr und nicht die Röte in der Farbe parametrisch. Also Raumzeit (obwohl außer uns objektiv existierend) wird doch (ohne besonderes Sinnesorgan dafür) unmittelbar wahrgenommen. Die Verhältnisse des Farbenraumes werden durch eine „sinnliche Wesensschau" wahrgenommen.[58] Dies schließt nicht aus, dass es uns unbekannte Farben gibt. Die „logische Wesensschau" ist dasselbe auf höherer Stufe. Auch die Wahrnehmung der untersten Begriffe [z. B. Farbe] gehört zur Sinnlichkeit [nicht nur die Wahrnehmung von sinnlichen einzelnen Tatsachen].

---

[55] Zu ‚Ähnlichkeit' bei Carnap siehe Carnap (1928, bes. S. 13, 109 f.).

[56] Awodey und Carus (2010) arbeiten sowohl Carnaps als auch Gödels Aspirationen, eine *Characteristica universalis* à la Leibniz zu begründen, heraus. Zu Carnap vgl. Awodey und Carus (2010, S. 252 f., 262, 266, 270 f.).

[57] Vgl. Carnap (1928, S. 120–127).

[58] Fußnote von Gödel dazu: „Es sind interne [*essentielle*] Verhältnisse, nicht äußere [*accidentelle*]."

Diese Bemerkung ist insofern besonders aufschlussreich, als sie zeitlich kurz nach der langen Bemerkung „angeregt durch Leibniz" folgt. Auch wenn Carnaps Philosophie, anders als die von Leibniz, für Gödel inhaltlich keine Vorbildfunktion hat, lässt die wortgleiche Formulierung „angeregt durch" in beiden Fällen erkennen, welche Bedeutung die Auseinandersetzung mit Carnaps Gedanken für Gödel angenommen hat, nachdem er diese nicht mehr nur aus rein logischem Interesse reflektiert hat.

Max Phil XI, 1944

> [5] *Carn[ap]*, *Log[ische]* *Synt[ax]*, *p.* 313:[59] An der Behauptung, dass die Übersetzbarkeit eine[r] *phil[osophischen]* Frage in die *„formal mode of speech"* das Kriterium dafür ist, dass sie einen Sinn hat, ist insofern [etwas] richtig, als das wirkliche Kriterium das ist, ob es ein Vorschlag zu einer Theorie ist (oder Gegenüberstellung zweier Theorien), das heißt in der Absicht aufgestellt, eine Theorie vorzubereiten, oder in der Absicht, den Verstand zu verwirren und die Aufstellung einer Theorie zu verhindern. (Viele Philosophen kehren vielleicht ihre *„Mission"* ebenso ins Gegenteil um wie die Priester.)

Gödel hat offensichtlich seine Lektüre von Carnaps *Logische Syntax der Sprache* in Princeton auf Englisch fortgesetzt. In diesem Zusammenhang beschäftigt er sich nicht nur mit der großen Debatte innerhalb des Wiener Kreises um das Sinnkriterium philosophischer Sätze, sondern insbesondere mit der Rolle der Syntax in Carnaps Philosophie. Wie lange Gödel sich mit diesem Thema auseinandergesetzt hat, wissen wir aus der posthumen Veröffentlichung von Gödels Aufsatz „Is mathematics syntax of language?" in mehreren Varianten.[60]

Das Verhältnis von inhaltlicher und formaler Rede bei Carnap ist auch das Thema in den beiden folgenden ausgewählten Bemerkungen:

Max Phil XII, 1944–1945

> [8] *Bem[erkung]* (*Phil[osophie]*): Es sei ein System von allgemeinen Gesetzen gegeben (welche Eigenschaften und Beziehungen einer Anzahl von Dingen (Individuen) betreffen). Wie ist es dann möglich, die „Wirkende" und „Leidende", das „Hätte" und eine „Verursachung[s]"-Relation zu definieren? Beispiel Fernwirkungsgesetz der Elektrodynamik und *Fresnel*sche[s] Prinzip (ähnlich der Carnapsche Versuch, aus einer formalen Regel der Sprache die Interpretation zu bestimmen).

Phil XV [1955–]

---

[59] In der englischen Fassung von *Logische Syntax der Sprache* von 1937 beginnt auf S. 302 der Abschnitt § 79: „Philosophical Sentences in the Material and the Formal Mode of Speech". In der unveränderten zweiten deutschen Auflage von 1968 hat § 79 die Überschrift: „Philosophische Sätze in inhaltlicher und formaler Redeweise". Die syntaktischen Sätze werden in formaler Redeweise abgefasst. Interessant sind die Beispielsätze 33a und 33b: „33a. Dieser Umstand (oder: Sachverhalt, Vorgang, Zustand) ist logisch notwendig; … logisch unmöglich (oder: undenkbar); … logisch möglich (oder: denkbar)." „33b. Dieser Satz ist analytisch; … kontradiktorisch; … nicht kontradiktorisch." Auf S. 313 heißt es: „*Translatability into the formal mode of speech constitutes the touchstone for all philosophical sentences*, or, more generally, for all sentences which do not belong to the language of any one of the empirical sciences."

[60] In Gödel (1995, S. 334–362).

[20] *Phil[osophie]*: Auch bei der *Carnap*schen in[ner]mat[hematischen] *Def[inition]* können die mat[hematischen] Sätze einen Inhalt haben, aber alle denselben und den kleinstmöglichen. Das heißt vielleicht: Auch die Mathematik hat einen empirischen Inhalt, nämlich dass etwas existiert [21] (daher unzweckmäßig, die Logik ohne diese Annahme aufzubauen).

Zusammenfassend lässt sich zu Gödels Beschäftigung mit Carnap festhalten, dass dieser auf Gödels Arbeiten der Jahre 1930 und 1931 einigen Einfluss hatte. Das wurde in der Forschung bereits herausgearbeitet. Gödel und Carnap haben sich in dieser Periode allerdings gegenseitig vornehmlich als mathematische Logiker rezipiert. Bei Gödel ändert sich das später; für Carnap blieb Gödel vornehmlich jemand, der ihm half, seine logischen Probleme zu lösen.[61] Ab 1934 beginnt Gödel, sich mit Carnap als Philosoph zu befassen; das zeigt auch sein Lektüreprogramm. Gödel sieht darüber hinaus eine gewisse Nähe von Carnaps Philosophie zu der von Leibniz, die für ihn selbst eine Vorbildfunktion hat, kritisiert aber Carnaps Philosophiekonzeption.

Literatur

Awodey, S., und A.W. Carus. 2001. Carnap, completeness, and categoricity: The *Gabelbarkeitssatz* of 1928. *Erkenntnis* 54:145–172.

———. 2010. Carnap and Gödel. In *Kurt Gödel: Essays for his centennial*, Hrsg. S. Feferman, C. Parsons, and S.G. Simpson, 252–274. Cambridge: Cambridge University Press.

Carnap, R. 1928. *Der logische Aufbau der Welt*. Berlin/Schlachtensee: Weltkreis.

———. 1931/32. Die logizistische Grundlegung der Mathematik. *Erkenntnis* 2:91–105.

———. 1934. *Logische Syntax der Sprache*. Wien: J. Springer.

———. 1937. *The logical syntax of language*. Übers. v. A. Smeaton. London: Routledge and Kegan Paul.

Carus, A.W. 2007. *Carnap and twentieth-century thought: Explication as enlightenment*. Cambridge: Cambridge University Press.

Dawson, J.W., Jr. 1999. *Kurt Gödel: Leben und Werk*. Wien/New York: Springer.

Gödel, K. 1986. *Collected works*, Bd. I: Publications 1929–1936, Hrsg. v. S. Feferman, J.W. Dawson Jr., S. Kleene, G.H. Moore, R.M. Solovay und J. van Heijenoort. Oxford: Oxford University Press.

———. 1995. *Collected works*, Bd. III: Unpublished essays and lectures, Hrsg. v. S. Feferman, J.W. Dawson Jr., C. Parsons, W. Goldfarb, und R.M. Solovay. Oxford: Oxford University Press.

———. 2003a. *Collected works*, Bd. IV: Correspondence A–G., Hrsg. v. S. Feferman, J.W. Dawson Jr., W. Goldfarb, C. Parsons, und W. Sieg. Oxford: Clarendon Press.

———. 2003b. *Collected works*, Bd. V: Correspondence H–Z., Hrsg. v. S. Feferman, J.W. Dawson Jr., W. Goldfarb, C. Parsons, und W. Sieg. Oxford: Clarendon Press.

———. 2019. *Philosophische Notizbücher/Philosophical Notebooks*, Bd. 1: Philosophie I Maximen 0/Philosophy I Maxims 0, Hrsg. v. Eva-Maria Engelen. Berlin: De Gruyter.

---

[61] Ein abschließendes Urteil dazu wird allerdings erst die Transkription von Carnaps Tagebüchern der Jahre 1952–1954 erlauben.

———. 2020. *Philosophische Notizbücher/Philosophical Notebooks*, Bd. 2: Zeiteinteilung (Maximen) I und II/Time Management (Maxims) I and II, Hrsg. v. Eva-Maria Engelen. Berlin: De Gruyter.

Goldfarb, W. 2003. Rudolf Carnap. *Gödel* 2003a:335–341.

———. 2005. On Gödel's way in: The influence of Rudolf Carnap. *Bulletin of Symbolic Logic* 11: 185–193.

Schimanovich-Galidescu, M.-E. 2002. Archivmaterial zu Kurt Gödels Wiener Zeit 1924–1940. In *Kurt Gödel: Wahrheit und Beweisbarkeit*, Bd. 1: Dokumente und historische Analysen, Hrsg. v. E. Köhler, P. Weibel, M. Stöltzner, B. Buldt, and C. Klein, 135–147. Wien: W. Depauli-Schimanovich-Göttig. öbv & hpt.

Stadler, F. 2015. *Der Wiener Kreis: Ursprung, Entwicklung und Wirkung des Logischen Empirismus im Kontext*. Wien: Springer.

12
Building a New Thursday Circle. Carnap and Frank in Prague

Adam Tamas Tuboly

12.1   Introduction

When Carnap wrote a short intellectual autobiography for Marcel Boll in March 1933, he mentioned two things about Prague: (1) that he became a professor at the German University in 1931, and (2) that he worked on his *Logische Syntax der Sprache* until 1933.[1] These things are well known. However, Carnap spent five long years in Prague, just like he did before in Vienna; so, one might ask whether (1) and (2) indeed sufficiently characterize his Prague period. Philipp Frank (1949a, 45), who had been there for almost twenty years when Carnap arrived, wrote that "[f]rom

This paper was supported by the MTA BTK Lendület Morals and Science Research Group, by the János Bolyai and the Premium Postdoctoral Research Scholarship of the Hungarian Academy of Sciences, and by the "Empiricism and atomism in twentieth-century Anglo-Saxon philosophy" NKFI project (124970). I am indebted to the Carnap Archives at Los Angeles (Rudolf Carnap papers, Collection 1029). UCLA Library Special Collections, Charles E. Young Research Library) and at Pittsburgh (Rudolf Carnap Papers, 1905–1970, ASP.1974.01, Special Collections Department, University of Pittsburgh), and to the Wiener Kreis Archiv (Rijksarchief in Noord-Holland, Haarlem, The Netherlands) for the permission to quote the archive materials as "MSN" for the Moritz Schlick Nachlass and "ONN" for the Otto Neurath Nachlass. All rights reserved. The translations from the archive files are mine. I am indebted to Christian Damböck, and Brigitte Parakenings for their corrections and comments.

[1] "Lebenslauf [für M. Boll; 6.3.33.]" (RC 011-20-09, p. 2). This biographical note was presumably written for the French edition of Carnap's "Die alte und die neue Logik," published in 1933 as *L'ancienne et la nouvelle logique* (Hermann & Cie., Paris). The volume was translated by Ernest Vouillemin, and Marcel Boll wrote an introduction. Marcel Boll (1886–1971), originally a physicist and engineer, was a French positivist philosopher and scientist who translated many papers and booklets of the Vienna Circle into French. On Boll and logical empiricism, see Schöttler (2015).

A. T. Tuboly (✉)
Institute of Philosophy, Research Center for the Humanities, ELRC, Budapest, Hungary

C. Damböck, G. Wolters (eds.), *Der junge Carnap in historischem Kontext: 1918–1935 / Young Carnap in an Historical Context: 1918–1935*, Veröffentlichungen des Instituts Wiener Kreis 30, https://doi.org/10.1007/978-3-030-58251-7_12

1931 on we [i.e., Frank and Carnap] had in this way a new center of 'scientific world conception' at the University of Prague." This seems to be much more than what Carnap claimed.

Actually Carnap might have had great expectations regarding Prague: the First Conference on the Epistemology of the Exact Sciences, where the Vienna Circle publicized its manifesto, was organized by Frank there in 1929; five years later, in 1934, the Preliminary Conference of the International Congresses for the Unity of Science was hosted again in Prague. As Jan Sebestik (1994, 205) claimed, "Prague has always been one of the important European centres of learning and of science, and it has often been the forerunner of vast currents or movements, both intellectual and political." The city also had a long tradition of scientifically oriented philosophical thinking: through Bernard Bolzano, members of the Brentano School (such as Anton Marty, Tomáš G. Masaryk, Christian von Ehrenfels, Hugo Bergmann, Oskar Kraus), via Ernst Mach (who was the Rector of the University before it was divided into a Czech and a German part), to Philipp Frank and Albert Einstein, the field was well prepared for Carnap. What else could one wish for?

Things might be not that simple, however. Was Frank right, for example, when he claimed that he and Carnap built a 'new center of scientific world conception'? The aim of this paper is to provide historical evidence and further materials to approach this question. Definite answers, however, require more space and contextualization, so I will just sketch some partial but hopefully promising narratives and rudimentary answers. I claim that though Carnap and Frank indeed tried to build a new center, they were unsuccessful, and possibly there were many reasons for this. This is the general claim; regarding Carnap, I will also show his way to the German University and his philosophical, scholarly, and social life in Prague.

12.2   The Long Struggle for a Chair (1926–1931)

After Carnap defended his doctoral dissertation in 1921, he became an independent scholar, traveling around the world from Europe to the United States and Mexico. He did not have a permanent academic position, though he certainly would have accepted one.[2]

On August 9, 1924, Schlick wrote to Carnap that he knew about his plans to habilitate in Vienna. Schlick happily encouraged the young Carnap, and the habilitation came with the possibility of becoming a *Privatdozent* at the University of Vienna, that is, of being qualified to become a professor at a later point. However, already in January 1926 Carnap mentioned to Schlick that Frank wrote to him about prospects of creating a brand new position in Prague, but until everything was

---

[2]Various periods of Carnap's life during the 1920s are considered in the contributions in Damböck (2016).

worked out, which could take a while, he should go with the Vienna job.[3] So, even before Carnap was appointed to Vienna, he knew about Prague and could have been excited about that. But a long and interesting road was ahead of him until the end of 1931.

Carnap was not the only candidate for Prague. In April 1925, Reichenbach wrote to Schlick that he had to abandon his Stuttgart position (which he had had since 1920) and that he aimed to go to Berlin with the help of Max Planck and Albert Einstein.[4] As it quickly turned out, Reichenbach faced some serious and sensitive problems in Berlin: some people (Reichenbach named Heinrich Maier) were trying to hinder him because of his leftist political activities from 1914.[5] Since Planck himself did not oppose the charges but agreed with them in principle, Reichenbach was quite afraid that he couldn't secure his existence in Berlin.[6] In this unfortunate and precarious situation came a letter from Schlick in January 1926 that a certain "Lehrstuhl für Naturphilosophie," a professorship for philosophy of nature, was planned in Prague. Reichenbach already knew about this, since Frank had written to him as well: he was grateful and happy for the possibility and was willing to go to Prague. Furthermore, Schlick indicated to Reichenbach that he would be the first candidate and Carnap the second.[7]

Carnap – being only a *Privatdozent* in Vienna – and Reichenbach – getting, after all, a position as *außerordentlicher Professor* (associate professor) in Berlin – were invited by Frank to meet personally in Prague in 1926 and discuss their possibilities.[8] Carnap got to know Frank on November 5, 1926, when he stopped by on his way from Berlin to Vienna. A month later he held two lectures in Prague, each followed by lively discussions (with some controversies, of course), and Frank ensured Carnap a few days later that the lectures had made a "good impression."[9]

Months and actually years went by and nothing happened (except, presumably, behind the scenes). While Carnap never indicated any skepticism about Prague, Reichenbach had his ups and downs about his future prospects. Carnap noted in his diaries on April 16, 1927, that Reichenbach did not consider a job in Berlin (since he was working there already, he might have had in mind a tenure-like professorship) and he wanted to go to Prague. In June 1928, however, he wrote to Schlick that even after he had heard that things would be pressed now in Prague, he did not have any hope after being on the waiting list for two and a half years. This time, Reichenbach wanted to go to Frankfurt where the neo-Kantian Hans Cornelius and the phenomenologist Max Scheler were to retire and Ernst Cassirer would have

---

[3] Carnap to Schlick, January 15, 1926 (RC 029-32-28).

[4] Reichenbach to Schlick, April 22, 1925 (MSN).

[5] On Reichenbach's involvement in the German Youth Movement and his political affairs, see Padovani (2013), Kamlah (2013), and DAmböck (2019).

[6] Reichenbach to Schlick, August 10, 1925 (MSN).

[7] Schlick to Reichenbach, January 16, 1926, and Reichenbach to Schlick, January 24, 1926 (MSN).

[8] See Reichenbach to Schlick, December 6, 1926 (MSN).

[9] Carnap's diary entry, December 13, 1926.

suggested Reichenbach for one of the chairs; so Reichenbach indicated to Schlick that in such a case Carnap should get the Prague job (though he would still be only the second on the job list).[10]

Two years later, in 1930, replying to Schlick, Reichenbach wrote that the Prague case was still not decided: though he wanted to go there, there were financial issues.[11] In October 1931, now six years after the beginning and the first letters, Schlick wrote that he hoped that Reichenbach would not be disappointed because of Prague, and that Carnap would have a nice time there.[12] In response, Reichenbach claimed that he was actually quite dejected about the Prague job, but that he had to decline the offer. He had no choice, he said, since he had to take care of the existence of his family, and this was not made possible by the economic situation in Prague.[13] Though there are no details in the letter, we find some hints in Carnap's correspondence. But the point is made: Carnap was only second and thus he was able to go to Prague because Reichenbach declined their offer, he was not chosen as the first candidate![14]

Carnap got a letter from Prague on June 19, 1930: as his diary entry indicates from the next day, it was about some special terms (Bedingungen) that Neurath suggested to accept: Carnap would become a professor extraordinarius with the title of a professor ordinarius. The decision was made quite hard for him since on June 21, 1930, "Schlick telephoned: title of professor in the faculty has been accepted (39 against 5)."[15] So Carnap became a professor in Vienna! In August, he met Reichenbach and they talked about Prague. The latter said that Frank and Heinrich Freiherr Rausch von Traubenberg, professor of physics in Prague, were not inclined to create a professor ordinarius position, because they want a second position in mathematics. Reichenbach seemed to suggest Carnap to accept temporarily the non-ordinarius position with the condition that it will be later transformed into an ordinarius one.[16]

On September 2, 1930, Carnap went to Prague and in the Ministry of Education met Dr. František Havelka and the *Prodekan*, the plant physiologist Ernst Pringsheim, to discuss the issues concerning the new job. Frank indicated that Traubenberg was impatient because the negotiations with Reichenbach took too long; they indicated that Carnap would have to decide quickly.[17] It is not known from the documents

---

[10] Reichenbach to Schlick, July 23, 1928 (MSN).

[11] Schlick to Reichenbach, June 8, 1930; Reichenbach to Schlick, June 11, 1930 (MSN).

[12] Schlick to Reichenbach, October 23, 1931 (MSN).

[13] Reichenbach to Schlick, November 16, 1931 (MSN).

[14] It might be interesting to note that according to Feigl (1981 [1969], 61), for the Viennese position that Carnap got in 1926, Reichenbach was the other candidate, but Hans Hahn persuaded others to get Carnap because Hahn, "a great admirer not only of Mach but more especially of Russell, was convinced that Carnap would carry out in detail what was presented merely as a program in some of Russell's epistemological writings".

[15] Carnap's diary entries for June 19, 20, 21, 1930.

[16] Carnap's diary entry, August 10, 1930.

[17] Carnap's diary entries, September 2 and 4, 1930.

when Carnap accepted the job offer with their conditions, but he got to know in August 1931 that he had been appointed already on June 30, though it did not immediately become legally valid (*rechtskräftig*); it still wasn't in late October, when he started to teach, or in December, when he wrote his first longer report about Prague.[18] He was just an assistant (*Supplent*), not a professor, even in the next semester, in March 1932[19]; this meant that his salary was quite reduced. The ministry told Carnap in 1932 that everything was in order and only translational things were to be done; he was skeptical, though, and with good reason. He noted in his diaries that when he came back to Prague from the 1935 Paris Congress, Dr. Havelka claimed that "the promotion to Ordinarius has a good chance, but the earliest date is January [1936]."[20] Since Carnap left Prague in December 1935, he never actually became a professor ordinarius there.

What conclusions and observations should we draw from these data? (1) During the 1920s, Reichenbach was much more respected and wanted in philosophical circles than Carnap: until 1926, Reichenbach published two monographs (*Relativitätstheorie und Erkenntnis apriori*, 1920; *Axiomatik der relativistischen Raum-Zeit-Lehre*, 1924), his doctoral dissertation in *Zeitschrift für Philosophie und philosophische Kritik* (1915) and more than twenty articles, mainly in physical journals. Carnap, on the other hand, published his doctoral dissertation and two articles in *Kant-Studien*, another paper in *Annalen der Philosophie und philosophischen Kritik*, and finally a short monograph about *Physikalische Begriffsbildung* (1926). While Reichenbach's wider recognition is understandable, we now have some more evidence about its effects as well.

(2) The considerations in this section about Carnap's struggle also suggest that he did not simply continue his philosophical career and projects in Prague after Vienna, but was quite *lucky* that he had lower requirements and existential needs than Reichenbach, and that the latter declined an offer he actually really wanted to take. It would be an interesting counterfactual history, especially for the history of philosophy of physics, to ask what would have happened if Reichenbach had joined Frank in Prague already around 1928 when he was just about to publish his *Philosophie der Raum-Zeit-Lehre*.

12.3 Carnap in Prague

With regard to Carnap's Prague time, I will briefly discuss three aspects of this period: his lectures, his philosophical works, and his cultural life.

---

[18] Carnap to Schlick, December 7, 1931 (RC 029-29-15).

[19] Carnap to Schlick, March 2, 1932 (MSN).

[20] Carnap's diary entry, October 2, 1935.

12.3.1 Carnap's Lectures

Let's start with the list of lectures (*Vorlesungen* and *Seminare*) Carnap had, after his inaugural lecture on "The Task of the Philosophical Foundation of Natural Science,"[21] between the 1931 and 1935 winter semesters.

1931 WS [= Wintersemester][22]

(1)*Naturphilosophi[sche Strömungen der Gegenwart]*
(2)*Grundlagen der Arithmetik*

1932 SS [= Sommersemester]

(1)*Einführung [in die wissenschaftliche Philosophie] (UCLA 03 – CM10) [4]*
(2)*Grundlagen der Geometrie (RC 089-62-02) [Ina + 3]*

1932 WS

(1)*Logik I (lots of participants, in the bigger lecture-room)*
(2)*System der Wissenschaften: Eine Einführung in die Erkenntnistheorie (RC 089-61-01)*

1933 SS

(1)*Logik II*
(2)*Kritische Geschichte der Philosophie der Neuzeit (RC 085-66-02)*

1933 WS

(1)*Naturphilosophi[sche Strömungen der Gegenwart] [44!]*
(2)*Grundlagen der Arithmetik [14; Ina + 2 later]*

1934 SS

(1)*Einführung in die wissenschaftliche Philosophie [6]*
(2)*Grundlagen der Geometrie*

1934 WS

(1)*Naturphilosophische Strömungen der Gegenwart [5–6]*
(2)*Mengenlehre (RC 085-04-02, in shorthand)*

1935 SS

(1)*Logik I [6]*
(2)*System der Wissenschaften: Eine Einführung in die Erkenntnistheorie [10]*

1935 WS

---

[21] Carnap to Schlick, December 7, 1931 (RC 029-29-15).

[22] At German-speaking universities, "Wintersemester" usually covers the period between early October and late March, while the "Sommersemester" covers early April to late September.

(1) *Logik II [5, then 2]*
(2) *Kritische Geschichte der Philosophie der Neuzeit (RC 085-66-01; 085-66-02)*

What can be seen from this list? First of all, the depressingly low number of students is telling. Carnap marked with an exclamation mark the 44 participants of the *Naturphilosophische Strömungen der Gegenwart* lecture in the 1933 winter semester. Though he did not give a number in the diaries, he emphasized the fact of the numerous participants of the *Logik I* lecture in the 1932 winter semester. All the other lectures and seminars were sparsely attended. The typical diary entries about these lectures registered an average of 5 students, though usually Ina, Carnap's wife, was one of them.

What is even more striking is the comparison of Prague to Vienna: in his circular letter (*Rundbrief*), Carnap noted that he has the same *Einführung in die wissenschaftliche Philosophie* course that he had already for years in Vienna. The only difference is that while 14 students attended it in Prague, he had 150 "registered participants" in Vienna.[23] But as he noted in his diaries, with time, those 14 became occasionally just 4. Since these numbers did not change in any positive manner during his five-years stay in Prague, Carnap noted the lack of the students to participate in his courses with sadness, bitterness and at times anger.

We would have a clearer picture if we knew the exact number of students enrolled at the universities in Prague and Vienna, respectively. It is quite possible that the number of students at Carnap's courses in Prague in relation to the number of students at the University is not that depressing after all and we should put a different weight on the numbers above. Nonetheless, what matters here is Carnap's own perspective, and he experienced the situation as quite depressing: even if the ratio of his students to the students enrolled at the University was promising, working now with 5 students instead of talking to 150 might have come as a loss of prestige in his perspective.

Some of Carnap's lecture notes are preserved in shorthand, transcript, or typed forms. Instead of going through them individually, I just note that Carnap had lectures which were somehow connected to his research, and did not start anything entirely new. While this might not be surprising, it also suggests that we should look into Carnap's work outside the seminar rooms.

12.3.2   The Thursday Colloquium (s)

In 1999, Gereon Wolters wrote a quite pessimistic paper about the logical empiricists' philosophy of biology: he claimed that the logical empiricists did not have any proper, deep, or relevant philosophy of biology since the wrong people asked the wrong questions in their wrong (highly ideological) frameworks.

---

[23] Carnap's circular letter, March 2, 1932 (RC 102-67-01) (cf. Iven 2015, 134–135).

In 2015, Wolters gave a talk, a refined and revised version of his 1999 paper. Though the general outlook of the new one is the same, Wolters noted the important efforts of (at least some) logical empiricists to deepen their knowledge in the philosophy of biology. By discussing the Prague "Vorkonferenz" with the Paris/Copenhagen Congresses, Wolters (2018) argues that "from 'Prague', via 'Paris' to 'Copenhagen' we see a sort of positive gradient as to special problems in the philosophy of biology: It goes from zero in Prague via old questions in Paris to information about actual biological science, inviting philosophical analysis in Copenhagen." In order to facilitate his arguments and points, Wolters recalls some lectures of a Colloquium, organized by Frank and Carnap at Prague in 1935. In fact, this is the only reference to Carnap and Frank's Colloquium in the literature that I am aware of.

Before I discuss this Colloquium, I have to note that the cooperation between Carnap and Frank dates back to as early as 1932.[24] In one of his first report letters about Prague, Carnap wrote to Schlick on March 2, 1932, that he "started a Thursday-night circle [*Donnerstagabendzirkel*] with Frank." We do not have much information about this group: Carnap wrote that there were especially many Russians and followers of the Brentano school, who were capable of discussing problems rationally and deliberately. In the letter, we found that their issue was Carnap's (1959 [1932]) "Metaphysics" paper, presumably the "Überwindung" one that was published already.[25]

The "first session" of the Circle (called by Carnap in the diaries as "our Circle") was on January 14, 1932, at Frank's place, with the following participants: Ina Carnap; the Russian Georg Katkov and Walter Engel, both of whom belonged to the third generation of the Brentano school; Sergius Hessen, a Russian philosopher and educationalist, one of the founders and editors of the international journal *Logos* and a neo-Kantian dialectician by education. Another participant was presumably Felix Weltsch, a close friend of Franz Kafka and a well-known organizer of Jewish life in Bohemia, having two doctorates, one in law and one in philosophy. Finally, there was Karl Reach, a student of Carnap, who attended many of his lectures and is known for a paper on "the name relation" and logical antinomies published in *The Journal of Symbolic Logic* (1938). Carnap noted that while Katkov and Weltsch understood his points well, Hessen did not get much of it; unfortunately, the latter led the discussion, "debating violently."[26]

According to the diaries, the Circle did not work out well, because it had only three more sessions. On January 21, they had an "interesting" meeting: the mathematician Karl Löwner, who became known worldwide later at Stanford as "Charles Loewner," was also there and made "clear remarks," but that is all that we know.

---

[24] There is no indication yet of Frank's having an own circle without Carnap, or before Carnap's arrival. Since most of Frank's papers from this period have been destroyed or lost we have to rely on secondary materials, but none of them suggest so far that Frank had organized anything; quite the contrary, as we will see.

[25] Carnap to Schlick, March 2, 1932 (MSN).

[26] Carnap's diary entry, January 14, 1932. On the Brentano school, see the essays in Kriegel (2017); on the life and works of Hessen, see Hans (1950).

One week later (January 28) Carnap noted a "Colloquium" discussing syntax, but without any further information about the details. Finally, again one week later, on February 4, Carnap became "impatient with Hessen," even though Frank tried to mediate between them: Carnap explained that he did not think anymore that it was possible for them to understand each other.[27] Since nothing is indicated in Carnap's diaries or letters about the Circle, a Colloquium, or about regular meetings and discussions, seemingly Hessen's temperament and incomprehension brought the First Prague Circle to an end.

A few years of silence lay ahead of Carnap and Frank on this front. After Carnap's lectures in London, the appearance of *Logische Syntax der Sprache*, and the famous pre-conference, Carnap noted in his diaries in November 1934 that Frank wanted to talk with others about the logical problems of quantum mechanics: besides discussing special questions of matrix operations and various formulations of the theory, Frank thought that "this would be a good test for the fruitfulness of scientific logic [*wissenschaftliche Logik*]."[28] A few months later, on February 9, 1935, Carnap wrote: "Frank by us. Plans for a Colloquium."[29] And that is indeed what they did. The first session came a month later. The group was called "Colloquium for the Philosophical Foundations of the Natural Sciences." As the topic of the 1935 summer semester, they chose questions of "Physics and Biology."

Frank, as the first speaker, talked on March 18 about "What do the new theories of physics mean for boundary questions of physics and biology?" Among the discussants we find, for example, Joseph Gicklhorn, who was first of all a biologist with an interest in the human sciences and history; in February 1931, before Carnap went to Prague, Gicklhorn held a lecture in the *Verein Ernst Mach* about cell physics.[30] Other participants were Johannes Paul Fortner, a zoologist; Reinhold Fürth, who was an experimental physicist, studying with and working next to Frank for almost 15 years[31]; Ludwig Berwald, a professor of mathematics working on geometry; and Karl Löwner.

According to Carnap's diaries, there were eight more meetings. One week later (March 25) Frank talked again, but this time Ernst Pringsheim was also there with Kostja Zetkin, a German physician, social economist, and lover of Rosa Luxemburg. Zetkin, after fleeing from Moscow, worked as a physician in Prague between 1935 and 1938.

At the next meeting (April 1), Gicklhorn presented a lecture. The new participants were Trude Schmidl-Waehner, an Austrian painter, and the Viennese biologist Felix Mainx, who later wrote about the "Foundations of Biology" for the *International Encyclopedia of Unified Science*. A certain Dr. Keller and Hans Zeisel

---

[27] Carnap's diary entry, February 4, 1932.

[28] Carnap's diary entry, November 30, 1934.

[29] Carnap's diary entry, February 9, 1935.

[30] Carnap's diary entry, February 18, 1931.

[31] Fürth (1965) gives some impressions about his Prague time with Frank.

were there as well; the latter was a sociologist and legal scholar from Vienna, whose memoirs of Carnap were published posthumously (Zeisel 1993).

At another session (May 13) Pringsheim talked about whether "biology has its own laws"; as Carnap noted in the diaries, he criticized various details of the presentation with Frank and Fürth. The fifth occasion was Carnap's lecture (May 27): "The relation between biology and physics, from the viewpoint of the logic of science." As it was claimed in the diaries, Pringsheim and Adolf Pascher, director of the Institute of Botany, were sympathetic to the presentation, while "Gicklhorn thought, 'too much physics'."

The next two meetings (June 6 and 10) were merely mentioned in the diaries, but nothing was said about them. The final two occasions, held in the next semester, were devoted to Mainx (who talked about genetics, November 11) and to Fürth ("Are physical processes continuous or discontinuous?", December 2). The lecture was followed by a discussion about probability and wave functions between Carnap, Frank, Fürth, and presumably Paul Hertz, a German physicist and philosopher of science who was fleeing from Nazism first to Switzerland, then to Prague. (Hertz was actually the co-editor with Schlick of Helmholtz's (1977 [1921]) epistemological papers.)

What follows from the above considerations? (1) There were only a few scholars who attended the small number of meetings; these scholars were indeed working on biology and physics, so the group could fulfill its task of investigating the relations between physics and biology. This also support Wolters' claim that the group was inaugurated to get a closer look at (the philosophy of) biology. Frank (1936) indeed gave a talk on the relation of physics to biology at the 1935 Paris Congress; one year later at the Second Congress in Copenhagen the topic was "The Problem of Causality – with Special Consideration of Physics and Biology."[32]

(2) What is also salient is the wide range of intellectuals attending the Circle: painter, physician, physicist, biologist, mathematician, sociologist, zoologist, and botanist. It would be again a piece of counterfactual history-writing to imagine what would have happened if Carnap and Frank had had more *time* and *energy*. But before we become too optimistic or sentimental, note that in 1935 Neurath asked Carnap in a letter whether something came out of the colloquium and whether anyone could deliver a talk at the forthcoming Paris Congress. Carnap said in his reply that unfortunately only Frank and he would be able to do that; he also mentioned Gicklhorn but claimed that he could not emphasize well the theoretical questions of the logic of science.[33]

Considering the fact that next year Carnap emigrated to the United States and two years later Frank followed him, one might plausibly claim that the discussion

---

[32] On the congress, see Stadler (2015 [2001], 178–182). Frank's and the logical empiricists' philosophy of biology is taken up in Hofer (2002, 2013).

[33] Neurath to Carnap, May 11, 1935 (RC 029-09-55), and Carnap to Neurath, May 15, 1935 (RC 029-09-54).

group was not able to achieve anything similar to the Vienna Circle and Frank could not build a functioning school or center with Carnap in Prague.[34]

Discussion groups and circles were quite regular, however, in Prague (similarly as they were in Vienna): both cities presented a certain "culture of circles." Prague had its own Philosophy Circle (*Cercle philosophique de Prague*), directed by such pupils of Edmund Husserl as Ludwig Landgrebe and Jan Patočka. After Husserl became their honorary member in May 1935, he delivered a lecture in November about "The Crisis of the European Sciences and Psychology." Carnap noted in his diaries that he did not attend Husserl's lecture, though it attracted Felix Kaufmann from Vienna.[35] Besides the Philosophy Circle, there was a linguistic circle (more on it below) and the Brentano Association, hosting the Brentano *Nachlass*. These groups, associations, and circles, having numerous members and sympathizers, were not entirely hostile to logical empiricism, though they expressed more criticism than support.

Actually, neither Frank nor Carnap could function as the "big locomotive" of the alleged "new center in Prague," and thus they were not able to develop any unified or recognizable brand. If Carnap and Frank had any recognition in Prague, they had it through Vienna's 'Vienna Circle'.[36]

12.3.3 Carnap's Philosophical Life

Carnap (1963a, 33) says in his famous intellectual autobiography that "[m]y life in Prague, without the [Vienna] Circle, was more solitary than it had been in Vienna. I used most of my time for concentrated work, especially on the book on logical syntax." According to the diaries, Carnap did indeed spend most of his time and energy on the syntax manuscript. He worked, however, in relative isolation: he was invited to the Linguistic Circle of Prague by Roman Jakobson only in February 1935, and he delivered a talk about "Logische Syntax der Sprache" three months later, that is, only after the publication of the *Syntax* book.[37] There is no evidence of any earlier direct contacts between Carnap and the structural linguists of Prague, though their circle was very similar to the Vienna Circle; they even had their own journal and manifesto from 1929 to propagate their modernist worldview.[38] Carnap was more active, however, in the Mathematical Circle (*Mathematisches Kränzchen*), where he

---

[34]While seemingly the discussion group on physics and biology did not have a major impact on Carnap as a philosopher of physics and biology, Uljana Feest and Thomas Mormann argue further in the present volume that Carnap was unsuccessful also as a philosopher of psychology.

[35]Carnap's diary entry, November 15 and 16, 1935.

[36]It should be mentioned, however, that many philosophers visited Prague during these years: W. V. O. Quine, Alfred Tarski, and Carl G. Hempel, to name just a few. Nonetheless these scholars went there especially because of Carnap and not because of an internationally well-recognized school or center, as it often happened in the case of the Vienna Circle.

[37]See Carnap's diary entries from February 11 and May 20, 1935.

[38]On Prague's Linguistic Circle, see Broekman (1974).

presented three lectures (one on Hilbert, another on Gödel, and a third about general axiomatics) and attended many others.[39]

But *Logische Syntax* was not the only publication of Carnap's during his Prague period, and so the questions arise what Carnap was working on, and whether any special influence on his thought can be detected that emerged particularly during the Prague time.[40]

Some of the most famous papers that appeared around 1931 and 1932 were written before Carnap moved to Prague. Among these, we find "Überwindung der Metaphysik", "Die physikalische Sprache als Universalsprache," and "Psychologie in physikalischer Sprache." Though Carnap's response to Edgar Zilsel and Karl Duncker was written in Prague, it was composed in the first months (his "Protokollsätze" paper a bit later), so nothing of particular influence could be detected there.

Besides some reviews, there is nothing from 1933. Among the publications from 1934, we find "On the Character of Philosophic Problems," which was written especially for "America" and is based on Carnap's Swedish and Danish lectures from 1932 to 1933.[41] Obviously, there is the *Syntax* book, some minor writings on pragmatism and on mathematics, but also his volume for Neurath's *Einheitswissenschaft*, the English translation of his "Physikalische Sprache" paper, and the lesser-known "Theoretische Fragen und praktische Entscheidungen." The latter ends with an interesting passage, claiming that metaphysics has no theoretical content, and thus cannot be refuted in the strict sense, but can be studied

> through investigations of a sociologist and a psychologist; one can determine, for example, that it is here a matter of wish fulfillment and similar things, whose systematic advancement and diffusion in social struggle serves as a diversion and a smoke screen.
>
> In order to avoid misunderstanding, it should be remarked that we are not speaking here of a conscious goal but rather of the factual social function, which in the main does not come into the consciousness of the practitioners but is rather hidden by a justifying ideology. (Carnap 1934, 259–260)

This passage might sound as if Carnap has learnt the lessons of Frank about the sociological determination of theories and metaphysical ideas. But "ideology" as some form of "false consciousness" is much closer to Neurath than to Frank: the

---

[39] See Carnap's diary entries from January 15, 22, February 5, November 25, 1932, and January 19, 1934.

[40] It should be mentioned, though, that there is a file in the Carnap Archive at Los Angeles (UCLA 03 – CM10) entitled "Einführung in die wissenschaftliche Philosophie," on which Carnap worked for years (apparently between 1929 and early 1931) before his Prague time. Besides a few pages of something like an analytic table of contents for two volumes, the file consists mainly of 150 pages of shorthand notes. Some of these are dated as "November 1931," so presumably he was using this material for teaching the "Einführung" course in Prague as well. The text is a sort of introduction into scientific philosophy, summarizing the main issues of the early 1930s: overcoming metaphysics, and the foundations of the special sciences (empirical as well as formal); the first volume was headed "The Language of Science," the second "The Foundations of the Sciences." I am grateful to Christian Damböck for calling my attention to this file.

[41] See Carnap's diary, November 14, 16, 18, 1932 and June 24, 1933.

latter's 1932 book on causation did not consider explicitly the question of ideologies, and even later Frank's concept was related rather to Karl Mannheim and Robert Merton than to Marx. Carnap's diaries testify, however, that he was aware of the Marxist notion of ideology through various lectures and reading groups, usually advocated by Neurath, and also spoke often with the Marxist Walter Hollitscher.[42]

In 1935, Carnap published his London lectures as "Philosophy and Logical Syntax," a paper on psychology and the philosophy of mind in French (presented at a Paris symposium on psychology and the natural sciences), another mathematical passage that was cut from *Syntax*, and his 1934 Prague *Vorkonferenz* paper, "Formalwissenschaft und Realwissenschaft."

Again, what do these publications show us? Carnap was indeed working on his *Syntax* book, and many of his publications were related to that project. Though he noted later that he learned a lot about the philosophy of physics from Frank, he did not present anything particularly relevant to that in his publications – nor anything about the philosophy of biology. While *Logical Syntax* has a few passages about these questions, they are quite general and optimistic regarding the project of unified science. Nevertheless, though these discussions with Frank and in their circle(s) did not surface in his writings, Carnap may have been reassured by them in his unified science conception, which emerged with renewed force later in the *Encyclopedia*.

With regard to actual philosophical works, Carnap (1963a, 39) complained that while in Vienna he could talk at least with the members of the Circle, whereas in Prague he "had even fewer opportunities for discussions with philosophers," since he belonged to the Faculty of the Natural Sciences and not to the Humanities. (As Frank (1949a, 45) noted, it was through Tomáš G. Masaryk – an influential philosopher and sociologist and the first President of the new Czechoslovakia after World War I – that the Faculty of Sciences created a professorship for natural philosophy.[43]) But there are some indications that the Faculty of Natural Sciences had some previous relations to philosophy. Frank (1947, 77–78) notes in his biography of Einstein that the life goal of the famous physicist Anton Lampa – who brought Einstein and Frank to Prague – was to "propagate Mach's views and to win adherents for them." Though Lampa left Prague for Vienna in 1918, his influence on the scientific community is unaccounted so far, and on the other hand, with Frank's appointment the dissemination of Mach's ideas was continued (on the influence of Mach's philosophy and the struggle over positivism in Prague, especially in the context of Frank, see Hofer 2020). Therefore, before World War I (and possibly even after it), Mach's philosophy was still prevailing among natural scientists – thus it wasn't necessary that Carnap could not talk about philosophy at his Faculty.

Nonetheless, as soon as his *Vorlesungen* and *Seminare* were over, Carnap got on the train and lectured around Europe, seeking out old and new connections. Going

---

[42] See, for example, the diary entries from May 12, 1930, April 18, 1931, and January 2, 1934. Note that the first entry dates from before his departure to Prague.

[43] On Masaryk's life and works, considering his relation to (logical) positivism as well, see Tulechov (2011).

through Berlin (talking at Reichenbach's seminar and lecturing on the radio), he went to Copenhagen, Göteborg, and Stockholm (1932), later to Bratislava and Brno (1934). In the next year, he visited Münster to meet Heinrich Scholz and talk about the philosophy of mathematics. These various presentations picked up the questions of the nature of philosophy (which he called in Brünn the "opium of the intelligentsia"), of soul and god (a related lecture was recently published by Thomas Mormann; see Carnap 2004 [1929]), and of the natural sciences and humanities. While he talked in Prague about "the way of scientific philosophy" in the *Urania* (Prague's German Society, which aimed at communicating scientific results to a broader public), he also touched upon the "sociological function of metaphysics in the present" at the Society of Socialist Academics. There may have been connections to Frank – given that this was one of Frank's most favored topics during his entire career – but the talk is unfortunately not preserved.

Regarding the lines of personal influence, we must strictly distinguish the Carnap–Frank and Frank–Carnap routes. Frank's *The Law of Causality and its Limits* (1998 [1932]), published in 1932, contains occasional general references to Carnap, mainly with regard to his investigations into the connection of metaphysics to realism. This is not at all surprising: Carnap's (2005 [1928]) major ideas (documented in his *Aufbau* and *Scheinprobleme*) were known quite at that time, and his books were reviewed well, even by, for example, Felix Kaufmann, a peripheral member of the Circle. The lack of detailed considerations of Carnap's ideas, however, is also understandable: though Frank finished his book when Carnap arrived in Prague, he had been working on the book already around 1925.[44] In the Preface, Frank acknowledged, and expressed his gratitude for, the help of physicists (Albert Einstein, Richard von Mises, Ernst Schrödinger), of biologists (Josef Gicklhorn and Fritz Knoll),[45] and of sociologists (Neurath), but not to philosophers and in particular not to Carnap.

A few years later, however, Carnap became quite effective in moving Frank into new directions. After the appearance of the *Syntax* book, Frank often referred explicitly to Carnap's book (1949c [1936], 162, 1949d [1938], 86, 1953 [1938], 220–221) and to the logic of science (1949b [1934], 124). This does not mean that Frank started to pursue logical and syntactical inquiries; but his remarks show signs of Carnap's influence. Frank admitted the legitimacy of Carnap's approach; he even planned a lecture about logical syntax and physics for the 1938 Cambridge congress, but canceled it[46]; furthermore, he tried to integrate that type of investigation into a more general philosophy of science, which was recently called the "bipartite metatheory" by Thomas Uebel (2012).

Regarding the Frank–Carnap line, note first that Frank was highly respected among logical empiricists and other circles as well. (Though this may not be

---

[44] Schlick to Reichenbach, August 5, 1925 (MSN).

[45] Knoll was an Austrian botanist who became a professor in Prague after 1922 and in Vienna (1933). He was also a member of the NSDAP and was known later for his national-socialist views. According to the diaries, Carnap met Knoll once in Prague on December 12, 1926.

[46] Frank to Neurath, June 1938, Fiche 62/237 (ONN).

obvious in the Circle's published writings, the correspondences of the individual members testify it.) Many of Frank's papers were translated into French as soon as they were published in German, just like his pamphlet "The Fall of Mechanistic Physics" (Frank 1987 [1937]) written for Neurath's *Einheitswissenschaft*. This booklet, though it is not mentioned in Frank's bibliography (in Frank 1998 [1932], 290–296), was translated into Czech after its publication (Frank 1937).

Therefore one might expect some direct and significant influences here. Even though Carnap and Frank met regularly when they were in town at the same time (actually this did not happen very often), Fürth (1965, xiv) claims that "[Frank] preferred to work on his own and never had a 'research school.' " But this does not mean that Frank's work did not have any impact on Carnap's thoughts. Carnap (1963a, 32) claimed, for example, in his intellectual autobiography that "in a way similar to Neurath, [Frank] often brought the abstract discussion among the logicians back to the considerations of concrete situations. [...] I received many fruitful ideas from my talks with him, especially on the foundation of physics."

Frank indeed had some slight effect on Carnap: he noted in his *Introduction to the Philosophy of Science* that according to Frank, "it is often instructive to read the prefaces of scientific textbooks" (1995 [1966], 206). Though Carnap discussed an example of how the sentence "nature never violates the laws" documents extra-scientific tendencies, he did not provide details or context, only admitted the legitimacy of such inquiries.

But that book of Carnap's, which is rarely discussed except for its considerations on scientific realism and instrumentalism, may contain some surprises. Carnap presents there his ideas on many important notions of philosophy of science, and devotes some space to quantum physics as well. Since he was a trained theoretical physician, he had a good position to write about such issues, but the truth was, he wrote to Wolfgang Yourgrau in 1958, that he was not that familiar with quantum mechanics since during his education, he learned about the theory of relativity, and later he turned towards mathematics and did not follow the newest debates in and about physics.[47] Thus it would be important to contrast what Carnap says in this book about physics against what Frank wrote during the 1930s, to see whether there is any line of influence there. Again, before we become too optimistic, note that Carnap claims in his diaries that just a few days before he left Prague he was able to tell Frank, after waiting for four years, an idea about the gravitational field. This does not sound like a well-balanced relation between them.[48]

Carnap knew well Frank's major work: after the appearance of *The Law of Causality*, he immediately reviewed it in *Kant-Studien* (1933, 275). His remarks are not very interesting in themselves: he does not criticize the book or pick up any particular point to develop it further. He notices the conceptual crisis of physics and appreciates Frank for his exact and clear formulations, for his inclination to write

---

[47] Carnap to Wolfgang Yourgrau, October 3, 1958 (RC 027-42-03). Actually Carnap mentioned this also in his intellectual autobiography (1963a, 14–15), where he claimed that Reichenbach used to help him with physical questions and he in turn helped Reichenbach with logical problems.

[48] Carnap's diary entry, December 7, 1935.

for the layman, and describes the book as the "best contemporary presentation of the problem of causality." He also emphasized that Frank does not admit any philosophy beyond the sciences as a separate higher discipline.

Though the review is quite conventional, Carnap and Frank were obviously approaching philosophy and science as well as their nature and function from the same direction and they reached very similar conclusions. The abovementioned "bipartite metatheory conception", however, was in the air around that time. Carnap wrote in *Logische Syntax* that theory of science "in addition to the logic of science, includes also the empirical investigations of scientific activity, such as historical, sociological, and, above all, psychological inquiries" (1934/1937, 279). Frank's book contained many interesting chapters on the historical and sociological conditions of scientific, especially physical and philosophical, theories, a fact acknowledged and stressed in Carnap's review as well.[49] Nevertheless, Carnap was either a philosophically minded physicist and logician or a philosopher trained in the natural sciences, but he certainly was not a sociologist of science. As he remarked later: "unfortunately a division of labor was necessary, and therefore I am compelled to leave the detailed work in this direction [the analysis of the social and cultural roots of philosophical movements] to philosophically interested sociologists and sociologically trained philosophers" (Carnap 1963b, 868).

12.3.4   Carnap's Personal and Social Life

From the original manuscript of his intellectual autobiography it is known that Carnap "missed painfully" that the spirit and attitude in Vienna which he encountered in the German Youth Movement. "Although [Carnap] was able to play a leading role in the philosophical work of the [Vienna Circle, he] was unable to fulfill the task of a missionary or a prophet." The United States is also mentioned: he faced similar troubles there; but nothing is said about Prague.[50] Presumably this is not accidental. Carnap was leading no one there: as we saw, he did not have a secured circle or group of regular students and he was not a public intellectual or cultural organizer.

It is also possible that Prague offered more possibilities when Frank started to work there. For example, around 1911 and 1912 the house of Berta Fanta provided the place for the so-called *Fanta-Kreis* (it is also known as "Café Louvre," after its first residence). Fanta was a well-known Jewish intellectual figure in the life of Prague, who was much interested in German and Czech literature, science, and arts, organizing thus a forum for the cosmopolitan elite outside the academic curriculum. Prague's most prominent scientists and artists attended the meetings, which took place before World War I: Albert Einstein, Christian von Ehrenfels, Oskar Kraus,

---

[49] On Frank's sociology of science, see Uebel (2000) and Tuboly (2017).

[50] Carnap, 1957, UCLA, Box 2, CM3, folder M-A5, pp. B35–B36.

Franz Kafka, Max Brod, Rudolf Steiner, Hugo Bergmann, and Gerhard Kowalewski. They talked mainly about philosophy and religion, but there were also musical performances. According to many sources, Frank attended these meetings as well.[51]

But Berta Fanta died after World War I, and her circle was not continued. Presumably something like that would have kept Carnap busy as well. However, it should be mentioned that Carnap may have withdrawn from cultural life due to the newly emerged unsupportive atmosphere of the 1930s. In the section on "Values and Practical Decisions" of his *Library of Living Philosophers* volume, Carnap (1963a, 82) described how Oskar Kraus, the famous Brentano scholar from Prague, "seriously pondered the question whether it was not his duty to call on the state authorities to put [Carnap] in jail."

Carnap claimed in the early 1930s that ethical, normative, and other types of value statements do not have any theoretical or cognitive content which would be empirically and intersubjectively approachable by factual scientific investigations. They were meaningless, given a very restrictive sense of "meaning," and Carnap always made this explicit. He also admitted that these sentences have "emotive or motivating [components and meaning], and their effect in education, admonition, political appeal, etc., is based on these components" (Carnap 1963a, 81). Nevertheless Carnap was criticized by various persons who "ascribed to the problem of the logical nature of value statements an exaggerated practical significance" (ibid.). They said that if value statements didn't have theoretical, and thus demonstrable, content and validity, value statements lose their true interpretation, and this conception would lead to immorality and nihilism. As it turned out, Kraus had this problem with Carnap's conception at his seminar, and thereafter he aimed at bringing the issue before higher authorities in 1935.[52]

When Kraus and Carnap met personally, however, they were able to found some-common ground: it turned out that Carnap was not a "wicked man," and Carnap developed a "very high respect for [Kraus'] sincerity and absolute honesty in philosophical discussions, and his kindness and warmheartedness had a great personal appeal" (Carnap 1963a, 82).[53]

Regarding Carnap's personal life, one thing should be mentioned. Carnap and Ina's civil ceremony was on March 5, 1933, and the Franks were their legal witnesses. I quote Israel Scheffler, who describes Carnap's wedding and Frank's role in it as follows:

---

[51] See Wein (2016, 54), Smith (1981, 141, n. 9), Pawel (1984, 145). See also the autobiography of Gerhard Kowalewski (1950). On Prague's cultural context in this period, see Gordin (2020).

[52] Kraus presumably had an even deeper problem with logical empiricists. Herbert Feigl (1969, 7) later told the following story: In 1920, when Einstein was again in Prague to hold a lecture, Kraus debated him "with great excitement," arguing for the *synthetic a priori* conception of absolute space, which was rejected by (most) logical empiricists.

[53] In a letter to Neurath, however, Carnap described the resolution as he met Kraus accidentally at Frank's house and Kraus admitted that their debate had cultural risk and talked it over (Carnap to Neurath, April 11–12, 1935, RC 029-09-61).

[Frank served] as a witness at the wedding ceremony of Rudolf Carnap and his wife. The ceremony was conducted in Czech, which Carnap did not understand. Frank therefore acted as translator as well as legal witness. He had to convey the official's questions to Carnap in German, and then translate his answers into Czech for the official to meet the formal requirements of the rite. When the procedure began, Carnap, the meticulous logician and philosopher of language, asked Frank to clarify the meaning of the verbal formulas required. As the procedure continued, Carnap kept interjecting questions as to the logical status of the particular statements he was expected to supply at each juncture. Frank finally interrupted him, saying, in effect, "Do you want to get married or not? If so, just answer and don't ask questions!" (Scheffler 2004, 66)

Carnap wrote to Schlick that the ceremony was insignificant for them[54]: they had been living together for many years, and the marriage presumably played more of a pragmatic role, for example, with regard to future traveling. Asking the Franks to be their legal witnesses, however, indicates that Carnap's social and personal life in Prague was concentrated mainly around the Franks: Philipp Frank often translated Russian movies for the Carnaps in the cinema, and the Carnaps often visited the Franks, even when Philipp was out of town.

12.4   Conclusion: On the Road Again

After 1933 Prague, given its general liberal atmosphere and its German-speaking university, became something of a center for German emigrants and for many others from the Balkan and the Soviet Union. Nevertheless, this paradise of diverging opinions and people was jeopardized already in 1934, when Carnap noted in his diaries that he asked Frank whether they should initiate a demonstration against nationalism with the Prague biologist and philosopher of science Emanuel Rádl (1873–1942) and other professors. While Frank agreed in principle, he thought that only a few people would join them.[55] The issue behind the demonstration was presumably the question of where to place the insignia of the university. After the university was divided into a German and a Czech University in 1882, these shared certain institutes, libraries, and among other things the old insignia of 1338, which were kept in the German University. Czech politicians demanded that the insignia be kept at the Czech University, and their protests became more violent in the 1930s. On November 21, 1934, students of the German University had to hand over the regalia to the Czech part of the University. A few days later both German and Czech students became involved in the debate; the latter, outnumbering the German students, tried to attack the German University, while the Germans resisted. Finally the regalia were given to the Czech University, but nationalistic voices on both sides were intensifying from day to day, harming the relations between the nations and the universities.

---

[54] Carnap to Schlick, March 5, 1933 (RC 029-28-31).

[55] Carnap's diary entry, November 30, 1934.

This whole event, however, was only the final straw. Carnap had been wanting to leave Prague even earlier: he aimed to obtain a Rockefeller fellowship, but in February 1934 it turned out that they did not have any philosophy position, and Carnap's project was not exactly mathematical.[56] The same thing happened as with his doctoral dissertation: he worked in a grey zone. A few months later, in August, when Charles Morris arrived in Prague, Carnap explained to him why he did not have a chance any more in Middle Europe. Morris could not promise anything regarding Chicago (he emphasized the Catholic tendencies of the department and that the chair wanted Nicolai Hartmann), but he claimed to look after Carnap's case.[57]

Even before Morris could deliver any news, and right after Carnap found out that a lecture tour couldn't be arranged for him in New York (though Ernest Nagel tried to help him), he was invited to Harvard's 300th-anniversary conference to hold a lecture and to receive a honorary doctoral degree! "A first step towards America," he commented in the diaries.[58] A few months later it turned out that Morris succeeded: Carnap was invited to the University of Chicago for the period January–March 1936.[59]

On December 12, 1935, Carnap went to Dresden and thence to Bremen, in order to sail to the United States. Carnap suggested as his representative and successor first Neurath (he thought, however, that Neurath would not be the best candidate for a position at the *Natural Science* Faculty), then Walter Dubislav, Edgar Zilsel, Carl Hempel, and the German philosopher Ernst von Aster, who in the next year emigrated to Turkey; against Reichenbach both Frank and him had "personal misgivings," and Popper was not sympathetic to Frank.[60] As is known, none of these persons got the job.

After Carnap went to the States, the situation did not get any better; indeed it became worse on both sides of the ocean. In June 1936 Carnap wrote to Neurath that according to Frank, "anti-Semitism in Prague is again flourishing."[61] Carnap therefore tried to help Frank to come to the United States, but this did not work out effectively in the mid-1930s. Frank had to wait in Europe for two more years, and he was able to visit America only in late 1938 and never moved back to the old continent. More interestingly, however, Carnap commented on this by saying: "The world is hoggishly arranged. Over here anti-Semitism is rampant as well, especially at the Universities, – thus, for example, I have heard that non-Aryans did not even have the slightest chance of getting the job at Princeton that I rejected.",[62] Here Carnap presumably referred to Reichenbach, who complained to Louis Rougier that

---

[56] Carnap to Schlick, February 28, 1934 (RC 029-28-24).

[57] Carnap's diary entry, August 17, 1934. The Thomist philosophers' resistance against the logical empiricists is documented in Reisch (2005, 2017).

[58] Carnap's diary entry, February 28. 1935.

[59] Carnap's diary entry, August 5, 1935.

[60] Carnap's diary entry, November 25, 1935.

[61] Carnap to Neurath, June 11, 1936 (RC 102-52-26).

[62] Carnap to Neurath, June 11, 1936 (RC 102-52-26).

even though Carnap had recommended him for a Princeton job, he was not able to take it because of an anti-Semitic trend there.[63]

It is quite well known how hard was it for emigrants in general to adapt to the new living conditions, but it is less well known what it was like for others, like Edgar Zilsel (who committed suicide), Felix Kaufmann, Alfred Tarski, Karl Menger, or Carl Hempel. That is a story still to be written – presumably an unhappy story like the one of the Prague Thursday Circle.

References

Broekman, J.M. 1974. *Structuralism: Moscow – Prague – Paris*. Dordrecht: D. Reidel.

Carnap, R. 1933. Besprechung, Philipp Frank, Das Kausalgesetz und seine Grenzen. *Kant-Studien* 38(1/2): 275.

———. 1934. Theoretische Fragen und praktische Entscheidungen. *Natur und Geist* 2(9): 257–260.

———. 1959 [1932]. The elimination of metaphysics through logical analysis of language. In *Logical positivism*, ed. A.J. Ayer, 60–81. Glencoe: Free Press.

———. 1963a. Intellectual autobiography. In *The philosophy of Rudolf Carnap*, ed. P.A. Schilpp, 3–84. LaSalle: Open Court.

———. 1963b. Replies and systematic expositions. In *The philosophy of Rudolf Carnap*, ed. P.A. Schilpp, 859–1013. LaSalle: Open Court.

———. 1995 [1966]. *An introduction to the philosophy of science*, ed. M. Gardner. New York: Dover.

———. 2004 [1929]. Von Gott und Seele: Scheinfragen in Metaphysik und Theologie. In *Rudolf Carnap – Scheinprobleme in der Philosophie und andere metaphysikkritische Schriften*, ed. T. Mormann, 49–62. Hamburg: Felix Meiner.

———. 2005 [1928]. *The logical structure of the world and pseudoproblems in philosophy*. Chicago/LaSalle: Open Court.

Damböck, C., ed. 2016. *Influences on the Aufbau*. Cham: Springer.

———. 2019. Carnap, Reichenbach, Freyer: Non-cognitivist ethics and politics in the spirit of the German youth movement. In *Logical empiricism, life reform, and the German youth movement/ Logischer Empirismus, Lebensreform und die deutsche Jugendbewegung*, ed. C. Damböck, G. Sandner, and M. Werner. Dordrecht: Springer.

Feigl, H. 1969. The origin and spirit of logical empiricism. In *The legacy of logical positivism*, ed. P. Achinstein and S.F. Barker, 3–24. Baltimore: Johns Hopkins Press.

———. 1981 [1969]. The Wiener Kreis in America. In *Herbert Feigl: Inquiries and provocations: Selected writings 1929–1974*, ed. R.S. Cohen, 57–94. Dordrecht: D. Reidel.

Frank, P. 1936. L'abîme entre les sciences physiques et biologiques vu à la lumière des theories physiques modernes. In *Actes du Congrès International de Philosophie Scientifique, fasc. 2: Unité de la science*, 1–3. Paris: Hermann.

———. 1937. Rozvrat Mechanistické Fysiky. V Praze. Trans. of Frank 1987 [1937].

———. 1947. *Einstein: His life and time*. New York: Alfred A. Knopf.

———. 1949a. Introduction – Historical background. In *Modern science and its philosophy*, 1–52. Cambridge, MA: Harvard University Press.

———. 1949b [1934]. Is there a trend toward idealism in physics? In *Modern science and its philosophy*, 122–137. Cambridge, MA: Harvard University Press.

---

[63] I am indebted to Flavia Padovani for this information (see Padovani 2006, 237).

————. 1949c [1936]. Philosophical misinterpretations of the quantum theory. In *Modern science and its philosophy*, 158–171. Cambridge, MA: Harvard University Press.

————. 1949d [1938]. Ernst Mach and the unity of science. In *Modern science and its philosophy*, 79–89. Cambridge, MA: Harvard University Press.

————. 1953 [1938]. Philosophical interpretations and misinterpretations of the theory of relativity. In *Readings in the philosophy of science*, ed. H. Feigl and M. Brodbeck, 212–231. New York: Appleton-Century-Crofts.

————. 1987 [1937]. The fall of mechanistic physics. In *Unified science: The Vienna Circle monograph series originally*, ed. B. McGuinness and Otto Neurath, now in an English edition, 110–129. Dordrecht: D. Reidel.

————. 1998 [1932]. *The law of causality and its limits*. Trans. M. Neurath and R.S. Cohen. Dordrecht: Springer.

Fürth, R. 1965. Reminiscences of Philipp Frank at Prague. In *Proceedings of the Boston colloquium for the philosophy of science, 1962–1964*, ed. R.S. Cohen and M.W. Wartofsky, xiii–xvi. New York: Humanities Press.

Gordin, M. D. 2020. Einstein in Bohemia. Princeton: Princeton University Press.

Hans, N. 1950. Sergius Hessen. *The Slavonic and East European Review* 29(72): 296–298.

von Helmholtz, H. 1977 [1921]. *Epistemological writings*, ed. P. Hertz and M. Schlick, Trans. M.F. Lowe. Dordrecht: D. Reidel.

Hofer, V. 2002. Philosophy of biology around the Vienna Circle: Ludwig von Bertalanffy, Joseph Henry Woodger and Philipp Frank. In *History of philosophy of science: New trends and perspectives*, ed. M. Heidelberger and F. Stadler, 325–333. Dordrecht: Springer.

Hofer, V. 2020. Philipp Frank's Civic and Intellectual Life in Prague: Investments in Loyalty. In The Vienna Circle in Czechoslovakia, ed. R. Schuster, 51–72. Cham: Springer.

————. 2013. Philosophy of biology in early logical empiricism. In *New challenges to philosophy of science*, ed. H. Andersen, D. Dieks, W. Gonzalez, T. Uebel, and G. Wheeler, 351–363. Dordrecht: Springer.

Iven, M. 2015. Er „ist eine Künstlernatur von hinreissender Genialität": Die Korrespondenz zwischen Ludwig Wittgenstein und Moritz Schlick sowie ausgewählte Briefe von und an Friedrich Waismann, Rudolf Carnap, Frank P. Ramsey, Ludwig Hänsel und Margaret Stonborough. *Wittgenstein-Studien* 6(1): 83–174.

Kamlah, A. 2013. Everybody has the right to do what he wants: Hans Reichenbach's volitionism and its historical roots. In *The Berlin Group and the philosophy of logical empiricism*, ed. N. Milkov and V. Peckhaus, 151–175. Dordrecht: Springer.

Kowalewski, G. 1950. *Bestand und Wandel: Meine Lebenserinnerungen, zugleich ein Beitrag zur neueren Geschichte der Mathematik*. Munich: Oldenbourg.

Kriegel, U., ed. 2017. *The Routledge handbook of Franz Brentano and the Brentano School*. New York: Routledge.

Padovani, F. 2006. La correspondance Reichenbach–Rougier des années trente: Une "collaboration amicale", entre empirisme logique et exil. *Philosophia Scientiæ* 10(2): 223–250.

————. 2013. Genidentity and topology of time: Kurt Lewin and Hans Reichenbach. In *The Berlin Group and the philosophy of logical empiricism*, ed. N. Milkov and V. Peckhaus, 97–122. Dordrecht: Springer.

Pawel, E. 1984. *The nightmare of reason: A life of Franz Kafka*. New York: Farrar-Straus-Giroux.

Reach, K. 1938. The name relation and the logical antinomies. *Journal of Symbolic Logic* 3 (3): 97–111.

Reisch, G. 2005. *How the Cold War transformed philosophy of science: To the icy slopes of logic*. Cambridge: Cambridge University Press.

————. 2017. Pragmatic engagements: Philipp Frank and James Bryant Conant on science, education, and democracy. *Studies in East European Thought* 69(3): 227–244.

Scheffler, I. 2004. *Gallery of scholars: A philosopher's recollections*. Dordrecht: Kluwer Academic Publishers.

Schöttler, P. 2015. From Comte to Carnap: Marcel Boll and the introduction of the Vienna Circle. *Revue de Synthèse* 136(1/2): 207–236.

Sebestik, J. 1994. Prague mosaic: Encounters with Prague philosophers. *Axiomathes* 5(2–3): 205–223.

Smith, B. 1981. Kafka and Brentano: A study in descriptive psychology. In *Structure and Gestalt: Philosophy and literature in Austria–Hungary and her successor states*, ed. B. Smith, 113–159. Amsterdam: John Benjamins.

Stadler, F. 2015 [2001]. *The Vienna Circle: Studies in the origins, development, and influence of logical empiricism*. 2nd ed. Dordrecht: Springer.

Tuboly, A.T. 2017. Philipp Frank's decline and the crisis of logical empiricism. *Studies in East European Thought* 69(3): 257–276.

von Tulechov, V. 2011. *Tomas Garrigue Masaryk: Sein kritischer Realismus in Auswirkung auf sein Demokratie- und Europaverständnis*. Göttingen: V&R Unipress.

Uebel, T. 2000. Logical empiricism and the sociology of knowledge: The case of Neurath and Frank. *Philosophy of Science* 67:138–150.

———. 2012. The bipartite conception of metatheory and the dialectical conception of explication. In *Carnap's ideal of explication and naturalism*, ed. P. Wagner, 117–130. Basingstoke: Palgrave Macmillan.

Wein, M. 2016. *History of the Jews in the Bohemian lands*. Leiden: Brill.

Wolters, G. 1999. Wrongful life: Logico-empiricist philosophy of biology. In *Experience, reality, and scientific explanation: Essays in honor of Merrilee and Wesley Salmon*, ed. M.C. Galavotti and A. Pagnini, 187–208. Dordrecht: Springer.

———. 2018. "Wrongful life" reloaded: Logico-empiricism's philosophy of biology (Prague/Paris/Copenhagen): With historico-political intermezzos. In *1935–2015: 80 ans de philosophie scientifique*, ed. M. Bourdeau, G. Heinzmann, and P. Wagner, Special issue of Philosophia Scientiæ, vol. 22(3), 233–255.

Zeisel, H. 1993. Erinnerungen an Rudolf Carnap. In *Wien–Berlin–Prag: Der Aufstieg der wissenschaftlichen Philosophie*, ed. R. Haller and F. Stadler, 218–223. Wien: Hölder-Pichler-Tempsky.

Printed in the United States
by Baker & Taylor Publisher Services

Printed in the United States
by Baker & Taylor Publisher Services